世界技能大赛 3D 数字游戏艺术项目创新规划教

After Effects CC 2019 影视后期特效合成案例教程

伍福军　张巧玲　编　著

张喜生　主　审

電子工業出版社
Publishing House of Electronics Industry
北京 · BEIJING

内 容 简 介

本书是根据编者多年的教学经验编写而成的。编者将 After Effects CC 2019 的基本功能融入实例讲解过程中，使读者可边学边练，既能掌握软件功能，又能尽快掌握实际操作。本书内容包括 After Effects CC 2019 基础知识、图层与遮罩、绘画工具的使用、文字效果制作、视频画面处理技术、视频合成技术、三维空间效果、运动跟踪技术和专题训练。

本书既可作为高职高专院校、中等职业院校、技工院校开设的影视动画专业教材，也可作为影视后期特效制作人员与爱好者的参考用书，还可作为参加国家职业资格四级影视动画制作师（后期制作）考证培训教材。

图书在版编目（CIP）数据

After Effects CC 2019 影视后期特效合成案例教程/伍福军，张巧玲编著. —北京：
电子工业出版社，2020.5
世界技能大赛 3D 数字游戏艺术项目创新规划教材
ISBN 978-7-121-38353-3

Ⅰ. ①A… Ⅱ. ①伍… ②张… Ⅲ. ①图象处理软件－教材 Ⅳ. ①TP391.413

中国版本图书馆 CIP 数据核字（2020）第 021937 号

责任编辑：郭穗娟
印　　刷：涿州市京南印刷厂
装　　订：涿州市京南印刷厂
出版发行：电子工业出版社
　　　　　北京市海淀区万寿路 173 信箱　邮编　100036
开　　本：787×1 092　1/16　印张：23.25　字数：592 千字
版　　次：2020 年 5 月第 1 版
印　　次：2021 年 1 月第 3 次印刷
定　　价：69.80 元（含 DVD 光盘 2 张）

凡所购买电子工业出版社图书有缺损问题，请向购买书店调换。若书店售缺，请与本社发行部联系，联系及邮购电话：(010)88254888，88258888。

质量投诉请发邮件至 zlts@phei.com.cn，盗版侵权举报请发邮件至 dbqq@phei.com.cn。

本书咨询方式：(010)88254502，guosj@phei.com.cn

前　言

本书是根据编者多年的教学经验编写而成的。编者精心挑选了 35 个经典案例和 6 个专题训练进行详细介绍，并通过这些案例的配套练习来巩固读者所学知识。本书采用实际操作与理论分析相结合的方法，让读者在案例制作和专题训练过程培养设计思维并掌握理论知识。同时，扎实的理论知识又为实际操作奠定基础，使读者每做完一个案例就会有所收获，从而提高读者的动手能力与学习兴趣。

编者对本书的案例（专题）编写步骤进行了精心设置，按照“案例（专题）内容简介→案例（专题）效果欣赏→案例（专题）制作（步骤）流程→制作目的→制作过程中需要解决的问题→详细操作步骤→拓展训练”这一思路编排，从而达到以下 7 个效果。

（1）通过案例内容简介，使读者在学习本案例（专题）之前，对所要学习的案例（专题）有一个大致的了解。

（2）通过案例（专题）效果欣赏，提高读者学习的积极性和主动性。

（3）通过案例（专题）制作（步骤）流程，使读者了解整个案例（专题）制作的流程、案例（专题）所体现的知识点和制作的大致步骤。

（4）通过介绍制作目的，使读者在动作制作之前明确学习的目的，做到有的放矢。

（5）通过介绍制作过程中需要解决的问题，使读者了解本案例（专题）需要解决哪些问题，带着问题学习。

（6）通过详细操作步骤的介绍，使读者掌握整个案例（专题）的制作过程、详细制作方法、注意事项和技巧。

（7）通过拓展训练，使读者所学知识进一步得到巩固，提高其对知识的运用能力。

本书的内容结构如下：

第 1 章　After Effects CC 2019 基础知识：主要通过 4 个案例介绍 After Effects CC 2019 的基础知识和影视后期特效合成操作流程。

第 2 章　图层与遮罩：主要通过 4 个案例介绍各种图层的概念、创建、基本操作和高级操作，以及遮罩动画的制作方法和技巧。

第 3 章　绘画工具的使用：主要通过 3 个案例介绍使用各种绘画工具绘制形状图层和形状图层属性管理。

第 4 章　文字效果制作：主要通过 7 个案例全面介绍各种特效配合文字工具制作文字特效的方法、技巧和流程。

第 5 章　视频画面处理技术：主要通过 5 个案例全面介绍颜色校正与调色效果的使用方法、技巧，以及颜色校正与调色的流程。

第 6 章　视频合成技术：主要通过 5 个案例介绍各种抠像效果的使用方法和技巧。

第 7 章　三维空间效果：主要通过 4 个案例介绍创建三维空间的原理、方法和技巧。

第 8 章 运动跟踪技术：主要通过 3 个案例介绍画面稳定技术、一点跟踪技术、四点跟踪技术和跟踪的原理。

第 9 章 专题训练：主要通过 6 个专题介绍影视广告制作、影视动画制作、影视栏目包装制作和旅游广告片头制作的流程、原理、方法和技巧。

编者将 After Effects CC 2019 的基本功能和新功能融入案例的讲解过程，使读者可以边学边练，既能掌握软件功能，又能尽快掌握实际操作技巧，读者通过本书可以随时翻阅、查找所需效果的制作内容。此外，本书每章都配有 After Effects CC 2019 输出的文件、节目的源文件、电子课件、教学视频和素材文件等。这些文件都存在随书光盘中，以供读者参考使用。

广东省岭南工商第一技师学院院长张喜生对本书进行了全面审阅和指导，第 1~8 章由广东省岭南工商第一技师学院影视动画专业教师张巧玲老师编写，第 9 章由广东省岭南工商第一技师学院影视动画专业教师伍福军老师编写。

对本书中所涉及的影视截图和人物摄影图片，仅作为教学范例使用，版权归原作者及制作公司所有，本书编者在此对他们表示真诚的感谢!

由于编者水平有限，本书可能存在疏漏之处，敬请广大读者批评指正！编者联系电子邮箱：763787922@qq.com。

编　　者
2020 年 1 月
广州
动画精英模块化教学工作室
3D Digital Game Art 工作室

目　　录

第 1 章　After Effects CC 2019 基础知识 …… 1

案例 1：影视合成与特效制作基础知识 …… 2
案例 2：After Effects CC 2019 工作界面介绍 …… 18
案例 3：After Effects CC 2019 相关参数设置 …… 27
案例 4：影视后期特效合成的操作流程 …… 37

第 2 章　图层与遮罩 …… 51

案例 1：图层的创建与使用 …… 52
案例 2：图层的基本操作 …… 60
案例 3：图层的高级操作 …… 66
案例 4：遮罩动画的制作 …… 76

第 3 章　绘画工具的使用 …… 83

案例 1：绘画工具的基本介绍 …… 84
案例 2：使用绘画工具绘制各种形状图层 …… 93
案例 3：形状属性与管理 …… 101

第 4 章　文字效果制作 …… 109

案例 1：制作时间码动画文字效果 …… 110
案例 2：制作眩光文字效果 …… 115
案例 3：制作预设文字动画 …… 120
案例 4：制作变形动画文字效果 …… 125
案例 5：制作空间文字动画 …… 131
案例 6：制作卡片式出字效果 …… 138
案例 7：制作玻璃切割效果 …… 144

第 5 章　视频画面处理技术 …… 151

案例 1：常用颜色校正效果的介绍 …… 152
案例 2：给视频调色 …… 162
案例 3：制作晚霞效果 …… 167

案例 4：制作水墨山水画效果 …… 175
案例 5：给美女化妆 …… 182

第 6 章　视频合成技术 …… 189

案例 1：蓝频抠像技术 …… 190
案例 2：亮度抠像技术 …… 195
案例 3：半透明抠像技术 …… 201
案例 4：毛发抠像技术 …… 206
案例 5：替换背景操作 …… 212

第 7 章　三维空间效果 …… 218

案例 1：制作风景环绕效果 …… 219
案例 2：制作风景长廊 …… 226
案例 3：制作三维空间文字动画 …… 234
案例 4：制作立方体旋转动画 …… 241

第 8 章　运动跟踪技术 …… 248

案例 1：画面稳定处理 …… 249
案例 2：一点跟踪 …… 254
案例 3：四点跟踪 …… 260

第 9 章　专题训练 …… 265

专题 1：《千岛银针》影视广告制作 …… 266
专题 2：《星光音响》影视广告制作 …… 288
专题 3：《尊品 U 盘》影视广告制作 …… 306
专题 4：《圣诞贺卡》影视动画制作 …… 322
专题 5：《栏目片头》影视栏目包装制作 …… 335
专题 6：《倒计时》旅游广告片头制作 …… 343

参考文献 …… 364

第 1 章　After Effects CC 2019 基础知识

知识点

案例 1：影视合成与特效制作基础知识
案例 2：After Effects CC 2019 工作界面介绍
案例 3：After Effects CC 2019 工作相关参数设置
案例 4：影视后期特效合成的操作流程

说明

本章主要通过 4 个案例，全面讲解影视后期合成与特效制作的基础知识、After Effects CC 2019 的应用领域、对计算机软/硬件的要求及其界面、相关参数的设置和整个制作流程。

教学建议课时数

一般情况下需要 4 课时，其中，理论 2 课时，实际操作 2 课时（特殊情况下可做相应调整）。

After Effects CC 2019 是 Adobe 公司推出的一款主流非线性编辑软件，它主要定位在高端的影视特效制作方面。它不但在专业制作中表现超强，兼容性也非常强，与 Adobe 公司的其他软件可实现无缝转换。After Effects CC 2019 拥有大量优秀的插件，也使得 After Effects CC 2019 编辑合成能力得到空前的加强。

After Effects CC 2019 软件是进行专业影视包装设计和后期特效合成的利器，能完成各种影视制作任务。它具备 MG 动画制作、动态遮罩、抠像、校色、运动追踪、3D 图层、文字特效、合成等强大功能，与 Adobe 公司的其他软件能够完美地交互兼容。现在 After Effects CC 2019 广泛应用于影视制作，通过它可以合成精彩的特效。

案例 1：影视合成与特效制作基础知识

一、案例内容简介

本案例主要介绍影视合成与特效制作中用到的基本概念，以及常用的图像、视频和数字音频格式和 After Effects CC 2019 的应用领域。

二、案例效果欣赏

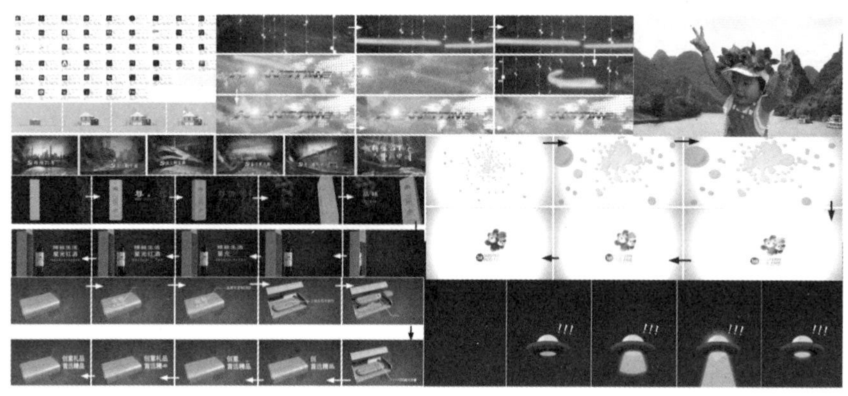

三、案例制作（步骤）流程

任务一：After Effects 是什么 ➡ 任务二：After Effects 的版本号

⬇

任务三：After Effects CC 2019的作用和应用领域

⬇

任务四：怎样高效学习After Effects CC 2019

⬇

任务五：影视后期合成与特效制作中常用的基本概念

⬇

任务六：常用的图像、视频和数字音频格式

⬇

任务七：After Effects CC 2019对计算机软/硬件环境的要求

四、制作目的

（1）了解 After Effects CC 2019 是什么。
（2）了解 After Effects CC 2019 能干什么。
（3）怎样学习 After Effects CC 2019 更有效？
（4）影视后期合成与特效制作中常用的基本概念。
（5）常用的图像、视频和数字音频格式。

五、制作过程中需要解决的问题

（1）After Effects CC 2019 的作用和应用领域。
（2）学习 After Effects CC 2019 的方法。
（3）理解影视后期合成与特效制作中常用的基本概念。
（4）掌握支持 After Effects CC 2019 常用的图像、视频和数字音频格式。
（5）After Effects CC 2019 对计算机的软/硬件要求。

六、详细操作步骤

任务一：After Effects 是什么

After Effects 特效大师是由世界著名的图形设计、出版和成像软件设计公司 Adobe Systems Inc（以下简称 Adobe 公司）.开发的专业非线性特效合成软件，是一个灵活的基于层的 2D 和 3D 后期合成软件，包含了上百种特效及预置动画效果，与同为 Adobe 公司出品的 Premiere、Photoshop、Illustrator 等软件可以无缝结合，创建无与伦比的效果。它在影像合成、动画、视觉效果、非线性编辑、设计动画样稿、多媒体和网页动画方面都有发挥的余地。

After Effects 简称 AE，本书使用的软件的全称为 After Effects CC 2019，是由 Adobe 公司开发的影视特效合成和处理软件。

After Effects CC 2019 中的 After Effects 为软件名，常被缩写为“AE”，“CC 2019”为该软件的版本号。

Adobe 公司创建于 1982 年，是世界领先的数字媒体和在线营销解决方案供应商，公司总部位于美国加利福尼亚州圣何塞，它在世界各地的员工人数约 7000 名。Adobe 公司的客户包括世界各地的企业、知识工作者、创意人士和设计者、OEM 合作伙伴及开发人员。

Adobe 公司在数码成像、设计和文档技术方面推出的创新成果，使它在这些领域树立了杰出的典范，也使数以百万计的人们体会到视觉信息交流的强大魅力。

Adobe 系列主要包括如下几款软件。

（1）图像处理软件：Adobe Photoshop。
（2）矢量图形编辑软件：Adobe Illustrator。
（3）音频编辑软件：Adobe Audition。
（4）文档创作软件：Adobe Acrobat。
（5）网页编辑软件：Adobe Dreamweaver。

（6）二维矢量动画创作软件：Adobe Animate。
（7）视频特效编辑软件：Adobe After Effects。
（8）视频剪辑软件：Adobe Premiere Pro。
（9）Web 环境：Adobe AIR。
（10）摄影图像处理：LightRoom。

视频播放：关于具体介绍，请观看本书光盘上的配套视频“任务一：After Effects 是什么.wmv”。

任务二：After Effects 的版本号

从 After Effects 的发展历程来看，版本号有如下 3 种形式：

（1）版本号为数字，如 After Effects 6.0。
（2）版本号改为“CS+数字”，如 After Effects 8.0 被改为 After Effects CS 3。
（3）版本号为“CC+数字”，如 After Effects CC 2019。

以上 After Effects 版本号中的 CS 和 CC 到底是什么意思？CS 是 Creative Suite 的首字母的缩写，Adobe Creative Suite 的意思是 Adobe 创意套件，是 Adobe 公司出品的一个图形设计、影像编辑与网络开发的软件产品套装。2007 年 After Effects 8.0 发布时，改为 After Effects CS 3，从此，版本号为“CS+数字”。到了 2013 年 Adobe 在 MAX 大会上推出了 After Effects CC（“CC”是 Creative Cloud 的缩写），Creative Cloud 的意思是“创意云”。从此，After Effects 进入了“云”时代，版本号为“CC+数字”。

After Effects CC 套装软件主要包括如图 1.1 所示的软件。

图 1.1　After Effects CC 套装软件图标

视频播放：关于具体介绍，请观看本书光盘上的配套视频“任务二：After Effects 的版本号.wmv”。

任务三：After Effects CC 2019 的作用和应用领域

After Effects CC 2019 的主要作用有图像合成、特效合成、特效制作、影像调色、影像

抠像、画面稳定、图形绘制和影像跟踪等。

After Effects CC 2019 具体能做什么？这是读者最关心的问题。其实，After Effects CC 2019 功能非常强大，适合很多设计领域，熟练掌握 After Effects CC 2019 的应用，使读者可以进入很多设计领域，在未来的就业中有了更多的选择。到目前为止，After Effects CC 2019 的应用领域主要有电视栏目包装、影视片头、宣传片、影视特效合成、广告设计、MG 动画和 UI 动效。

1. 电视栏目包装

After Effects CC 2019 非常适合制作电视栏目包装设计。所谓电视栏目包装是指对电视节目、栏目、频道和电视台整体形象进行的一种特色化和个性化的包装宣传，以达到突出节目、栏目和频道的个性化特征，增强观众对节目、栏目和频道的认知度，建立节目、栏目和频道的品牌地位，统一节目、栏目和频道的整体风格，给观众一个精美的视觉体验。图 1.2 所示为电视栏目包装效果截图。

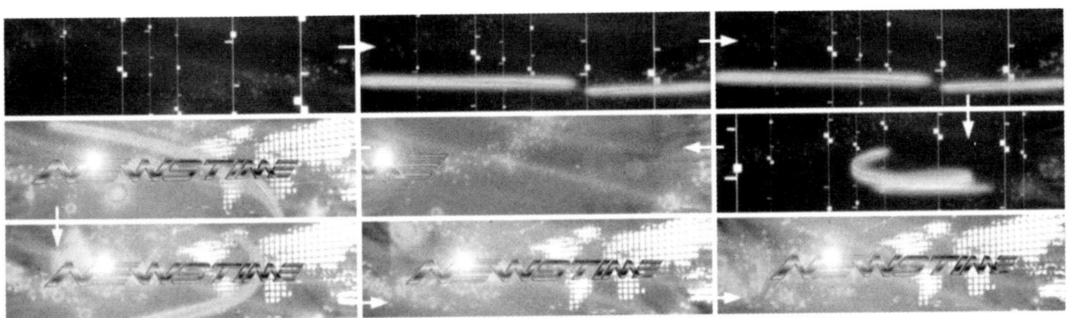

图 1.2　电视栏目包装效果截图

2. 影视片头

片头是影视、电视剧和微电影不可或缺的一部分，为了给观众更好的视觉体验，制作者会制作一个极具特点的片头效果，通过片头能很好地展示该作品的特色镜头、剧情特点和风格等。图 1.3 所示为影视片头效果截图。

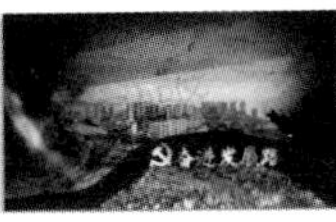

图 1.3　影视片头效果截图

3. 宣传片

After Effects CC 2019 特别适合宣传片的合成和特效制作，如婚礼宣传片、企业宣传片（汽车、庆典）、活动宣传片（校运会、文艺晚会）等。图 1.4 所示为宣传片效果截图。

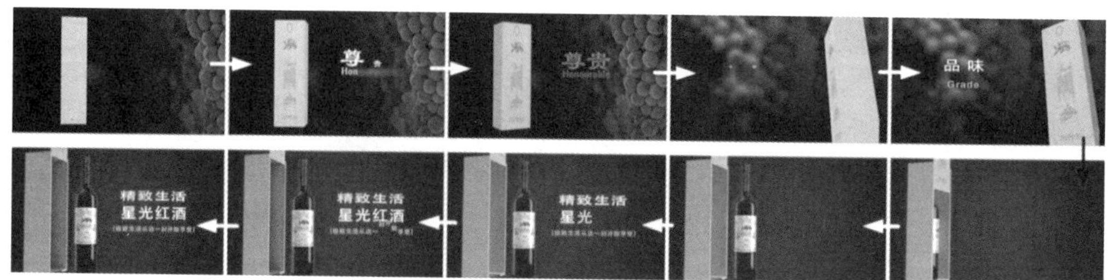

图 1.4　宣传片效果截图

4. 影视特效合成

After Effects CC 2019 最强大的功能就是特效制作，在目前公演的影视动画中，几乎找不出没有使用特效的影视作品。通过特效可以轻松地实现以前在电影拍摄中无法实现的镜头和特效，如爆炸、烟雾、大规模枪战和高难度的动作等。通过 After Effects CC 2019 还可以轻松地实现特效合成、抠像、配乐、调色等后期制作环节中的重要工作。图 1.5 所示为影视后期特效合成效果截图。

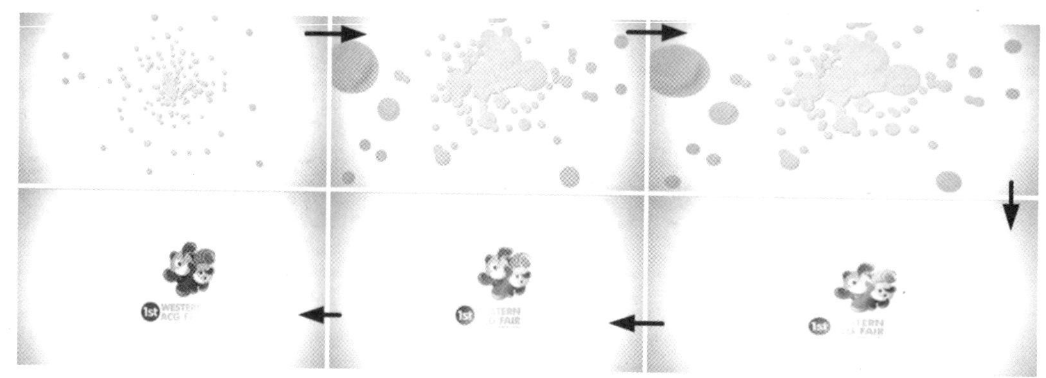

图 1.5　影视后期特效合成效果截图

5. 广告设计

随着社会的进步和生活水平的提高，人们对广告效果要求越来越高。广告的目的也是为了宣传产品和活动、主体等内容。使用 After Effects CC 2019 可以轻松实现影视广告所要求的新颖构图、眩目的色彩搭配和虚幻特效等制作。图 1.6 所示为广告效果截图。

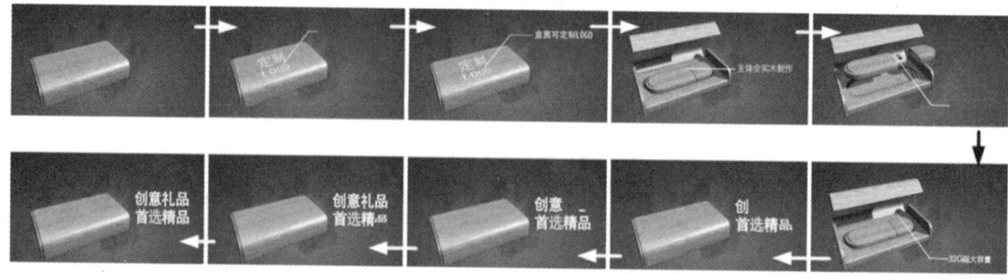

图 1.6　广告效果截图

6. MG 动画

MG 动画是近几年比较流行的动画风格，属于影视艺术中的一种。所谓 MG 动画，是指动态图形或者图形动画，MG 是 Motion Graphies 的缩写。MG 动画的最大特点是扁平化、点线面、抽象简洁，特别适合制作动态教学课件和儿童动画。图 1.7 所示为 MG 动画效果截图。

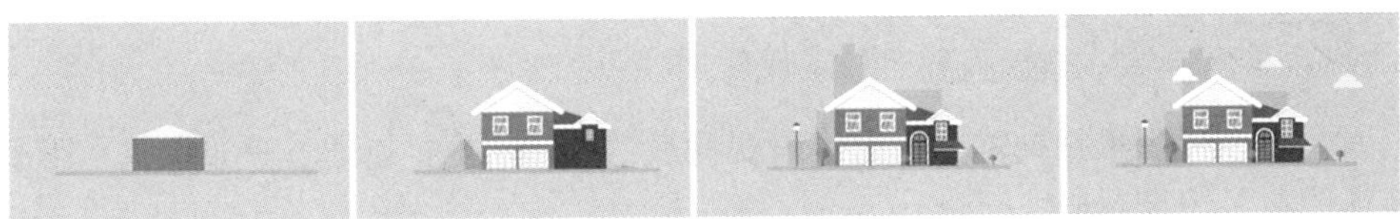

图 1.7　MG 动画效果截图

7. UI 动效

UI 动效是针对移动设备（如手机、平板电脑）开发运行的 APP 动画设计效果。随着技术的进步，移动设备硬件越来越先进，用户群体也非常大，需求也越来越高，而使用 UI 动效可以提高用户对产品的体验，增强用户对产品的理解，增强用户的使用乐趣和提升人机交互动感。图 1.8 所示为 UV 动效截图。

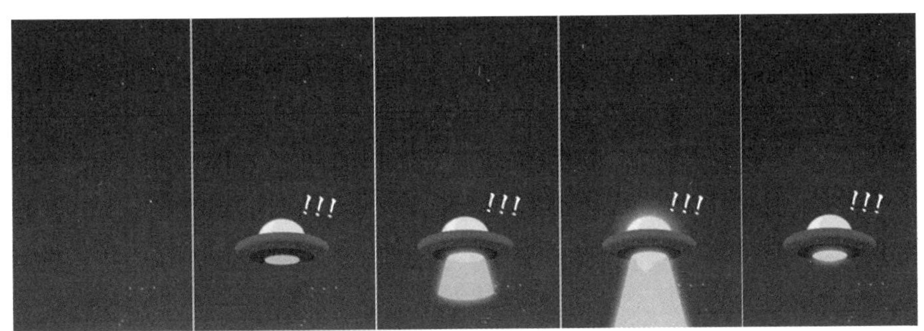

图 1.8　UI 动效截图

视频播放：关于具体介绍，请观看本书光盘上的配套视频“任务三：After Effects CC 2019 的作用和应用领域.wmv”。

任务四：怎样高效学习 After Effects CC 2019

在学习 After Effects CC 2019 之前，最重要的是心态，不要带着心理负担去学习，要带着好玩的心态去学习，就像我们玩手机一样去玩弄 After Effects CC 2019。例如，手机可以发短信，可以聊天，可以玩游戏，可以看电影等，你就可以利用 After Effects CC 2019，对朋友的视频进行调色、变形、抠像、添加一些搞笑特效等。这样，在玩的过程中就学会了 After Effects CC 2019 的制作。

在此，为读者提供学习 After Effects CC 2019 的个人建议。

1. 优先使用短视频教程，快速入门

读者刚开始学习使用 After Effects CC 2019 时，不要先观看复杂而过长的教学视频，最好是选用播放时间不超过 15min 的视频。通过一个视频掌握一个小知识点，这样学习一段时间后，再观看复杂的综合案例教学视频。本书提供一套完整的教学微视频和复杂的综合案例教学视频。读者通过本书，可以循序渐进地学习使用 After Effects CC 2019。

2. 翻开教程，通过手机利用一切零碎时间学习

读者可以使用手机扫描本书的二维码观看教学视频，也可以通过腾讯课堂和下载配套教学资源进行练习和巩固。

3. 勇于尝试，一试就会

读者在学习 After Effects CC 2019 的过程，一定要常动手，只有练习才能进步。利用 After Effects CC 2019 制作各种效果的过程中，可能会出现很多参数设置，普通读者也能看得懂，但如果不事先试一试，在你想制作的时候，就不一定能制作出你想要的效果。只有不断练习和总结经验才能进步。

4. 不要死记特效命令中的参数

编者在这几年的教学中，发现很多学生死记硬背特效命令中的参数。其实，这样做对学习没有多大作用。因为同一个命令在不同的环境中，即使参数相同，效果也会不一样。建议活学活用，即理解每一个特效命令的作用，以及参数调节的原理、方法和技巧，不断尝试，总结经验，形成感性认识。

5. 抓重点，带着问题去学习

读者在学习本书案例的时候，先要阅读“制作目的”和“制作过程中需要解决的问题”。这样，读者就可以带着问题去学习，对整个案例的制作思路也有一个大致的了解。

6. 在临摹过程中愉快地学习

临摹是任何学习的必经过程，要在临摹的过程强化和巩固所学知识。在本书的第 9 章编者为读者提供 6 个专题训练，这些专题涉及产品广告、影视栏目、新闻栏目、栏目包装等。读者可以根据编者提供的配套教学资源对这些专题进行临摹，提高自己的感性认识，巩固所学知识。

7. 从网上收集素材，修改案例和自学

通过本书的学习，读者基本上能掌握 After Effects CC 2019 的功能及其使用方法，以及特效制作的原理、方法、技巧、影视后期特效制作流程，也可以制作大部分项目所需要的效果。如果需要更深入地学习，那么读者可以从网上收集一些复杂的教学案例进行学习，也可以收集允许修改的原文件项目，通过修改里面的参数和素材，为自己所用。

视频播放：关于具体介绍，请观看本书光盘上的配套视频“任务四：怎样高效学习 After Effects CC 2019.wmv”。

任务五：影视后期合成与特效制作中常用的基本概念

了解影视后期合成与特效制作中的常用的基本概念是后面案例学习的基础，常用的基本概念主要有视频制式、帧速率、场、图层、通道、遮罩、特效、键控、关键帧。画面宽高比和视频编码。

1. 视频制式和帧速率的概念

在电视系统中，不同的视频制式对应不同的帧速率。要想在电视系统中正确地播放和显示，必须根据不同的视频制式来选择相应的帧速率。目前，世界通用的用于彩色电视广播的制式主要有以下 3 种。

（1）NTSC 制式。NTSC 是英文 National Television System Committee（国家电视系统委员会）的缩写，是由美国在 1953 年制定的彩色电视广播标准，它对应的帧速率为 29.97 帧/秒。采用 NTSC 制式的国家主要有美国、日本、韩国、加拿大和菲律宾。

（2）PAL 制式。PAL 是英文 Phase Alteration Line（逐行倒相）的缩写，是由德国在 1962 年制定的彩色电视广播标准，它对应的帧速率为 25 帧/秒。采用 PAL 制式的国家主要德国、中国、英国、澳大利亚和新加坡。

（3）SECAM 制式。SECAM 是法文 Sequentiel Couleur A Memoire（按照顺序传送色彩和存储）的缩写，这一制式是由法国在 1966 年制定的彩色电视广播标准。采用 SECAM 制式的国家主要有法国、埃及和俄罗斯。

2. 场的概念

电视机在播放过程中是以隔行扫描的方式来显示图像的。要显示一幅完整的图像，需要通过两次扫描来交错地显示奇数行和偶数行，每扫描一次就称为一“场”。其实，在电视屏幕上出现的画面并不是完整的，它实际上是如图 1.9 所示的半“帧”图像，由于扫描的高速度和人眼的视觉暂留效果，所以观众看到的图像是一幅如图 1.10 所示的完整图像。

图 1.9　半“帧”图像

图 1.10　观众看到的完整图像

3. 图层的概念

在计算机图形图像处理过程中，图层是最基本也是最重要的概念之一。在所有图形图像应用软件中都要用到图层这个概念。用户可以把它理解成创作的最终图像是由多张没有厚度的、具有不同内容和透明度的图像叠加组成的，如图 1.11 所示。每一张图像就称为一个图层，它们相互之间是独立的，用户可以对其中的任一图层进行单独操作。例如，进行增加、删除、裁减、添加图层样式、滤镜和缩放等操作。图 1.12 就是用图 1.11 所示的图层编辑合成之后的最终效果。

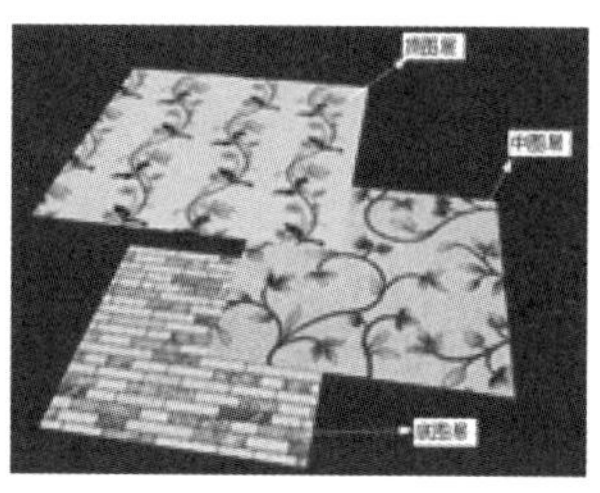

图 1.11　具有不同内容和透明度的 3 张图像（图层）

图 1.12　编辑合成之后的最终效果

4. 通道的概念

通道可以简单地理解为图像的颜色信息。在图像处理中，使用通道来控制图像的色彩变化，是调色的重要手段。计算机显示器的显示模式一般为 RGB 色彩模式。把 RGB 图像分为 3 个单独的颜色通道，其中，R 为红色通道，G 为绿色通道，B 为蓝色通道，每一个颜色通道使用灰度值来表示该通道颜色的强度。这样，通过调节各个通道的颜色强度值来改变图像的颜色。例如，对一张如图 1.13 所示的正常显示的图像，如果降低其绿色通道的颜色强度值，那么图像将出现偏红的现象，效果如图 1.14 所示，因为绿色和红色是互补色。

图 1.13　正常显示的图像效果

图 1.14　降低绿色通道强度值之后的效果

5. 遮罩

遮罩可以理解为图层的一个挡板遮住图层的一部分，被遮住的这一部分在画面中不可见，另一部分图层呈透明显示。具体的透明度主要由遮罩的灰度颜色决定，当遮罩为黑色时图像完全透明，当遮罩为白色时图像不透明，当遮罩为灰色时图像半透明。

6. 特效

特效（Effect）又称为滤镜，特效在 After Effects CC 2019 中主要分为视频特效和音频特效两种。视频特效是 After Effects CC 2019 中最重要的也是最强大的视觉效果制作工具，

它主要包括调色、抠像、变形、粒子和光照等类型。After Effects CC 2019 不仅自带了大量的视频特效，还可以通过安装外挂滤镜来扩充特效的功能。图 1.15 和图 1.16 所示分别是添加视频特效前后效果的对比。

图 1.15 添加特效之前的效果

图 1.16 添加特效之后的效果

7. 键控

键控（Keying）也称为抠像，抠像的意思是用户根据实际需要将图像中不需要的图像部分抠除，使其呈透明显示，而留下的部分图像与其他图层进行叠加组合，形成新的图像效果。透过键控技术，可以制作出实际拍摄中不能拍摄到的效果，可以实现拍摄的镜头与虚拟的画面结合，形成意想不到的图像效果。对图 1.17 所示的两幅未抠像合成的图像，使用抠像合成之后得到如图 1.18 所示的效果。

图 1.17 未抠像合成的两幅图像

图 1.18 抠像合成之后的效果

8. 关键帧

关键帧（Keyframe）技术是使用计算机制作动画的核心技术。动画其实是由一张张差别微小的静态图像根据人眼的视觉暂留原理制作而成的。在早期的动画片制作中是由手绘来完成的。以 PAL 制式为例，它的帧速率为 25 帧/秒。也就是说每播放 1min 的动画就要 25×60，即 1500 幅图像。如果要绘制一部 30min 的动画片就需要绘制 1500×30 幅图像，即 45000 幅图像。使用这种技术制作的动画工作量大，成本高，不利于动画行业的发展。为了解决这一难题，关键帧技术就应运而生了。

关键帧技术是指在时间轴上的特定位置添加记录点，只需要记录表示运动关键特征的画面，中间的画面由计算机程序自动添加。同样一部 30min 的动画片，表示关键特征的画面也许只要 450 幅图像。动画制作人员只需要绘制或处理这 450 幅图像即可。这样，大大降低了工作量和制作成本。也正是有了这种关键帧技术，动画行业得到了迅速发展。

9. 画面宽高比

画面宽高比这个概念很简单，也很容易理解。画面宽高比是指在拍摄或影片制作中所选择的画面的长度与宽度之比。以电视为例，其画面宽高比主要包括 4∶3 和 16∶9 两种。人眼实际观察的视野比较接近 16∶9，再加上宽屏技术的成熟，16∶9 的画面宽高比逐步流行并占据了大部分市场。这两种画面效果如图 1.19 和图 1.20 所示。

图 1.19　4∶3 的画面效果

图 1.20　16∶9 的画面效果

10. 视频编码

在影视后期制作中，经常会出现视频或音频文件无法导入后期编辑软件中，或者导入以后出现错误提示等问题。之所以出现这些情况，主要是因为视频的编码有问题。

编码其实就是一种压缩标准，如果要在不同的播放设备上播放各种格式文件，那么在播放前就必须根据需要进行压缩。例如，使用 After Effects CC 2019 输出的 PAL 制式无损压缩的 AVI 文件格式，在播放时，每秒需要几十 MB，这么大的文件要在网络上进行播放和传输，困难很大。因此，在上传之前必须进行压缩，改变文件的大小。这里所说的压缩就一种转化编码的过程。如果选用一个高压缩比的编码，就可以得到一个比较小的数据文件，而且这个编码算法比较好的话，画面质量基本没有损耗（肉眼观看）。

目前，视频编码标准主要有以下 6 个：

（1）国际电联（ITU-T）制定的 H.261、H.263、H.264 编码。

（2）运动图像专家组（Moving Picture Expert Group）推出的 M-JPEG 编码。

（3）国际标准化组织（ISO）制定的 MPEG 系列编码。

（4）Real-Networks 的 RealVideo 编码。

（5）微软公司的 WMV 编码，

（6）Apple 公司的 QuickTime 编码。

视频播放：关于具体介绍，请观看本书光盘的配套视频“任务五：影视后期合成与特效制作中常用的基本概念.wmv”。

任务六：常用的图像、视频和数字音频格式

目前，After Effects CC 2019 支持的文件格式非常多，有的文件格式只支持导入，有的文件格式既支持导入也支持导出。主要有静止图像类文件格式、视频和动画类文件格式、音频类文件格式和项目类文件格式，具体介绍分别见表 1-1～表 1-4。

表 1-1　静止图像类文件格式

序号	格式	导入/导出支持	格式	导入/导出支持
01	Adobe Illustrator（AI\EPS\PS）	仅导入	IFF（IFF\TDI）	导入/导出
02	Adobe PDF（PDF）	仅导入	JPPEG（JPC\JPE）	导入/导出
03	Adobe Photoshop（PSD）	导入/导出	Maya 相机数据（MA）	仅导入
04	位图（DMP\RLE\DIB）	仅导入	OpenEXR（EXR）	导入/导出
05	相机原始数据（TIF\CRW\NEF\RAF\ORF\MRW\DCR\MOS\RAW\PEF\SRF\DNG\X3F\CR2\ERF）	仅导入	PCX（PCX）	仅导入
06	Cineon（CIN\DPX）	导入/导出	便携式网络图形（PNG）	导入/导出
07	CompuServe GIF（GIF）	仅导入	Radiance（HDR\RGBE\XYZE）	导入/导出
08	Discreet RLA/RPF（RLA\RPF）	仅导入	SGI（SGI\BW\RGB）	导入/导出
09	Electric Image IMAGE（IMG\EI）	仅导入	Softimage（PNC）	仅导入
10	封装的 PostScript（EPS）	仅导入	Targa（TGA\VDA\ICB\VST）	导入/导出
11	TIFF（TIF）	导入/导出	—	—

表 1-2　视频和动画类文件格式

序号	格式	导入/导出支持	格式	导入/导出支持
01	Panasonic	仅导入	AVCHD（M2TS）	仅导入
02	RED	仅导入	DV	导入/导出
03	Sony X-OCN	仅导入	H.264（M4V）	仅导入
04	Canon EOS C200 Cinema RAW Light（.crm）	仅导入	媒体交换格式（MXF）	仅导入
05	RED 图像处理	仅导入	MPEG-I（MPG\MPE\MPA\MPV\MOD）	仅导入
06	Sony VENICE X-OCN 4K 4:3 Anamorphic and 6k 3:2（.mxf）	仅导入	MPEG-2MPG\M2P\M2V\M2P\M2A\M2T）	仅导入
07	MXF/ARRIRAW	仅导入	MPEG-4（MP4\M4V）	仅导入
08	H.265（HEVC）	仅导入	开放式媒体框架（OMF）	导入/导出
09	3GPP（3GP\3G2\AMC）	仅导入	Quick Time（MOV）	导入/导出
10	Adobe Flash Player（SWF）	仅导入	Video for Windows（AVI）	导入/导出
11	Adobe Flash 视频（FLV\F4V）	仅导入	Windows Media（WMV\WMA）	仅导入
12	动画 GIF（GIF）	导入	XDCAM HD 和 XDCAM EX（MXF\MP4）	仅导入

表 1-3　音频类文件格式

序号	格式	导入/导出支持	格式	导入/导出支持
01	MP3（MP3\MPEG\MPG\MPA\MPE）	导入/导出	高级音频编码（AAC\M4A）	导入/导出
02	Waveform（WAV）	导入/导出	音频交换文件格式（AIF\AIFF）	导入/导出
03	MPEG-1 音频层 II	仅导入	—	—

表 1-4　项目类文件格式

序号	格式	导入/导出支持	格式	导入/导出支持
01	高级创作格式（AAF）	仅导入	Adobe After Effects XML 项目（AEPX）	导入/导出
02	AEP\AET	导入/导出	Adobe Premier Pro（PRPROJ）	导入/导出

提示：对无法导入 After Effects 中的文件格式怎么办？在导入文件时，如果提示错误或视频无法正确显示，那么，这是因为在 After Effects 中没有对应的编码器造成的，只要安装对应的播放器即可。例如，在 After Effects 中需要导入“*.MOV”格式的文件时，就需要安装 QuickTime 软件；如果要导入“*.AVI”文件，只要安装常用的播放器即可。

虽然 After Effects CC 2019 后期特效制作软件能够识别大多数素材文件格式，但在导入素材时需要注意以下几点：

（1）安装 After Effects CC 2019 之后，最好安装包括 QuickTime 软件在内的多种编码器和最新的 Directx 媒体包，否则很多格式的视频文件不能被正确导入 After Effects CC 2019 中。

（2）确保导入的图像素材文件的色彩模式为 RGB 模式。

（3）尽量不要直接导入 VCD 或 DVD 文件。

（4）尽量不要编辑从网络上下载的小视频文件，否则，会影响影片质量。

（5）在软件中导出素材的时候，最好将视频输出格式设置为 TGA 格式。

视频播放：关于具体介绍，请观看本书光盘上的配套视频“任务六：常用的图像、视频和数字音频格式.wmv”。

任务七：After Effects CC 2019 对软/硬件环境的要求

个人计算机有一个良好的软/硬件环境是顺利完成影视后期特效项目的前提条件，在此，给读者一个关于 After Effects CC 2019 运行环境配置的建议，但是读者也要根据自己的经济实力进行适当的调整。

配置要求建议参考表 1-5 Windows 系统配置要求、表 1-6 Mac OS 系统配置要求和表 1-7 VR 系统配置要求。

表 1-5　Windows 系统配置要求

序号	软/硬件	最低规格
01	处理器	具有 64 位支持的多核 Intel 处理器
02	操作系统	Microsoft Windows 10（64 位）版本 1703（创作者更新）及更高版本
03	RAM	至少 16 GB（建议 32 GB）
04	硬盘空间	5 GB 可用硬盘空间；安装过程中需要额外可用空间（无法安装在可移动闪存设备上） 用于磁盘缓存的额外磁盘空间（建议 10 GB）
05	显示器分辨率	1280×1080 或更高的分辨率
06	Internet	必须登录 Internet 并完成注册，才能激活软件、验证订阅和在线访问服务

表 1-6　Mac OS 系统配置要求

序号	软/硬件	最低规格
01	处理器	具有 64 位支持的多核 Intel 处理器
02	操作系统	Mac OS 版本 10.12 (Sierra)、10.13 (High Sierra)、10.14 (Mojave)
03	RAM	至少 16 GB（建议 32 GB）
04	硬盘空间	6 GB 可用硬盘空间；安装过程中需要额外可用空间（无法安装在使用区分大小写的文件系统的卷上或可移动闪存设备上） 用于磁盘缓存的额外磁盘空间（建议 10 GB）
05	显示器分辨率	1440×900 或更高的分辨率
06	Internet	必须具备 Internet 连接并完成注册，才能激活软件、验证订阅和访问在线服务

表 1-7　VR 系统配置要求

序号	头戴显示器（HMD）	操作系统
01	Oculus Rift	Windows 10
02	Windows Mixed Reality	Windows 10
03	HTC Vive	（1）Windows 10； （2）27"iMac，带有 Radeon Pro 显卡； （3）iMac Pro，带有 Radeon Vega 显卡； （4）Mac OS 10.13.3 或更高版本

视频播放：关于具体介绍，请观看本书光盘上的配套视频“任务七：After Effects CC 2019 对软/硬件环境的要求.wmv”。

七、拓展训练

根据所学知识完成如下作业：

（1）After Effects CC 2019 主要应用领域有哪些？

（2）快速学习 After Effects CC 2019 的方法有哪些？

（3）影视后期合成与特效制作中常用的基本概念有哪此？

（4）支持 After Effects CC 2019 常用的图像、视频和数字音频格式主要有哪些？

（5）怎样选择 After Effects CC 2019 的软/硬件运行环境？

（6）利用网络了解 After Effects CC 2019 的新增功能。

学习笔记：

案例2：After Effects CC 2019工作界面介绍

一、案例内容简介

本案例主要介绍After Effects CC 2019工作界面中各个功能面板的作用、各个工作界面模式之间的相互切换和工作界面布局的调节。

二、案例效果欣赏

三、案例制作（步骤）流程

任务一：After Effects CC 2019工作界面 ➡ 任务二：After Effects CC 2019功能面板

⬇

任务三：工作界面模式之间的切换和工作界面布局的调节

四、制作目的

（1）了解After Effects CC 2019工作界面中各个功能面板的作用。

（2）掌握After Effects CC 2019各个工作界面模式之间的相互切换。

（3）熟练掌握After Effects CC 2019的工作界面布局的调节。

五、制作过程中需要解决的问题

（1）为什么要了解各个功能面板的作用？

（2）为什么要进行工作界面模式之间的相互切换？

（3）怎样调节工作界面？

六、详细操作步骤

任务一：After Effects CC 2019 工作界面

学习之前，读者应对 After Effects CC 2019 工作界面有一个全面的了解，这是顺利学习案例的基础。

启动 After Effects CC 2019 并打开项目文件。

步骤 01：单击 （开始）→ Adobe After Effects CC 2019 图标或双击 快捷图标，弹出【欢迎界面】；单击【欢迎界面】左上角的 × 图标，将其关闭。

步骤 02：在菜单栏中单击【文件（F）】→【打开项目（O）…】命令（或按“Ctrl+O”组合键），弹出【打开】对话框。在【打开】对话框中，单击需要打开的项目文件，再单击【打开（O）】按钮，打开后的 After Effects CC 2019 工作界面如图 1.21 所示。

图 1.21　After Effects CC 2019 工作界面

在 After Effects CC 2019 工作界面中主要包括【效果（特效）控件】、【项目】、【合成】、【时间线（轴）】、【效果和预览】、【信息】、【音频】、【库】、【对齐】、【字符】、【段落】、【跟踪器】、【画笔】、【动态草图】、【合成预览】【平滑器】、【摇摆器】、【蒙版插值】、【预览】和【绘图】等功能面板。

视频播放：关于具体介绍，请观看本书光盘上的配套视频“任务一：After Effects CC 2019 工作界面.wmv”。

任务二：After Effects CC 2019 功能面板

本任务主要介绍 After Effects CC 2019 中的 15 个功能面板的基本组成和作用。

1.【项目】功能面板

【项目】功能面板主要作用是导入、存放和管理素材。在【项目】功能面板中用户可以清楚地了解素材文件的路径、缩略图、名称、类型、颜色标签、素材的尺寸和时长以及使用情况等信息，也可以为素材分类、重命名，还可以创建合成或文件夹，同样可以对素材进行简单的编辑和设置。【项目】功能面板如图 1.22 所示。

2.【时间线（轴）】和【合成】功能面板

【时间线（轴）】和【合成】功能面板是 After Effects CC 2019 的主要编辑窗口，在【时间线（轴）】和【合成】功能面板中，可以将素材按时间顺序进行排列和连接，也可以进行片段的剪辑和图层叠加，还可以设置动画关键帧和合成效果，每一个【时间线（轴）】功能面板对应一个【合成】功能面板。在 After Effects CC 2019 中进行合成时，还可以进行多重嵌套，从而制作出各种复杂的视频效果。【合成】和【时间线（轴）】功能面板如图 1.23 所示。

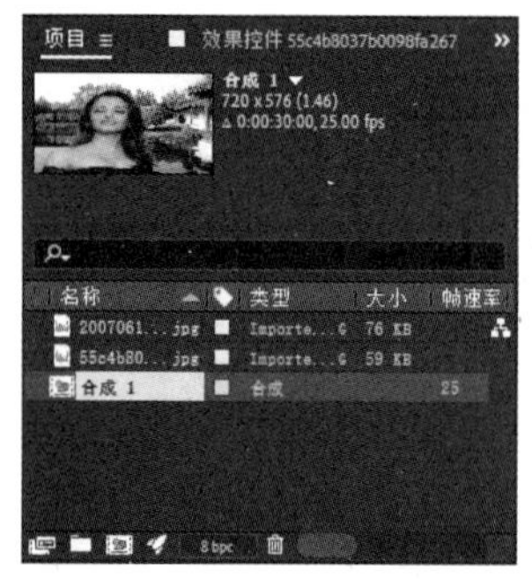

图 1.22 【项目】功能面板

图 1.23 【合成】和【时间线（轴）】功能面板

3.【合成预览】功能面板

【合成预览】功能面板主要作用是显示合成素材的最终编辑效果。在【合成预览】功能面板中，用户不仅可以从多个视角对添加的特效进行预览，而且还可以对图层进行操作。【合成预览】功能面板如图 1.24 所示。

4.【效果（特效）控件】功能面板

【效果（特效）控件】功能面板主要用来设置效果（特效）的参数和添加关键帧，以

及画面运动效果（特效）的设置。【效果（特效）控件】功能面板会根据效果（特效）的不同显示不同的内容。【效果（特效）控件】功能面板如图 1.25 所示。

5.【信息】功能面板

【信息】功能面板的主要作用是显示当前光标所在位置的图像的坐标值和颜色 RGB 值，在进行播放时还显示项目帧和当前帧，【信息】功能面板如图 1.26 所示。

图 1.24 【合成预览】功能面板

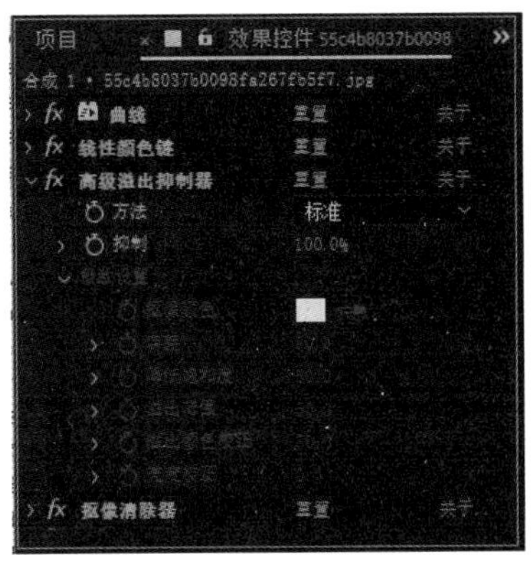

图 1.25 【效果（特效）控件】功能面板

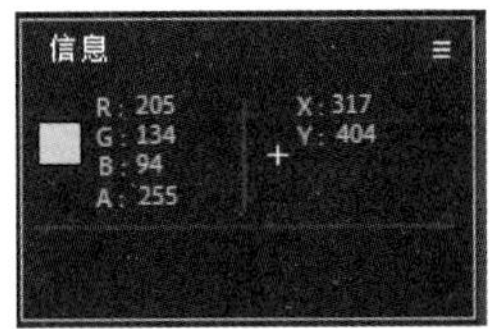

图 1.26 【信息】功能面板

6.【跟踪器】功能面板

【跟踪器】功能面板主要用来对画面进行稳定控制和动态跟踪，在 After Effects CC 2019 中，【跟踪器】功能非常强大，不仅可以跟踪多个运动路径，而且可以对画面中的透视角度变化进行跟踪，是合成场景的重要工具之一。【跟踪器】功能面板如图 1.27 所示。

7.【摇摆器】功能面板

【摇摆器】功能面板主要作用是对设置了两个以上动画关键帧的效果（特效）进行随机插值，使原来的动画属性产生随机性的偏差，从而模仿出自然的动画效果。【摇摆器】功能面板如图 1.28 所示。

8.【预览】功能面板

【预览】功能面板的主要作用是对图层或合成视频进行播放控制。【预览】功能面板如图 1.29 所示。

9.【绘图】功能面板

【绘图】功能面板的主要作用是对绘图工具的笔触大小、颜色和不透明度等相关参数进行设置。【绘图】功能面板如图 1.30 所示。

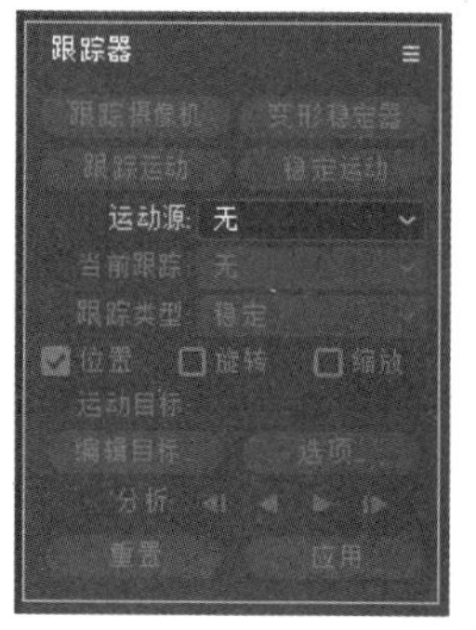

图 1.27 【跟踪器】功能面板

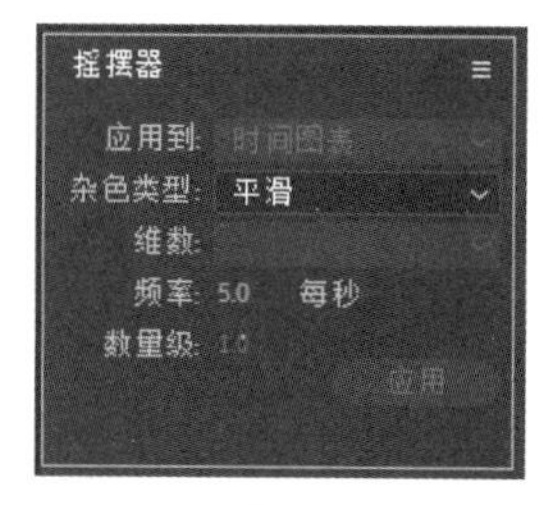

图 1.28 【摇摆器】功能面板

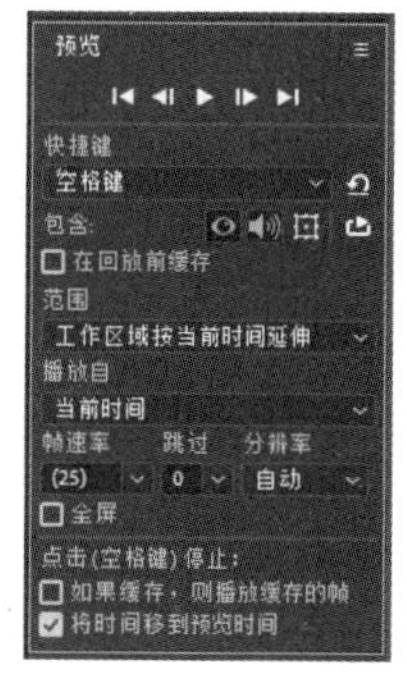

图 1.29 【预览】功能面板

10.【效果和预设】功能面板

【效果和预设】功能面板主要用来存放 After Effects CC 2019 提供的各种视频效果和预设效果，所有效果按用途进行分组存放。如果用户安装了第三方插件提供的效果，这些效果选项也将显示在该面板的最下面。效果的使用也非常简单，选择需要添加效果的图层，再单击需要添加的效果即可。【效果和预设】功能面板如图 1.31 所示。

11.【平滑器】功能面板

【平滑器】功能面板的主要作用是减少多余的关键帧，从而使图层的运动路径或曲线更平滑，消除跳跃现象。【平滑器】功能面板如图 1.32 所示。

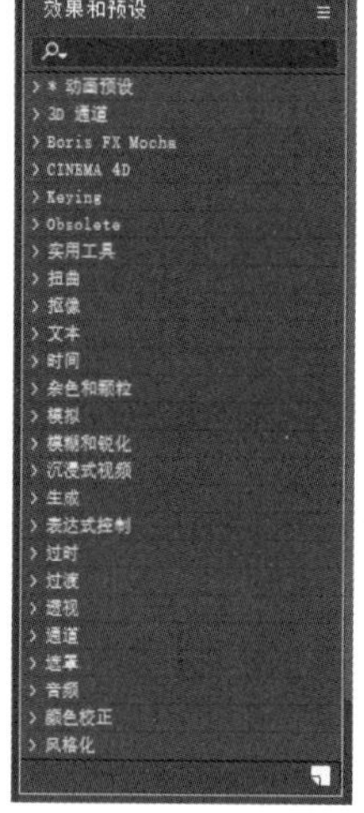

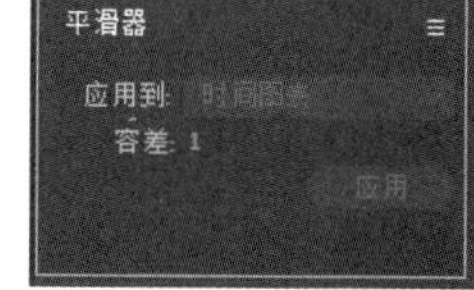

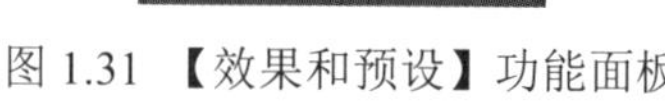

图 1.30 【绘图】功能面板　　图 1.31 【效果和预设】功能面板　　图 1.32 【平滑器】功能面板

12.【字符】功能面板

【字符】功能面板的主要作用是对文字的字体、字号、颜色、字间距等相关参数进行设置。【字符】功能面板如图 1.33 所示。

13.【段落】功能面板

【段落】功能面板的主要作用是设置段落文本的相关参数，【段落】功能面板如图 1.34 所示。

14.【对齐】功能面板

【对齐】功能面板的主要作用是设置图层的对齐方式和分布方式的相关参数，【对齐】功能面板如图 1.35 所示。

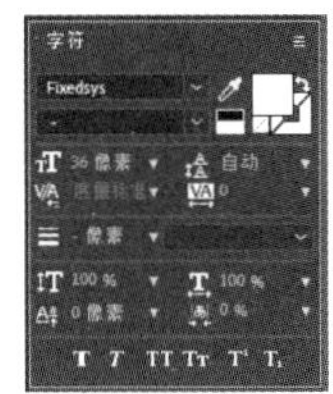

图 1.33 【字符】功能面板

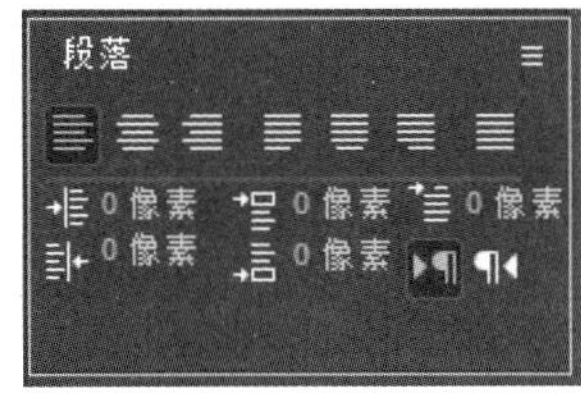

图 1.34 【段落】功能面板

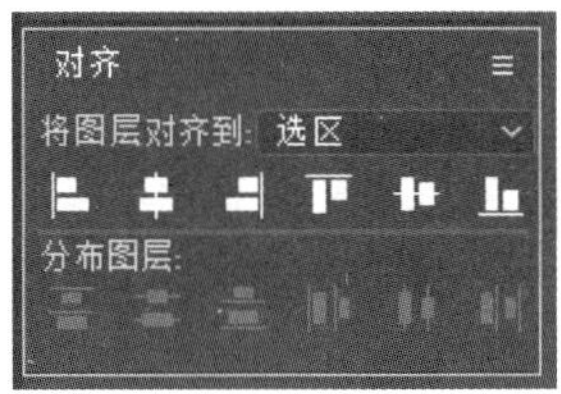

图 1.35 【对齐】功能面板

视频播放：关于具体介绍，请观看本书光盘上的配套视频“任务二：After Effects CC 2019 功能面板.wmv”。

任务三：工作界面模式之间的切换和工作界面布局的调节

After Effects CC 2019 的功能非常强大，功能面板和控制面板也非常多。读者想要同时在一个界面中全部显示工作界面，这是不可能的。为了解决这个问题，After Effects CC 2019 的开发人员根据用户工作的侧重点不同，设计了多种 After Effects CC 2019 工作界面模式，用户可以根据自己的需要进行切换。

1. 各个工作界面模式之间的切换

各个工作界面模式之间的切换方法很简单，主要有两种切换模式的方法。

1）通过工具栏进行切换

步骤 01：如图 1.36 所示，单击工具栏右边的文字图标，即可快速地在【默认】、【了解】、【标准】和【小屏幕】4 个工作界面模式之间进行切换。

步骤 02：如果需要切换到其他工作界面模式，也可以单击【库】右边的»图标，弹出如图 1.37 所示的下拉菜单，单击需要切换的命令即可。

图 1.36 使用工具栏的文字图标切换工作界面模式

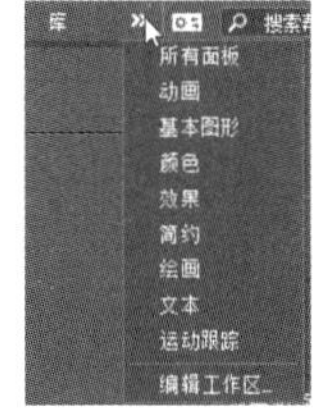

图 1.37 使用下拉菜单切换工作界面模式

2）通过菜单栏进行切换

步骤 01：在菜单栏中单击【窗口】→【工作区（S）】命令，弹出二级子菜单，如图 1.38 所示。

步骤 02：将光标移到需要切换的工作界面模式的菜单命令上，单击即可。在 After Effects CC 2019 中工作界面模式共 15 种，可以根据工作需要进行切换。

2. 工作界面模式调节

在 After Effects CC 2019 中不仅可以在各种工作界面模式之间切换，还允许调节各个功能面板的位置、显示和隐藏等操作，以及新建、删除工作界面和重置工作界面布局。

1）新建工作界面模式

读者如果对 AE 提供的工作界面模式都不喜欢，可以自己新建工作界面模式。

步骤 01：根据工作实际和工作习惯，调节工作界面。

步骤 02：调节好工作界面之后，在菜单栏种单击【窗口】→【工作区（S）】→【另存为新工作区…】命令，弹出【新建工作区】对话框。在该对话框内输入“个人工作界面模式”，如图 1.39 所示。输入完毕，单击【确定】按钮，完成工作界面的新建。

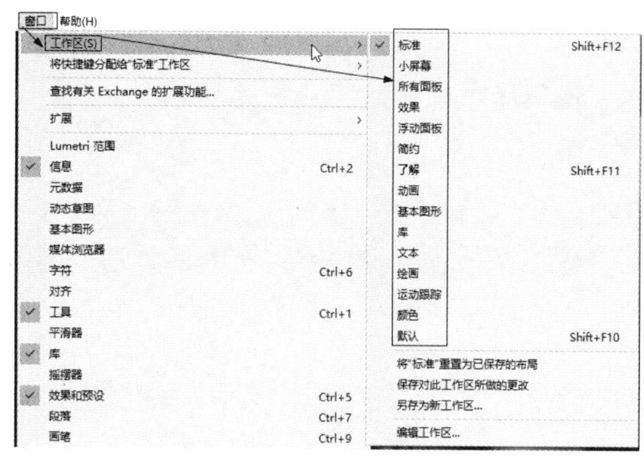

图 1.38　二级子菜单

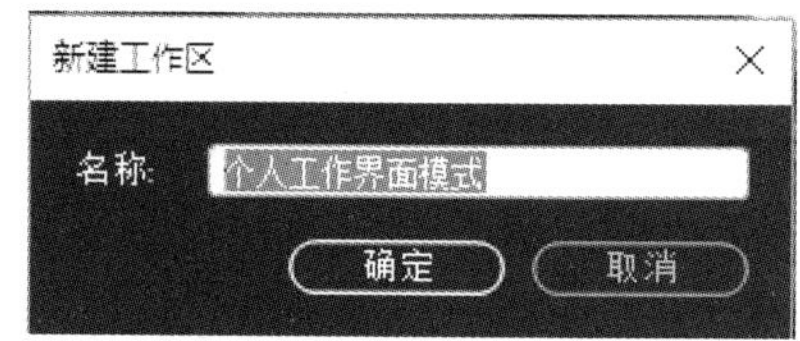

图 1.39 【新建工作区】对话框

2）删除工作界面模式

读者也可以删除不需要的工作界面模式，具体操作方法如下。

步骤 01：在菜单栏种单击【窗口】→【工作区（S）】→【编辑工作区…】命令，弹出【编辑工作区】对话框。

步骤 02：在【编辑工作区】对话框中，先单选需要删除的工作界面模式名称，再单选刚建立的“个人工作界面模式”，如图 1.40 所示。最后，单击【删除】按钮。

提示：在删除工作界面模式时，当前工作界面模式不能删除。如果要删除当前工作界面模式，先要切换到其他工作界面模式，才能进行删除操作。

3）重置工作界面布局

在调节工作界面布局时，如果整个工作界面被调节得非常混乱，用户可以通过重置工作区将工作界面布局恢复到调节之前的状态，具体操作方法如下。

在菜单栏中单击【窗口】→【工作区（S）】→【将“标准”重置为已保存的布局】命令即可。

提示：在【将“标准”重置为已保存的布局】命令中的双引号中的文字为当前工作界面模式的名称，它会随着工作模式的不同而不同。

3. 调节功能面板

功能面板的调节主要包括功能面板的显示/隐藏、大小和位置调节等相关操作，具体操作如下：

1）显示或隐藏功能面板

步骤 01：显示功能面板，在菜单栏中单击【窗口】命令，弹出下拉菜单，如图 1.41 所示。

步骤 02：在弹出的下拉菜单中，选项前面有“ √ ”的，表示该功能面板处于显示状态；选项前面没有“ √ ”的，表示该功能面板处于隐藏状态。

步骤 03：将光标移到下拉菜单的相应功能面板的标签命令上单击，即可显示或隐藏工作界面。

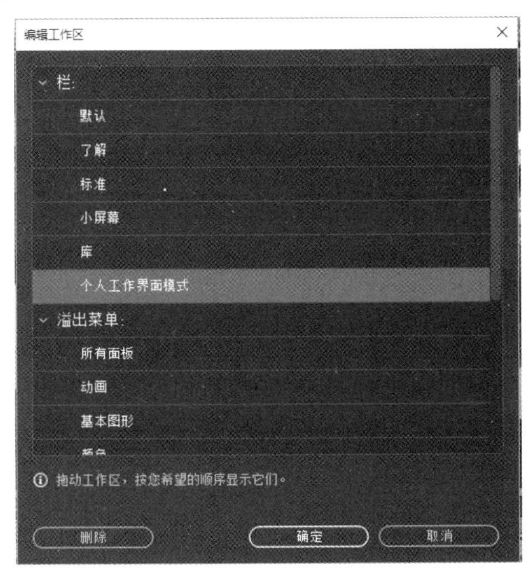

图 1.40 【编辑工作区】对话框

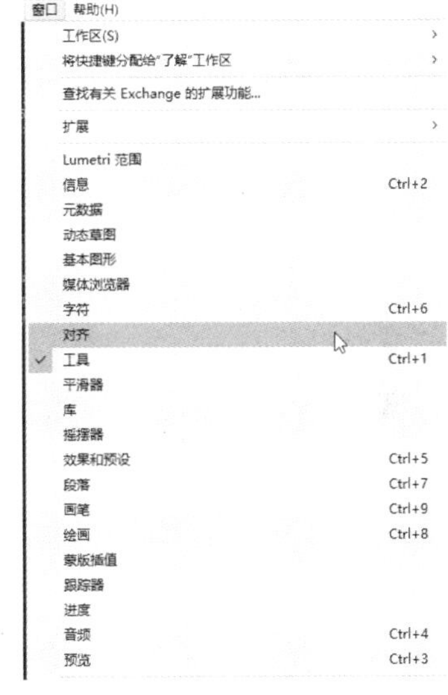

图 1.41 【窗口】下拉菜单

2）调节功能面板的位置和大小

步骤 01：调节功能面板的位置，将光标移到功能面板左上角的■图标上单击，弹出【快捷菜单】面板。在该面板中单击【浮动面板】命令，就可将该功能面板切换为浮动面板。将光标移到浮动面板上，按住左键不放的同时移动光标，就可对该功能面板进行移动操作。

步骤 02：调节功能面板的大小。将光标移到需要调节大小的两个功能面板之间，待光标变成■或■状态时，按住左键不放的同时进行上下或左右拖行，即可调节功能面板的大小。

视频播放：关于具体介绍，请观看本书光盘上的配套视频“任务三：工作界面模式之间的切换和工作界面布局的调节.wmv”。

七、拓展训练

（1）根据本案例所学知识，在各个工作界面模式之间进行切换并比较它们之间的异同点。

（2）根据读者的个人习惯，调节各个工作界面之间的布局。

学习笔记：

案例 3：After Effects CC 2019 相关参数设置

一、案例内容简介

本案例主要介绍 After Effects CC 2019 中【首选项】面板中相关参数的作用和设置。

二、案例效果欣赏

因本案例为参数设置介绍，无效果欣赏，故省略效果图。

三、案例制作（步骤）流程

任务一：【首选项】对话框参数设置 ➡ 任务二：各项参数的作用和调节

四、制作目的

（1）了解 After Effects CC 2019 中【首选项】对话框的作用。
（2）了解 After Effects CC 2019 中【首选项】对话框参数的设置。
（3）各个参数选项的作用和调节。

五、制作过程中需要解决的问题

（1）为什么要调节【首选项】参数对话框？
（2）了解在参数调节过程中需要注意的事项。
（3）掌握各项参数的作用和调节方法。

六、详细操作步骤

任务一：【首选项】对话框参数设置

在安装任何一款软件之后，在使用之前，建议读者根据自己的习惯对软件自定义功能模块进行相关参数的设置，以便更加人性化、更加合理、更加适合自己的使用习惯，After Effects CC 2019 这款软件也不例外。在安装 After Effects CC 2019 之后，不要急于导入素材进行编辑。在此之前，希望读者对该软件的相关参数作一个大致了解，并根据工作的实际需要和工作习惯进行适当的个性化设置，使 After Effects CC 2019 发挥出它最优的性能，进而充分利用资源，提高工作效率。

【首选项】对话框的打开按以下步骤操作。

步骤 01：在菜单栏中单击【编辑（E）】→【首选项（F）】→【常规（E）…】命令，弹出【首选项】对话框，如图 1.42 所示。

步骤 02：在“参数项目列表”中单选需要调节参数的项目标签。

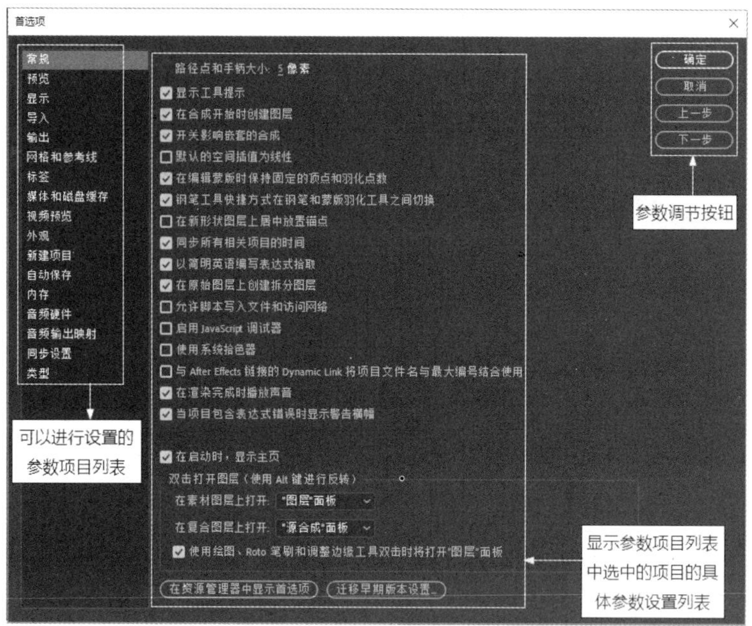

图 1.42 【首选项】对话框

步骤 03：在【首选项】对话框中的中间具体参数列表中调节参数，调节完毕，单击【确定】按钮，完成参数设置并退出【首选项】对话框。

提示：如果不想对调节的参数进行保存，就单击【取消】按钮，退出【首选项】对话框，所设置的参数将不被保存。若单击【上一步】按钮，则返回上一个参数项的设置；若单击【下一个】按钮，则跳到当前参数项的下一个参数项的设置。

视频播放：关于具体介绍，请观看本书光盘上的配套视频“任务一：【首选项】对话框参数设置.wmv”。

任务二：各项参数的作用和调节

在 After Effects CC 2019 中的【首选项】对话框中主要包括【常规】、【预览】、【显示】、【导入】、【输出】、【网格和参考线】、【标签】、【媒体和磁盘缓存】、【视频预览】、【外观】、【新建项目】、【自动保存】、【内存】、【音频硬件】、【音频输出映射】、【同步设置】和【类型】17 项参数设置。

下面为读者详细介绍比较重要的参数项的作用和具体参数调节的方法。

1. 【常规】参数设置

【常规】参数列表主要用来设置 After Effects CC 2019 的运行环境，参考图 1.42。在这些参数设置中，最重要的设置是撤销次数限定设置，也就是返回步骤的次数。这一项的设置对初学者来说尤其重要，系统默认值为 32 次，允许返回步骤的设置为 1～99 次，但是数值越大，占用的系统资源就越多。在实际使用时读者要根据系统硬件的配置和编辑项目的

复杂程度，综合考虑此参数的设置。具体参数介绍如下。

（1）【显示工具提示】：主要用来控制是否显示工具提示信息。

（2）【在合成开始时创建图层】：主要用来控制在创建图层时是否将图层放置在合成的时间起始位置。

（3）【开关影响嵌套的合成】：主要用来控制是否将运动模糊和图层质量等继承到嵌套合成中。

（4）【默认的空间插值为线性】：主要用来控制是否将空间插值方式设置为默认的线性插值法。

（5）【在编辑蒙版时保持固定的顶点和羽化点数】：主要用来控制在操作蒙版（遮罩）时，是否保持顶点的总数不变。若勾选此项，在制作蒙版（遮罩）形状关键帧动画时，在某个关键帧处添加顶点，则在所有的关键帧处自动增加相应的顶点，以保持顶点的总数不变。

（6）【钢笔工具快捷方式在钢笔和蒙版羽化工具之间切换】：主要用来控制钢笔工具与蒙版羽化工具之间是否使用快捷切换。

（7）【在新形状图层上居中放置锚点】：主要用来控制在创建新形状图层时锚点是否放置在中心位置。

（8）【同步所有相关项目的时间】：主要用来控制在调节当前指示器滑块时，在不同的合成中是否支持同步。在制作同步关键帧动画时，需要勾选此项。

（9）【以简明英语编写表达式拾取】：主要用来控制在使用“表达式拾取”时，是否对表达式书写框中自动产生的表达式使用简介的表达式。

（10）【在原始图层上创建拆分图层】：主要用来控制在拆分图层时被分离的两个图层的上下位置关系。

（11）【允许脚本写入文件和访问网络】：主要用来控制脚本是否连接到网络并可否修改文件。

（12）【启用 JavaScript 调试器】：主要用来控制是否启用 JavaScript 调试器。

（13）【使用系统拾色器】：主要用来控制是否使用系统的颜色采样工具来调节颜色。

（14）【与 After Effect 链接的 Dynamic Link 将项目文件与最大编号结合使用】：主要用来控制与 After Effect 链接的 Dynamic Link，是否启用将项目文件与最大编号结合使用的命令。

（15）【在渲染完成时播放声音】：主要作用是在渲染完成时播放提示完成的声音。

（16）【当项目包含表达式错误时显示警告横幅】：主要用来控制是否启用表达式错误提示。

（17）【在启动时，显示主页】：主要用来控制在启动 After Effects CC 2019 时是否显示主页。一般情况下，不勾选此项。

2. 【预览】参数设置

【预览】参数列表主要来设置合成项目的预览方式，如图 1.43 所示。

（1）【自适应分辨率限制】：主要用来控制预览画面时的分辨率级别，共 4 个选项级别，一般情况下选择 1/8。该选项在加快速度的同时，画面质量也被控制在可接受的范围。

（2）【GPU信息…】：单击该按钮，弹出一个【GPU信息】对话框。通过该对话框，可以了解OpenGL和CUDA的相关信息。

（3）【显示内部线框】：主要用来控制是否显示内部线框。

（4）【查看器质量】：主要用来调节“缩放质量”和“色彩管理品质”。

（5）【音频】：主要用来控制在非实时预览时，是否启用音频静音。

3.【显示】参数设置

【显示】参数列表主要用来控制运动路径的显示及其他显示，如图1.44所示。

（1）【没有运动路径】：主要用来控制在调节运动路径时是否显示运动路径。

（2）【所有关键帧】：主要用来控制在调节路径时是否显示所有关键帧。

（3）【不超过5个关键帧】：主要用来调节在一定时长范围内显示的关键帧个数。

（4）【不超过0：00：15：00是0：00：15：00基础30】：主要用来调节在一定时长范围内显示的关键帧个数。

（5）【在项目面板中禁用缩览图】：主要用来控制在【项目】窗口是否关闭缩览图的显示。

（6）【在信息面板和流程图中显示渲染进度】：主要用来控制在【信息】窗口和【合成】窗口下方是否显示渲染进度。

（7）【硬件加速合成、图层和素材面板】：主要用来控制是否显示硬件加速合成、图层和素材面板。

（8）【在时间轴面板中同时显示时间码和帧】：主要用来控制是否在【时间轴】窗口中同时显示时间码和帧数。

4.【导入】参数设置

【导入】参数列表主要用来设置静止素材导入时的相关参数，如图1.45所示。

（1）【合成的长度】：勾选此项，导入的静止素材的长度与新建合成素材的长度一致。

（2）【0：00：01：00是0：00：01：00基础30】：若勾选此项，则导入的静止素材的长度和用户设置的长度一致。

（3）【30帧/秒】：主要用来设置导入序列素材的帧速率。

（4）【报告缺少帧】：主要用来控制媒体在播放时丢失帧的报告显示。

（5）【验证单独的文件（较慢）】：主要用来控制在导入素材时，是否对每一个文件进行验证，默认为不勾选。

（6）【启用加速H.264解码（需要重新启动）】：主要用来控制在导入素材时，是否启动加速H.264解码器。勾选或取消此项时，需要重新启动After Effects CC 2019才起作用。

（7）【自动重新加载素材】：主要用来设置当After Effects CC 2019重新获取焦点时，在磁盘上自动重新加载任何已更改的素材的自动重新加载方式，包括“非序列素材”“所有素材类型”和“关”3种加载方式。

（8）【不确定的媒体NTSC】：主要用来控制对不确定的媒体是否进行丢帧处理。

（9）【将未标记的 Alpha 解释为：】：主要用来设置未标记的 Alpha 素材的编译 Alpha 通道值的方式，为用户提供了“询问用户”“猜测”“忽略 Alpha”“直接（无遮罩）”“预乘（黑色遮罩）”和“预乘（白色遮罩）”标记方式，默认为“询问用户”标记方式。

（10）【通过拖动将多个项目导入为：】：主要用来控制将多个项目使用拖动方式导入时，以哪种方式导入，After Effects CC 2019 为用户提供了“素材”“合成”和“合成-保持图层大小”3 种导入方式。

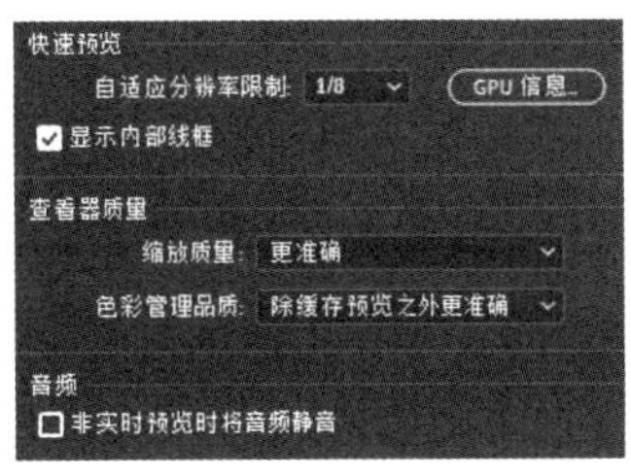

图 1.43 【预览】参数设置

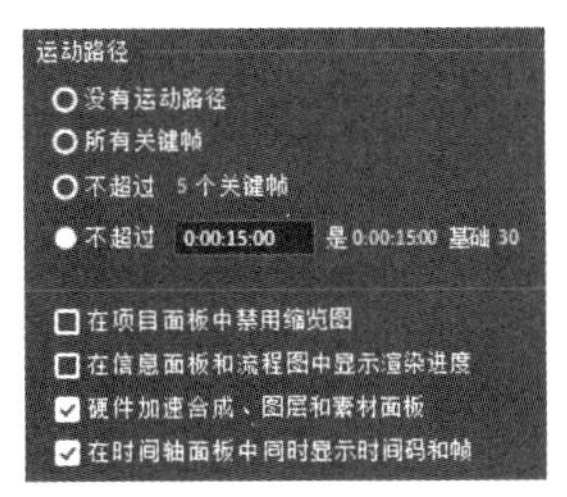

图 1.44 【显示】参数设置

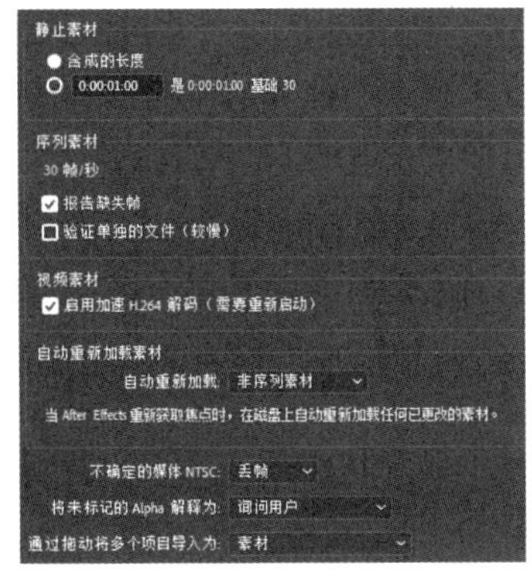

图 1.45 【导入】参数设置

5.【输出】参数设置

【输出】参数列表主要用来设置当输出文件的大小超出目标磁盘的空间大小时，指定继续保存文件的逻辑分区位置，以及图像序列或影片的输出控制，如图 1.46 所示。

（1）【序列拆分为：】：主要用来设置序列文件输出时拆分的最多文件数量。

（2）【仅拆分视频影片为：】：主要用来设置输出时视频影片拆分片段的大小，若视频影片中有音频，则不能拆分。

（3）【使用默认文件名和文件夹】：主要用来控制在输出视频影片时，是否使用默认项目中的文件名和文件夹。

（4）【音频块持续时间 0：00：01：00 是 0：00：01：00 基础 30】：主要用来设置影片输出时音频的最大持续时间。

6.【网格和参考线】参数设置

【网格和参考线】参数列表主要用来设置网格与参考线的颜色、数量和线条风格，如图 1.47 所示。

（1）【网格】：主要用来设置网格的颜色、样式、网格线间隔大小和次分隔线的条数。

（2）【对称网格】：主要用来设置对称网格线水平和垂直的数量。

（3）【参考线】：主要用来设置参考线的颜色和线条样式。

（4）【安全边距】：主要用来设置“动作安全”“字幕安全”“中心剪切动作安全”和“中心剪切字幕安全”的百分比。

7.【标签】参数设置

【标签】参数列表主要用来设置各种标签的名称和颜色，如图 1.48 所示。

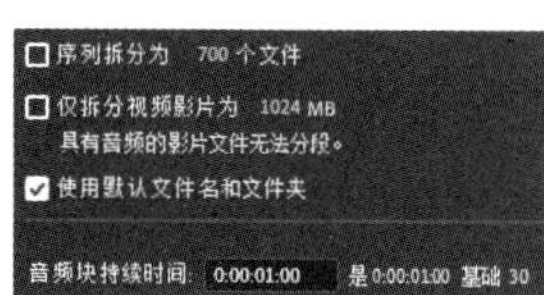

图 1.46【输出】参数设置

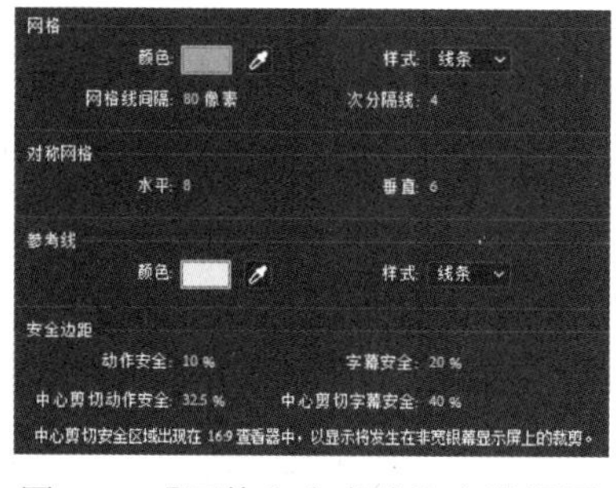

图 1.47 【网格和参考线】参数设置

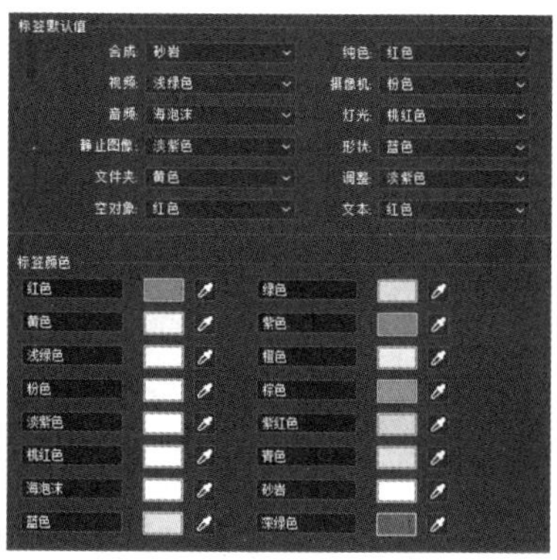

图 1.48 【标签】参数设置

8. 【媒体和磁盘缓存】参数设置

【媒体和磁盘缓存】参数列表主要用来设置磁盘缓存空间的大小，如图 1.49 所示。

（1）【启用磁盘缓存】：主要用来控制是否启用磁盘缓存。

（2）【最大磁盘缓存大小】：主要用来设置磁盘缓存空间的最大值。

（3）【选择文件夹】：主要用来设置磁盘缓存保存的路径。

（4）【符合的媒体缓存】：主要用来设置“数据库”和“缓存”文件的路径，清理数据库和缓存文件。

（5）【XMP 元数据】：主要用来控制是否启用“导入时将 XMP ID 写入文件”和“从素材 XMP 元数据创建图层标记”功能。

9.【视频预览】参数设置

【视频预览】参数列表主要用来设置视频预览输出的硬件及输出方式，如图 1.50 所示。

（1）【启用 Mercury Transmit】：主要用来控制是否进行“启用 Mercury Transmit”设置。

（2）【在后台时禁用视频输出】：主要用来控制是否可以在后台进行视频输出。

（3）【渲染队列输出期间预览视频】：主要用来控制在进行渲染队列时是否可以预览视频。

10.【外观】参数设置

【外观】参数列表主要用来设置 After Effects CC 2019 工作界面的颜色、亮度和对比度等相关内容，如图 1.51 所示。

（1）【对图层手柄和路径使用标签颜色】：主要用来控制是否对图层操作手柄和路径使用标签颜色。

（2）【对相关选项卡使用标签颜色】：主要用来控制是否启用对相关选项卡使用标签

颜色。

（3）【循环蒙版颜色（使用标签颜色）】：主要用来控制是否启用对循环蒙版使用标签颜色。

（4）【为蒙版路径使用对比度颜色】：主要用来控制是否对蒙版路径使用对比度颜色。

（5）【亮度】：主要用来调节 After Effects CC 2019 工作界面的亮度。

（6）【加量颜色】：主要用来调节 After Effects CC 2019 界面中可调参数值颜色的亮度。

（7）【焦点指示器】：主要用来调节焦点指示器的亮度。

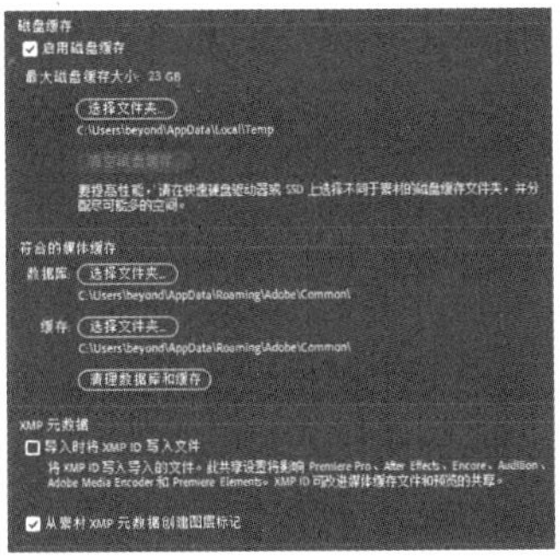

图 1.49 【媒体和磁盘缓存】参数设置

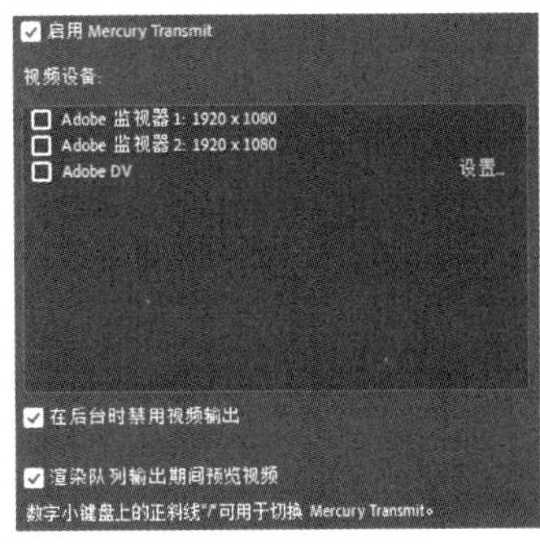

图 1.50 【视频预览】参数设置

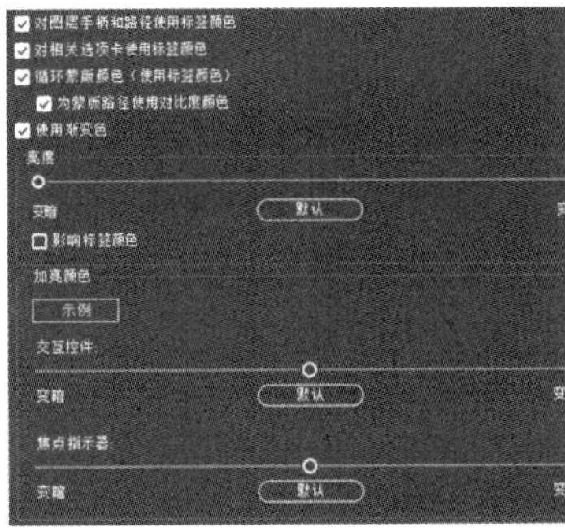

图 1.51 【外观】参数设置

11.【新建项目】参数设置

【新建项目】参数列表主要用来设置在新建项目时是否启用加载模板和新建项目纯色文件夹的名称，如图 1.52 所示。

（1）【新建项目加载模板】：主要用来控制在新建项目时，是否启用加载项目模板。

（2）【新建项目纯色文件夹】：主要用来设置新建项目纯色文件夹的名称。

12.【自动保存】参数设置

【自动保存】参数列表主要用来设置软件自动保存操作的间隔时间和项目文件保存的数量，如图 1.53 所示。

（1）【保存间隔】：主要用来设置自动保存用户操作步骤的间隔时间，默认为 20 分钟。

（2）【启动渲染队列时保存】：主要用来控制在启动渲染队列时，是否对渲染队列进行保存。

（3）【最大项目版本】：主要用来设置项目适应版本的最大值。

（4）【自动保存位置】：主要用来设置项目保存的位置，在 After Effects CC 2019 中为用户提供了“项目旁边”和“自定义位置”两种方式。

13.【内存】参数设置

【内存】参数列表主要用来设置内存的使用大小、为其他软件保留存储空间大小以及系统内存不足时是否启用缓存等设施，如图 1.54 所示。

图 1.52 【新建项目】参数设置

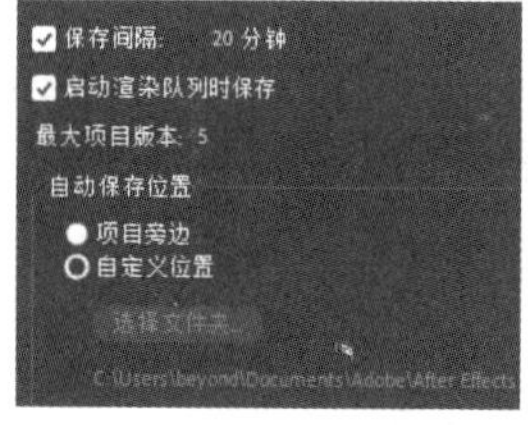

图 1.53 【自动保存】参数设置

图 1.54 【内存】参数设置

（1）【安装的 RAM】：主要显示安装软件时所需内存的大小。

（2）【为其他应用程序保留的 RAM】：主要用来设置为其他应用程序保留的内存空间的最大值。

（3）【系统内存不足时减少缓存大小（这将缩短缓存预览）】：主要用来判断是否启动“系统内存不足时减少缓存大小”功能。

14.【音频硬件】和【音频输出映射】参数设置

【音频硬件】参数列表主要用来设置声卡的相关参数，【音频输出映射】参数列表主要用来设置左、右声道的设备，如图 1.55 所示。

（1）【设备类型】：主要用来选择音频硬件的使用类型。

（2）【默认输出】：主要用来设置音频输出的默认设备类型，在 After Effects CC 2019 中为用户提供了 4 种设备类型。

（3）【等待时间】：主要用来调节音频输出的等待时间。

（4）【映射其输出】：主要用来设置音频输出时的左、右声道。

15.【同步设置】参数设置

【同步设置】主要用来设置是否启动 After Effects CC 2019 中的一些同步操作功能，如图 1.56 所示。

（1）【退出应用程序时自动清除用户配置文件】：主要用来控制在退出 After Effects CC 2019 时是否清楚用户配置的相关文件。

（2）【可同步的首选项】：主要用来控制是否启用“首选项”相关的参数设置。

（3）【键盘快捷键】：主要用来控制是否启用键盘快捷键。

（4）【合成设置预设】：主要用来控制是否启用合成设置预设。

（5）【解释规则】：主要用来控制是否显示解释规则的提示信息。

（6）【渲染设置模板】：主要用来控制是否启用渲染设置模板。

（7）【输出模块设置面板】：主要用来控制是否启用输出模块设置模板。

（8）【在同步时】：主要用来设置同步的方式，包括“询问我的首选项”“始终上载设置”和“始终下载设置”3 种同步方式。

16.【类型】参数设置

【类型】参数设置主要用于文本引擎方式和字体菜单的相关设置，如图 1.57 所示。

（1）【文本引擎】：主要用来设置 After Effects CC 2019 的文字显示方式，有“拉丁”和“南亚和中东”两种文本引擎，默认为“拉丁”文字。

（2）【预览大小】：主要用来设置菜单字体的显示大小，有“小”“中”“大”和“特大”4 种显示方式。

（3）【要显示的近期字体数量】：主要用来设置近期字体数量的显示级别，提供 6 个级别，即 0～5 级别。

（4）【打开项目时，不要提醒我缺失字体】：主要用来控制在打开项目出现字体缺失时，是否弹出字体缺失对话框提示信息。

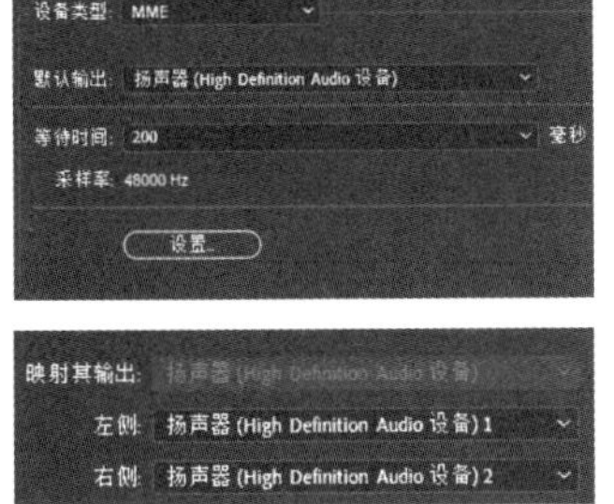

图 1.55 【音频硬件】和【音频输出映射】参数设置

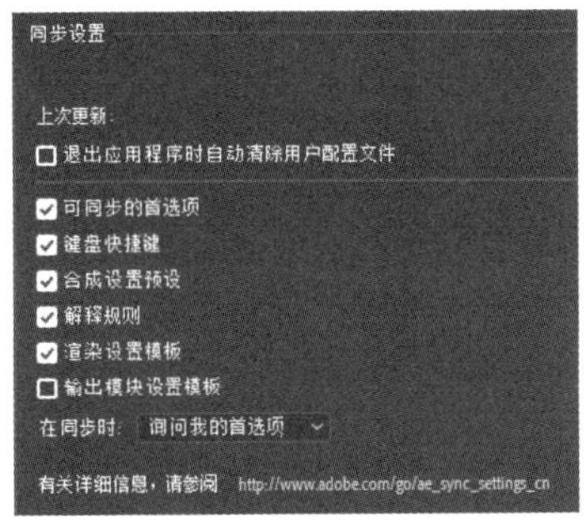

图 1.56 【同步设置】参数设置

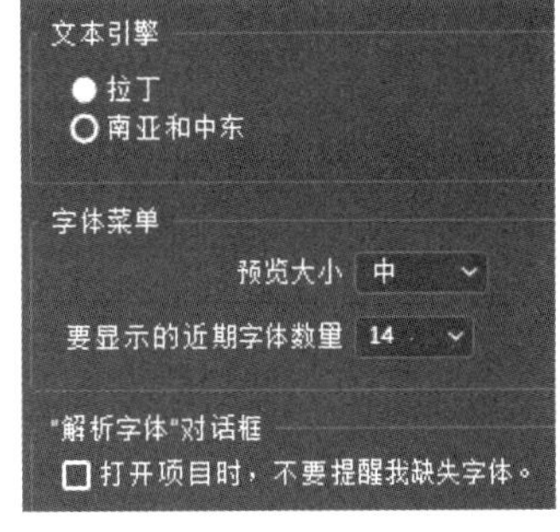

图 1.57 【类型】参数设置

视频播放：关于具体介绍，请观看本书光盘上的配套视频“任务二：各项参数的作用和调节.wmv”。

七、拓展训练

应用前面所学知识，启动 After Effects CC 2019 应用软件，根据读者自己的使用习惯设置系统参数。

学习笔记：

案例 4：影视后期特效合成的操作流程

一、案例内容简介

主要通过一个简单的特效合成小案例，介绍影视后期特效合成的操作流程。

二、案例效果欣赏

三、案例制作（步骤）流程

任务一：After Effects CC 2019 的基本工作流程
↓
任务二：启动After Effects CC 2019应用软件和创建合成 ➡ 任务三：导入与替换文件
↓
任务六：添加特效 ⬅ 任务五：创建遮罩和转换为预合成 ⬅ 任务四：使用素材的原则
↓
任务七：预览效果和渲染输出

四、制作目的

（1）熟悉 After Effects CC 2019 的基本工作流程。
（2）了解使用素材需要遵循怎样的原则。
（3）熟悉特效的概念，掌握特效的操作方法。
（4）掌握特效动画的制作原理和基本操作流程。
（5）了解遮罩的原理和遮罩的制作方法。

五、制作过程需要解决的问题

（1）熟悉 After Effects CC 2019 基本工作流程的注意事项。
（2）使用素材应遵循哪些原则？
（3）熟悉特效动画制作的基本流程。
（4）了解遮罩制作的技巧和注意事项。

六、详细操作步骤

任务一：After Effects CC 2019 的基本工作流程

After Effects CC 2019 的基本工作流程如下：

（1）整理前期创意，收集素材。

（2）启动 After Effects CC 2019 的应用软件。

（3）创建合成项目文件。

（4）导入素材文件。

（5）制作特效和合成。

（6）预览、渲染输出。

在 After Effects CC 2019 中，无论是制作一个简单的后期特效项目，还是制作复杂的大型动画后期特效合成项目，都需要遵循 After Effects CC 2019 的基本工作流程，如图 1.58 所示。

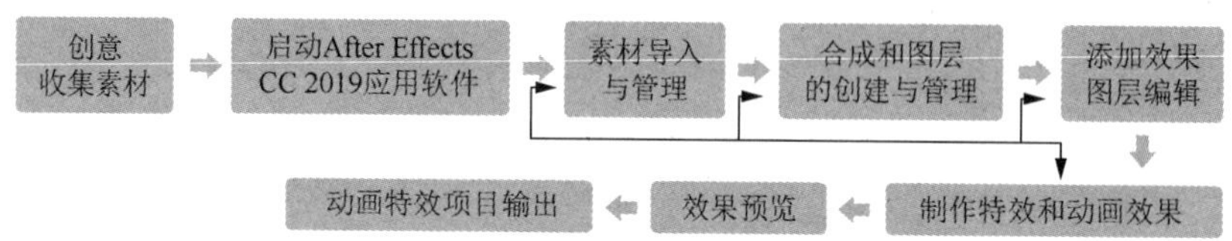

图 1.58　After Effects CC 2019 的基本工作流程

在本案例中通过制作一个名为“闪电下雨”的视频特效，介绍 After Effects CC 2019 的基本工作流程。

视频播放：关于具体介绍，请观看本书光盘上的配套视频“任务一：After Effects CC 2019 的基本工作流程.wmv”。

任务二：启动 After Effects CC 2019 应用软件和创建合成

1. 启动 After Effects CC 2019 应用软件

启动 After Effects CC 2019 应用软件的方法与其他软件启动的方法基本相同，主要有如下 3 种方法。

（1）在桌面上双击Ae（快捷图标），即可启动 After Effects CC 2019。

（2）单击⊞（开始）→Ae Adobe After Effects CC 2019命令，即可启动 After Effects CC 2019。

（3）直接双击需要打开的 After Effects 文件。

2. 创建合成

After Effects CC 2019 后期特效或动画合成的前提条件是创建合成，对导入的素材进行编辑、特效合成和动画制作都要在合成中实现，After Effects CC 2019 中的合成可以进行层层嵌套。一般情况下，制作一个后期特效合成项目都会用到合成嵌套，所以在学习后期特

效制作之前需要了解相关合成的知识点。

在 After Effects CC 2019 中，一个后期合成项目允许创建多个合成，而且每个合成都可以作为一个素材应用到其他的合成中。一个素材可以在一个合成中多次使用，也可以在多个合成中使用，还可以对当个素材进行遮罩，但不能进行自身嵌套。图 1.59 所示为素材与合成嵌套的关系。

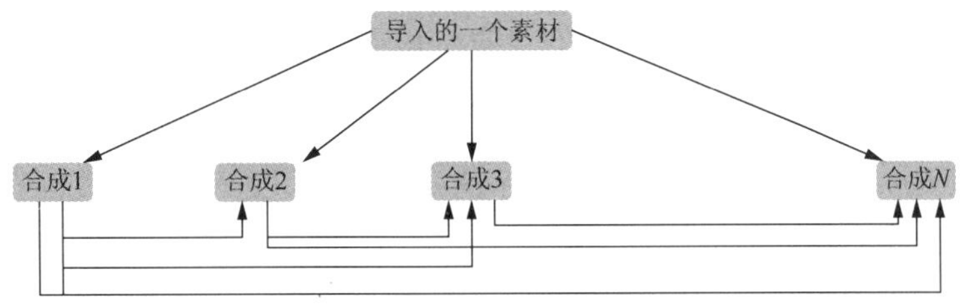

图 1.59　素材与合成嵌套的关系

步骤 01：在菜单栏中单击【合成（C）】→【新建合成（C）…】命令（或按“Ctrl+N”组合键），弹出【合成设置】对话框。

步骤 02：根据项目要求设置【合成设置】对话框，在本案例中的具体设置如图 1.60 所示。

步骤 03：设置完毕单击【确定】按钮，即可创建一个名为“闪电下雨”素材的合成，如图 1.61 所示。

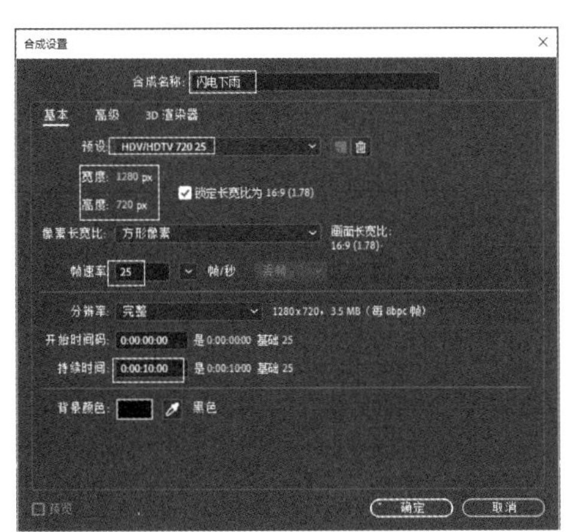

图 1.60　【合成设置】对话框参数设置

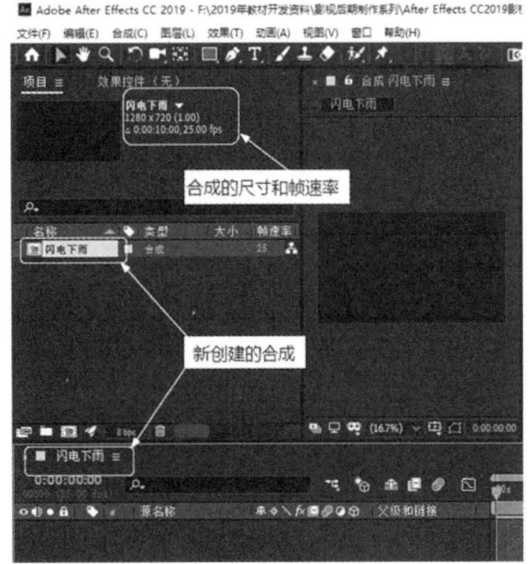

图 1.61　“闪电下雨”素材合成

提示：如果创建的新合成参数设置不符合实际要求，那么可以重新对创建的新合成的参数进行修改。方法很简单，只要在菜单栏中单击【合成（C）…】→【合成设置（T）…】命令（或按“Ctrl+K”组合键），弹出【合成设置】对话框。根据要求，重新设置【合成设置】对话框中的相关参数，设置完毕单击【确定】按钮即可。

3.【合成设置】对话框参数介绍

在【合成设置】对话框参数设置中，主要包括【基本】、【高级】和【3D 渲染器】3 大项参数设置。

【合成名称】：主要用来输入合成的名称。

1）【基本】项参数简介

（1）【预设】：为用户提供影片类型的选择和用户自定义影片类型。

（2）【宽度】/【高度】：主要用来设置合成素材的宽/高尺寸，单位为 px（像素），这两个参数只有在【预设】类型为自定义影片类型时才起作用。

（3）【像素长宽比】：主要用来设置单个像素的宽高比例，总共为用户提供了 7 种宽高比例的选择方式。

（4）【帧速率】：主要用来设置合成的帧速率，当帧速率设置为整数时，后面的帧控制方式不起作用，当帧速率设置不为整数时，为用户提供了“无丢帧”和“丢帧”两种选择播放方式。

（5）【分辨率】：主要用来设置合成的分辨率，为用户提供了“完整”“二分之一”“三分之一”“四分之一”和“自定义…”5 种分辨率设置模式。

（6）【开始时间】：主要用来设置合成的起始时间，默认情况下从第 00 秒 00 帧开始。

（7）【持续时间】：主要用来设置合成的总时长。

（8）【背景颜色】：主要用来设置合成的背景颜色。可以使用（吸管）工具拾取颜色来调整合成的背景颜色。

2）【高级】项参数介绍

【高级】项参数选项卡主要用来设置“锚点（定位的）”“渲染插件”和“动态模糊”等参数设置，如图 1.62 所示。

（1）【锚点】：主要用来设置合成的轴心点，在修改合成图像的尺寸时，轴心点位置决定如何裁切和扩大图像范围。

（2）【在嵌套时或在渲染队列中，保留帧速率】：主要用来控制是否启用在嵌套时或在渲染队列中，保留帧速率。

（3）【在嵌套时保留分辨率】：主要用来控制在嵌套时，是否启用保留分辨率。

（4）【快门角度】：主要用来调节快门的角度。

（5）【快门相位】：主要用来调节快门的相位角度。

提示：快门角度和快门之间的关系可以用“快门速度=1 ÷ [帧速率×(360 ÷ 快门角度)]”计算得到。例如，快门角度为 180°，PAL 的帧速率为 25 帧/秒，那么快门速度为 1/50。

（6）【每帧样本】：主要用来调节每帧样本采样的数值大小。

（7）【自适应采样限制】：主要用来调节自适应采样限制的大小。

3）【3D 渲染器】项参数介绍

在【3D 渲染器】参数选项卡中主要为用户提供了渲染器的选择方式，主要提供了“经典 3D”“CINEMA 4D”和“光线追踪的 3D（启用）”3 种渲染选择方式，默认为“经典 3D”

渲染方式，如图 1.63 所示。

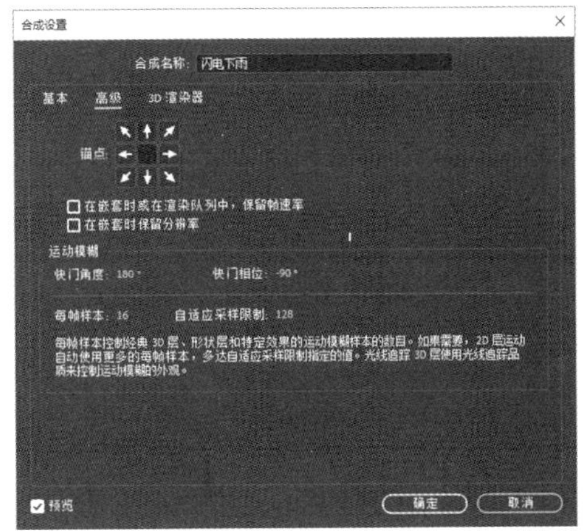

图 1.62 【高级】项参数选项卡

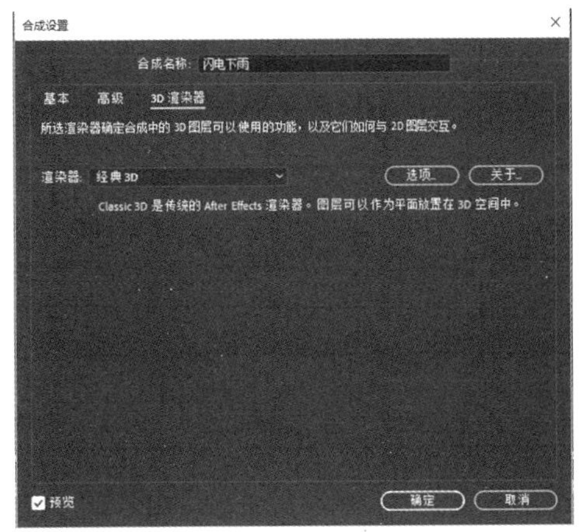

图 1.63 【3D 渲染器】项参数选项卡

视频播放：关于具体介绍，请观看本书光盘上的配套视频“任务二：启动 After Effects CC 2019 应用软件和创建合成.wmv”。

任务三：导入与替换文件

1. 导入素材的方法

素材导入的方法主要有以下 3 种。

1）通过菜单导入素材

步骤 01：在菜单栏中单击【文件（F）】→【导入（I）】→【文件…】命令（或按“Ctrl+I”组合键），弹出【导入文件】对话框，选择要导入的图像素材，如图 1.64 所示。

步骤 02：单击【导入】按钮，将所选择的素材导入【项目】窗口中，如图 1.65 所示。

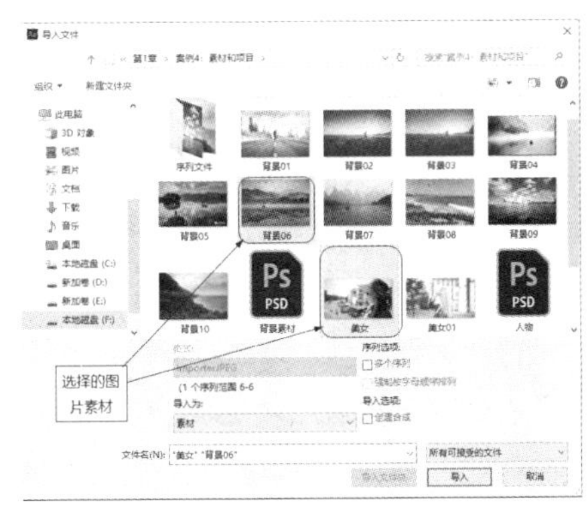

图 1.64 【导入文件】对话框

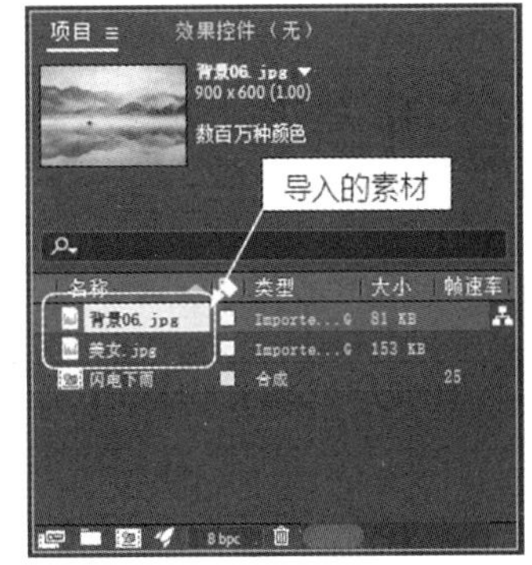

图 1.65 导入的素材

2）通过【项目】窗口导入素材

步骤 01：在【项目】窗口的空白处双击，弹出【导入文件】对话框。

步骤 02：在弹出的【导入文件】对话框中选择需要导入的素材，单击【导入】按钮，即可将选择的素材导入【项目】窗口中。

3）通过拖曳的方法导入素材

步骤 01：打开需要导入的素材所在的文件夹，选择需要导入的素材。

步骤 02：将光标移到选择素材的任意一个图标上，按住左键不放的同时，将素材拖到【项目】窗口中。此时，出现拖曳素材的图标和复制的提示，如图 1.66 所示。松开左键，完成操作，如图 1.67 所示。

2. 序列文件的导入

如果需要导入序列素材，只要在【导入文件】对话框中选择序列文件的第一个文件，在勾选“Importer JPEG 序列”选项，单击【导入】按钮即可序列文件导入。如果只需导入序列文件中的一部分，在勾选“Importer JPEG 序列”选项的基础上，选择需要导入的部分序列素材，单击【导入】按钮即可。

3. 导入多层素材

在 After Effects CC 2019 中允许导入多图层素材，并保留文件的图层信息，如 Photoshop 的 PSD 文件和 Illustrator 生成的 ai 文件，导入多图层素材的具体操作如下。

1）导入多层素材

步骤 01：在【项目】窗口的空白处双击→弹出【导入文件】对话框，选择需要导入的多图图层素材文件，在这里选择“人物.psd”文件。

步骤 02：单击【导入】按钮，弹出一个图层设置对话框，具体设置如图 1.68 所示。

图 1.66　拖曳素材

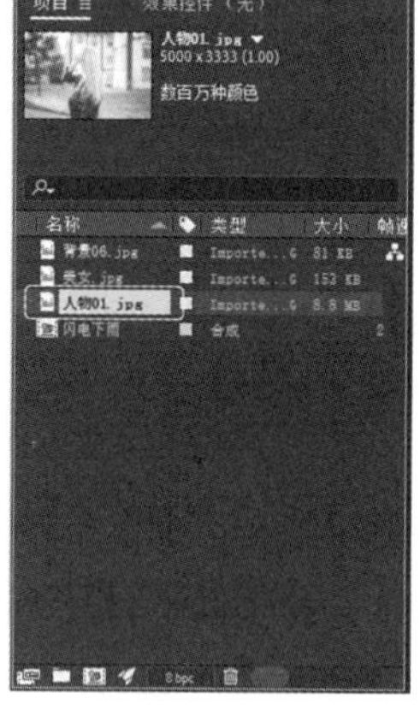

图 1.67　拖曳导入的素材

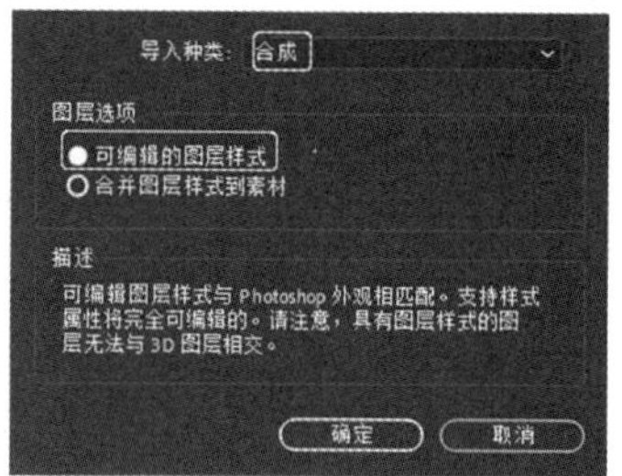

图 1.68　导入多层素材时的图层设置对话框

步骤 03：单击【确定】按钮，即可将多图层的文件导入【项目】窗口，如图 1.69 所示。

2）多图层素材导入种类介绍

【导入种类】主要有“素材”“合成”和“合成—保持图层大小”3 个导入种类，如

图 1.70 所示。

（1）【合成】：以“合成”方式导入素材时，After Effects CC 2019 将整个素材作为一个文件合成，原始素材的图层信息可以最大限度地保留，可以在这些原有图层的基础上再次进行特效和动画制作。如果单选【可编辑的图层样式】选项，就可以保留图层样式信息；如果单选【合并图层样式到素材】选项，就可以图层样式合并到素材中。

（2）【素材】：以“素材”方式导入素材时，弹出如图 1.71 所示的参数设置对话框。

①【合并的图层】：若单选【合并的图层】选项，则原始文件的所有图层合并后一起导入。

②【选择图层】：若单选【选择图层】选项，则可以选择某些特定图层作为素材导入。

③【合并图层样式到素材】：若单选此项，则将图层的样式合并到图层中一起导入。

④【忽略图层样式】：若单选此项，则只导入图层，忽略图层样式。

⑤【素材尺寸】：在选择单个图层作为素材导入时，用户还可以选择“图层大小”还是以“文档大小”的尺寸导入。

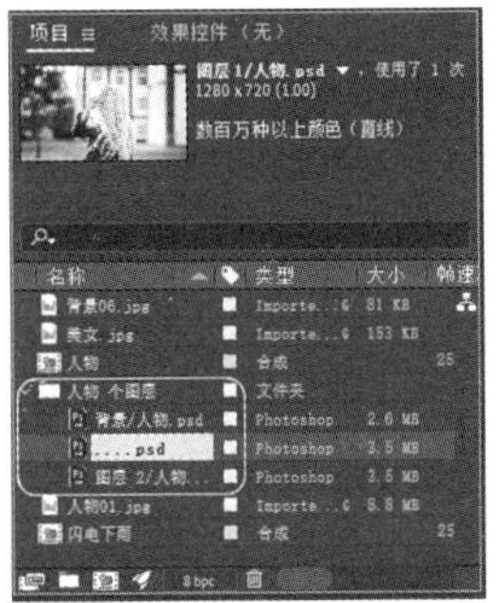

图 1.69　导入的多层素材

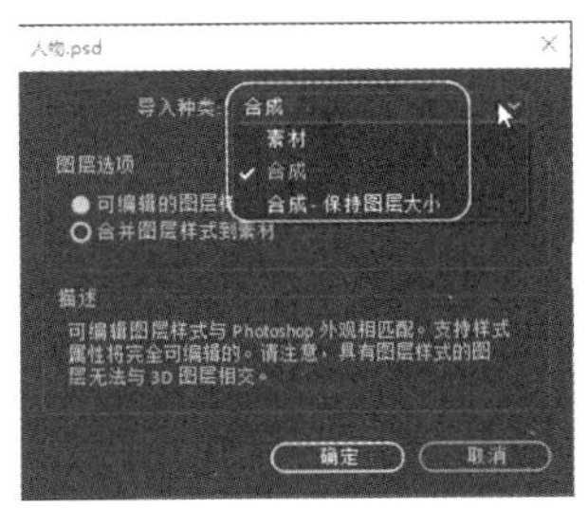

图 1.70　素材导入种类

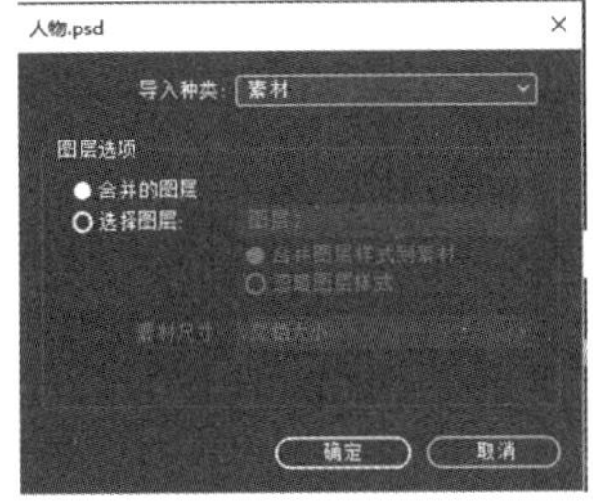

图 1.71　以“素材”方式导入时的参数设置对话框

4. 素材替换

在 After Effects CC 2019 中，允许用户对当前不理想的素材进行替换操作，素材替换操作主要有两种方法。

1）通过菜单栏

步骤 01：在【项目】窗口中，单选需要替换的素材。

步骤 02：在菜单栏中单击【文件（F）】→【替换素材（E）】→【文件…】命令或（按“Ctrl+H”组合键），弹出【替换素材文件】对话框。

步骤 03：选择“替换素材”，单击【导入】按钮，即可完成素材的替换。

2）通过快捷菜单

步骤 01：在【项目】窗口中，将光标移到需要进行替换的素材标签上单击，单击右键，弹出快捷菜单。

步骤 02：在弹出的快捷菜单中单击【替换素材（E）】→【文件…】命令，弹出【替换素材文件】对话框。

步骤03：选择替换素材，单击【导入】按钮，即可完成素材的替换。

提示：素材替换以后，被替换的素材在时间轴（线）上的所有操作将被保留下来，而知识素材被替换。为了减少在预览过程中对计算机硬件造成的压力，建议读者将当前大容量素材设置为占位符或固态层。

视频播放：关于具体介绍，请观看本书光盘上的配套视频“任务三：导入与替换文件.wmv”。

任务四：使用素材的原则

在导入素材之前，首先确定最终输出的文件格式，这对选择素材导入进行创作非常重要。例如，在导入一幅背景图像时，用户可以先在 Photoshop 中根据项目或合成尺寸大小设置图像的尺寸和像素比。若导入的图像尺寸过大，就会增加渲染压力；若导入的图像尺寸过小，则渲染出来的清晰度达不到用户的要求，会出现失真和模糊现象。

在使用素材时，建议读者遵循以下 3 个原则：

（1）尽量使用无压缩的素材。在进行抠像或运动跟踪时，素材的压缩率越小，产生的效果就越好。建议读者在制作过程中和渲染输出时都采用无损压缩，到最终输出时才根据项目实际要求进行有损压缩操作。例如，在使用经过数字视频压缩编码后的素材，一些比较小的颜色差别信息将被压缩掉，在进行调色等操作时可能出现颜色偏差等现象。

（2）尽量使用素材的帧速率与输出的帧速率保持一致。如果使用素材的帧速率与输出的帧速率保持一致，就可以避免在 After Effects CC 2019 中重新设置帧混合。

（3）在条件允许的情况下，即使作为标准清晰度的项目，也建议使用高清晰度的素材。使用高清晰度的素材可以为后期特效合成提供足够的创作空间，例如，通过缩放画面来模拟摄影机的推拉和摇摆动画等。

视频播放：关于具体介绍，请观看本书光盘上的配套视频“任务四：使用素材的原则.wmv”。

任务五：创建遮罩和转换为预合成

1. 理解遮罩

遮罩（也称为蒙版）是指使用路径工具或遮罩工具绘制的闭合曲线，它位于图层之上，本身不包含任何图像数据，只是用于控制图层的透明区域和不透明区域，在对图层操作时，被遮挡的部分不受影响。

在 After Effects CC 2019 中，遮罩其实就是一个封闭的贝塞尔曲线所构成的路径轮廓，可以对轮廓内或外的区域进行抠像。如果不是闭合曲线，就只能作为路径来使用。例如，经常使用的描边特效就是利用遮罩功能来开发的。

在 After Effects CC 2019 中，闭合曲线不仅可以作为遮罩，还可以作为其他特效的操作路径，如图 1.72 所示的文字路径。

2. 创建遮罩

步骤 01： 将【项目】窗口中的“人物”图像素材拖到【闪电下雨】合成窗口中，在【合成预览】窗口中的效果如图 1.73 所示。

图 1.72　文字路径

图 1.73　在【合成预览】窗口中的效果

步骤 02： 确定【闪电下雨】合成窗口中的“人物”图像被选中后，在工具栏中单击（钢笔工具）图标。在【合成预览】窗口中绘制闭合的曲线，即可创建一个遮罩，如图 1.74 所示。

提示： 在创建遮罩时，一定要单选被遮罩的图层，才能使用遮罩工具创建遮罩；否则，创建的是形状图层。

3. 转换为预合成

转换为预合成主要有如下两种方法。

1）通过菜单栏中的命令创建预合成

步骤 01： 单选【闪电下雨】合成窗口中的“人物”图像素材。

步骤 02： 在菜单栏中单击【图层（L）】→【预合成（P）…】命令（或按“Ctrl+Shift+C”组合键），弹出【预合成】对话框，具体设置如图 1.75 所示。

步骤 03： 单击【确定】按钮，即可将单选图层转换为预合成，如图 1.76 所示。

图 1.74　创建遮罩之后的效果

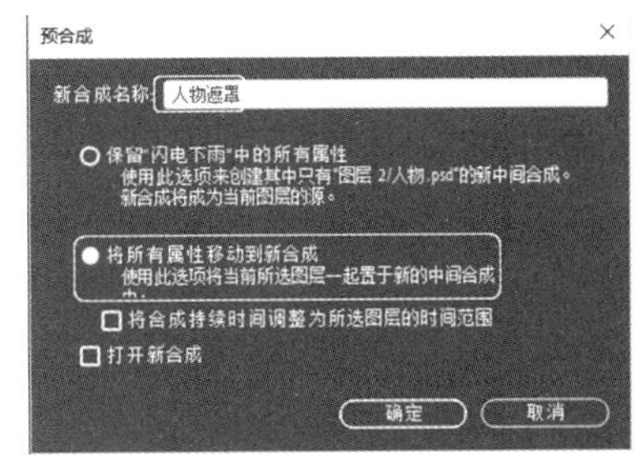

图 1.75　【预合成】对话框参数设置

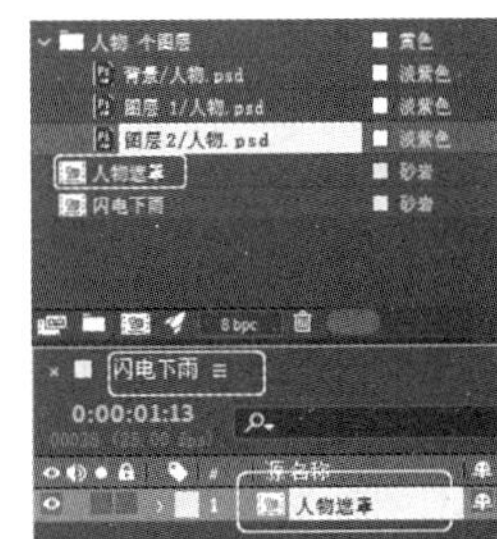

图 1.76　预合成效果

2）通过快捷菜单创建预合成

步骤 01： 将光标移到选择的任一图层上，单击右键，弹出快捷菜单。

步骤 02： 在弹出的快捷菜单中单击【预合成…】命令，弹出【预合成】对话框。在该对话框中，根据要求设置参数。最后，单击【确定】按钮。

4. 将背景图像拖到合成窗口中

步骤 01：将光标移到【项目】窗口中的“背景 06”图像上。

步骤 02：按住左键不放的同时，将“背景 06”拖到【闪电下雨】合成窗口中的最底层，如图 1.77 所示。在【合成预览】窗口中的效果如图 1.78 所示。

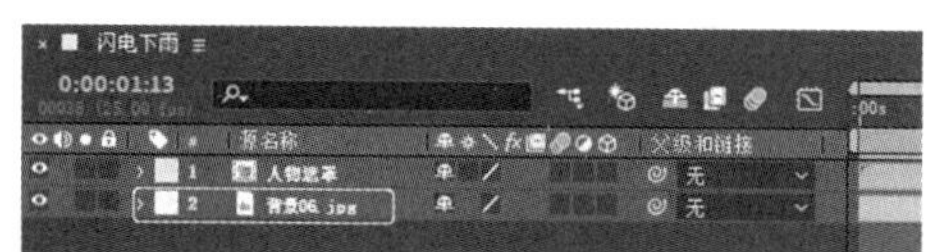

图 1.77　在【闪电下雨】合成窗口中效果

图 1.78　【合成预览】窗口中的效果

视频播放：关于具体介绍，请观看本书光盘上的配套视频“任务五：创建遮罩和转换为预合成.wmv”。

任务六：添加特效

在 After Effects CC 2019 默认的情况下，特效主要分为 24 大类 100 多个特效。所有特效都安装在 After Effects CC 2019/Support Files/Plug-ins 文件中，而且都是以插件的方式引入 After Effects CC 2019 中的。因此，读者还可以采用效果插件的方式添加更多的特效（插件必须与当前版本兼容）。重新启动 After Effects CC 2019，系统自动将添加到【效果和预设】面板中。在这里只介绍特效的使用方法。特效插件的安装和使用方法在第 9 章再详细介绍。

1. 添加特效的方法

在 After Effects CC 2019 中，效果也称特效，在本书中统一称为特效。添加特效的方法主要有以下 5 种方法。

（1）在合成窗口中单击需要添加特效的图层，在菜单栏中单击【效果（T）】，弹出下拉菜单。在下拉菜单中单击特效分类标签，弹出二级子菜单。在弹出的二级子菜单中，单击需要添加的效果即可。

（2）将光标移到合成窗口中需要添加特效的图层上，单击右键，弹出快捷菜单。在弹出的快捷菜单中，单击【效果】菜单中的子命令即可。

（3）在【效果和预设】功能面板中选择需要使用的特效，将其拖到合成窗口中需要添加特效的图层上即可。

（4）在合成窗口中单选需要添加特效的图层，然后在【效果和预设】功能面板中双击需要添加的特效即可。

（5）将【效果和预设】功能面板中的特效直接拖到【合成预览】窗口中的对象上，松开鼠标即可。

2. 删除特效

删除特效的方法很简单，先单选需要删除特效的图层，然后在【效果控件】中单选需要删除的特效，按“Delete”键即可。

3. 复制特效

在 After Effects CC 2019 中，可以对调节好参数的效果进行复制，在复制的基础进行适当修改即可得到更好的合成效果，同时也节约时间。

步骤 01：在【合成】窗口中单选需要复制的特效所在的图层。

步骤 02：在【效果控件】中单选需要复制的特效，按“Ctrl+C”组合键。

步骤 03：单选需要粘贴特效的图层（可以是特效所在的图层），按“Ctrl+V”组合键完成复制。

步骤 04：对复制的特效根据需要进行参数修改即可。

4. 添加“闪电”和“下雨”效果

在此，主要通过给“调节层”添加效果来制作合成效果。

1）添加调整图层

步骤 01：在【闪电下雨】合成窗口中的空白处，单击右键，弹出快捷菜单。在弹出的快捷菜单中，单击【新建】→【调整图层（A)】命令，创建一个调整图层，如图 1.79 所示。

步骤 02：给图层重命名。将光标移到刚创建的调整图层上，单击右键，弹出快捷菜单。在弹出的快捷菜单中，单击【重命名】命令。此时，调整图层中的“调整图层 1”呈蓝色，表示可以修改。输入“闪电下雨效果”，按“Enter”键，结果如图 1.80 所示。

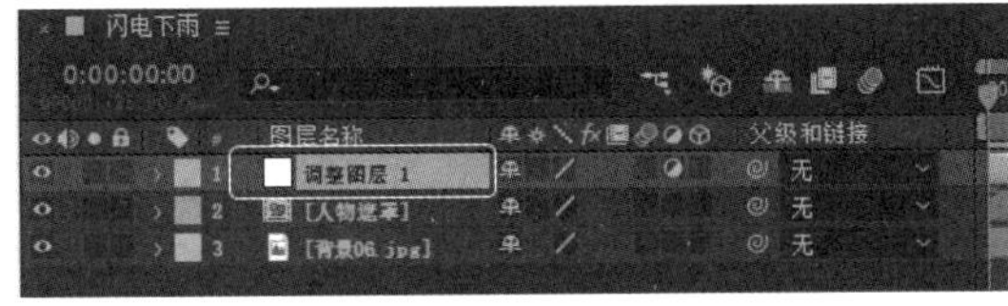

图 1.79　创建一个调整图层

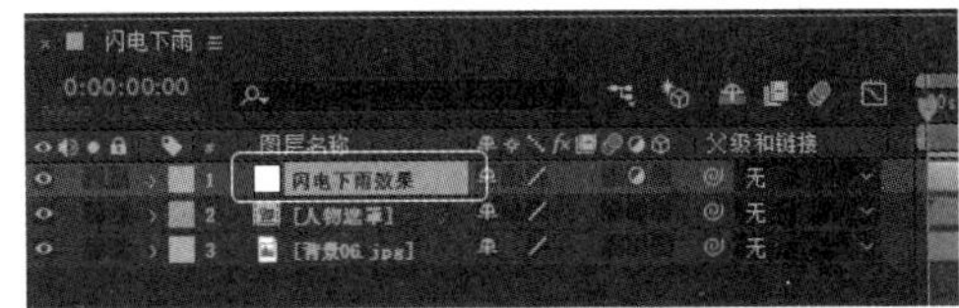

图 1.80　重命名的调整图层

2）给“闪电下雨效果”调整图层添加【高级闪电】效果

步骤 01：在【闪电下雨】合成窗口中单选“闪电下雨效果”调整图层，在菜单栏中单击【效果（T)】→【生成】→【高级闪电】命令，即可给选定的调整图层添加一个闪电效果。

步骤 02：调节特效参数，参数的具体调节如图 1.81 所示。在【合成预览】窗口中的效果如图 1.82 所示。

步骤 03：将“时间标尺”移到第 00 帧的位置，在【效果控件】面板中，单击【高级闪电】特效中的【传导率状态】参数前面的图标。在弹出的对话框中，给【传导率状态】参数选项添加关键帧。

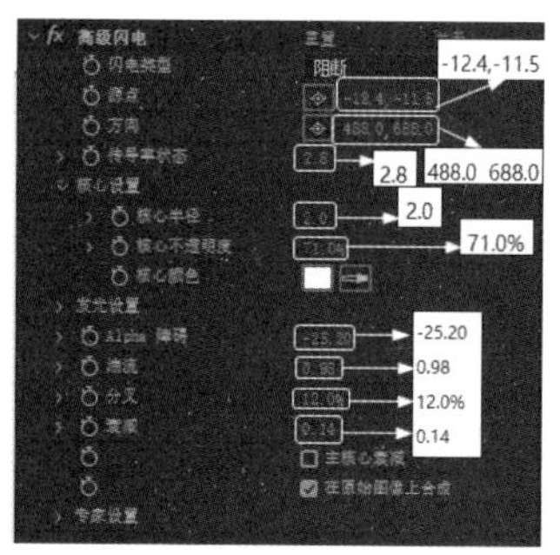

图 1.81 【高级闪电】特效参数调节

图 1.82 在【合成预览】窗口中的效果

步骤 04：将“时间标尺”移到第 09 秒 24 帧的位置，将【传导率状态】参数设置为“60”，在【合成预览】窗口中的效果如图 1.83 所示。

3）给添加下雨特效

步骤 01：单选 闪电下雨效果 调整图层，在菜单栏中单击【效果（T）】→【模拟】→【CC Rainfall】命令，即可给【闪电下雨效果】调整图层添加一个下雨的特效。

步骤 02：调节【CC Rainfall】的参数，具体参数调节如图 1.84 所示，在【合成预览】窗口中的效果如图 1.85 所示。

图 1.83 在【合成预览】窗口中的效果

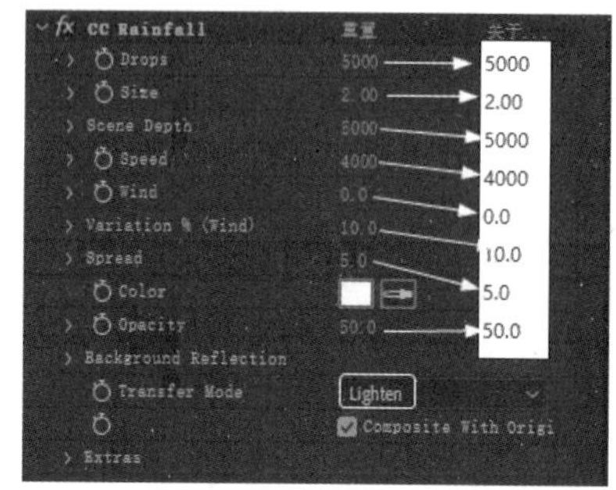

图 1.84 【CC Rainfall】参数调节

视频播放：关于具体介绍，请观看本书光盘上的配套视频“任务六：添加特效.wmv”。

任务七：预览效果和渲染输出

1. 预览效果

在制作完之后，应该先预览效果，看是否达到预期的效果，再决定是否渲染输出。如果没有达到用户预期的效果，还可以继续编辑。这样，可以避免因渲染输出时效果不好而浪费大量的渲染输出时间。具体操作方法如下。

在菜单栏中单击【合成（C）】→【预览（P）】→【播放当前预览（P）】命令，在【合成预览】窗口中预览效果。

2. 渲染输出

通过预览之后，如果合成达到要求，就可以进行输出影片的操作，具体操作方法如下。

步骤 01：在菜单栏中单击【合成（C）】→【预渲染…】命令，弹出【将影片输出到】对话框。在该对话框设置所输出影片的名称，如图 1.86 所示。

图 1.85 在【合成预览】窗口中的效果

图 1.86 【将影片输出到】对话框

步骤 02：单击【保存（S）】按钮，出现【渲染队列】，在该队列中设置"渲染设置""输出模块"和"输出到"等参数，如图 1.87 所示。

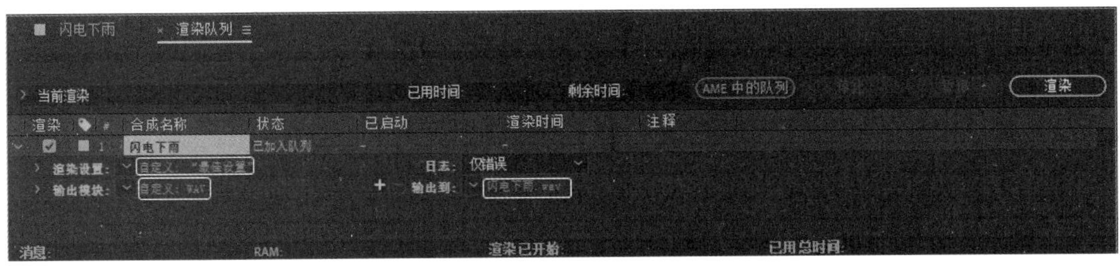

图 1.87 【渲染队列】窗口参数设置

步骤 03：设置完毕，单击【渲染】按钮。

视频播放：关于具体介绍，请观看本书光盘上的配套视频"任务七：预览效果和渲染输出.wmv"。

七、拓展训练

根据前面所学知识，使用下图左边的两幅图像，合成右边的效果图。

学习笔记：

第 2 章　图层与遮罩

知识点

案例 1：图层的创建与使用
案例 2：图层的基本操作
案例 3：图层的高级操作
案例 4：遮罩动画的制作

说明

本章主要通过 4 个案例，全面讲解图层的相关操作步骤、遮罩工具的作用和遮罩动画的制作。

教学建议课时数

一般情况下需要 6 课时，其中，理论 2 课时，实际操作 4 课时（特殊情况下可做相应调整）

After Effects CC 2019 主要包括文字图层、纯色图层、灯光图层、“摄像机”图层、“空对象”图层、形状图层、调整图层、副本图层、分离图层、合成图层，以及由素材创建的各种图层（音频图层、各种视频图层和 Photoshop 图层等）。在本章中，主要通过 4 个案例全面介绍有关图层的创建、使用方法及遮罩的原理和创建。

素材文件在【项目】窗口中不称为图层，只有将素材文件拖到【合成】窗口之后才可称为图层，不同的素材对应不同的图层。每种图层的作用和使用方法有所不同。

案例 1：图层的创建与使用

一、案例内容简介

本案例主要介绍图层的分类、各种图层的创建、给图层添加特效以及特效参数调节。

二、案例效果欣赏

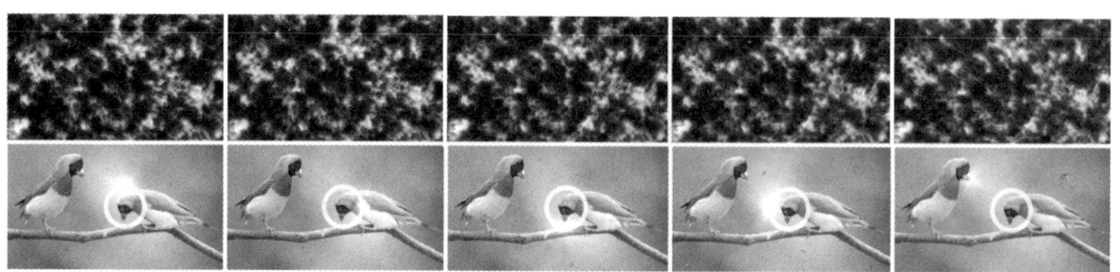

三、案例制作（步骤）流程

任务一：图层的分类 ➡ 任务二：创建纯色图层 ➡ 任务三：给纯色图层添加效果 ⬇ 任务四：创建调整图层和重命名 ⬅ 任务五：给调整图层添加效果和查看

四、制作目的

（1）了解 After Effects CC 2019 的图层分类。
（2）掌握各种图层的创建和作用。
（3）掌握给图层添加特效和特效调节的方法。

五、制作过程中需要解决的问题

（1）在 After Effects CC 2019 中，为什么要对图层进行进行分类？
（2）熟悉各种图层的应用范围。
（3）熟悉图层的各种操作方法。
（4）特效在各种图层中的效果有何区别？

六、详细操作步骤

任务一：图层的分类

在 After Effects CC 2019 中图层是最基础的操作，是学习 After Effects 的基础。导入素材、添加效果、设置参数、创建关键帧动画等操作，都是通过【合成】窗口中的图层来完成的。After Effects CC 2019 主要包括以下 11 种图层类型。

（1）使用【项目】窗口中素材创建的图层。

（2）使用合成嵌套时创建的合成图层。

（3）文字图层。

（4）纯色图层、“摄像机”图层和灯光图层。

（5）形状图层。

（6）调整图层。

（7）副本图层。

（8）分离图层。

（9）“空对象”图层。

（10）通过 Photoshop 创建的 Adobe Photoshop 文件（H）图层。

（11）通过 Cinema 4D 创建的 MAXON CINEMA 4D 图层。

以上各种图层的创建、作用、应用领域、操作方法以及操作技巧，在后续案例中再详细介绍。

视频播放：关于具体介绍，请观看本书光盘上的配套视频“任务一：图层的分类.wmv”。

任务二：创建纯色图层

固态图层在 After Effects CC 2019 中使用的频率非常高。固态图层是一种纯色图层，可以创建任何颜色和尺寸（最大尺寸可达 30000px×30000px）的固态图层。固态图层和其他素材图层一样，可以在颜色固态图层上制作遮罩，也可以修改图层的变换属性，还可以添加各种特效，制作出各种意想不到的视觉效果。本节通过制作一个“放射光”动画来介绍纯色图层的创建和使用方法。

1. 创建一个名为“放射光”的合成

步骤 01：启动 After Effects CC 2019 应用软件。

步骤 02：创建新合成。在菜单栏中单击【合成（C)】→【新建合成（C）…】命令，在弹出的【图像合成设置】对话框中设置尺寸为“1280px×720px”，持续时间为“6 秒”，命名为“放射光”，其他参数为默认值。

步骤 03：单击【确定】按钮，完成新合成的创建。

2. 创建一个名为“放射光”的纯色图层

纯色图层的创建方法主要有如下两种方法。

1）通过菜单栏创建纯色图层

步骤 01：确保“放射光”合成为当前合成。

步骤 02：在菜单栏中单击【图层（L）】→【新建（N）】→【纯色（S）…】命令（或按“Ctrl+Y”组合键），弹出【纯色设置】对话框，具体设置如图 2.1 所示。

步骤 03：单击【确定】按钮，即可创建一个名为“放射光”的纯色图层，如图 2.2 所示。

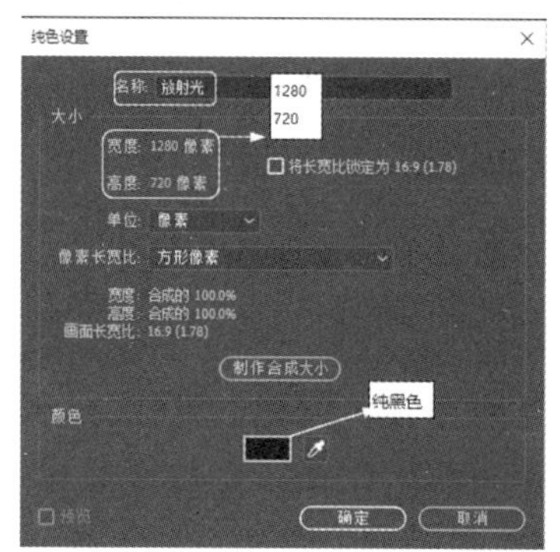

图 2.1 【纯色设置】对话框参数设置

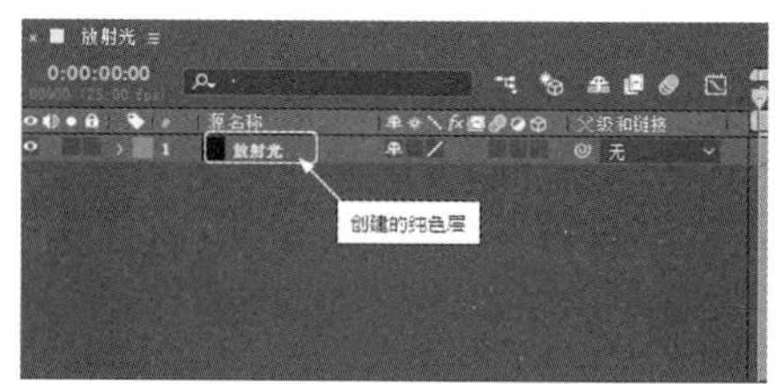

图 2.2 创建的“放射光”纯色图层

2）通过单击创建纯色图层

步骤 01：在当前合成窗口空白处，单击右键，弹出快捷菜单。

步骤 02：在弹出的快捷菜单中单击【新建】→【纯色（S）…】命令，弹出【纯色设置】对话框。

步骤 03：根据实际要求设置【纯色设置】对话框参数，单击【确定】按钮，即可创建一个纯色图层。

视频播放：关于具体介绍，请观看本书光盘上的配套视频“任务二：创建纯色图层.wmv”。

任务三：给纯色图层添加效果

1. 给纯色图层添加“分形杂色”效果

步骤 01：单选需要添加效果的纯色图层。

步骤 02：在菜单栏中单击【效果（T）】→【杂色和颗粒】→【分形杂色】命令，即可给单选的纯色图层添加该效果。

步骤 03：在【效果控件】中设置【分形杂色】效果参数，具体设置如图 2.3 所示，在【合成预览】窗口中的效果如图 2.4 所示。

2. 给纯色图层添加“CC Radial Fast Blur”效果

“CC Radial Fast Blur”表示“CC 放射状快速模糊”的意思，可通过该命令来制作放射状的模糊效果。

步骤 01：添加效果。在菜单栏中单击【效果（T）】→【模糊和锐化】→【CC Radial Fast Blur】命令，即可给 放射光 图层添加该效果。

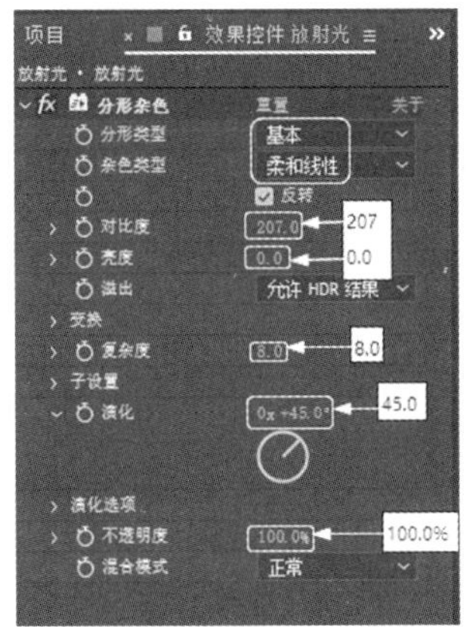

图 2.3 【分形杂色】参数设置

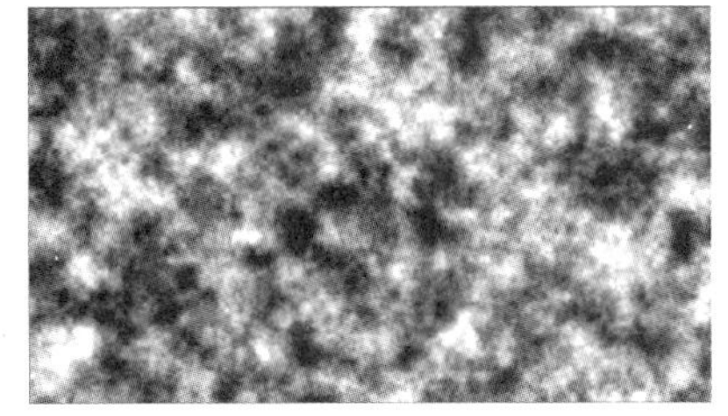

图 2.4　在【合成预览】窗口中的效果

步骤 02：将（时间指针）移到第 00 秒 00 帧的位置处，单击【Center】参数右边的图标，给该参数添加一个关键帧。具体参数设置如图 2.5 所示，在【合成预览】窗口中的效果如图 2.6 所示。

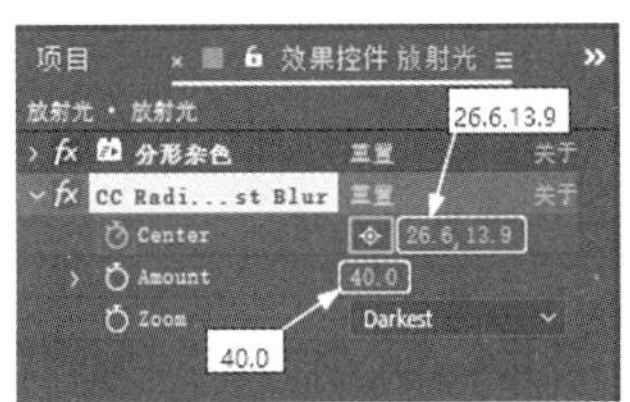

图 2.5 【CC Radial Fast Blur】参数设置

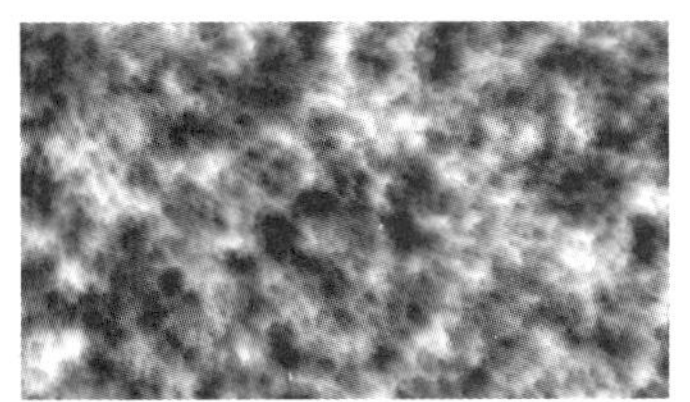

图 2.6　在【合成预览】窗口中的效果

步骤 03：将（时间指针）移到第 05 秒 00 帧的位置处，调节【Center】参数。具体参数设置如图 2.7 所示，在【合成预览】窗口中的效果如图 2.8 所示。

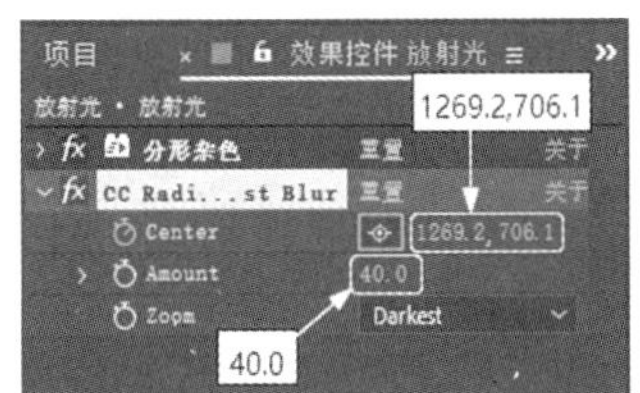

图 2.7 【CC Radial Fast Blur】参数设置

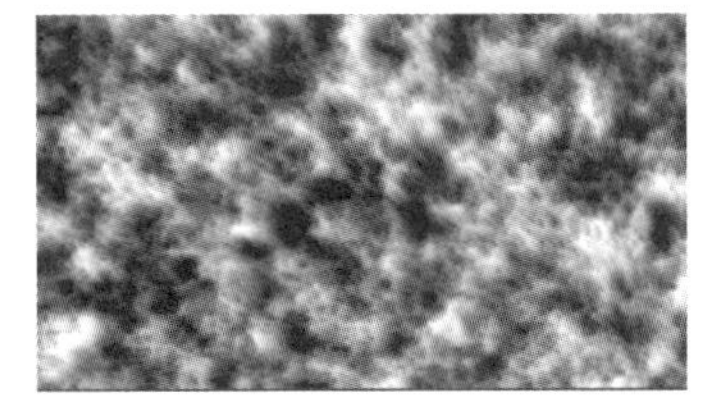

图 2.8　在【合成预览】窗口中的效果

3. 给纯色图层添加“色光”效果

步骤 01：单选放射光纯色图层。

步骤 02：在菜单栏中单击【效果（T）】→【颜色校正】→【色光】命令，即可给所选择图层添加效果。

步骤 03：在【效果控件】控制台中设置【色光】效果的参数，具体参数设置如图 2.9 所示，在【合成预览】窗口中的效果如图 2.10 所示。

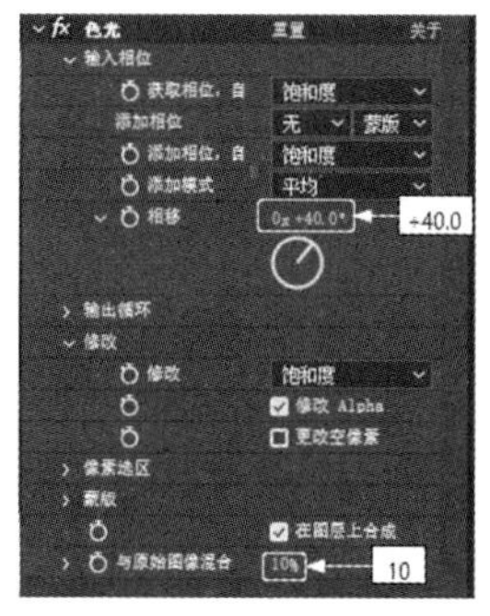

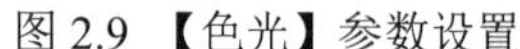
图 2.9 【色光】参数设置

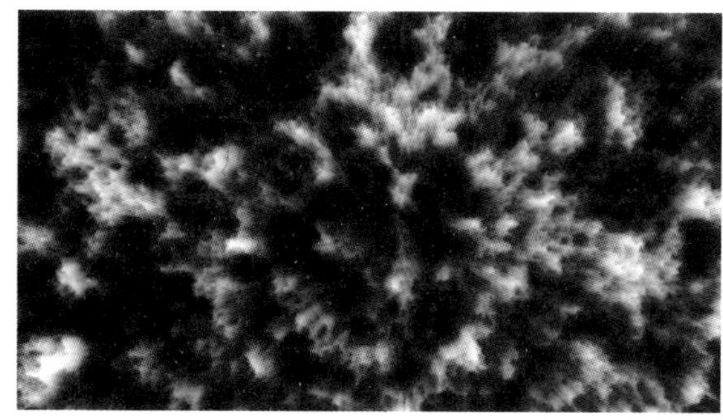
图 2.10 在【合成预览】窗口中的效果

步骤 04：渲染输出为“放射光.wav”视频文件。

视频播放：关于具体介绍，请观看本书光盘上的配套视频“任务三：给纯色图层添加效果.wmv”。

任务四：创建调整图层和重命名

调整图层是一个空白的不可见图层，但是在给它添加了效果之后，调整图层的效果会影响它下面的所有图层。读者如果要给多个图层添加相同的效果，使用调整图层来实现是最快的一种方法。下面通过一个案例来介绍调整图层的创建和使用方法。

1. 创建合成

步骤 01：在菜单栏中单击【合成（C）】→【新建合成（C）…】命令（或按“Ctrl+N”组合键），弹出【合成设置】对话框。

步骤 02：在弹出的【合成设置】对话框中，把尺寸设置为“1280px×720px”，持续时间设为 6 秒，命名为“调节图层的使用”合成，单击【确定】按钮。

2. 导入素材

步骤 01：在菜单栏中单击【文件（F）】→【导入（I）】→【文件…】命令（或按“Ctrl+I”组合键），弹出【导入文件】对话框。

步骤 02：在【导入文件】对话框中单选“鸟 02”图片素材，单击【导入】按钮，就可将该图片导入【项目】窗口。

步骤 03：将“鸟 02”图片素材拖到【调节图层的使用】合成窗口中，在【合成预览】窗口中的效果如图 2.11 所示。

3. 创建调整图层

创建调整图层主要有如下两种方式，具体操作如下。

1）通过菜单栏创建调整图层

步骤 01：在菜单栏中单击【图层（L）】→【新建（N）】→【调整图层（A）】命令（或

按“Ctrl+Alt+Y”组合键），即可创建一个调整图层，如图 2.12 所示。

图 2.11　在【合成预览】窗口中的效果

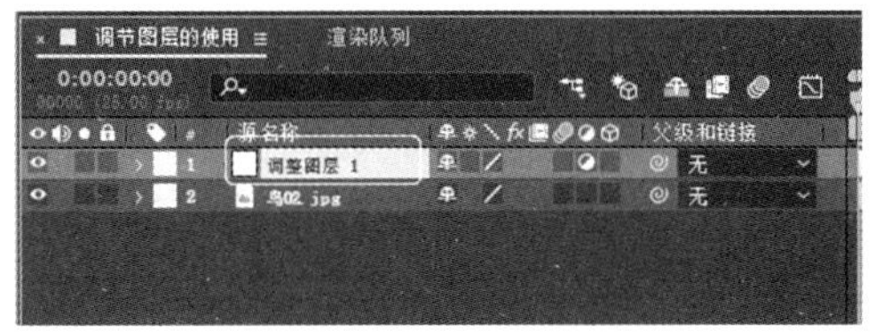

图 2.12　创建一个调整图层

步骤 02：对调整图层进行重命名。将光标移到所创建的调整图层的标题上，单击右键，弹出快捷菜单。在弹出的快捷菜单中单击【重命名】命令，此时标题呈蓝色。

步骤 03：先输入需要的调整图层的名称，再输入“光环调整图层”6 个文字，按“Enter”键，重命名后的调整图层如图 2.13 所示。

2）通过快捷菜单创建调整图层

步骤 01：在【合成窗口】的空白处，单击右键，弹出快捷菜单。

步骤 02：在弹出的快捷菜单中，单击【新建】→【调整图层（A）】命令，创建一个调整图层。

步骤 03：方法同上，对调整图层进行重命名。

视频播放：关于具体介绍，请观看本书光盘上的配套视频“任务四：创建调整图层和重命名.wmv”。

任务五：给调整图层添加效果和查看

1. 给调整图层添加“圆”效果

步骤 01：单选创建的调整图层。

步骤 02：在菜单栏中单击【效果（T）】→【生成】→【圆形】命令，就可给单选的调整图层添加该效果。

步骤 03：设置【圆形】效果的参数，具体设置如图 2.14 所示，在【合成预览】窗口中的效果如图 2.15 所示。

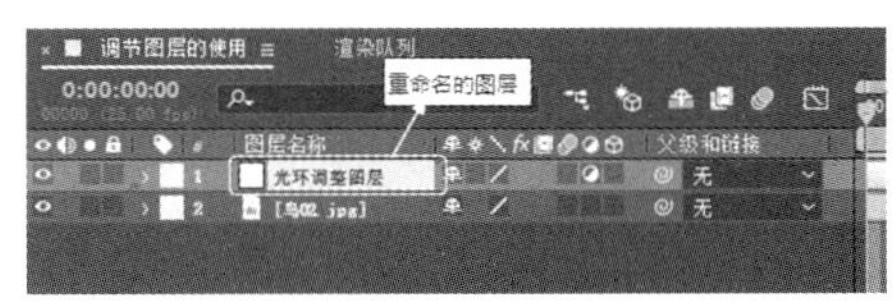

图 2.13　重命名后的调整图层

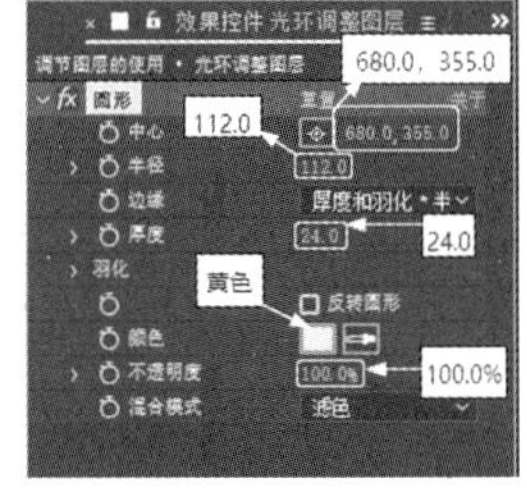

图 2.14 【圆形】参数设置

图 2.15 【合成预览】窗口中的效果

2. 给调整图层添加“CC Light Rays”效果

“CC Light Rays”的中文意思为“CC 光线照射”，添加“CC Light Rays”的具体操作如下。

步骤 01：单选创建的调整图层。

步骤 02：在菜单栏中单击【效果（T）】→【生成】→【CC Light Rays】命令，即可给单选的调整图层添加该效果。

步骤 03：将（时间指针）移到第 00 秒 00 帧的位置，设置【CC Light Rays】效果参数，具体设置如图 2.16 所示。单击“Center”参数左边的图标，给该参数添加关键帧。在【合成预览】窗口中的效果如图 2.17 所示。

步骤 04：将（时间指针）移到第 01 秒 00 帧的位置，将“Center”参数设置为为“788.0，362.0”。此时，系统给“Center”参数自动添加一个关键帧。在【合成预览】窗口中的效果如图 2.18 所示。

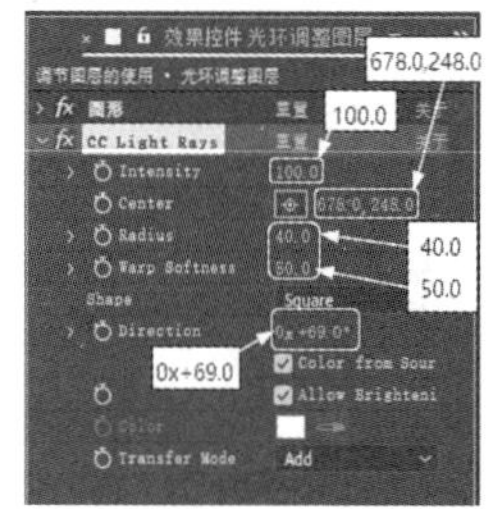

图 2.16 【CC Light Rays】效果参数设置

图 2.17 在【合成预览】窗口中的效果

图 2.18 在【合成预览】窗口中的效果

步骤 05：将（时间指针）分别移到第 02 秒 00 帧、第 03 秒 00 帧、第 04 秒 00 帧的位置，依次把“Center”参数值设置为“664.0，462.0”“568.0，346.0”和“438.0，186.0”，在【合成预览】窗口中的效果如图 2.19 所示。

（a）第 2 秒 0 帧

（b）第 3 秒 0 帧

（c）第 4 秒 0 帧

图 2.19 在【合成预览】窗口中的效果

3. 查看调整层

单击【调节图层的使用】合成窗口中调整图层左侧的按钮，在【合成窗口】的效果如图 2.20 所示，在【合成预览】窗口中的效果如图 2.21 所示，此时，整个屏幕呈黑色，什么也没有。这说明调整图层是一个不可见的图层，在它上面添加的效果可以作用于它下面的所有图层。

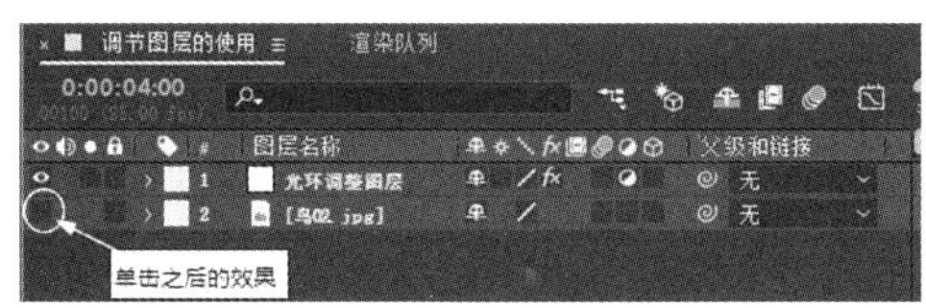

图 2.20　在【合成窗口】中的效果

图 2.21　在【合成预览】窗口中的效果

视频播放：关于具体介绍，请观看本书光盘上的配套视频“任务五：给调整图层添加效果和查看.wmv”。

五、拓展训练

根据所学知识完成如下效果的制作。

学习笔记：

案例 2：图层的基本操作

一、案例内容简介

本案例主要介绍图层的叠放顺序、移动和旋转操作以及文字图层的创建。

二、案例效果欣赏

三、案例制作（步骤）流程

任务一：创建合成 ➡ 任务二：素材处理 ➡ 任务三：对图层进行操作 ⬇ 任务四：创建文字图层并添加效果

四、制作目的

（1）掌握图层叠放顺序的操作方法。
（2）掌握图层的旋转和移动操作。
（3）掌握文字图层的创建以及相关操作。

五、制作过程中需要解决的问题

（1）图层叠放顺序的操作主要有几种方法？
（2）图层的操作方法主要有哪些？
（3）怎样创建文字图层？
（4）对文字图层可进行哪些操作？

六、详细操作步骤

在使用 After Effects CC 2019 进行影视后期合成时，一定要理解图层的概念。其实，【合成】窗口中的一个素材就是一个图层，每个图层既是相互独立又相互关联的，在对其中任

一图层操作时不会影响其他图层，但是会影响所有图层的最终合成效果。

在本案例中主要讲解调整图层的顺序、调整图层在【合成】窗口中的位置、改变图层的大小、旋转图层和创建文字图层并对文字图层进行相应的操作。

任务一：创建合成

步骤 01：启动 After Effects CC 2019，并把文件保存为“案例 2：图层的基本操作.aep”。

步骤 02：创建合成。在菜单栏中单击【合成（C）】→【新建合成（C）…】命令，在弹出的【图像合成设置】对话框中设置尺寸为“1280px×720px”，持续时间为“6 秒”，命名为“图层的基本操作”，其他参数为默认值。

步骤 03：单击【确定】按钮，完成新合成的创建。

视频播放：关于具体介绍，请观看本书光盘上的配套视频“任务一：创建合成.wmv”。

任务二：素材处理

1. 导入素材

步骤 01：在菜单栏中单击【文件（F）】→【导入（I）】→【文件…】命令（或按“Ctrl+I”组合键），弹出【导入文件】对话框。在该对话框单选“照片合成.psd”文件，如图 2.22 所示。

步骤 02：单击【导入】按钮，弹出【照片合成.psd】对话框。在该对话框中的具体设置如图 2.23 所示。

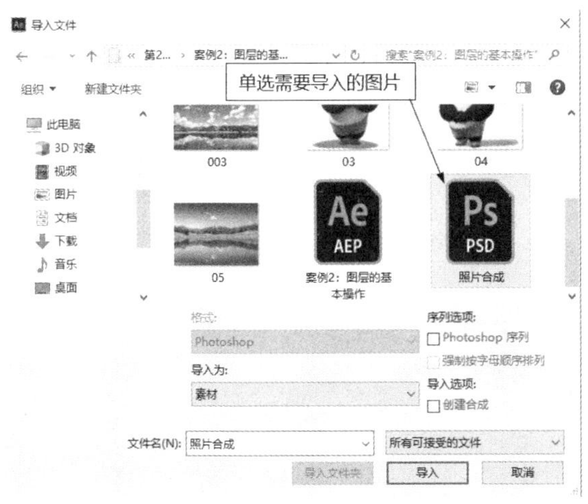

图 2.22　单选需要导入的图片

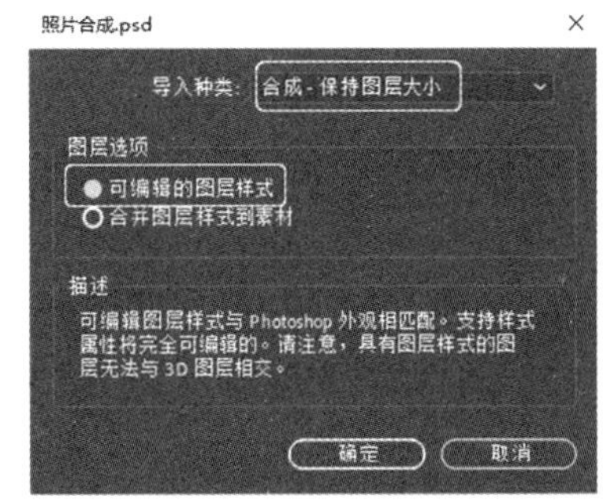

图 2.23　【照片合成.psd】对话框设置

步骤 03：单击【确定】按钮，将选定的带图层的文件导入【项目】窗口中，如图 2.24 所示。

提示：对使用此方法导入的带图层的文件，After Effects CC 2019 会自动创建一个与导入文件相同名称的合成，且顺序与原始文件的图层顺序相同。

2. 将导入的素材拖到合成窗口中

步骤 01：将【项目】窗口中的图片素材拖到【图层的基本操作】合成窗口中，图层的叠放顺序如图 2.25 所示。

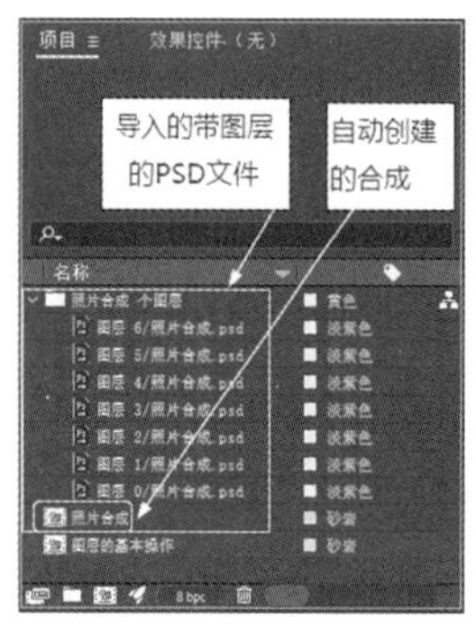

图 2.24　导入【项目】窗口中的文件

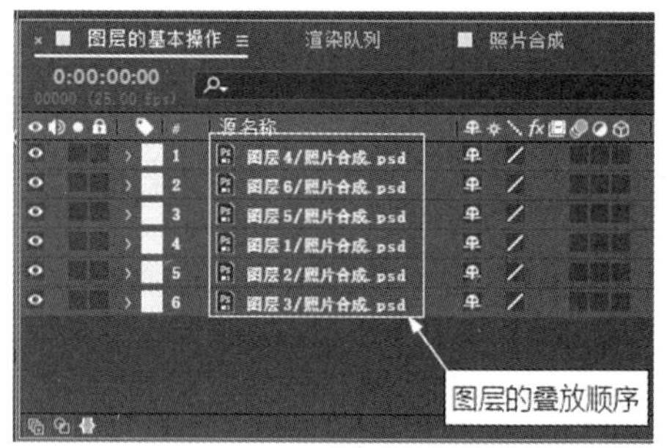

图 2.25　图层的叠放顺序

步骤 02：在【合成预览】窗口中的效果如图 2.26 所示。

步骤 03：从【合成预览】窗口中的最终效果可以看出，图层的顺序和图片的位置都不符合用户的需要，因而需要对图层的顺序进行调整。

视频播放：关于具体介绍，请观看本书光盘上的配套视频“任务二：素材处理.wmv”。

任务三：对图层进行操作

图层的操作主要包括改变图层的叠放顺序、旋转和移动等，具体操作如下。

1. 调节图层的叠放顺序

步骤 01：在【图层的基本操作】合成窗口中，单选 图层 1/照片合成.psd 图层，在菜单栏中单击【图层（L）】→【排列】命令，弹出二级子菜单，如图 2.27 所示。

提示：从图 2.27 可知，通过菜单命令（或按组合快捷键），可以将当前选择的图层移到最前面、相对位置前一层、相对位置后移一层或最底层。

步骤 02：单击【将图层置于底层】命令（或按“Ctrl+Shift+[”组合键），把所选择的图层向下移到最底层，如图 2.28 所示。

图 2.26　在【合成预览】窗口中的效果

将图层置于顶层	Ctrl+Shift+]
使图层前移一层	Ctrl+]
使图层后移一层	Ctrl+[
将图层置于底层	Ctrl+Shift+[

图 2.27　二级子菜单

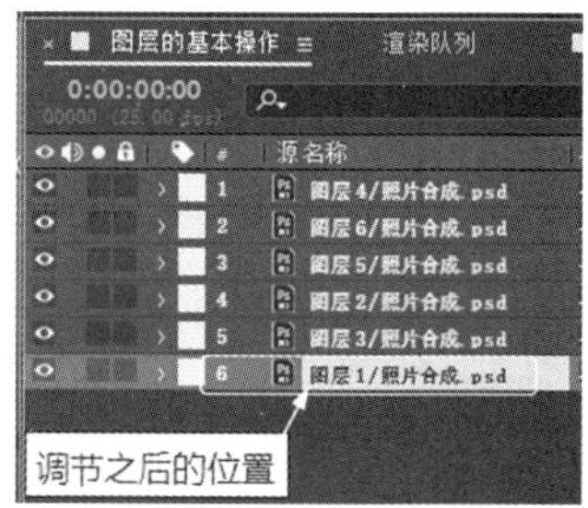

图 2.28　移动之后的图层顺序

2. 手动调节图层的叠放顺序

步骤 01：将光标移到需要调节位置的图层上，按住左键不放的同时，将选定的图层移动到需要放置的两个图层之间。此时出现一条蓝色的横线，松开左键即可。例如，将光标放到图层2/照片合成.psd图层上，按住左键不放的同时移动到需要图层1/照片合成.psd图层和图层3/照片合成.psd图层之间。此时，出现一条蓝色的线，即光标所在的位置如图 2.29 所示。松开左键，调节之后的位置如图 2.30 所示。

步骤 02：采用以上任意一种方法调节图层的叠放顺序。调节好顺序之后的效果，如图 2.31 所示。在【合成预览】窗口中的效果如图 2.32 所示。

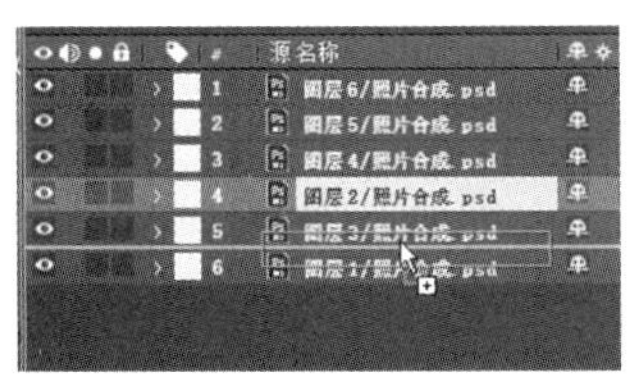

图 2.29　鼠标所在的位置

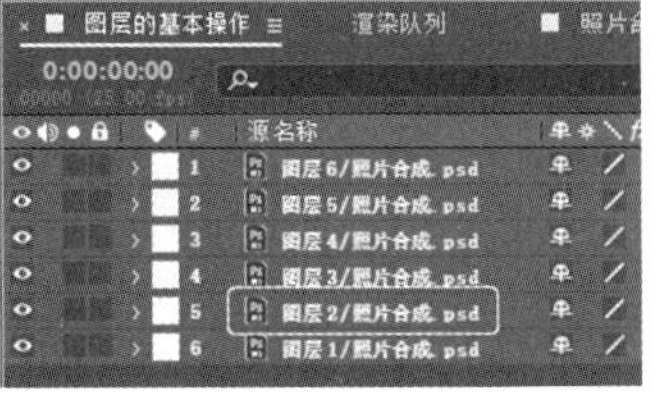

图 2.30　调节之后的位置

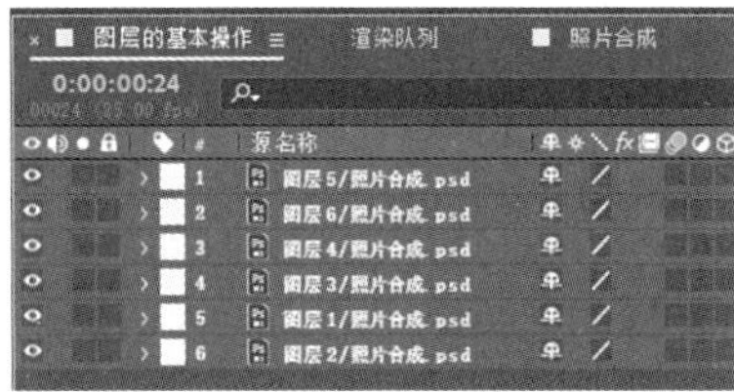

图 2.31　图层最终顺序

3. 对图层进行旋转和位移操作

步骤 01：单击图层6/照片合成.psd左侧的图标，对该图层的“变换”参数进行设置，具体设置如图 2.33 所示，在【合成预览】窗口中的效果如图 2.34 所示。

图 2.32　在【合成预览】窗口中的效果

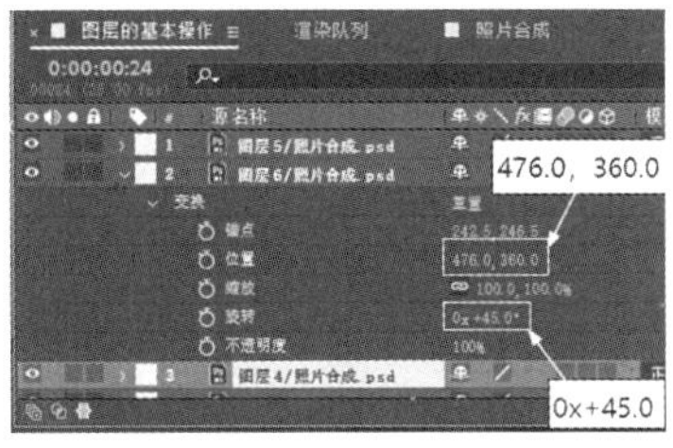

图 2.33　“变换”参数设置

图 2.34　在【合成预览】窗口中的效果

提示：如图 2.33 所示，通过改变图层的“锚点”“位置”“缩放”“旋转”和“不透明度”4 个参数，即可改变图层定位点、位置、旋转角度和透明度。

步骤 02：展开图层4/照片合成.psd图层，将该图层的“变换”参数组中的“位置”参数调节为“920.0，360.0”，在【合成预览】窗口中的效果如图 2.35 所示。

视频播放：关于具体介绍，请观看本书光盘上的配套视频“任务三：对图层进行操作.wmv”。

任务四：创建文字图层并添加效果

1. 创建文字图层

步骤 01：在工具栏中单击（横排文字工具）按钮，在【合成预览】窗口中对需要输入文字的位置进行单击。此时，光标变成闪烁状态。

步骤 02：输入“中国国宝，功夫熊猫”8 个文字，在【字符】面板中设置文字的属性。具体设置如图 2.36 所示，输入的文字在【合成预览】窗口中的效果如图 2.37 所示。

图 2.35　在【合成预览】窗口中的效果

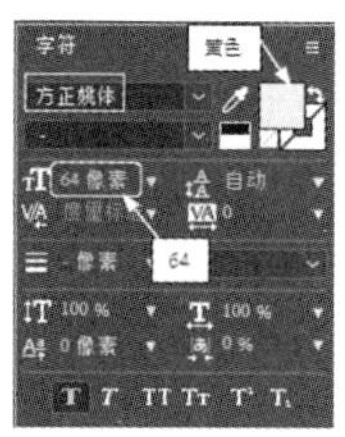

图 2.36　【字符】面板参数

图 2.37　输入的文字在【合成预览】窗口中的效果

2. 给文字图层添加效果

本小节主要介绍如何使用“CC Cylinder”和“CC Light Rays”这两个效果制作文字光效。

步骤 01：单选文字图层，在菜单栏中单击【效果（T）】→【透视】→【CC Cylinder】命令，即可给单选的文字图层添加“CC Cylinder”效果。

步骤 02：设置“CC Cylinder”效果的参数，具体设置如图 2.38 所示。在【合成预览】窗口中的效果如图 2.39 所示。

步骤 03：单选文字图层，在菜单栏中单击【效果（T）】→【生成】→【CC Light Rays】命令，即可给单选的文字图形添加“CC Light Rays”效果。

步骤 04：将■（时间指针）移到第 00 秒 00 帧的位置，在【效果控件】面板中设置“CC Light Rays”效果的参数，具体设置如图 2.40 所示。

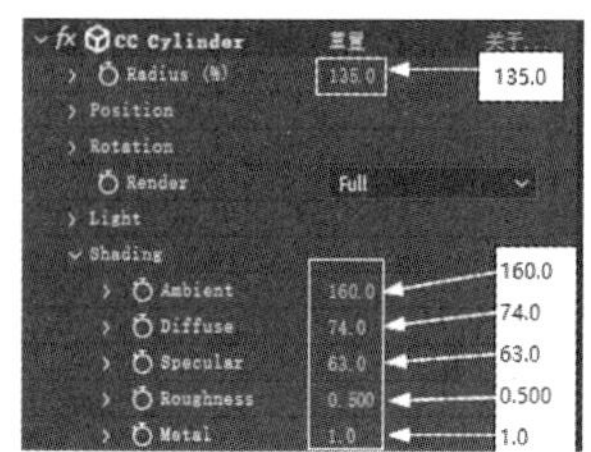

图 2.38　【CC Cylinder】参数

图 2.39　在【合成预览】窗口中的效果

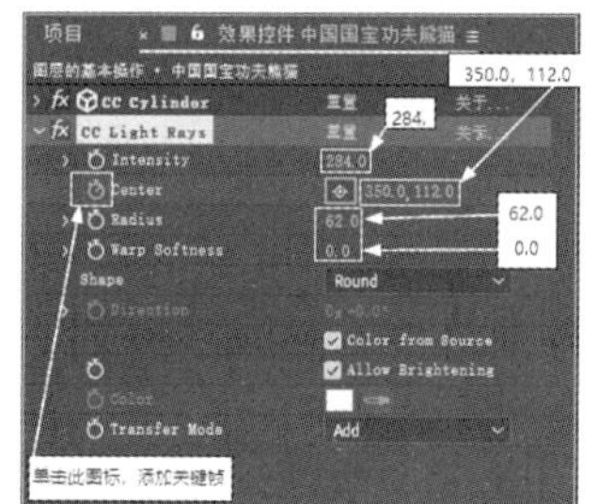

图 2.40　【CC Light Rays】参数设置

步骤 05：将■(时间指针)移到第 03 秒 00 帧的位置，在【效果控件】面板中设置“Center”的参数值为“622.0，92.0”。在【合成预览】窗口中的效果如图 2.41 所示。

步骤 06：将■(时间指针)移到第 04 秒 13 帧的位置，在【效果控件】面板中设置“Center”的参数值为“808.0，86.0”。在【合成预览】窗口中的效果，如图 2.42 所示。

步骤 07：将■(时间指针)移到第 06 秒 00 帧的位置，在【效果控件】面板中设置“Center”

的参数，把它设置为“906.0，110.0”。在【合成预览】窗口中的效果如图 2.43 所示。

图 2.41　第 03 秒 00 帧在【合成预览】窗口中的效果

图 2.42　第 04 秒 13 帧在【合成预览】窗口中的效果

图 2.43　第 06 秒 00 帧在【合成预览】窗口中的效果

视频播放：关于具体介绍，请观看本书光盘上的配套视频“任务四：创建文字图层并添加效果.wmv”。

七、拓展训练

根据所学知识完成如下效果的制作。

学习笔记：

案例 3：图层的高级操作

一、案例内容简介

本案例主要介绍图层时间排序、图层风格的使用、图层混合模式的使用、启用时间重置和视频倒放等相关知识。

二、案例效果欣赏

三、案例制作（步骤）流程

任务一：图层时间排序 ➡ 任务二：图层风格的使用 ➡ 任务三：图层混合模式的使用 ⬇ 任务四：启用时间重置和视频倒放

四、制作目的

（1）掌握图层时间排序的操作方法。
（2）了解 After Effects CC 2019 中的图层风格。
（3）了解 After Effects CC 2019 中的图层混合模式。
（4）掌握控制图层速度的几种方式。
（5）熟练掌握视频倒放的原理。

五、制作过程中需要解决的问题

（1）为什么要进行图层时间排序？
（2）图层风格的作用是什么？在什么情况下使用？
（3）图层混合模式的作用和图层混合的原理是什么？
（4）图层速度控制的原理和设置注意事项是什么？

六、详细操作步骤

通过案例的学习，要求读者掌握图层操作中比较高级的应用，如对图层进行时间排序、图层风格的使用、图层混合模式的使用、启用时间重置和视频倒放等操作。

任务一：图层时间排序

在 After Effects CC 2019 中，经常需要使用与合成持续时间不一致的图层，使用多个短时间的图层来实现镜头切换。这时读者就需要用到 After Effects CC 2019 的序列功能，快速而精确地对图层所在的时间线进行排序，具体操作如下。

1. 新建合成

步骤 01：启动 After Effects CC 2019 应用软件并保存为“案例 3：图层的高级操作.aep”。

步骤 02：创建合成。在菜单栏中单击【合成（C）】→【新建合成（C）…】命令（或按“Ctrl+N”组合键），弹出【合成设置】对话框。在弹出的【合成设置】对话框中把尺寸设置为“1280px×720px”，持续时间设置为“16”秒，命名为“图层排序”。设置完毕单击【确定】按钮，完成新合成的创建。

2. 设置图像的持续时间

步骤 01：在菜单栏中单击【编辑（E）】→【首选项（F）】→【导入（I）…】命令，弹出【首选项】面板。

步骤 02：设置静止图像的持续时间为 2 秒，如图 2.44 所示。

3. 设置标签颜色

步骤 01：在【首选项】面板单击【标签】项，将参数设置切换到标签颜色设置，设置“静止图像”的标签颜色为黄色，如图 2.45 所示。

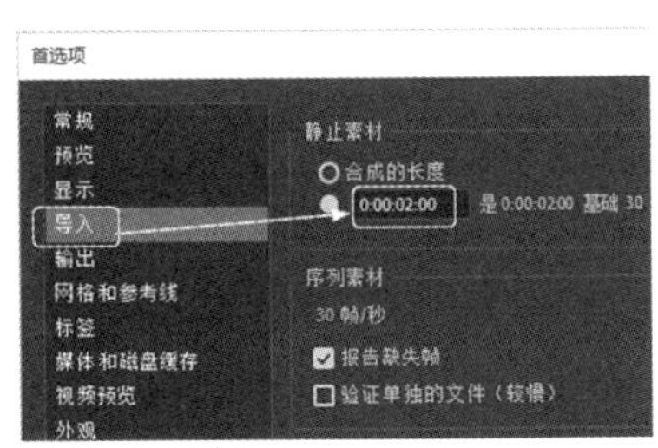

图 2.44　静止图像持续时间设置

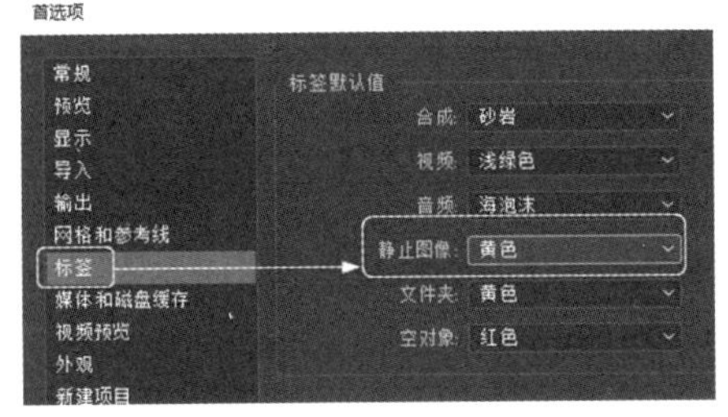

图 2.45　静止图像标签颜色设置

步骤 02：设置完毕，单击【确定】按钮，退出参数设置。

4. 导入素材

步骤 01：在菜单栏中单击【文件（F）】→【导入（I）】→【文件…】命令（或按“Ctrl+I”

组合键)，弹出【导入文件】对话框。在该对话框中单选需要导入的文件，如图 2.46 所示。

步骤 02：单击【导入】按钮，弹出【案例 3：图层的高级操作.psd】对话框。在该对话框中设置参数，具体设置如图 2.47 所示。

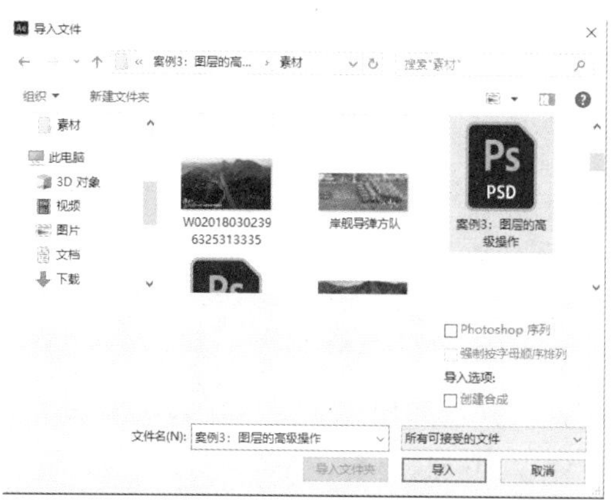

图 2.46 【导入文件】对话框

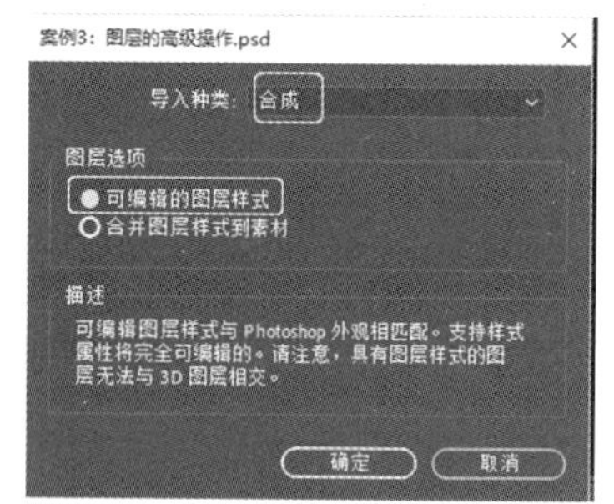

图 2.47 【案例 3：图层的高级操作.psd】对话框参数设置

步骤 03：单击【确定】按钮，完成带图层的文件导入，如图 2.48 所示。

步骤 04：依次将素材拖到【合成】窗口中。在【合成】窗口中素材叠放顺序和持续时间如图 2.49 所示。

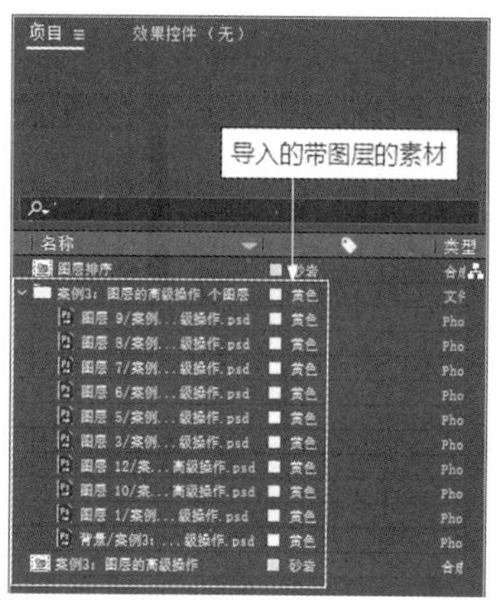

图 2.48 导入的带图层的素材

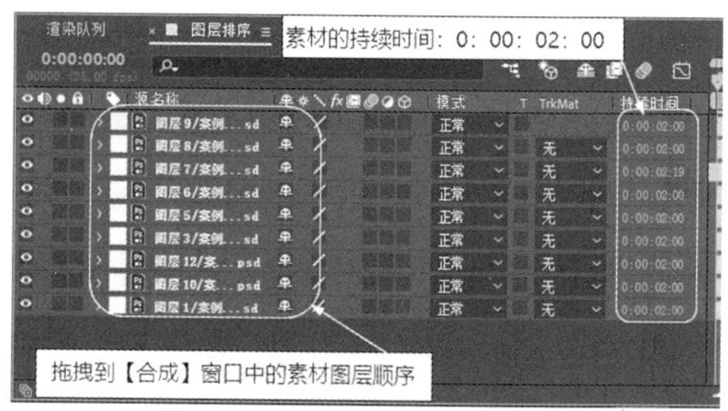

图 2.49 在【合成】窗口中素材叠放顺序和持续时间

步骤 05：每个图层的入点都在第 00 秒处，它们完全重合，每个图层的持续时间为 2 秒。在【合成预览】窗口中的效果如图 2.50 所示。

步骤 06：框选【合成】窗口中的所有图层，如图 2.51 所示。

步骤 07：在菜单栏中单击【动画（A）】→【关键帧辅助（K）】→【序列图层…】命令，弹出【序列图层】对话框。在该对话框中设置参数，具体参数设置如图 2.52 所示。设置完毕单击【确定】按钮，即可得到如图 2.53 所示的效果。

图 2.50 在【合成预览】窗口中的效果

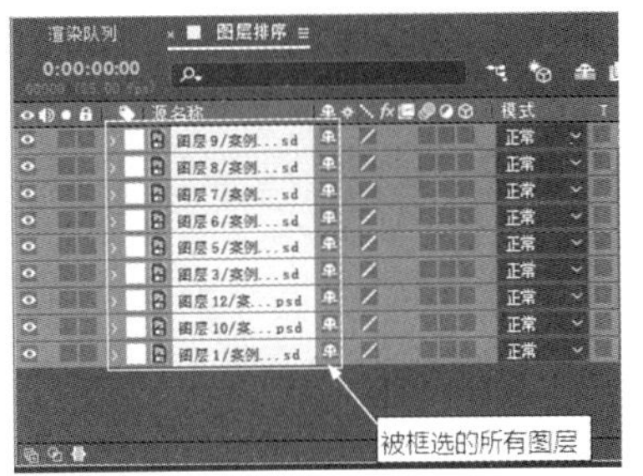

图 2.51 被框选的所有图层

图 2.52 【序列图层】对话框

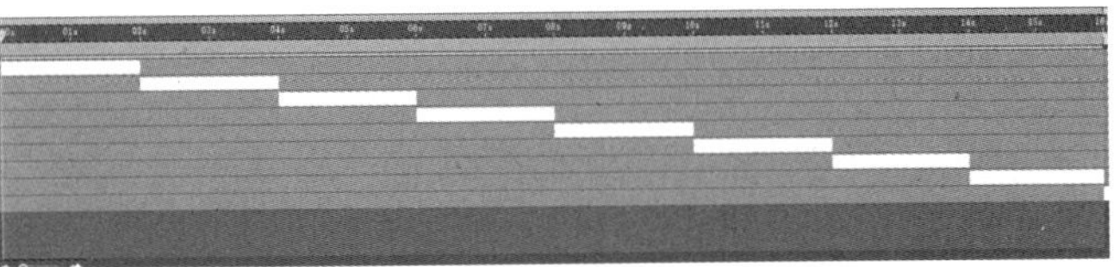

图 2.53 执行【序列图层】命令之后的效果

步骤 08：按“Ctrl+Z”组合键，返回上一步操作，即回到图层序列之前的状态。

步骤 09：框选如图 2.54 所示的图层。

步骤 10：在菜单栏中单击【动画（A）】→【关键帧辅助（K）】→【序列图层…】命令→弹出【序列图层】对话框，设置参数，具体设置如图 2.55 所示。设置完毕单击【确定】按钮，完成序列图层的排序。

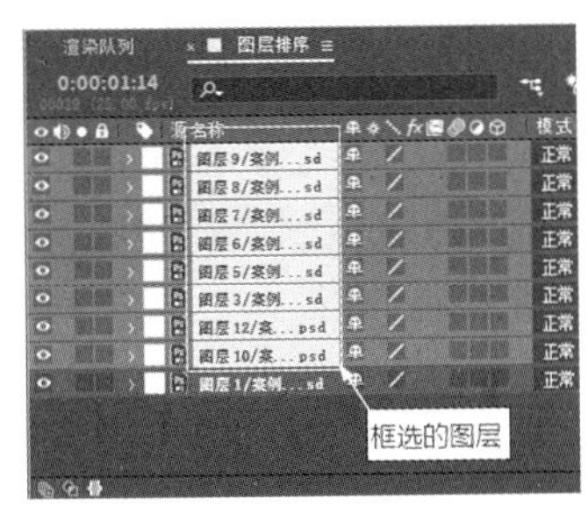

图 2.54 框选的图层

图 2.55 【序列图层】参数设置

步骤 11：将（时间指针）移到图层的重叠处，如图 2.56 所示，从【合成预览】窗口中的效果可以看出，它们重叠的地方有淡入淡出的效果，如图 2.57 所示。

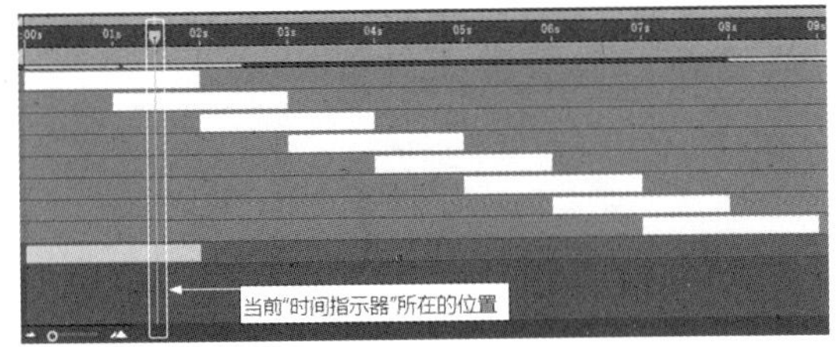

图 2.56 【时间指针】所在的位置

图 2.57 在【合成预览】窗口中的效果

视频播放：关于具体介绍，请观看本书光盘上的配套视频“任务一：图层时间排序.wmv”。

任务二：图层风格的使用

使用过 Photoshop 的读者理解图层风格应该非常容易。图层风格类似于 Photoshop 中的图层样式，可以给图层添加外发光、阴影、浮雕等艺术效果，比视频特效的使用更方便。添加图层风格的具体操作方法如下。

步骤 01：按“Ctrl+Z”组合键，撤销图层排序。

步骤 02：单选 图层 12/案例3：图层的高级操作.psd 图层，在菜单栏中单击【图层（L）】→【图层样式】→【投影】命令，即可给单选的图层添加“阴影”风格样式。

步骤 03：展开添加了“阴影”风格样式的图层，设置“阴影”风格样式的参数，具体设置如图 2.58 所示。在【合成预览】窗口中的效果即添加“阴影”风格样式的效果如图 2.59 所示。

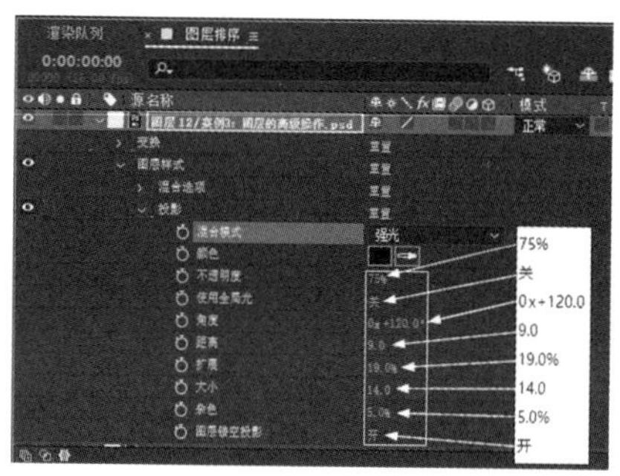

图 2.58 “阴影”风格样式参数设置

图 2.59 添加“阴影”风格样式的效果

步骤 04：单选 图层 12/案例3：图层的高级操作.psd 图层，在菜单栏中单击【图层（L）】→【图层样式】→【外发光】命令，即可给单选的图层添加“外发光”风格样式。

步骤 05：展开添加了“外发光”风格样式的图层，设置“外发光”风格样式的参数，具体设置如图 2.60 所示。在【合成预览】窗口中的效果即添加“外发光”风格样式的效果如图 2.61 所示。

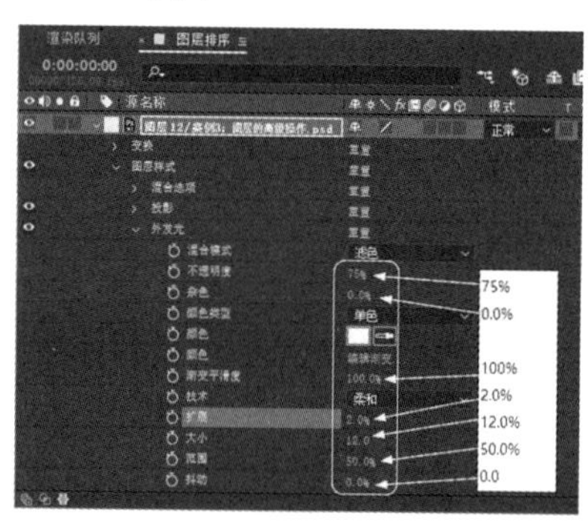

图 2.60 【外发光】风格样式参数

图 2.61 添加“外发光”风格样式的效果

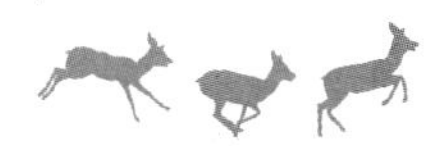

步骤 06：使用步骤 04 和步骤 05 的方法，给其他图层添加需要的风格样式，添加完风格样式之后，在【合成预览】窗口中的效果如图 2.62 所示。

提示：After Effects CC 2019 主要包括如图 2.63 所示的 9 种图层风格样式，读者还可以对添加的图层风格样式进行移除、显示和转换为可编辑样式等操作。

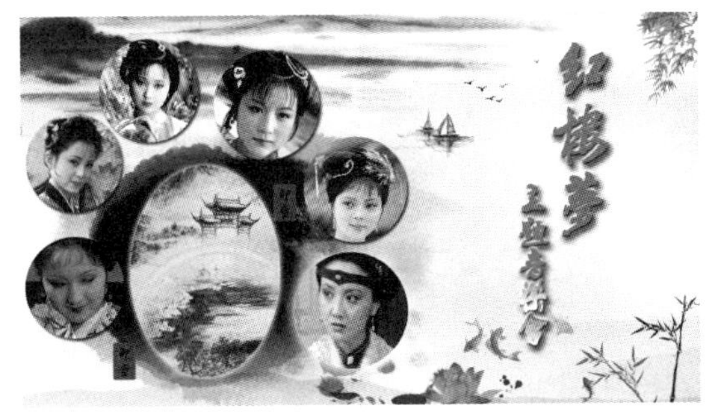

图 2.62　在【合成预览】窗口中的效果

转换为可编辑样式
全部显示
全部移除
投影
内阴影
外发光
内发光
斜面和浮雕
光泽
颜色叠加
渐变叠加
描边

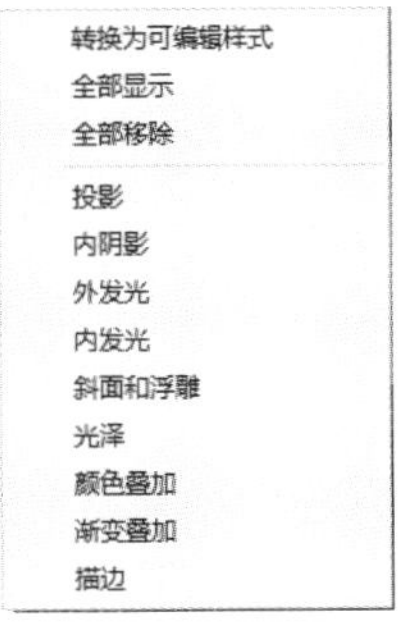

图 2.63　图层风格样式

视频播放：关于具体介绍，请观看本书光盘上的配套视频“任务二：图层风格的使用.wmv”。

任务三：图层混合模式的使用

在 After Effects CC 2019 中，图层的混合模式主要用来控制上面的图层以什么方式与下面的图层混合。将图层的不同通道信息以不同的方式进行混合叠加，可以产生很多意想不到的效果。图层混合模式主要包括 8 大类，总计 38 种混合模式，如图 2.64 所示。

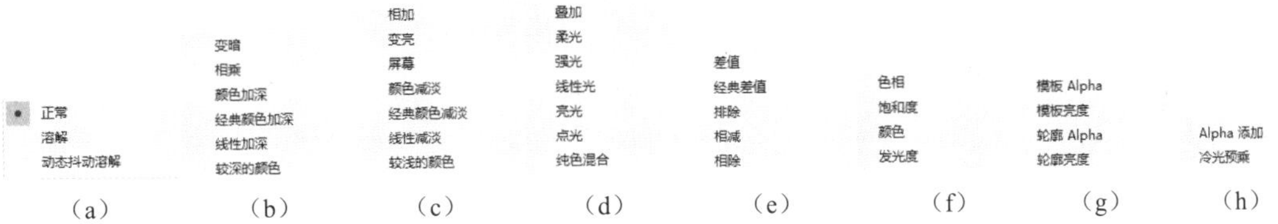

正常
溶解
动态抖动溶解
(a)
变暗
相乘
颜色加深
经典颜色加深
线性加深
较深的颜色
(b)
相加
变亮
屏幕
颜色减淡
经典颜色减淡
线性减淡
较浅的颜色
(c)
叠加
柔光
强光
线性光
亮光
点光
纯色混合
(d)
差值
经典差值
排除
相减
相除
(e)
色相
饱和度
颜色
发光度
(f)
模板 Alpha
模板亮度
轮廓 Alpha
轮廓亮度
(g)
Alpha 添加
冷光预乘
(h)

图 2.64　图层的混合模式

步骤 01：在【项目】窗口单选“案例 3：图层的高级操作”合成，按“Ctrl+D”组合键复制该合成，并将其重命名为“案例 3：图层的高级操作叠加模式”。

步骤 02：单选图层 5图层，单击图层 5右侧【模式】下方的图标，弹出快捷菜单。在弹出的快捷菜单中单击【轮廓亮度】命令，即可将该图层设置为“轮廓亮度”叠加模式，如图 2.65 所示。“轮廓宽度”叠加模式在【合成预览】窗口中的效果如图 2.66 所示。

步骤 03：方法同上，给其他图层设置叠加模式，设置完毕，在【合成预览】窗口中的最终效果如图 2.67 所示。

视频播放：关于具体介绍，请观看本书光盘上的配套视频“任务三：图层混合模式的使用.wmv”。

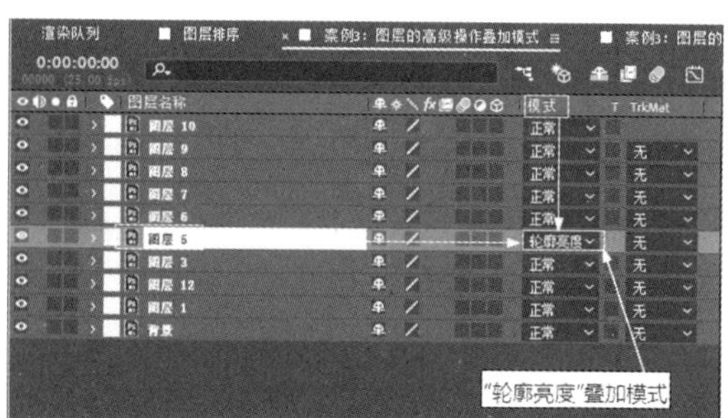

图 2.65 "图层 5"的叠加模式

图 2.66 "轮廓亮度"叠加模式在【合成预览】窗口中的效果

图 2.67 在【合成预览】窗口中的最终效果

任务四：启用时间重置和视频倒放

在 After Effects CC 2019 中，控制图层的播放速度有多种方式：可以将一段视频或动画进行快放或慢放；可以将视频进行倒放；可以将视频的一部分快放，另一部分慢放，还可以对视频进行时间重置。具体操作如下。

1. 图层速度控制

步骤 01：新建一个合成，名称为"图层速度控制"，持续时间为 20 秒。

步骤 02：将视频"极致中国 1.mp4"导入项目，拖到【图层速度控制】合成窗口中，如图 2.68 所示。此时，"极致中国 1.mp4"的持续时间为 10 秒 14 帧，预览文件的原始效果，可以看出画面中的视频处于正常播放状态。

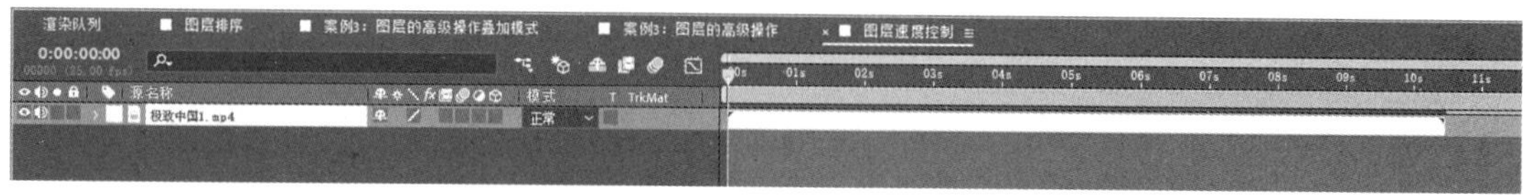

图 2.68 拖到【图层速度控制】合成窗口中的视频

步骤 03：时间伸缩。将光标移到极致中国1.mp4图层上，单击右键，弹出快捷菜单。在弹出的快捷菜单中单击【时间】命令，弹出【时间伸缩（C）…】对话框，参数设置如图 2.69 所示。

步骤 04：参数设置完毕，单击【确定】按钮，完成时间伸缩的设置，如图 2.70 所示。此时，视频播放的速度变慢。

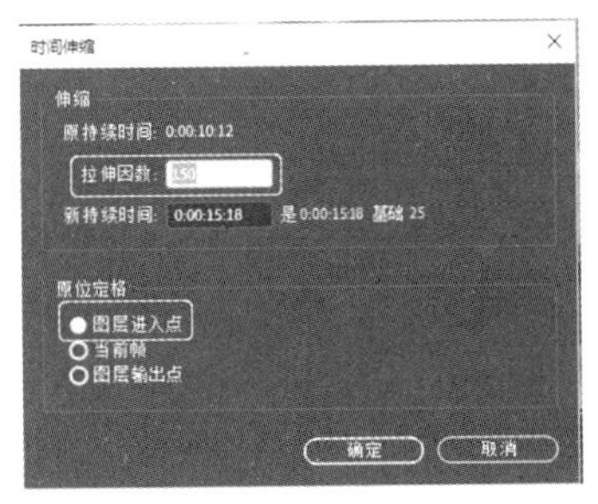

图 2.69　【时间伸缩】对话框参数设置

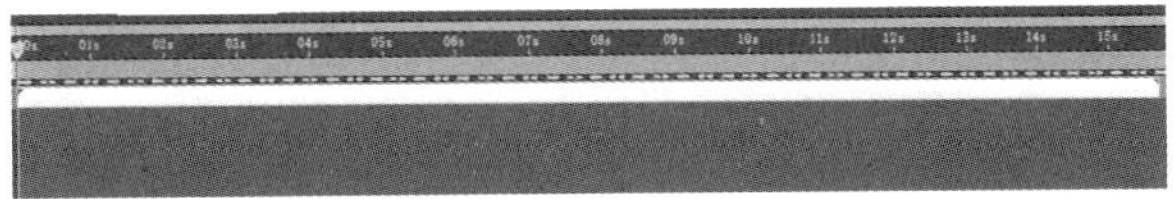

图 2.70　视频播放时间延长之后的时间轴

步骤 05：缩短时间。在【时间伸缩（C）…】对话框中，将拉伸因数的数值设置为“50”，此时的视频播放时间缩短一半，而播放速度加快一倍。

2. 启用时间重映射

启用时间重置的目的是控制视频播放的快慢效果。

步骤 01：新建一个合成，名称为“启用时间重置”，持续时间为 25 秒。

步骤 02：将视频“极致中国 1.mp4”拖到【启用时间重置】合成窗口中，极致中国1.mp4图层的持续时间比合成持续时间短，它的持续时间只有 10 秒 14 帧。

步骤 03：启用时间重置。选中极致中国1.mp4图层，在菜单栏中单击【图层（L）】→【时间】→【启用时间重映射】命令（或按“Ctrl+Alt+T”组合键）。此时，在极致中国1.mp4图层下面出现【时间重映射】选项并在图层的首尾各有一个关键帧，如图 2.71 所示。

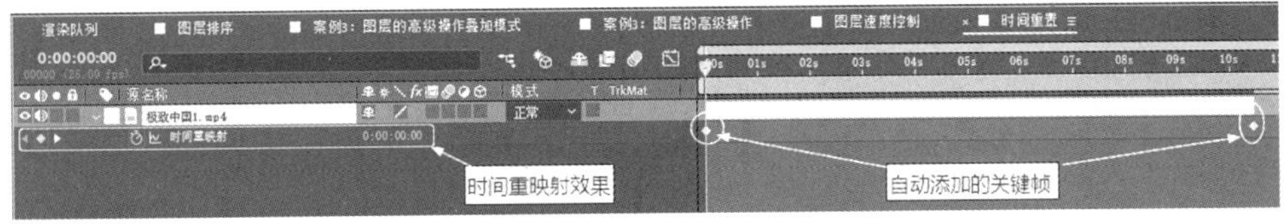

图 2.71　启用时间重映射之后的工作界面

步骤 04：将极致中国1.mp4图层上的“极致中国 1.MP4”视频播放时间延长至与合成持续时间一致，如图 2.72 所示。

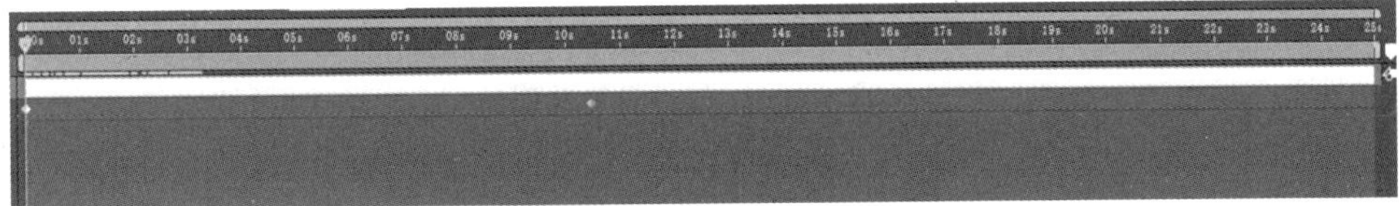

图 2.72　视频播放时间延长

步骤 05：将（时间指针）移到第 03 秒 00 帧的位置，单击（在当前时间轴添加或移除关键帧）按钮，添加一个关键帧，如图 2.73 所示。

步骤 06：将原来第 10 秒 14 帧的关键帧移到第 25 秒处，再将（时间指针）移到第 24 秒处。单击（在当前时间轴添加或移除关键帧）按钮，添加一个关键帧，设置关键帧的参数，具体设置如图 2.74 所示。

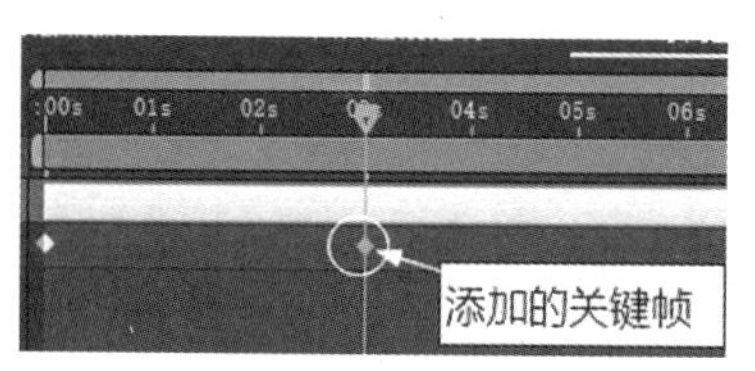

图 2.73　第 03 秒处的关键帧

图 2.74　第 24 秒处的关键帧参数设置

步骤 07：在图层下面有 4 个关键帧，中间两个关键帧是手动添加的。最终播放效果在【合成预览】窗口中可以看到，视频开始以正常速度播放，然后以慢镜头播放，最后以快镜头播放。

3. 视频倒放

视频倒放的意思是将视频素材从尾到头进行播放。在图层中选中需要进行倒放的视频图层，在菜单栏中单击【图层（L）】→【时间】→【时间反向图层】命令（或按“Ctrl+Alt+R”组合键），即可将视频倒放。

视频播放：关于具体介绍，请观看本书光盘上的配套视频“任务四：启用时间重置和视频倒放.wmv”。

七、拓展训练

根据所学知识完成如下效果的制作。

学习笔记：

案例 4：遮罩动画的制作

一、案例内容简介

本案例主要介绍遮罩的概念、遮罩的原理、遮罩的创建和相关操作。

二、案例效果欣赏

三、案例制作（步骤）流程

任务一：矩形遮罩工具的使用 ➡ 任务二：椭圆形遮罩工具的使用 ⬇

任务四：遮罩动画的制作 ⬅ 任务三：任意形状遮罩工具的使用

四、制作目的

（1）了解遮罩的概念。
（2）理解遮罩的原理。
（3）掌握各种遮罩的创建方法。
（4）掌握遮罩的相关操作方法。
（5）熟练掌握遮罩动画的原理和创建。

五、制作过程中需要解决的问题

（1）遮罩的概念和原理是什么？
（2）创建遮罩和创建遮罩的前提条件是什么？
（3）遮罩动画的原理和创建方法是什么？

六、详细操作步骤

在 After Effects CC 2019 中，遮罩又称为蒙版，是一个非常重要的合成工具，可以将遮罩简单理解为“挡板”，它可以绘制任意形状来遮挡当前图层的一部分，被遮挡的部分变成透明，显示出下面的图层。如果使用羽化遮罩，就可以将不同的图像平滑融合，还可以将遮罩的变化过程记录为动画，这个过程称为遮罩动画。

在 After Effects CC 2019 中主要提供了矩形遮罩、椭圆形遮罩、多边形遮罩和自由形状遮罩，用户可以根据需要绘制和控制不同的遮罩。不管创建什么形状的遮罩，都需要注意以下两点，这是创建遮罩的两个前提条件。

（1）首先需要选中创建遮罩的图层。

（2）遮罩路径一定是一个闭合的曲线。

任务一：矩形遮罩工具的使用

矩形遮罩工具的使用很简单，具体操作步骤如下。

1. 创建新合成

步骤 01：启动 After Effects CC 2019，并把文件命名为“案例 4：遮罩工具的使用.aep”保存。

步骤 02：创建合成。在菜单栏中单击【合成（C）】→【新建合成（C）…】命令（或按“Ctrl+N”组合键）弹出【合成设置】对话框。在弹出的【合成设置】对话框中设置尺寸，把它设置为“1280px×720px”，持续时间设置为“6 秒”，命名为“遮罩工具的使用”。设置完毕，单击【确定】按钮，完成新合成的创建。

2. 导入素材

步骤 01：根据前面所学知识，导入如图 2.75 所示的素材。

步骤 02：将素材拖到【遮罩工具的使用】合成窗口中。拖到合成窗口中的图层顺序如图 2.76 所示，在【合成预览】窗口中的效果如图 2.77 所示。

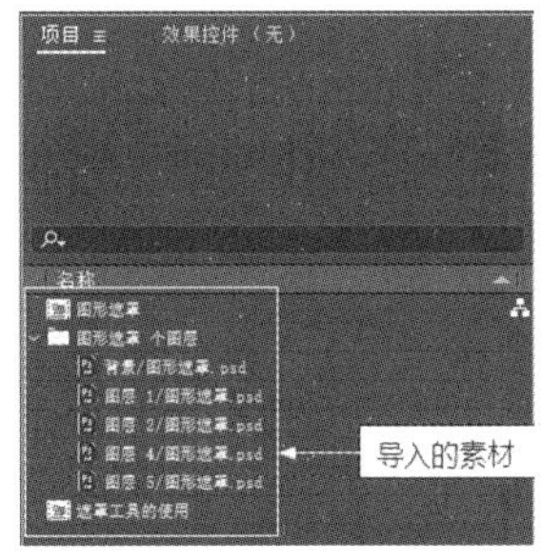

图 2.75　导入的素材

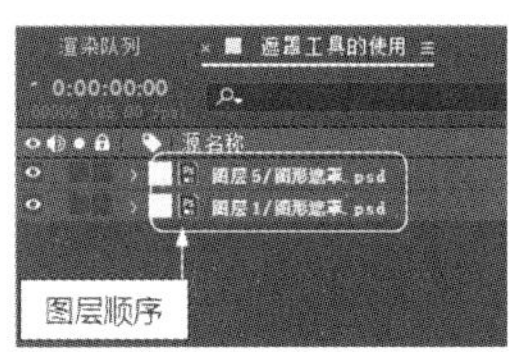

图 2.76　图层顺序

图 2.77　【合成预览】窗口中的效果

3. 绘制矩形遮罩

步骤 01：单选【遮罩工具的使用】合成窗口中的 图层 5/图形遮罩.psd 图层。

步骤 02：在工具面板中单击■（矩形遮罩工具）按钮，在【合成预览】窗口中绘制矩形遮罩，展开图层 5/图形遮罩.psd图层。

步骤 03：设置绘制的矩形遮罩的参数，具体设置如图 2.78 所示。设置完毕，在【合成预览】窗口中的效果如图 2.79 所示。

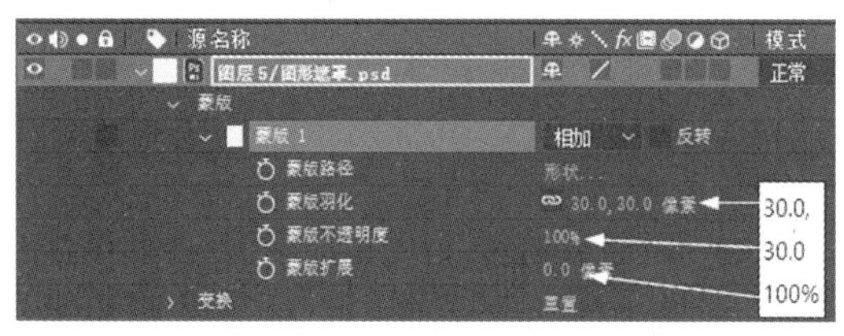

图 2.78　遮罩参数设置

图 2.79　【合成预览】窗口中的效果

视频播放：关于具体介绍，请观看本书光盘上的配套视频“任务一：矩形遮罩工具的使用.wmv”。

任务二：椭圆形遮罩工具的使用

步骤 01：将“图层 2/图形遮罩.psd”图片拖到【遮罩工具的使用】合成窗口中，图层放置在最顶层，在【合成预览】窗口中的效果如图 2.80 所示。

步骤 02：在工具面板中单击（椭圆形遮罩工具）按钮，在【合成预览】窗口中绘制椭圆形遮罩，展开图层 2/图形遮罩.psd图层。

步骤 03：设置绘制的椭圆形遮罩的参数。具体设置如图 2.81 所示，设置完毕在【合成预览】窗口中的效果如图 2.82 所示。

图 2.80　在【合成预览】窗口中的效果

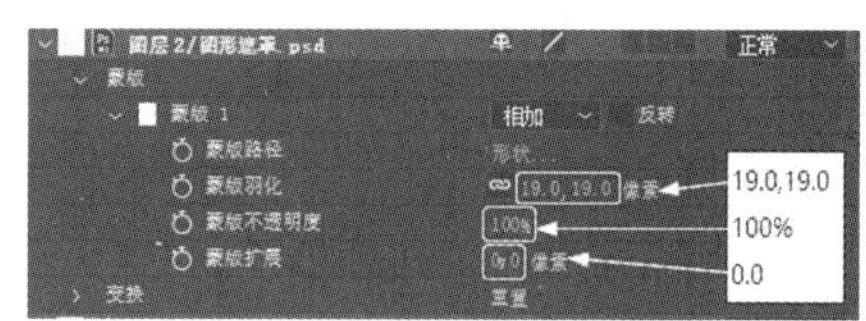

图 2.81　遮罩参数设置

步骤 04：添加图层样式。单选图层 2/图形遮罩.psd图层，在菜单栏中单击【图层】→【图层样式】→【外发光】命令，即可给该图层添加一个“外发光”效果。具体参数设置如图 2.83 所示，在【合成预览】窗口中的“外发光”效果如图 2.84 所示。

视频播放：关于具体介绍，请观看本书光盘上的配套视频“任务二：椭圆形遮罩工具的使用.wmv”。

图 2.82　在【合成预览】窗口中的效果

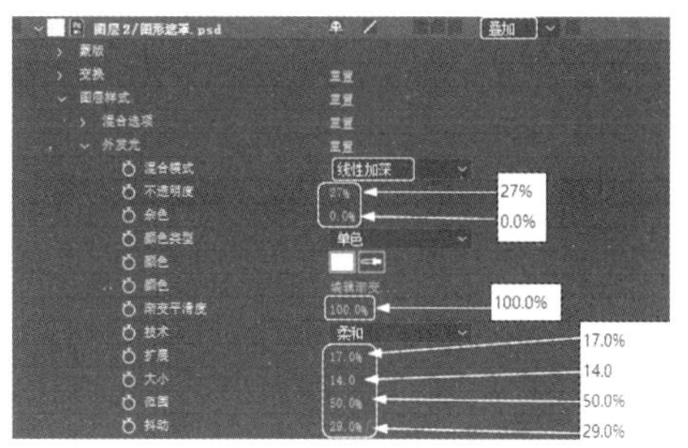

图 2.83　“外发光”样式参数设置

任务三：任意形状遮罩工具的使用

步骤 01：将【项目】窗口中的“图层 4/图形遮罩.psd”素材拖到【遮罩工具的使用】合成窗口中，图层放置在顶层。在【合成预览】窗口中的效果如图 2.85 所示。

图 2.84　在【合成预览】窗口中的“外发光”效果

图 2.85　在【合成预览】窗口中的效果

步骤 02：单选 图层 4/图形遮罩.psd 图层，在工具栏中单击（钢笔工具）按钮，在【合成预览】窗口中绘制 3 条闭合曲线，设置闭合曲线参数。具体设置如图 2.86 所示，在【合成预览】窗口中的效果如图 2.87 所示。

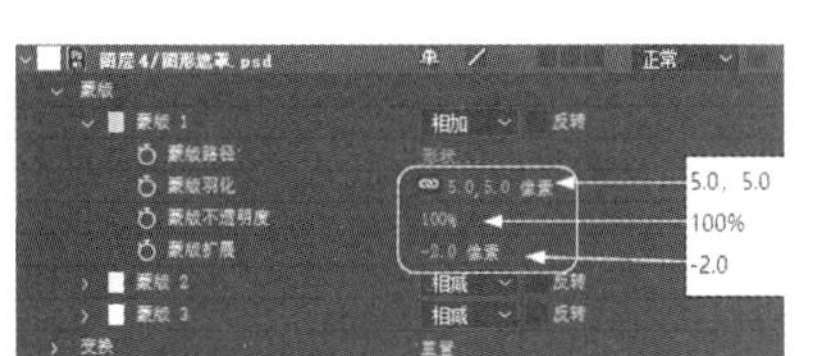

图 2.86　遮罩参数调节

图 2.87　在【合成预览】窗口中的效果

视频播放：关于具体介绍，请观看本书光盘上的配套视频“任务三：任意形状遮罩工具的使用.wmv”。

任务四：遮罩动画的制作

遮罩动画的制作原理是通过调节遮罩路径上的控制点位置和关键帧来实现的，具体操作方法如下。

步骤 01：创建一个合成。在菜单栏中单击【合成（C）】→【新建合成（C）…】命令（或按“Ctrl+N”组合键），弹出【合成设置】对话框。在弹出的【合成设置】对话框中，把尺寸设置为“1280px×720px”，持续时间设置为“5 秒”，命名为“遮罩动画”，背景颜色设置为“白色”。设置完毕单击【确定】按钮，完成新合成的创建。

步骤 02：将“红楼梦 01.mp4”视频拖到【遮罩动画】合成窗口中，设置该图层的变换参数。具体参数设置如图 2.88 所示。

步骤 03：将（时间指针）移到第 00 帧的位置，单选图层，使用（钢笔工具）在【合成预览】窗口中绘制遮罩，绘制遮罩时的参数设置如图 2.89 所示，在【合成预览】窗口中绘制的遮罩效果如图 2.90 所示。

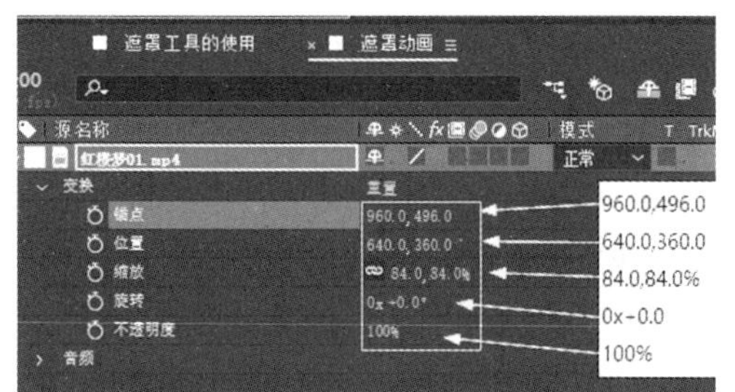

图 2.88　图层变换参数设置

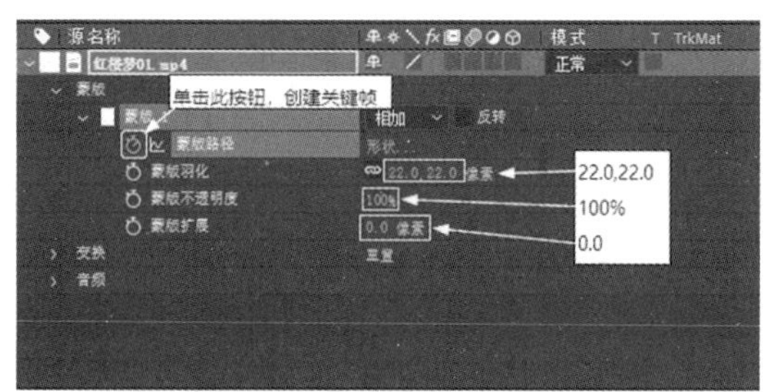

图 2.89　绘制遮罩的参数设置

步骤 04：将（时间指针）移到第 13 帧的位置，使用（选取工具）和（转换“顶点”工具）在【合成预览】窗口中调节遮罩顶点的位置和顶点的转换，调节之后，After Effects CC 2019 自动给遮罩的“遮罩形状”参数添加关键帧。调节之后的遮罩路径即第 13 帧位置的遮罩形状如图 2.91 所示。

图 2.90　绘制的遮罩效果

图 2.91　第 13 帧位置的遮罩形状

步骤 05：将（时间指针）移到第 01 秒 05 帧的位置，调节遮罩路径的形状，最终效果如图 2.92 所示。

步骤 06：将（时间指针）移到第 02 秒 03 帧的位置，调节遮罩路径的形状，最终效果如图 2.93 所示。

图 2.92　第 01 秒 05 帧位置的遮罩路径形状

图 2.93　第 02 秒 03 帧位置的遮罩路径形状

步骤 07：将（时间指针）移到第 03 秒 18 帧的位置，调节遮罩路径的形状，最终效果如图 2.94 所示。

步骤 08：将（时间指针）移到第 04 秒 07 帧的位置，调节遮罩路径的形状，最终效果如图 2.95 所示。

图 2.94　第 03 秒 18 帧位置的遮罩路径形状

图 2.95　第 04 秒 07 帧位置的遮罩路径形状

步骤 09：将（时间指针）移到第 04 秒 12 帧的位置，调节遮罩路径的形状，最终效果如图 2.96 所示。

步骤 10：将（时间指针）移到第 04 秒 13 帧的位置，调节遮罩路径的形状，最终效果如图 2.97 所示。

图 2.96　第 04 秒 12 帧位置的遮罩路径形状

图 2.97　第 04 秒 13 帧位置的遮罩路径形状

视频播放：关于具体介绍，请观看本书光盘上的配套视频“任务四：遮罩动画的制作.wmv”。

七、拓展训练

根据所学知识完成如下效果的制作。

原始素材

合成效果

学习笔记：

第 3 章　绘画工具的使用

知识点

案例 1：绘画工具的基本介绍
案例 2：使用绘画工具绘制各种形状图层
案例 3：形状属性与管理

说明

本章主要通过 3 个案例，全面讲解绘画工具的使用方法和形状属性的作用以及使用方法。

教学建议课时数

一般情况下，需要 4 课时。其中，理论 1.5 课时，实际操作 2.5 课时（特殊情况下可做相应调整）。

在 After Effects CC 2019 中，设置动画或者制作特效都离不开绘画工具。熟练掌握绘画工具是学习 After Effects CC 2019 的基础。

本章主要通过 3 个案例详细介绍绘画工具、橡皮擦工具、复制工具的使用方法，绘画面板和画笔的各项参数的设置，各种形状工具的使用方法以及形状图层的相关操作。

案例 1：绘画工具的基本介绍

一、案例内容简介

本案例主要介绍绘画工具的作用和使用方法。

二、案例效果欣赏

三、案例制作（步骤）流程

任务一：了解【绘画】和【画笔】面板 ➡ 任务二：【绘画】和【画笔】面板具体参数介绍

⬇

任务五：仿制图章工具 ⬅ 任务四：橡皮擦工具 ⬅ 任务三：制作过渡动画效果

四、制作目的

（1）了解【绘画】和【画笔】面板中各个参数的作用。

（2）掌握【绘画】和【画笔】面板中的参数设置。

（3）掌握过渡动画效果的制作原理。

（4）了解橡皮擦和仿制图章工具的作用，掌握橡皮擦和仿制图章工具的使用方法及技巧。

五、制作过程中需要解决的问题

（1）灵活应用【绘画】和【画笔】面板中的各个参数。
（2）熟悉过渡动画的作用和应用环境。
（3）掌握橡皮擦和仿制图章工具的综合应用技巧。

六、详细操作步骤

在 After Effects CC 2019 中，绘画工具主要包括（画笔工具）、（仿制图章工具）和（橡皮擦工具）。使用这些工具可以在图层中添加或者删除像素，但这些操作只影响最终的显示效果，而不会破坏图层中的原始素材。

需要注意的是，使用画笔工具、仿制图章工具或橡皮擦工具后，会在【合成】窗口图层中的属性下呈现每个画笔的属性和变换参数。读者可以对这些画笔的属性或变换参数进行修改或为它们制作动画。

任务一：了解【绘画】和【画笔】面板

在使用各种绘图工具时，【绘画】面板工具中的有些参数是共用的，如图 3.1 所示。【绘画】面板主要作用是用来设置各种绘画工具中绘制画笔的透明度、流量、模式、通道和长度等属性，除了在【绘画】面板中设置参数，还可以在【画笔】面板中选择系统预置的一些画笔效果，如图 3.2 所示。

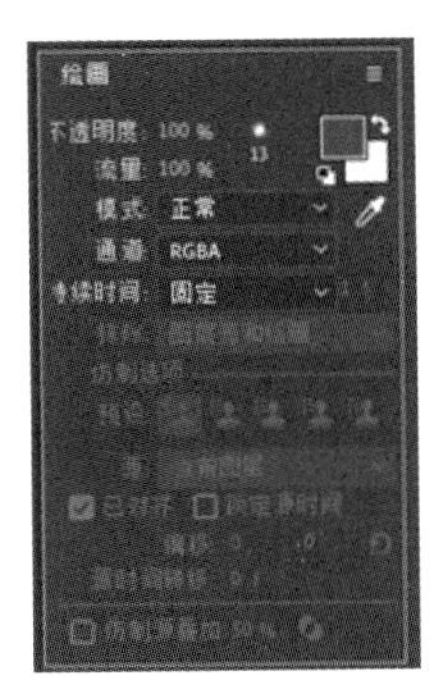

图 3.1 【绘画】面板

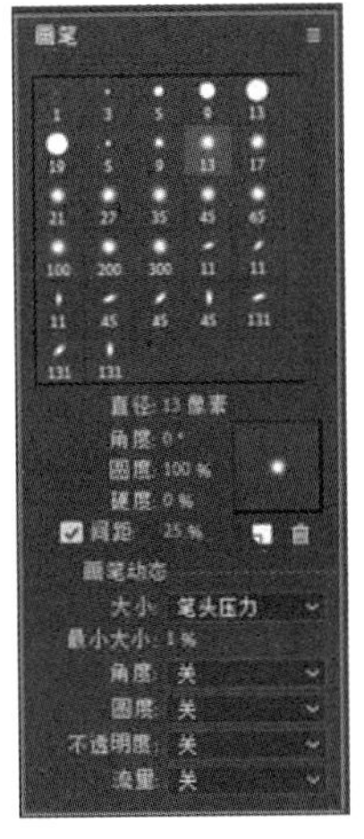

图 3.2 系统预置的画笔效果

如果对预置的画笔效果不满意，还可以自定义画笔的形状。通过改变参数值可以很方便地对画笔的尺寸、角度和边缘羽化等信息进行修改，读者还可以保存或删除自定义的画笔工具。

提示：如果要激活【绘画】面板，就必须先在【工具】面板中激活（单击即可）画笔工具。

视频播放：关于具体介绍，请观看本书光盘上的配套视频“任务一：了解【绘画】和【画笔】面板.wmv”。

任务二：【绘画】和【画笔】面板具体参数介绍

1.【绘画】面板具体参数介绍

（1）【不透明度】参数：在（画笔工具）和（仿制图章工具）中，主要用来设置画笔或仿制图章工具的最大透明度，而在（橡皮擦工具）中主要用来设置擦除图层颜色的最大限度。

（2）【流量】参数：在（画笔工具）和（仿制图章工具）中，流量属性主要用来设置画笔的流量，而在（橡皮擦工具）中，流量属性主要用来控制擦除像素的速度。

（3）【模式】参数：主要用来设置（画笔工具）和（仿制图章工具）的混合模式，与图层混合中介绍的混合模式差不多，使用不同的混合模式进行绘画可以产生不同的效果。

（4）【通道】参数：主要用来设置画笔工具影响到的图层通道。读者如果选择 Alpha 选项，那么绘画工具只影响图层的透明度区域，它只能取样灰度颜色。使用纯黑色的画笔在 Alpha 通道上绘图相对于使用（橡皮擦工具）进行擦除。

（5）【持续时间】参数：主要用来设置画笔的持续时间，它包括“固定”“写入”“单帧”和“自定义”4 种持续时间模式。具体作用如下：

①【固定】模式：若选择此项，则画笔在整个时间段中都能进行显示。

②【写入】模式：若选择此项，则画笔根据手写的速度再现手写动画过程。其原理是自动产生开始和结束关键帧，用户可以在【合成】窗口中对画笔属性的开始和结束关键帧进行调节。

③【单帧】模式：仅在当前帧显示绘图。

④【自定义】模式：自定义设置画笔的持续时间。

2.【画笔】面板具体参数介绍

（1）【直径】参数：主要用来设置画笔的直径，单位是像素。

（2）【角度】参数：主要用来设置椭圆形画笔的旋转角度，单位是度（°）。

（3）【圆度】参数：主要用来设置画笔长轴和短轴的比例。例如，其值为 100%时，画笔为圆形画笔；其值为 0 时，画笔为线性画笔；其值介于 0%～100%时，画笔为椭圆形画笔。

（4）【硬度】参数：主要用来设置画笔从笔刷边缘到中心过渡的不透明度的百分比，如果设置最小的硬度值，那么只有在画笔的中心才能完全不透明。

（5）【间距】参数：主要用来设置画笔的间隔距离，以画笔的直径百分比来衡量，使用鼠标绘画时由速度决定画笔距离的大小。

（6）【画笔动态】参数：在使用手绘进行绘图时，该参数主要用来在动态参数中设置对手绘板的压笔感觉。

视频播放：关于具体介绍，请观看本书光盘上的配套视频“任务二:【绘画】和【画笔】面板具体参数介绍.wmv”。

任务三：制作过渡动画效果

1. 制作过渡效果

步骤 01：创建一个合成。合成的名称为“过渡动画”，尺寸大小为“1280px×720px”，持续时间为 6 秒。

步骤 02：将“02.png”图片素材先导入【项目】窗口中，然后拖到“过渡动画”合成窗口中。

步骤 03：创建一个“纯色图层”。在【过渡动画】合成窗口中，单击右键，弹出快捷菜单，在弹出的快捷菜单中单击【新建】→【纯色（S）…】命令，弹出【纯色设置】对话框。在该对话框中设置参数，如图 3.3 所示。设置完毕，单击【确定】按钮，纯色图层的叠放顺序如图 3.4 所示。

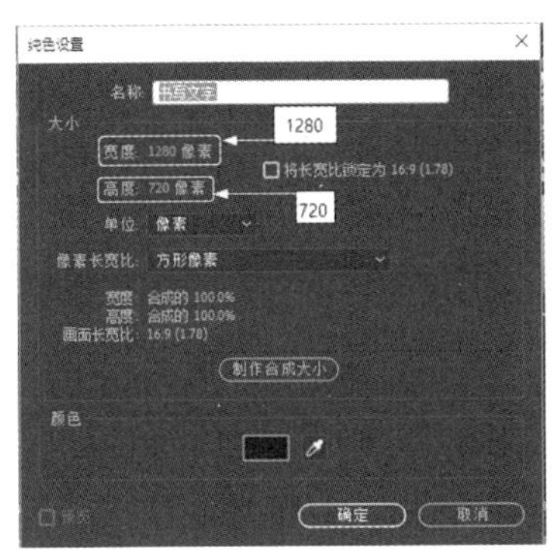

图 3.3 【纯色设置】对话框

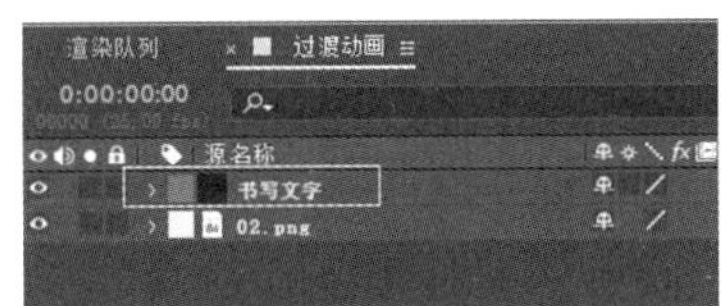

图 3.4　纯色图层的叠放顺序

步骤 04：双击“书写文字”图层，切换到“书写文字”图层的【编辑窗口】。单击（画笔工具），在【画笔】面板中设置“画笔”的相关参数，具体参数设置如图 3.5 所示。在【编辑窗口】中使用手绘板书写“梦想”两个字，如图 3.6 所示。

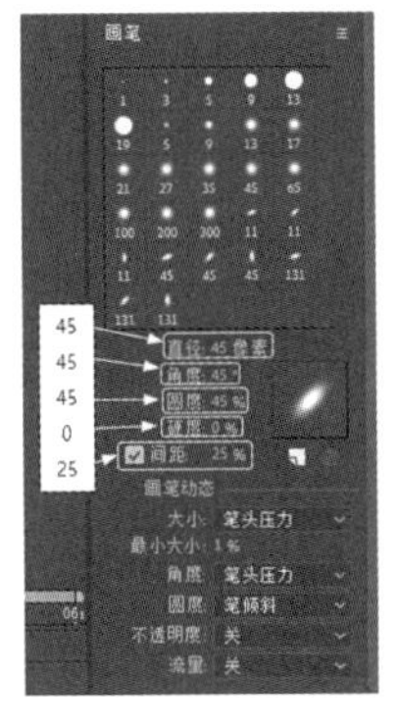

图 3.5 【画笔】面板参数设置

图 3.6　使用手绘板书写的“梦想”

步骤 05：书写完文字之后，在书写文字图下会自动生成两条画笔路径，如图 3.7 所示。

步骤 06：切换到“过渡动画”的【合成预览】窗口。将（时间指针）移到第 00 帧的位置，将“画笔 1”中的“结束”参数值设置为“0”，如图 3.8 所示。

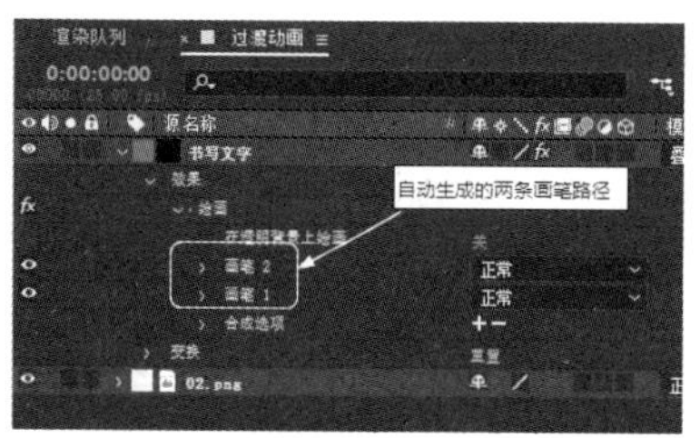

图 3.7　自动生成的两条画笔路径

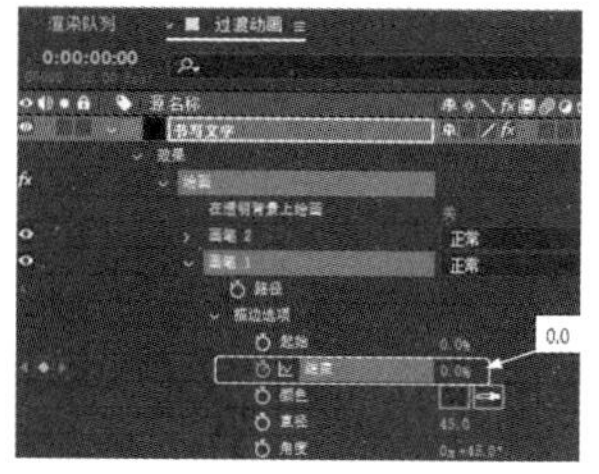

图 3.8　“画笔 1”参数设置

步骤 07：将（时间指针）移到第 12 帧的位置，将“画笔 1”中的“结束”参数值设置为“100”，将“画笔 2”中的“结束”参数值设置为“0”。

步骤 08：将（时间指针）移到第 24 帧的位置，将“画笔 2”中的“结束”参数值设置为“100”。完成过渡动画的制作，如图 3.9 所示。

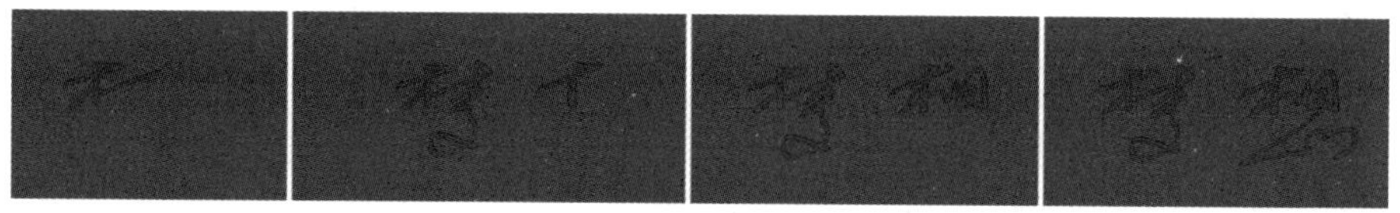

图 3.9　过渡动画的制作

2. 给“纯色图层”添加效果

步骤 01：单选书写文字图层，在菜单栏中单击【效果（T）】→【风格化】→【浮雕】命令，即可给该图层添加【浮雕】效果。在【效果控件】面板中设置【浮雕】效果的参数，具体参数设置如图 3.10 所示，在【合成预览】窗口中“浮雕”的效果如图 3.11 所示。

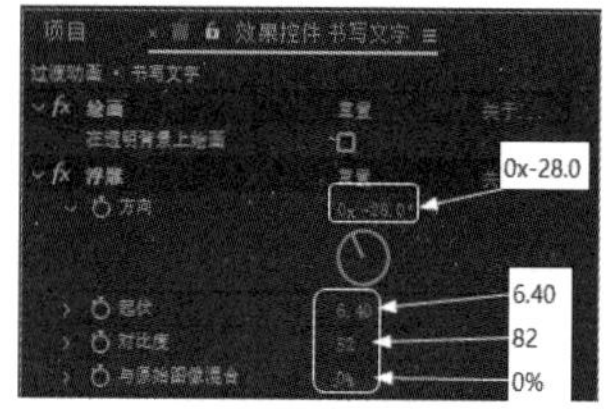

图 3.10　【浮雕】效果参数设置

图 3.11　在【合成预览】窗口中的“浮雕”效果

步骤 02：继续添加效果。在菜单栏中单击【效果（T）】→【抠像】→【颜色范围】命令，即可给该图层添加【颜色范围】效果。先在【效果控件】面板中单击图标（吸管工具），然后在【合成预览】窗口中单击灰色处，就可在【合成预览】窗口中显示效果，如图 3.12 所示。

步骤 03：将书写文字图层的混合模式设置为“模板 Alpha”混合模式，如图 3.13 所示。在【合成预览】窗口中的效果如图 3.14 所示。

图 3.12　添加【颜色范围】之后在【合成预览】窗口中的效果

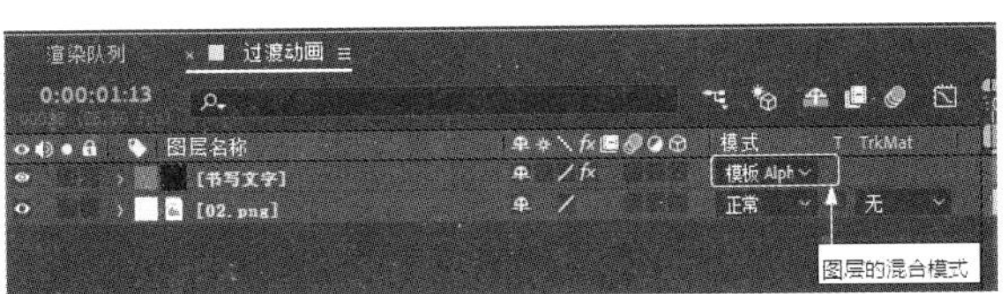

图 3.13　图层的混合模式

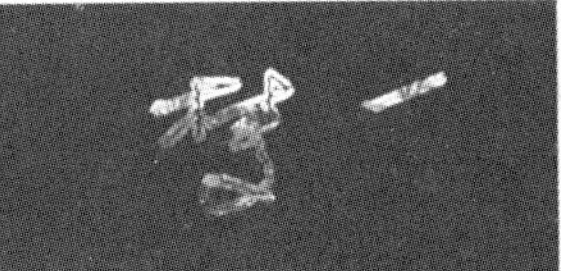
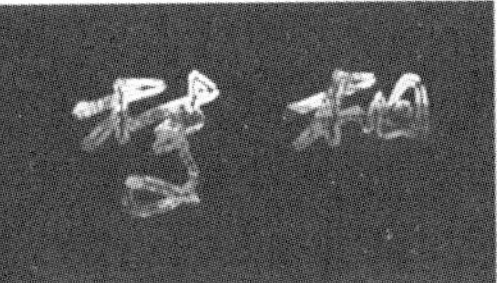

图 3.14　在【合成预览】窗口中的效果

视频播放：关于具体介绍，请观看本书光盘上的配套视频“任务三：制作过渡动画效果.wmv”。

任务四：橡皮擦工具

使用橡皮擦工具不仅可以擦除图层上的原始图层或画笔，还可以只擦除当前的“画笔”。如果是擦除原始图层像素或画笔，那么每个擦除操作都会在【绘画】属性上留下擦除记录。这种记录对素材没有破坏性，可以删除或者修改记录，还可以改变擦除顺序。如果是擦除当前画笔，就不会在【绘画】属性中留下擦除记录。

1. 橡皮擦工具的【绘画】面板参数介绍

橡皮擦工具的【绘画】面板如图 3.15 所示，其中【抹除】下拉列表框中 3 个选项的作用如下。

(1)【图层源和绘画】：如果选择此项设置，那么擦除的对象为原始图层像素和绘画画笔。

(2)【仅绘画】：如果选择此项设置，那么擦除的对象为绘画画笔。

(3)【仅最后描边】：如果选择此项设置，那么擦除的对象仅是之前的绘画画笔。

提示：如果当前在画笔工具的操作中，就要临时切换到橡皮擦工具，可以先在【图层源和绘画】状态下按“Shift+Ctrl”组合键，然后按住左键对当前的画笔进行局部擦除。如果在【仅最后描边】状态下使用橡皮擦工具，那不会在【合成窗口】的【绘画】属性中留下操作记录。

2. 制作擦除动画

步骤 01：创建一个新合成。在菜单栏中单击【合成（C）】→【新建合成（C）…】命令，弹出【合成设置】对话框。在【合成设置】对话框中将尺寸设置为“1080px×720px”，持续时间为“8 秒”，把新建的合成命名为“擦除动画”。单击【确定】按钮，完成新合成的创建。

步骤 02：导入素材并将素材拖到【擦除动画】合成窗口中，在【合成窗口】中的素材叠放顺序如图 3.16 所示。在【合成预览】窗口中的效果如图 3.17 所示。

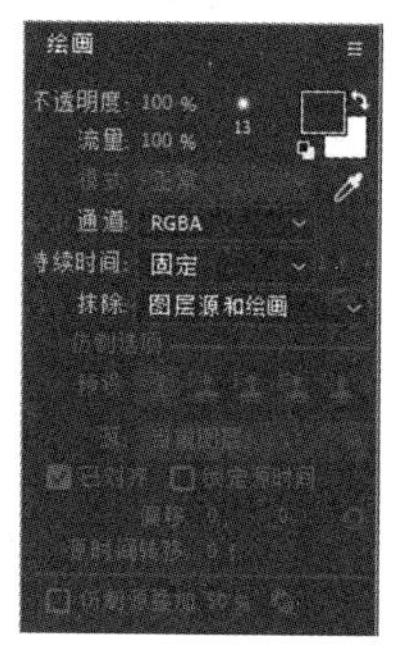

图 3.15 【绘画】面板

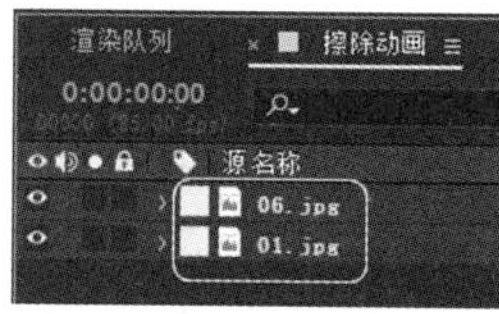

图 3.16 素材叠放顺序

图 3.17 在【合成预览】窗口中的效果

步骤 03：将（时间指针）移到第 00 帧的位置，双击图层，进入该图层的编辑模式，在工具栏中单击（橡皮擦工具）按钮，设置（橡皮擦工具）的【画笔】属性，具体属性设置如图 3.18 所示。

步骤 04：在【图层编辑模式】窗口中，对图像进行擦除，擦除之后的效果如图 3.19 所示。

提示：在使用（橡皮擦工具）进行擦除时，不能松开画笔或左键。如果松开了画笔或左键，再次按下进行擦除时，就会再次产生新的“橡皮擦”路径，并自动命名为“橡皮擦 2”，依此类推。

步骤 05：在合成预览窗口中单击项，切换到“擦除动画”的【合成预览】窗口，在【合成预览】窗口中的效果如图 3.20 所示。

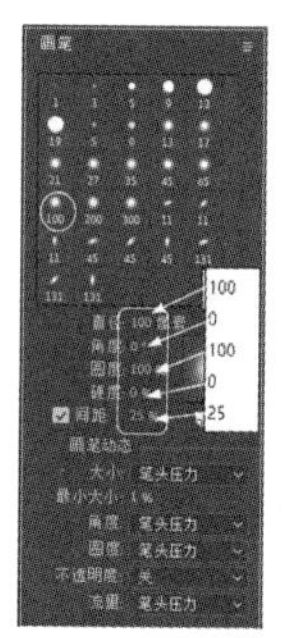

图 3.18 橡皮擦工具属性设置

图 3.19 擦除之后的效果

图 3.20 【合成预览】窗口中的效果

步骤 06：将图层中【橡皮擦 1】中的“结束”的参数值设置为“0.0%”，单击（时间变化秒表）按钮，给“结束”参数添加一个关键帧。“结束”参数设置如图 3.21 所示。

步骤 07：将（时间指针）移到第 01 秒 10 帧的位置，将“结束”参数值设置为“100%”。此时，系统给“结束”参数自动添加一个关键帧。完成擦除图像动画的制作后，在【合成预览】窗口中显示擦除动画效果如图 3.22 所示。

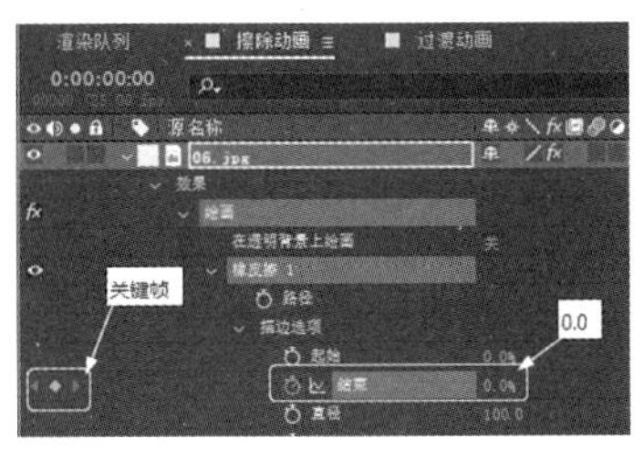

图 3.21　“结束”参数设置

图 3.22　在【合成预览】窗口中的效果

视频播放：关于具体介绍，请观看本书光盘上的配套视频“任务四：橡皮擦工具.wmv”。

任务五：仿制图章工具

仿制图章工具在 After Effects 的早期版本中又称为复制工具或图章工具，使用仿制图章工具可以将指定的区域图像复制并应用到其他的位置。

仿制图章工具同画笔的属性一样，如绘制形状、持续时间等，在使用仿制图章工具之前也需要设置【绘画】面板参数，在完成操作之后也可以在【合成】窗口的【仿制】属性中修改参数来制作动画。此外，在【绘画】面板中，还有一些专门的参数设置。仿制图章工具的【绘画】面板如图 3.23 所示。

1.【绘画】面板参数介绍

（1）【预设】：在预设中为用户提供了 5 种不同的仿制方式，方便后续操作。

（2）【源】：为用户提供选择仿制源图层。

（3）【已对齐】：用于设置不同画笔采样仿制位置的对齐方式。

（4）【锁定源时间】：用于设置是否复制单帧画面。

（5）【仿制源叠加】：用于设置源图层和目标图层的叠加混合模式。

仿制图章工具不仅可以取样源图层中的像素，还可以将取样的像素复制到目标图层中。目标图层可以是同一合成中的其他图层，也可以是源图层本身。

使用仿制图章工具在【合成预览】窗口中仿制的效果对画面没有破坏性，因为它是以效果的方式在图层上对像素进行操作的，如果对仿制效果不满意，可以将图层【绘画】属性下的仿制操作删除。

2. 使用仿制图章工具进行仿制

步骤 01：创建一个新合成。在菜单栏中单击【合成（C）】→【新建合成（C）…】命令，弹出【合成设置】对话框。在【合成设置】对话框中设置尺寸，把它设置为“1080px×720px”，持续时间设置为“8 秒”，把新建的合成命名为“图章效果”。单击【确定】按钮，完成新合成的创建。

步骤 02：先将“红楼梦 02.mp4”素材导入项目中，再将其拖到“图章效果”合成窗口中。

步骤 03：在“图章效果”合成窗口中，双击 红楼梦02.mp4 图层，进入该图层的编辑模式。单击图标（仿制图章工具），在【画笔】面板中选择如图 3.24 所示的画笔，其他参数为默认值。

步骤 04：在【图层编辑模式】窗口中，将光标移到需要取样点的位置，并按住“Alt”键，然后单击进行取样。

步骤 05：在需要复制的地方进行涂抹即可，仿制图章之后的效果如图 3.25 所示。

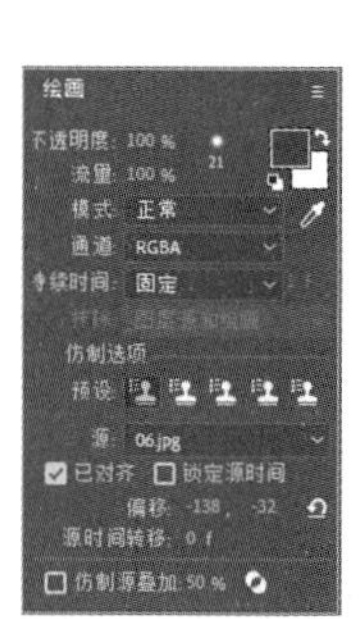

图 3.23 仿制图章工具的【绘画】面板

图 3.24 选择的画笔样式

图 3.25 仿制图章之后的效果

视频播放：关于具体介绍，请观看本书光盘上的配套视频“任务五：仿制图章工具.wmv”。

七、拓展训练

根据所学知识完成如下效果的制作。

学习笔记：

案例 2：使用绘画工具绘制各种形状图层

一、案例内容简介

本案例主要介绍如何使用绘画工具绘制各种形状图层。

二、案例效果欣赏

三、案例制作（步骤）流程

任务一：矢量图形、光栅图像和路径介绍 ➡ 任务二：使用形状工具绘制规则形状图层

⬇

任务三：使用钢笔工具绘制不规则形状图层

四、制作目的

（1）理解矢量图形的概念。

（2）理解光栅图像的概念。

（3）理解路径的概念。

（4）掌握形状图层的绘制方法和技巧。

五、制作过程中需要解决的问题

（1）掌握矢量图形与光栅图形之间的区别。

（2）熟悉形状图层中各种参数的综合设置。

（3）熟悉使用钢笔工具绘制图形的技巧。

六、详细操作步骤

形状工具不仅具有绘制遮罩和路径的功能，还具有绘制矢量图形的功能。因此，利用 After Effects CC 2019，可以轻松地绘制矢量图形并将这些图形制作成动画。

任务一：矢量图形、光栅图像和路径介绍

1. 矢量图形

关于构成矢量图形的直线或曲线，在计算机中用数学几何学特征来描述这些形状。在After Effects CC 2019 中的路径、文字和形状都是矢量图形。矢量图形最大的特点是放大之后边缘形状仍然保持光滑平整且不失真，矢量图形放大前后的效果对比如图 3.26 所示。

2. 光栅图像

光栅图像也称为位图或点阵图，它是由不同的像素点构成的。光栅图像的质量取决于它的图像分辨率，图像的分辨率越高，图像就越清晰，但图像需要的存储空间也越多。如果将光栅图像放大，在光栅图像的边缘就会出现锯齿，光栅图像放大前后的效果对比如图 3.27 所示。

（a）放大前的效果

（b）放大 10 倍之后的效果

图 3.26　矢量图形放大前后的效果对比

（a）放大前的效果

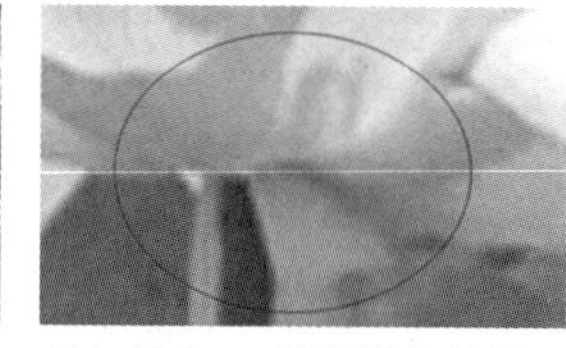
（b）放大 10 倍之后的效果

图 3.27　光栅图像放大前后的效果对比

3. 路径

路径是指由点和线构成的图形，线可以是直线也可以是曲线，点用来定义路径的起点和终点，线用来连接路径的起点和终点，如图 3.28 所示。

在路径上有两种类型的点，即角点和平滑点。连接平滑点的两条直线为曲线，它的出点和入点的方向控制手柄在同一条直线上；而连接角点的两条曲线的方向控制手柄不在同一条直线上。

角点与平滑点的最大区别是，当调节平滑点上的一个方向控制手柄时，另外一个手柄也会跟着进行相应的变化，如图 3.29 所示。而当调节角点上的一个方向控制手柄时，另一个方向上的手柄不会发生改变，如图 3.30 所示。

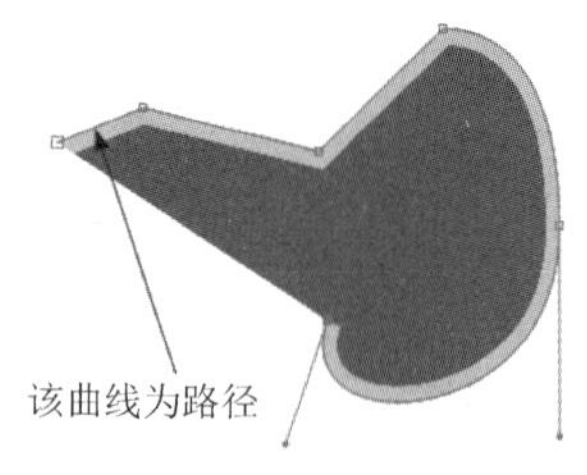

图 3.28　路径的起点和终点

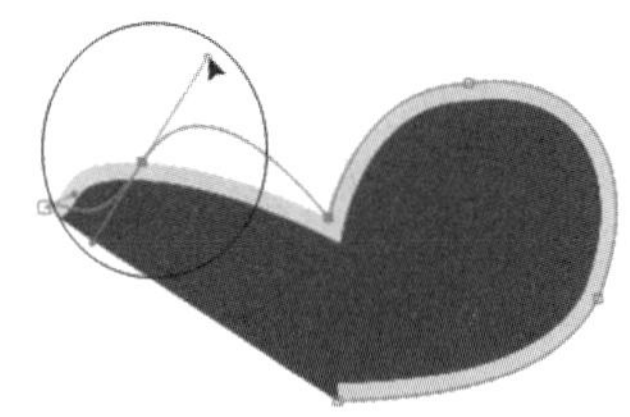
图 3.29　角点与平滑点的区别

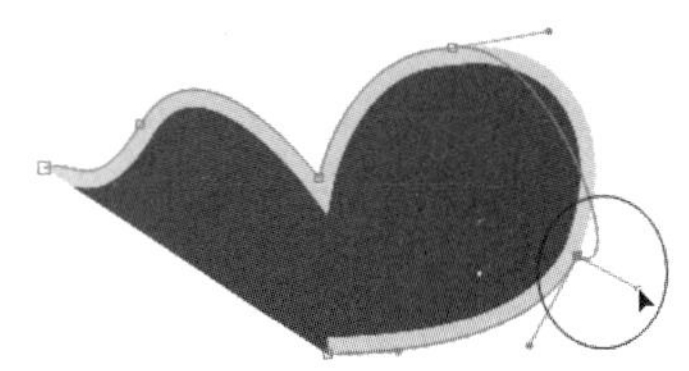
图 3.30　手柄的调节

视频播放：关于具体介绍，请观看本书光盘上的配套视频“任务一：矢量图形、光栅图像和路径介绍.wmv”。

任务二：使用形状工具绘制规则形状图层

在 After Effects CC 2019 中，使用形状工具可以创建形状图层也可以创建遮罩路径。

形状工具包括创建规则（几何体）形状的工具和创建不规则图形的钢笔工具。其中，创建规则几何体的工具主要有■（矩形工具）、■（圆角矩形工具）、■（椭圆工具）、■（多边形工具）和■（星形工具）。

1. 新建文件和合成

步骤 01：启动 After Effects CC 2019，保存名为“案例 2：绘画工具的使用.aep”的文件。

步骤 02：创建新合成。在菜单栏中单击【合成（C）】→【新建合成（C）】命令（或按 Ctrl+N 组合键），弹出【合成设置】对话框，在【合成设置】对话框中设置尺寸为“1280px×720px”，持续时间为“6 秒”，合成名称为“形状图层”，单击【确定】按钮，完成新合成的创建。

2. 导入素材

步骤 01：在菜单栏中单击【文件（F）】→【导入（I）】→【文件…】命令（或 Ctrl+I 组合键），弹出【文件导入】对话框。

步骤 02：在【文件导入】对话框中选择需要导入的素材，单击【导入】按钮，将选中的素材导入【项目】窗口中。

3. 绘制矩形图形

步骤 01：将【项目】窗口中的“背景 04.jpg”素材拖到【形状图层】合成窗口中。

步骤 02：在工具栏中先单击■（矩形工具）按钮，再单击“填充”右边的■（颜色填充）按钮，弹出【渐变编辑器】对话框；设置绘制图形的填充颜色，具体设置如图 3.31 所示。单击【确定】按钮，完成填充颜色的设置。

步骤 03：单击“描边”右边的■（描边颜色）按钮，弹出【形状描边颜色】对话框，设置绘制图形的描边颜色，具体设置如图 3.32 所示。单击【确定】按钮，完成描边颜色的设置，将描边像素设置为“2”个像素。

步骤 04：在【合成预览】窗口中绘制一个矩形，如图 3.33 所示。

步骤 05：再继续绘制 3 个矩形（或按“Ctrl+D”组合键复制当前创建的矩形），位置大小如图 3.34 所示。

提示：按住“Alt”键，单击“描边”右边的■（颜色填充）按钮，可以在“线性渐变”“径向渐变”“纯色”和“无填充”4 种填充方式之间切换。按住“Alt”键，单击“描边”右边的■（描边颜色）按钮，可以在“线性渐变”“径向渐变”“纯色”和“无填充”4 种描边方式之间切换。

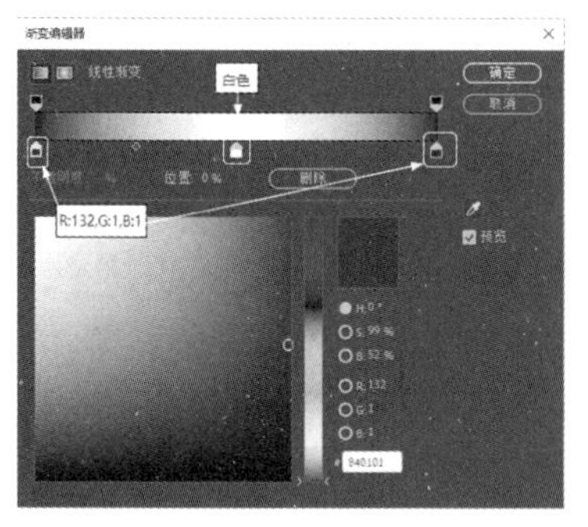

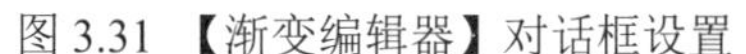

图 3.31 【渐变编辑器】对话框设置

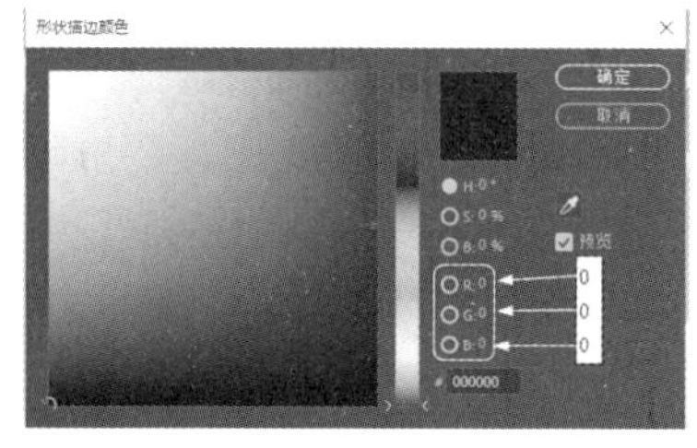

图 3.32 【形状描边颜色】对话框设置

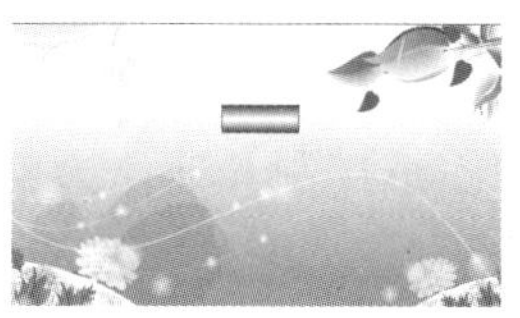

图 3.33 绘制一个矩形

4. 绘制圆角矩形和圆形图形

步骤 01：在工具栏中单击▇（圆角矩形工具）按钮，参数保持默认值，在【合成预览】窗口中绘制圆角矩形图形，其大小和位置如图 3.35 所示。

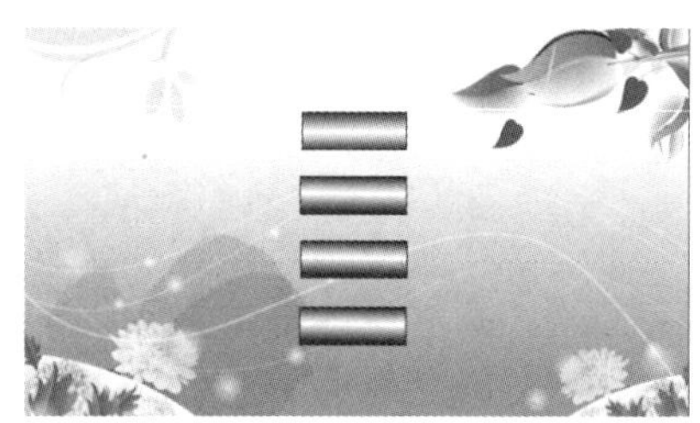

图 3.34 4 个矩形图形的大小和位置

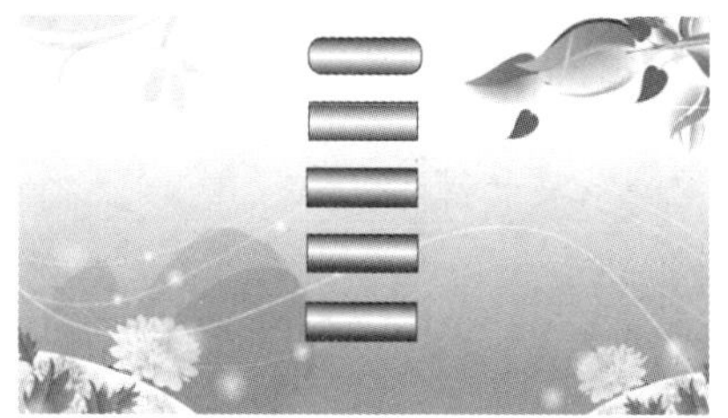

图 3.35 在【合成预览】窗口中圆角矩形图形的大小位置

步骤 02：在工具栏中单击▇（椭圆工具）按钮，将填充颜色方式设置为“径向渐变”方式，在【合成预览】窗口中绘制圆形图形，大小和位置如图 3.36 所示。

5. 绘制多边形和星形图形

步骤 01：在工具栏中单击▇（多边形工具）按钮，先在【合成预览】窗口中绘制一个多边形图形，然后在【形状图层】合成窗口中设置绘制的图形参数。具体参数设置如图 3.37 所示，所绘制的多边形图形在【合成预览】窗口中的效果如图 3.38 所示。

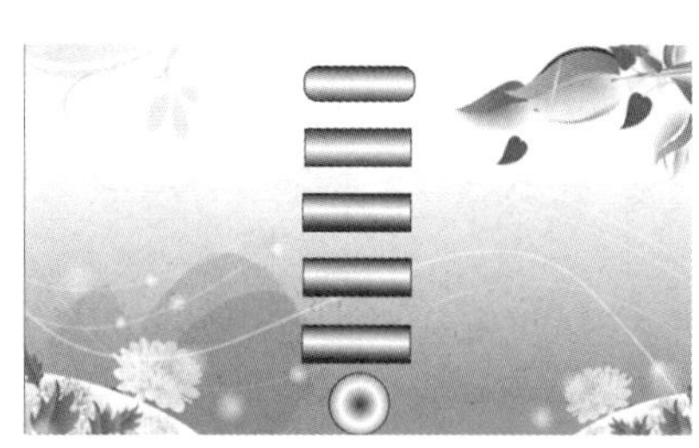

图 3.36 在【合成预览】窗口中圆形图形的大小和位置

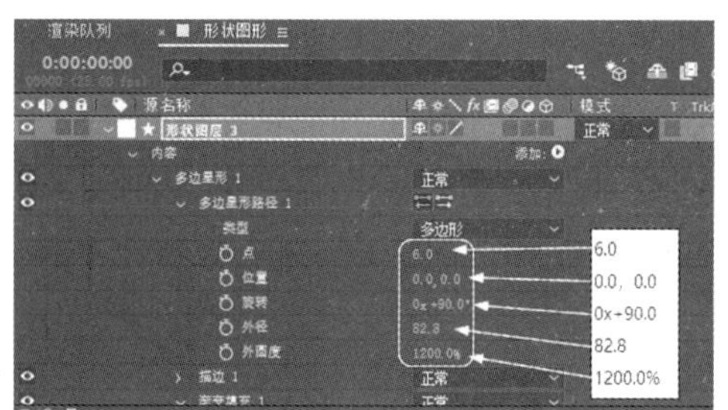

图 3.37 多边形图形参数设置

步骤 02：在工具栏中单击（星形工具）按钮，先在【合成预览】窗口中绘制一个星形图形，然后在【形状图层】合成窗口中设置绘制的星形图形参数。具体参数设置如图 3.39 所示，在【合成预览】窗口中的效果如图 3.40 所示。

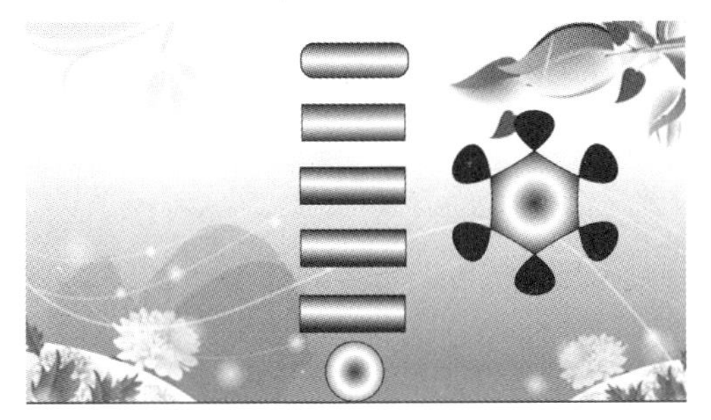

图 3.38　在【合成预览】窗口中的效果

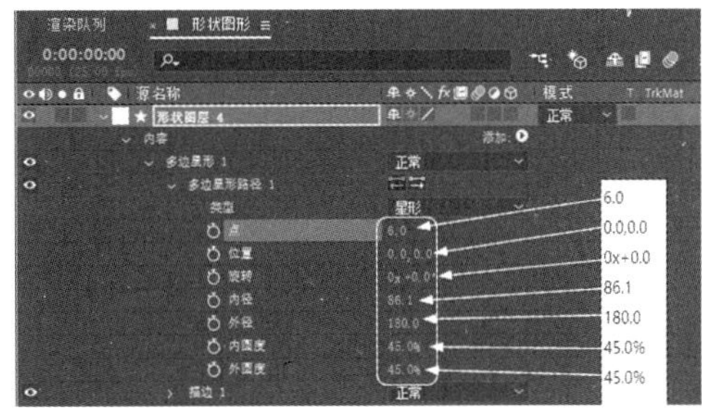

图 3.39　星形图形参数设置

视频播放：关于具体介绍，请观看本书光盘上的配套视频“任务二：使用形状工具绘制规则形状图层.wmv”。

任务三：使用钢笔工具绘制不规则形状图层

使用钢笔工具可以绘制任意形状图层，还可以使用钢笔工具对绘制的图形进行顶点位置调节、添加顶点或删除顶点等操作。在本任务中，使用钢笔工具绘制如图 3.41 所示的卡通人物。

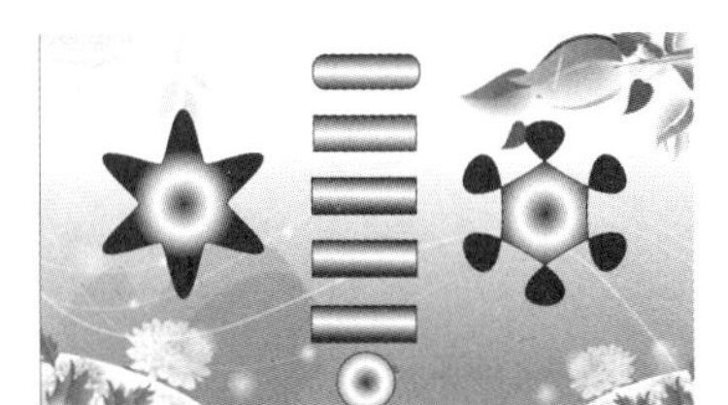

图 3.40　在【合成预览】窗口中的效果

图 3.41　卡通人物

步骤 01：创建一个名为“卡通人物”的合成，尺寸为“1280px×720px”，持续时间为 6 秒。

步骤 02：创建一个灰色的纯色图层。在“卡通人物”合成窗口中，单击右键，弹出快捷菜单。在弹出的快捷菜单中，单击【新建】→【纯色（S）…】命令，弹出【纯色设置】对话框。在该对话框中把“纯色图层”的名称设为“背景”，纯色颜色为灰色（R、G、B 的值都为“150“），单击【确定】按钮。

步骤 03：在工具栏中单击（钢笔工具）按钮，设置描边方式为模式。填充颜色为浅黄色（R：253；G：203；B：166）。在【合成预览】窗口中绘制如图 3.42 所示的图形。

步骤 04：使用（转换“顶点”工具）对绘制的图形顶点进行调节，效果如图 3.43 所示。

步骤 05：继续使用（钢笔工具）和（转换“顶点”工具）绘制卡通人物的头发，如图 3.44 所示。

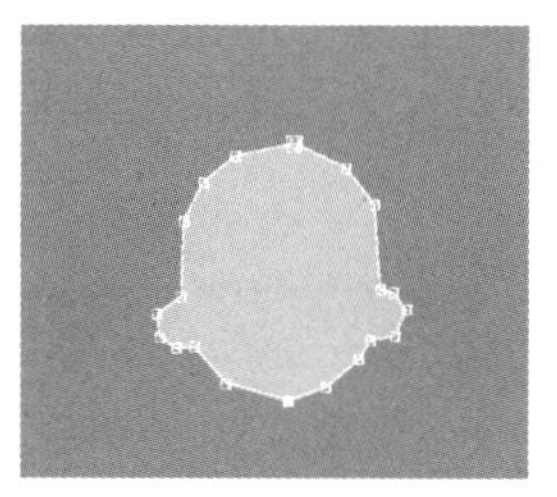

图 3.42　绘制的图形

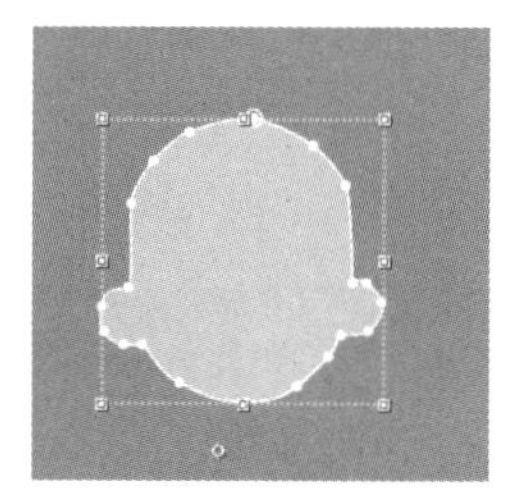
图 3.43　调节图形顶点之后的效果

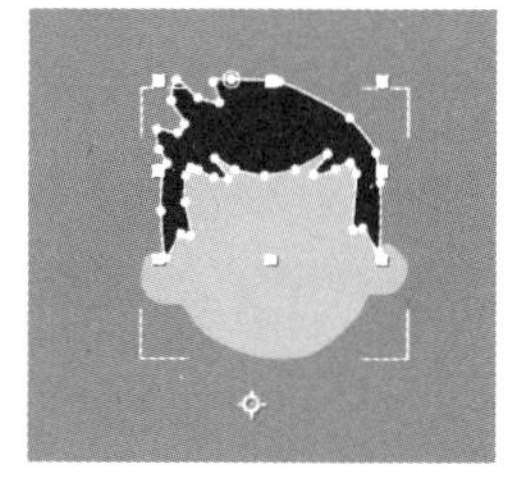
图 3.44　绘制卡通人物的头发

步骤 06：继续使用（钢笔工具）和（转换“顶点”工具）绘制卡通人物的眉毛和眼睛，如图 3.45 所示。

步骤 07：设置填充的颜色，填充颜色值为（R:220;G:143；B:125），继续使用（钢笔工具）和（转换“顶点”工具）绘制卡通人物的耳朵和嘴巴，如图 3.46 所示。

步骤 08：设置填充的颜色，填充颜色值为（R:28;G:171；B:215），继续使用（钢笔工具）和（转换“顶点”工具）绘制卡通人物的衣服，给所有图层命名，并调节图层的叠放顺序，具体图层命名和叠放顺序如图 3.47 所示，所绘制的衣服如图 3.48 所示。

图 3.45　绘制卡通人物的眉毛和眼睛

图 3.46　绘制卡通人物的耳朵和嘴巴

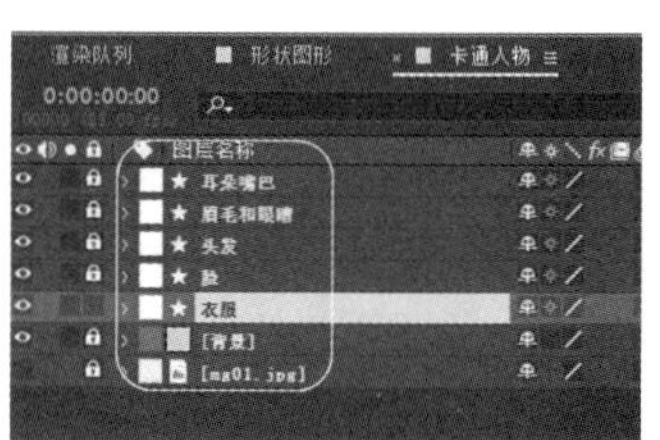

图 3.47　图层命名和叠放顺序

步骤 09：设置填充的颜色，填充颜色值为白色，继续使用（钢笔工具）绘制衣服的衣领。该图层放置在【衣服】图层与【脸】图层之间，在【合成预览】窗口中的效果如图 3.49 所示。

步骤 10：设置填充的颜色，填充颜色值为（R:254，G:198，B:151），继续使用（钢笔工具）绘制卡通人物的手和脖子。该图层放置在【衣服】图层下面，在【合成预览】窗口中的效果如图 3.50 所示。

图 3.48　绘制衣服

图 3.49　绘制衣领

图 3.50　绘制卡通人物的手和脖子

步骤 11：设置填充的颜色，填充颜色值为（R:54，G:52，B:53），继续使用（钢笔工具）绘制裤子和鞋子。该图层放置在【衣服】图层下面，所有图层的叠放顺序如图 3.51 所示，在【合成预览】窗口中的最终卡通人物效果如图 3.52 所示。

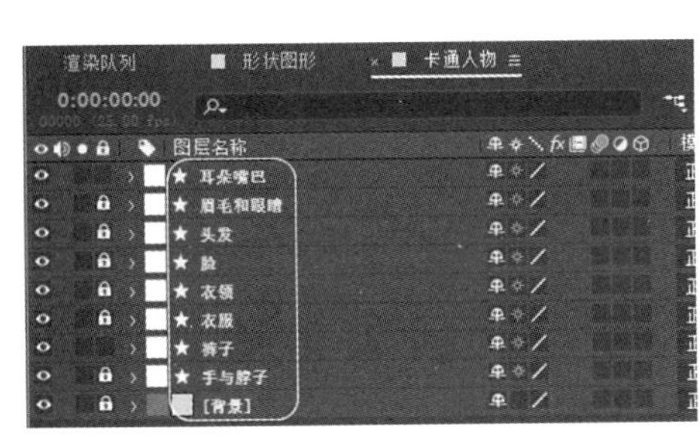

图 3.51　所有图层的叠放顺序

图 3.52　最终卡通人物效果

视频播放：关于具体介绍，请观看本书光盘上的配套视频“任务三：使用钢笔工具绘制不规则形状图层.wmv”。

七、拓展训练

根据所学知识，使用各种图形绘制工具，绘制以下图形效果。

学习笔记：

案例 3：形状属性与管理

一、案例内容简介

本案例主要介绍形状属性中各个参数的作用、使用方法以及技巧。

二、案例效果欣赏

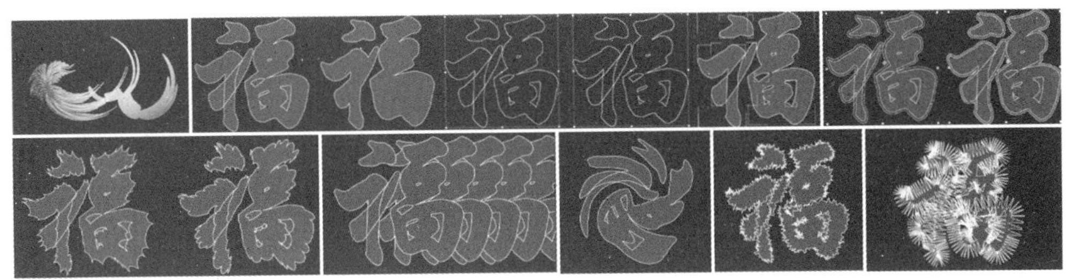

三、案例制作（步骤）流程

任务一：图形编辑的相关知识 ➡ 任务二：形状图层的渲染规则 ➡ 任务三：形状属性 ⬇ 任务四：路径变形属性介绍

四、制作目的

（1）熟悉形状图层渲染规则。

（2）掌握形状属性参数的作用、使用方法以及技巧。

（3）掌握路径变形属性的作用、使用方法以及技巧。

五、制作过程中需要解决的问题

（1）形状图层渲染规则主要有哪些？

（2）掌握形状属性参数在实际应用中的综合设置。

（3）掌握路径变形属性在实际应用中的综合设置。

六、详细操作步骤

任务一：图形编辑的相关知识

在 After Effects CC 2019 默认情况下，每一条路径将作为一个形状。每个形状都包括了路径、描边、填充和变换属性，这些形状在【合成】窗口中的形状图层的【内容】属性下从上往下分布，每个形状都可以单独添加变形属性和填充属性等。

在实际工作中，一个复杂的图形不可能由一条路径组成。因此，在为这些路径制作动画时，是对形状的整体制作动画。如果对每条路径制作动画，工作量就太大了。在 After

Effects CC 2019 中，为用户提供了“形状编组”来解决此问题。

如图 3.53 所示，在【内容】下面包含“椭圆 1”“多边星 2”和“多边星 1”3 个图形。这 3 个图形都使用了“收缩和膨胀 1”“扭转 1”和”渐变填充 1”属性。如图 3.54 所示。添加属性前后在【合成预览】窗口中的对比效果。

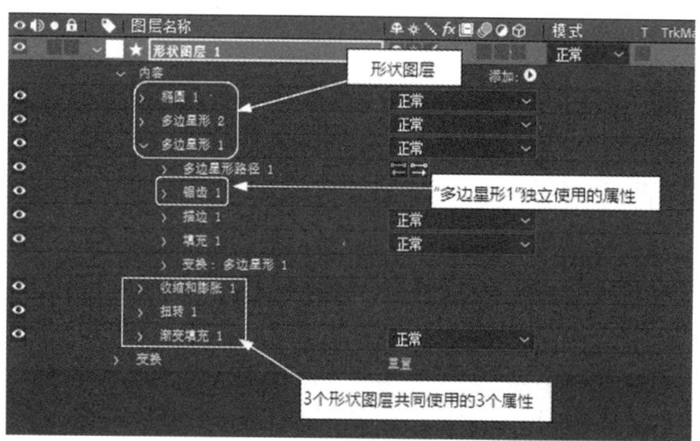

图 3.53　形状图层的属性

图 3.54　添加属性前后在【合成预览】窗口中的效果对比

在 After Effects CC 2019 中，用户可以根据实际情况，对多个形状图层进行组合和也可对组合进行取消。组合的目的是方便用户统一对多个图形添加属性和编辑操作，而不需要对每个形状图层单独进行相同的操作，这就大大减少了制作动画的时间和制作的复杂程度。

对形状图层进行组合或取消组合的操作很简单，具体操作方法如下。

步骤 01：在【合成】窗口中框选需要组合的形状图层，如图 3.55 所示。

步骤 02：在菜单栏中单击【图层（L)】→【组合形状】命令（或按“Ctrl+G”组合键)，即可完成多个形状图层的组合，如图 3.56 所示。

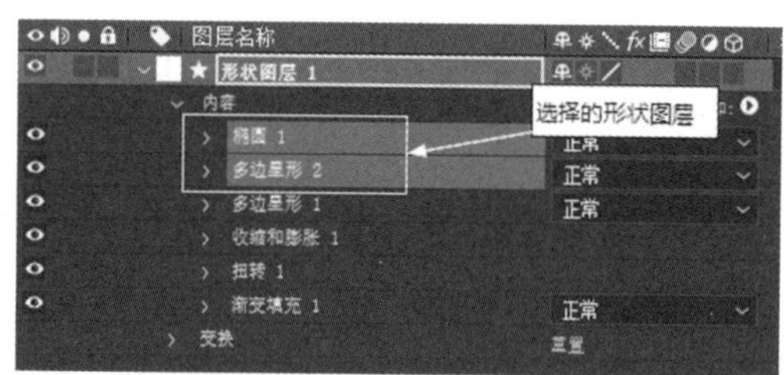

图 3.55　框选的形状图层

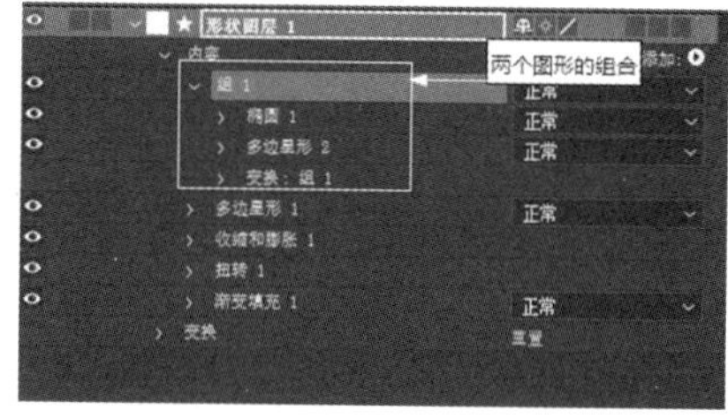

图 3.56　两个图形的组合

步骤 03：对组合进行重命名，将光标移到【组 1】上，单击右键，弹出快捷菜单。在弹出的快捷菜单中单击【重命名】命令，此时，【组 1】呈蓝色显示，输入需要的名称按“Enter”键完成组合的重命名。

步骤 04：取消组合。单选需要取消的组合，在菜单栏中单击【图层（L)】→【取消组合形状】命令（或按“Ctrl+Shift+G”组合键）即可。

视频播放：关于具体介绍，请观看本书光盘上的配套视频“任务一：图形编辑的相关知识.wmv”。

任务二：形状图层的渲染规则

在 After Effects CC 2019 中，对形状图层进行渲染的规则与前面所讲的嵌套组合渲染规则有一点类似，具体规则如下。

【规则 1】：在同一个编组内，在【合成】窗口中处于底层的形状最先渲染，然后依次往上渲染。

【规则 2】：在同一个编组内，路径变形属性优先于颜色属性。

【规则 3】：在同一个编组内，路径变形属性渲染的顺序是从上往下进行渲染。

【规则 4】：在同一个编组内，颜色属性的渲染顺序是从下往上进行渲染。

【规则 5】：对于不同的编组，渲染顺序是从下往上。

视频播放：关于具体介绍，请观看本书光盘上的配套视频“任务二：形状图层的渲染规则.wmv”。

任务三：形状属性

创建形状图层之后，就可以在【合成】窗口中通过单击形状图层中的【添加：】右边的▶图标，单击右键，弹出快捷菜单。在弹出的快捷菜单中选择需要的属性添加给形状图层或组合形状图层。形状属性主要包括如图 3.57 所示的三大类属性。

在 After Effects CC 2019 默认情况下，新添加的属性按以下规则添加到形状图层或形状编组中。

【规则 1】：新的形状图层被添加在所有的路径或编组下面。

【规则 2】：新的路径变形属性被添加在之前已经存在的路径属性下面，如果之前不存在路径变形属性，那么新的路径变形属性被添加在已存在的路径下面。

【规则 3】：新的颜色属性被添加在路径下面和之前已存在的颜色属性的上面。

1. 颜色属性

颜色属性主要包括填充、描边、渐变填充和渐变描边 4 种颜色属性。

（1）**【填充】：**主要为形状图层的内容填充颜色。

（2）**【描边】：**主要为形状图层的路径填充颜色。

（3）**【渐变填充】：**主要为形状图层的内部填充渐变颜色。

（4）**【渐变描边】：**主要为形状图层的路径填充渐变颜色。

2. 颜色属性中比较重要的参数介绍

（1）**【合成】：**主要用来设置颜色的叠加顺序，主要有【在同组中前一个之下】和【在同组中前一个之上】两种叠加模式，默认为【在同组中前一个之下】叠加模式。

（2）**【填充规则】：**主要用来设置颜色的填充规则，主要有【非零环绕】和【奇偶】两种填充方式，这两种填充效果对比如图 3.58 所示。

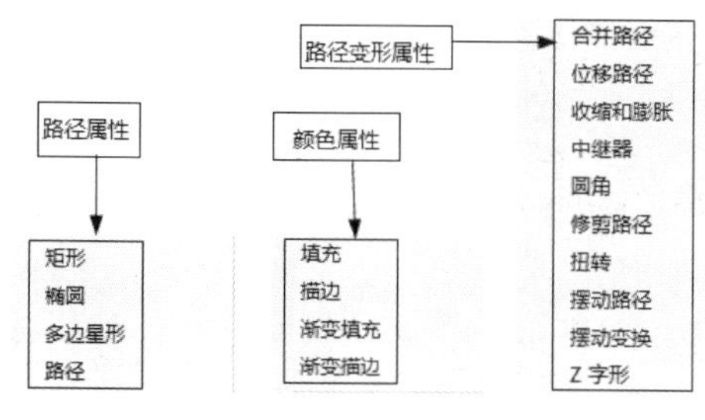

图 3.57　形状属性

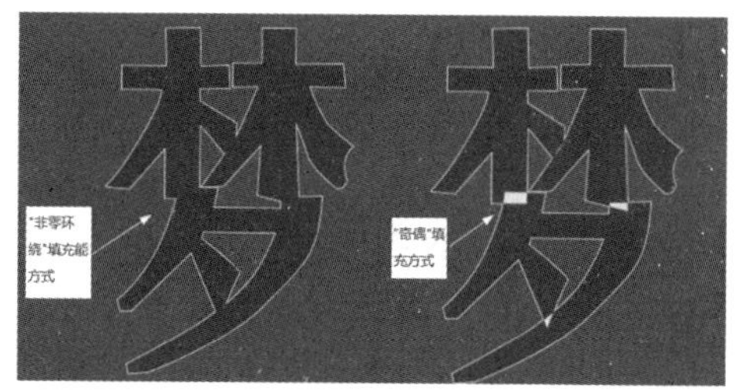

图 3.58　【非零环绕】和【奇偶】填充效果对比

（3）【线段端点】：主要用来设置虚线描边的每个线段的端点封口方式，包括【平头端点】、【圆头端点】和【矩形端点】3 种封口方式，如图 3.59 所示。

图 3.59　3 种不同的线段端点封口方式

（4）【线段连接】：主要用来设置路径角点处的连接方式，包括【斜接连接】、【圆角连接】和【斜面连接】3 种连接方式，如图 3.60 所示。

图 3.60　3 种不同的线段连接方式

视频播放：关于具体介绍，请观看本书光盘上的配套视频“任务三：形状属性.wmv”。

任务四：路径变形属性介绍

在同一个编组中，路径变形属性可以对位于其上的所有路径起作用，在【合成】窗口中也可以对路径变形属性的位置进行改变，以及对它进行复制、剪切和粘贴等操作。

（1）【合并路径】：主要作用是将多个路径组合成一个复合路径。使用【合并路径】属性之后，系统自动在它的下面添加一个填充边属性；否则，复合路径就不可见了。有 5 种路径合并模式供用户选择，如图 3.61 所示。

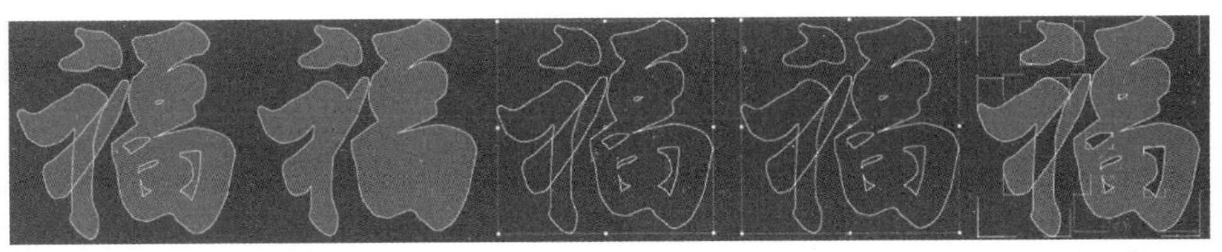

图 3.61 5 种路径合并模式的对比

（2）【位移路径】：主要作用是对原始的路径进行缩放，"位移路径"数量为"-8"和"8"的对比效果如图 3.62 所示。

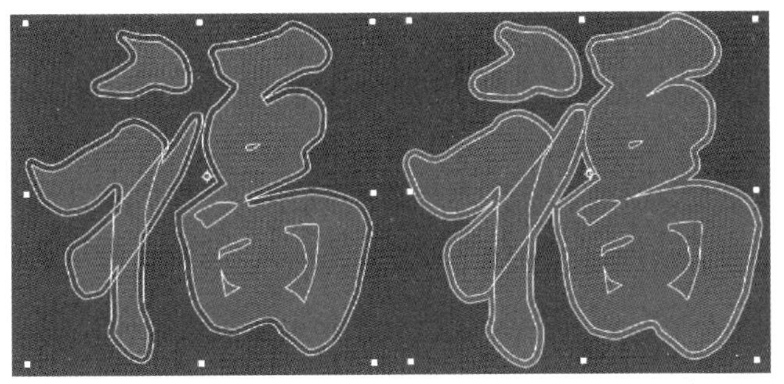

图 3.62 "位移路径"数量为"-8"和"8"的对比效果

（3）【收缩和膨胀】：主要作用是将源曲线中向外凸起的部分往里面拉，将源曲线中向外凹陷的部分往外拉，"收缩和膨胀"数量为"6"和"-6"的对比效果如图 3.63 所示。

图 3.63 "收缩和膨胀"数量为"6"和"-6"的对比效果

（4）【中继器】：主要作用是为一个形状创建多个形状复制，并对每个复制应用指定的变换属性，如图 3.64 所示，添加【中继器】属性的效果时的参数设置如图 3.65 所示。

图 3.64　添加【中继器】属性效果

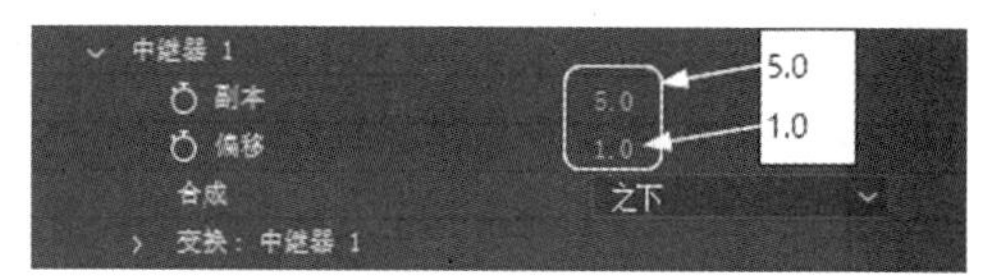

图 3.65　【中继器】参数设置

（5）【圆角】：主要作用是对形状中尖锐的拐角进行圆滑处理。

（6）【修剪路径】：主要作用是为路径制作生长动画，图 3.66 所示为添加“修剪路径”属性之后的效果，参数设置如图 3.67 所示。

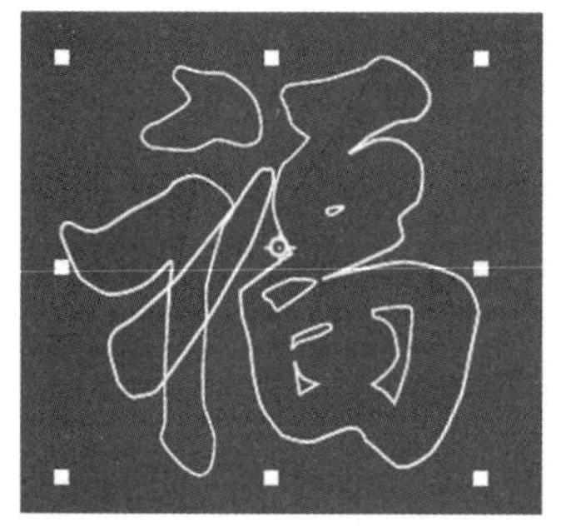

图 3.66　添加【修剪路径】属性之后的效果

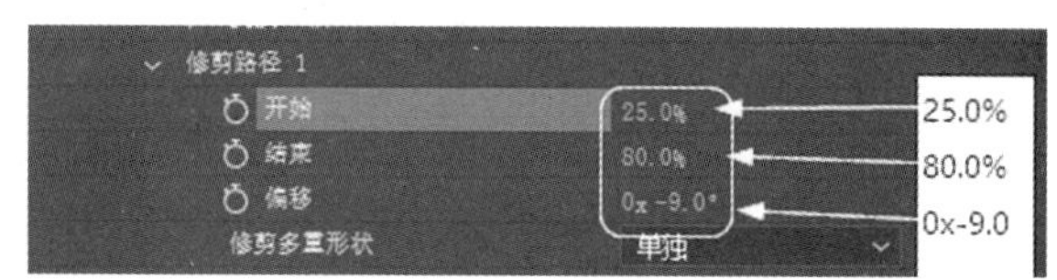

图 3.67　【修剪路径】参数设置

（7）【旋转】：主要作用是以形状中心为圆心对形状进行扭曲，值为正数时，扭曲角度为顺时针方向；值为负数时，扭曲角度为逆时针方向。如图 3.68 所示，为添加“旋转”属性并设置旋转角度为“120”度（°）的效果。

（8）【摆动路径】：主要作用是将路径变成具有各种变形的锯齿形状，且该属性会自动生成动画效果。图 3.69 所示为添加【摆动路径】属性之后的效果。

图 3.68　添加【旋转】属性的效果

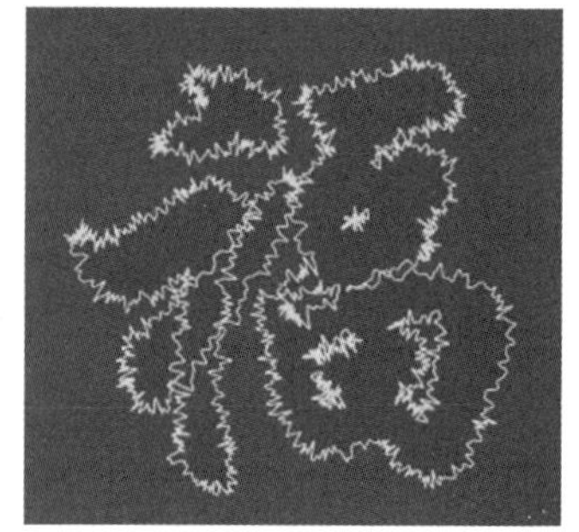

图 3.69　添加【摆动路径】属性之后的效果

（9）【Z 字形】：主要作用是将路径变成具有统一形式（锯齿形状）的路径，图 3.70 所示为添加【Z 字形】属性之后的效果。具体参数设置如图 3.71 所示。

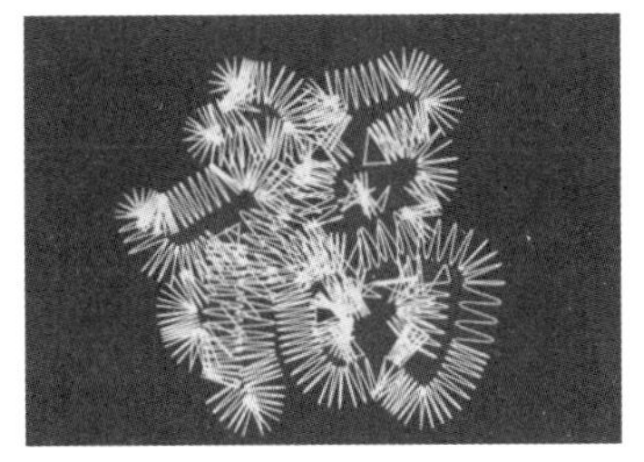

图 3.70　添加【Z 字形】属性之后的效果

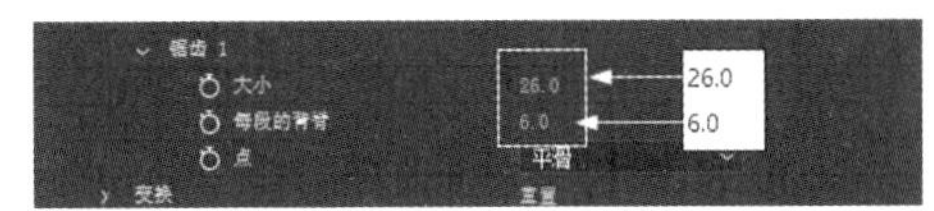

图 3.71　【Z 字形】属性参数设置

视频播放：关于具体介绍，请观看本书光盘上的配套视频“任务四：路径变形属性介绍.wmv”。

七、拓展训练

根据所学知识使用各种图形绘制工具，绘制以下的图形效果。

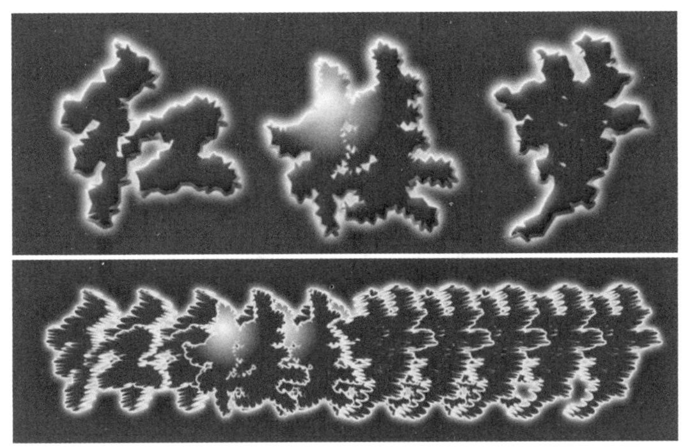

学习笔记：

第 4 章　文字效果制作

知识点

案例 1：制作时间码动画文字效果
案例 2：制作眩光文字效果
案例 3：制作预设文字动画
案例 4：制作变形动画文字效果
案例 5：制作空间文字动画
案例 6：制作卡片式出字效果
案例 7：制作玻璃切割效果

说明

本章主要通过 7 个案例，全面讲解文字效果制作的原理和方法。

教学建议课时数

一般情况下，需要 6 课时。其中，理论 2 课时，实际操作 4 课时（特殊情况下可做相应调整）。

在本章中，主要通过 7 个文字效果的制作案例来讲解文字工具的相关知识点。在影视后期制作中，文字不仅具有标题、说明等作用，有时候在不同的语言环境中还扮演着中介交流的作用，甚至在电视广告包装中单独作为包装元素出现，吸引观众的眼球。作为一个影视后期制作人员，必须掌握文字效果的制作。

在 After Effects CC 2019 中，Adobe 公司对文字效果模块做了很多的功能补充，还增加了 3D 文字效果功能，使用户快捷地创建复杂的文字效果。

案例 1：制作时间码动画文字效果

一、案例内容简介

本案例主要介绍如何使用【时间码】和【编码】两个特效命令来制作时间码动画文字效果。

二、案例效果欣赏

三、案例制作（步骤）流程

任务一：使用【时间码】效果命令来制作简单的时间码动画

⬇

任务二：使用【编号】效果来制作复杂的时间码

四、制作目的

（1）了解时间码的概念。
（2）了解编码的概念。
（3）掌握简单时间码和复杂时间码动画文字效果的制作。

五、制作过程中需要解决的问题

（1）简单时间码和复杂时间码的应用领域。
（2）简单时间码和复杂时间码动画文字效果制作的原理。
（3）【时间码】和【编码】两个特效命令参数的作用和设置。

六、详细操作步骤

在 After Effects CC 2019 中制作时间码动画可以通过使用【编号】和【时间码】中的任意一个效果命令来制作。

可以使用【时间码】效果命令来制作时间码动画，但是只能制作一些简单的效果，它的主要作用是给视频制作压码的。如果要制作比较复杂的时间码动画效果，可以使用【编号】来制作。下面分别介绍使用【编号】和【时间码】两个效果命令来制作时间码动画的具体操作步骤。

任务一：使用【时间码】效果命令来制作简单的时间码动画

1. 创建一个名为“简单时间码动画”的合成

步骤 01： 启动 After Effects CC 2019 应用软件。

步骤 02： 创建新合成。在菜单栏中单击【合成（C）】→【新建合成（C）…】命令（或“Ctrl+N”组合键），弹出【合成设置】对话框。在该对话框中把新建的合成命名为“简单时间码动画”，尺寸为“1280px×720px”，持续时间为“6 秒”。单击【确定】按钮，完成新合成的创建。

2. 导入素材

步骤 01： 在【项目】窗口中的空白处，单击右键，弹出快捷菜单，在弹出的快捷菜单中单击【导入】→【文件…】命令（或按“Ctrl+I”组合键），弹出【导入文件】对话框。在该对话框中单选“背景 02.jpg”图片素材，单击【导入】按钮，完成素材的导入。

步骤 02： 将【项目】窗口中的“背景 02.jpg”图片素材拖到【简单时间码动画】合成窗口中，如图 4.1 所示，在【合成预览】窗口中的效果如图 4.2 所示。

图 4.1 【简单时间码动画】合成窗口

图 4.2 在【合成预览】窗口中的效果

3. 创建简单时间码动画

步骤 01： 在菜单栏中单击【效果（T）】→【文本】→【时间码】命令，即可创建一个简单的时间码动画。

步骤 02： 设置【时间码】参数，具体设置如图 4.3 所示。

步骤 03： 将（时间指针）移到第 01 秒 06 帧的位置，在【合成预览】窗口中的效果如图 4.4 所示。

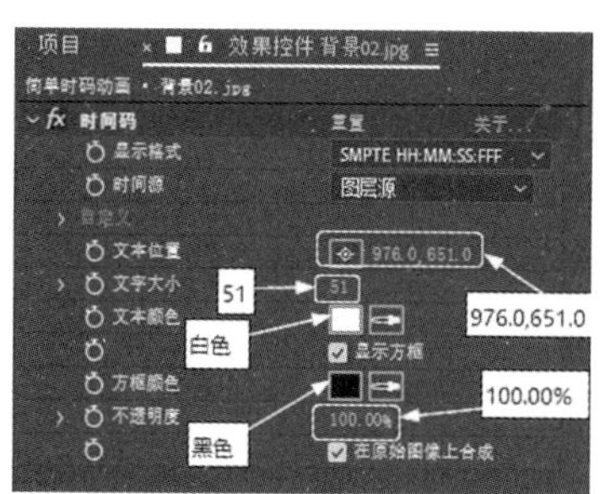

图 4.3 【时间码】参数设置

图 4.4 在【合成预览】窗口中的效果

提示：使用【时间码】效果命令只能制作一个简单的时间码效果，而且还保留背景，该效果命令经常用来给视频压缩时间。

视频播放：关于具体介绍，请观看本书光盘上的配套视频“任务一：使用【时间码】效果命令来制作简单的时间码动画.wmv”。

任务二：使用【编号】效果来制作复杂的时间码

1. 创建新合成

步骤 01：创建新合成。在菜单栏中单击【合成（C）】→【新建合成（C）…】命令（或按“Ctrl+N”组合键），弹出【合成设置】对话框。在该对话框中把合成名称设置为“复杂时间码动画”，尺寸设置为“1280px×720px”，持续时间设置为“6 秒”。单击【确定】按钮，完成新合成的创建。

步骤 02：将【项目】窗口中的“背景 02.jpg”图片素材拖到【复杂时间码动画】窗口中。

2. 创建纯色图层

步骤 01：在【复杂时间码动画】合成窗口的空白处，单击右键，弹出快捷菜单。在弹出的快捷菜单中单击【新建】→【纯色（S）…】命令，弹出【纯色设置】对话框。

步骤 02：在【纯色设置】对话框中设置参数，具体参数设置如图 4.5 所示。单击【确定】按钮，即可创建一个名为“复杂时间码”的纯色图层，如图 4.6 所示。

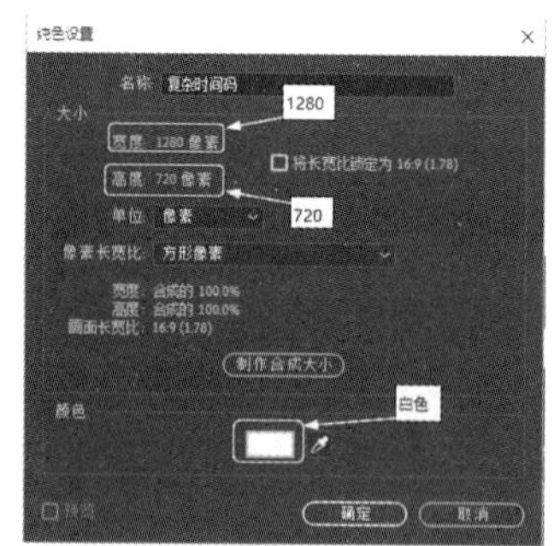

图 4.5 【纯色设置】对话框参数设置

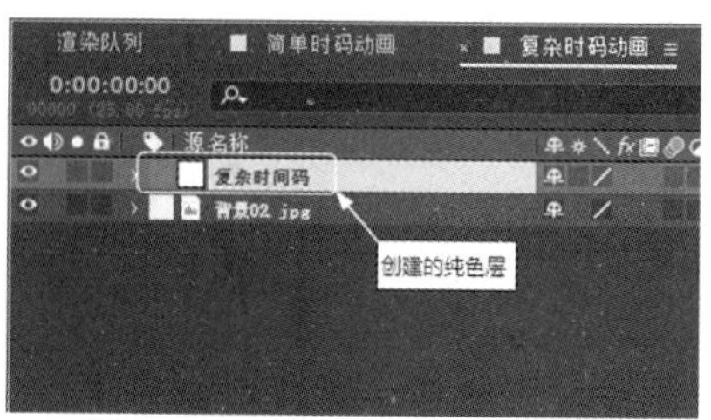

图 4.6 创建的“复杂时间码”纯色图层

3. 创建复杂时间码

步骤 01：在菜单栏中单击【效果（T）】→【文本】→【编号】命令，弹出【编号】对话框，进行参数设置，具体设置如图 4.7 所示。单击【确定】按钮，即可完成【编号】效果的添加。

步骤 02：在【效果控件】面板中设置【编号】的参数，具体参数设置如图 4.8 所示。

步骤 03：将图标（时间指针）移到第 01 秒 10 帧的位置，设置【编号】参数之后，在【合成预览】窗口中的效果如图 4.9 所示。

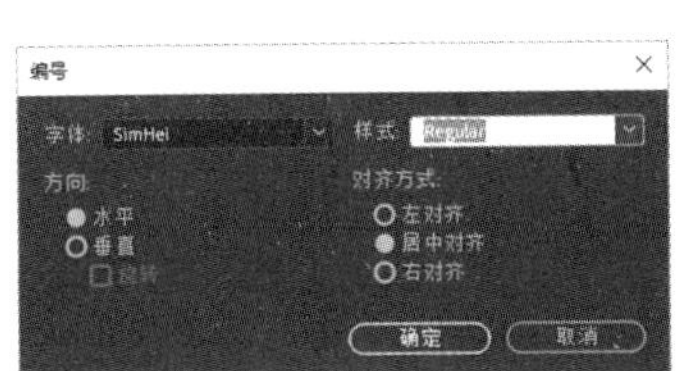

图 4.7　【编号】对话框参数设置

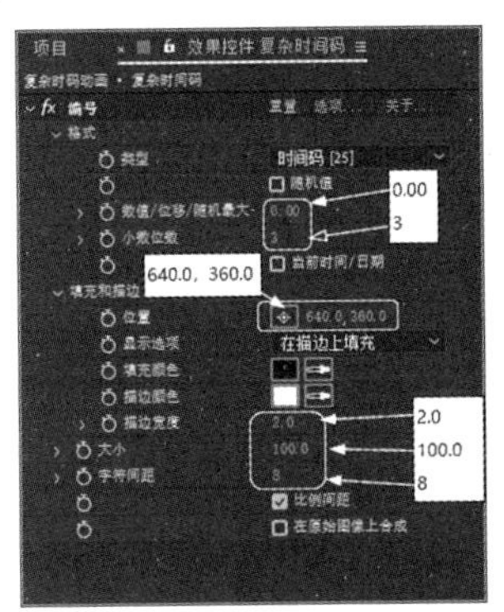

图 4.8　【编号】参数设置

图 4.9　设置【编号】参数之后，在【合成预览】窗口中的效果

4. 添加效果

用户可以对创建的“时间码”添加效果来加强“时间码”的视觉冲击。在此，给创建的“时间码”添加两个效果。

步骤 01：添加【斜面 Alpha】效果。在菜单栏中单击【效果（T）】→【透视】→【斜面 Alpha】命令，完成【斜面 Alpha】效果的添加。

步骤 02：在【效果控件】面板中设置【斜面 Alpha】的参数，具体参数设置如图 4.10 所示，在【合成预览】窗口中的效果如图 4.11 所示。

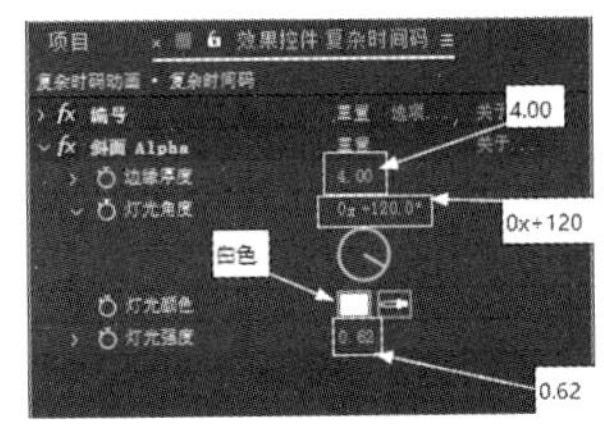

图 4.10　【斜面 Alpha】参数设置

图 4.11　在【合成预览】窗口中的效果

步骤 03：添加【阴影】效果。在菜单栏中单击【效果（T）】→【透视】→【投影】命令，完成【阴影】效果的添加。

步骤 04：设置【阴影】效果的参数，具体参数设置如图 4.12 所示，将图标（时间指针）移到第 01 秒 10 帧的位置，在【合成预览】窗口中的效果如图 4.13 所示。

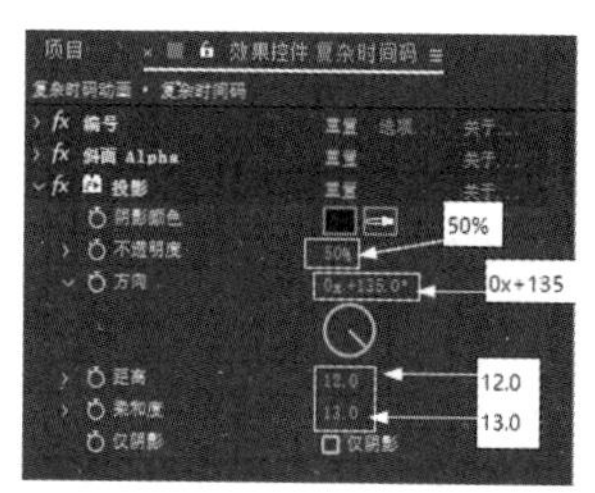

图 4.12 【阴影】效果参数设置

图 4.13 在【合成预览】窗口中的效果

视频播放：关于具体介绍，请观看本书光盘上的配套视频“任务二：使用【编号】效果来制作复杂的时间码.wmv”。

七、拓展训练

根据所学知识完成如下效果的制作。

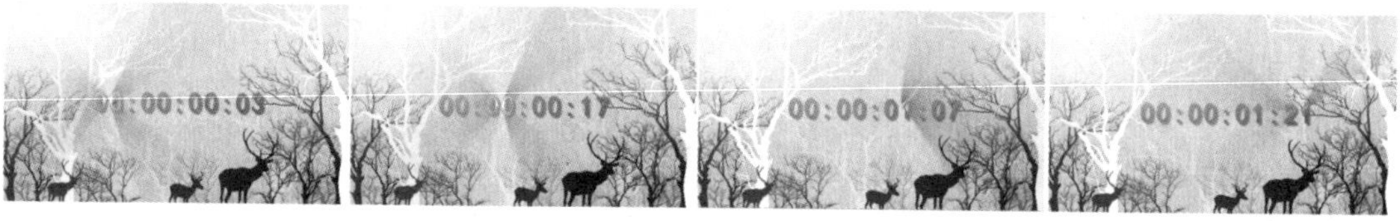

学习笔记：

案例 2：制作眩光文字效果

一、案例内容简介

本案例主要介绍如何使用文字图层和动态模糊来制作眩光文字效果。

二、案例效果欣赏

三、案例制作（步骤）流程

任务一：创建新合成和文字图层 ➡ 任务二：设置文字图层参数

⬇

任务三：给文字创建动态模糊效果

四、制作目的

（1）了解文字图层的概念。
（2）掌握文字图层的创建、相关参数的作用和设置。
（3）了解动态模糊的概念。
（4）掌握动态模糊文字效果。

五、制作过程中需要解决的问题

（1）掌握文字图层中相关参数的综合设置。
（2）熟悉动态模糊的应用领域。
（3）熟悉动态模糊文字制作的原理。

六、详细操作步骤

任务一：创建新合成和文字图层

1. 创建新合成

步骤 01：创建新合成。在菜单栏中单击【合成（C）】→【新建合成（C）…】命令（或按“Ctrl+N”组合键），弹出【合成设置】对话框。

步骤 02：在【合成设置】对话框中把新建的合成命名为“眩光文字”，尺寸设置为“1280px×720px”，持续时间设置为“6 秒”。

步骤 03：单击【确定】按钮，完成新合成的创建。

2. 创建文字图层

步骤 01：在工具栏中单击T（横排文字工具），在【合成预览】窗口中单击并输入“中国梦 民族梦”文字。

步骤 02：文字参数设置如图 4.14 所示，在【合成预览】窗口中的效果如图 4.15 所示。

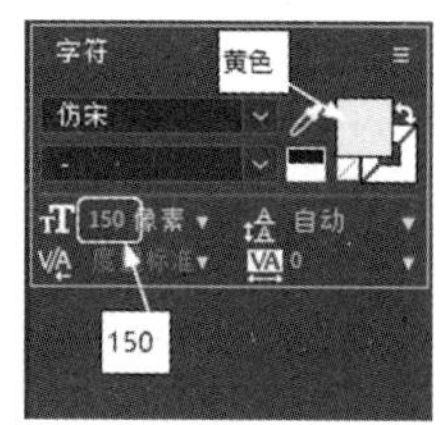

图 4.14 文字参数设置

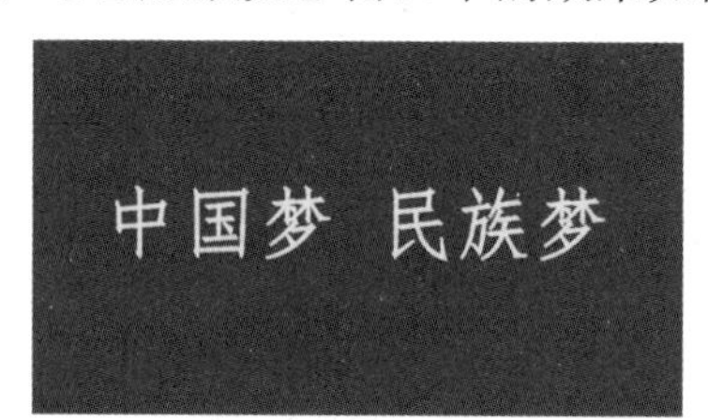

图 4.15 在【合成预览】窗口中的效果

视频播放：关于具体介绍，请观看本书光盘上的配套视频“任务一：创建新合成和文字图层.wmv”。

任务二：设置文字图层参数

步骤 01：在【眩光文字】合成中将文字图层展开，如图 4.16 所示。

步骤 02：单击【动画：】右边的▶按钮，弹出快捷菜单。在弹出的快捷菜单中，单击【不透明度】命令，进行【不透明度】属性参数设置，如图 4.17 所示。

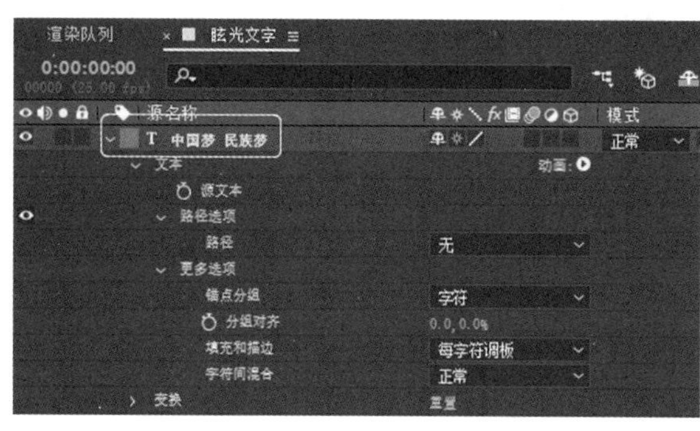

图 4.16 展开的文字图层

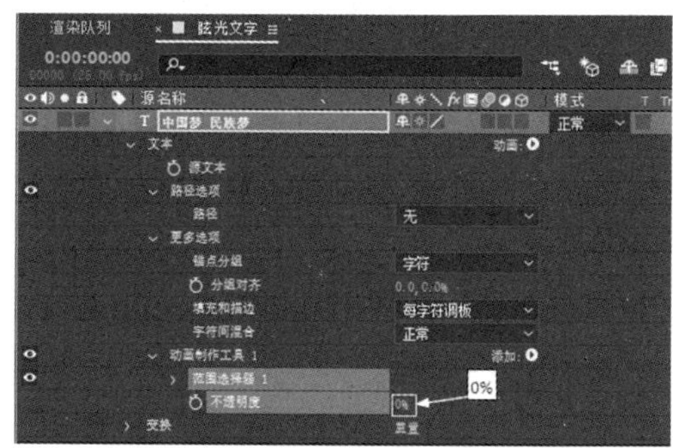

图 4.17 【不透明度】属性参数设置

步骤 03：将▼（时间指针）移到第 00 帧的位置，单击【起始】左边的⏱（时间变化秒表）图标，给【起始】属性添加关键帧，具体参数设置如图 4.18 所示。

步骤 04：将▼（时间指针）移到第 02 秒 00 帧的位置，将【起始】属性参数值设置为“100%”。

步骤 05：单击【添加：】右边的◎按钮，弹出快捷菜单。在弹出的快捷菜单中单击【属性】→【缩放】命令，即可完成【缩放】属性的添加和设置参数。具体设置如图 4.19 所示，在【合成预览】窗口中的效果如图 4.20 所示。

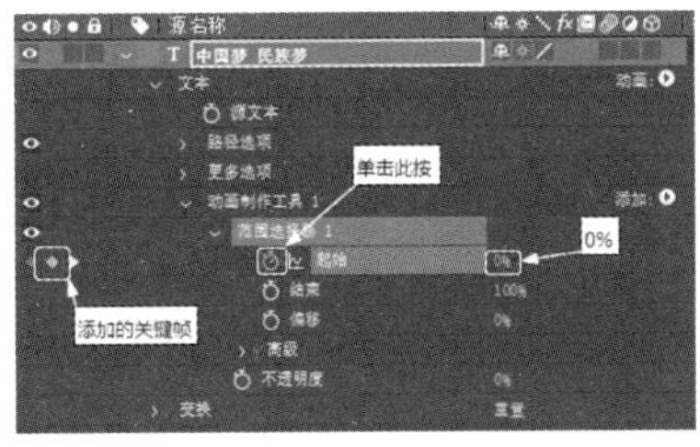

图 4.18　【起始】属性参数设置

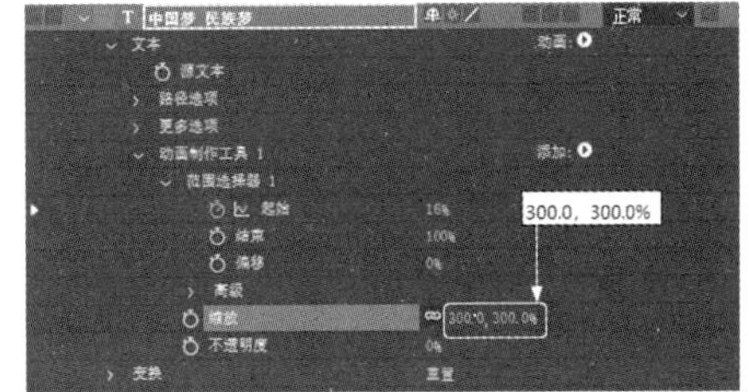

图 4.19　【缩放】参数设置

步骤 06：单击【添加：】右边的◎按钮，弹出快捷菜单。在弹出的快捷菜单中单击【属性】→【旋转】命令，即可完成【旋转】属性的添加，具体参数设置如图 4.21 所示，在【合成预览】窗口中的效果如图 4.22 所示。

图 4.20　在【合成预览】窗口中的效果

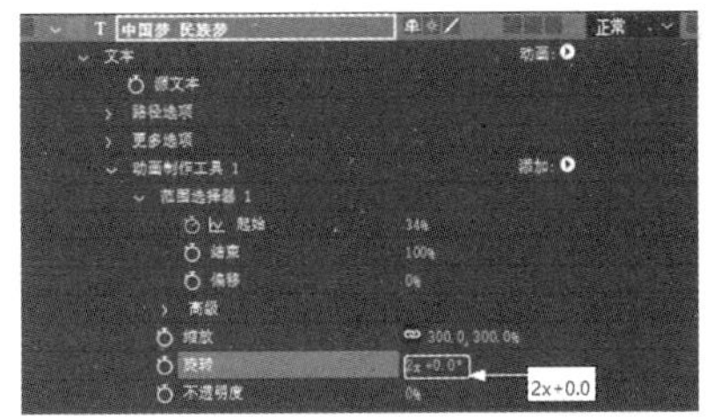

图 4.21　【旋转】属性参数设置

步骤 07：单击【添加：】右边的◎按钮，弹出快捷菜单。在弹出的快捷菜单中单击【属性】→【颜色填充】→【色相】命令，即可完成【色相】属性的添加，具体参数设置如图 4.23 所示，在【合成预览】窗口中的效果如图 4.24 所示。

图 4.22　在【合成预览】窗口中的效果

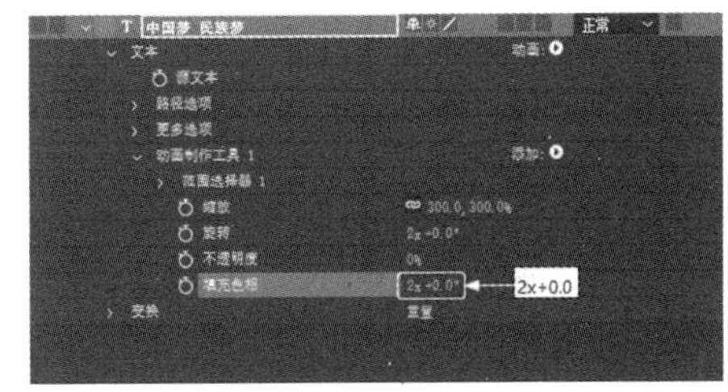

图 4.23　【色相】属性参数设置

视频播放：关于具体介绍，请观看本书光盘上的配套视频“任务二：设置文字图层参数.wmv”。

任务三：给文字创建动态模糊效果

步骤 01：单击【眩光文字】合成窗口中的◎（动态模糊）按钮，开启【眩光文字】合成的动态模糊功能。

步骤 02：单击图层右边（动态模糊）按钮对应下的（复选框），开启该图层的动态模糊开关，如图 4.25 所示，在【合成预览】窗口中的效果如图 4.26 所示。

图 4.24　添加【色相】属性后在【合成预览】窗口中的效果

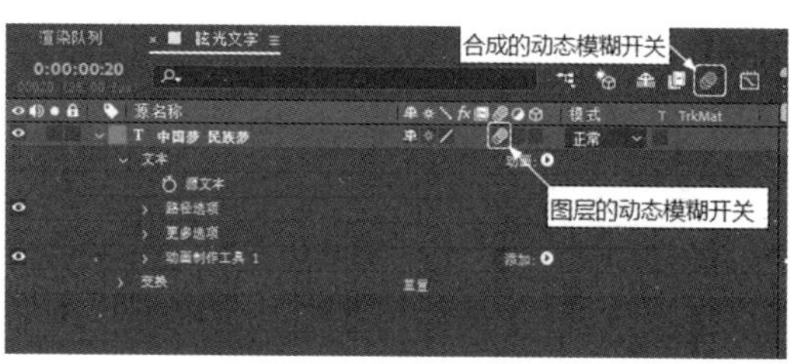

图 4.25　动态模糊开关

图 4.26　开启动态模糊开关后在【合成预览】窗口中的效果

视频播放：关于具体介绍，请观看本书光盘上的配套视频“任务三：给文字创建动态模糊效果.wmv”。

七、拓展训练

根据所学知识完成如下效果的制作。

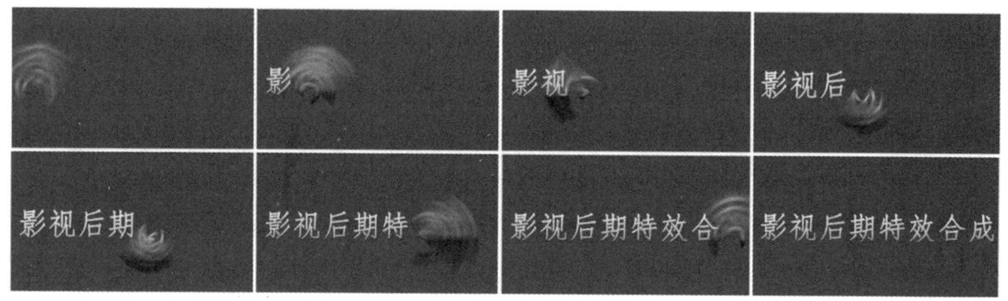

学习笔记：

案例 3：制作预设文字动画

一、案例内容简介

本案例主要介绍如何使用 After Effects CC 2019 中预设的文字动画快速制作文字效果。

三、案例效果欣赏

三、案例制作（步骤）流程

任务一：创建新合成和文字图层 ➡ 任务二：添加预设文字动画 ⬇ 任务三：给文字图层添加效果 ⬅ 任务四：给文字动画添加背景

四、制作目的

（1）熟练掌握文字图层的创建和文字图层中相关属性的综合调节。

（2）掌握预设文字动画的修改。

（3）掌握预设文字动画背景的添加。

（4）掌握预设文字动画修改的方法。

五、制作过程中需要解决的问题

（1）熟悉文字图层相关属性的含义。

（2）熟悉预设文字动画修改的原理。

（3）熟悉预设文字动画修改的注意事项。

（4）熟悉预设文字动画的叠加原理。

六、详细操作步骤

在 After Effects CC 2019 中，用户不仅可以通过自己的创意和大量的效果滤镜来制作专业级的视觉效果，还可以使用系统自带的大量预设效果轻松制作出绚丽多彩的视觉效果。

任务一：创建新合成和文字图层

1. 创建新合成

步骤 01：创建新合成。在菜单栏中单击【合成（C）】→【新建合成（C）…】命令（或按“Ctrl+N”组合键），弹出【合成设置】对话框。

步骤 02：在【合成设置】对话框中把新建的合成命名为“制作预设文字动画”，尺寸为“1280px×720px”，持续时间为“6 秒”。

步骤 03：单击【确定】按钮，完成新合成的创建。

2. 创建文字图层

步骤 01：在工具栏中单击T（横排文字工具），在【合成预览】窗口中单击并输入“骏马是跑出来的，强兵是打出来的”文字。

步骤 02：文字的具体参数设置如图 4.27 所示，在【合成预览】窗口中的效果如图 4.28 所示。

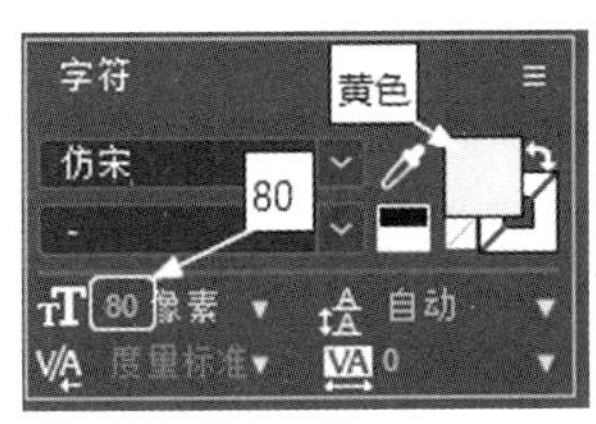

图 4.27　文字参数设置

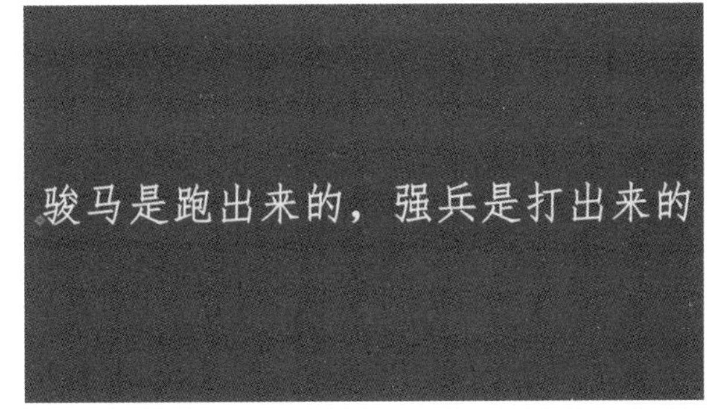

图 4.28　在【合成预览】窗口中的效果

视频播放：关于具体介绍，请观看本书光盘上的配套视频“任务一：创建新合成和文字图层.wmv”。

任务二：添加预设文字动画

步骤 01：单选文字图层，在菜单栏中单击【动画（A）】→【将动画预设应用于（A）…】命令，弹出【打开】对话框。

步骤 02：在【打开】对话框选择需要的预设文字动画，如图 4.29 所示。单击【打开（O）】按钮，完成预设文字动画的添加，在【合成预览】窗口中的效果如图 4.30 所示。

步骤 03：方法同上，给文字图层添加一个“3D 回落混杂和模糊”预设效果，在【合成预览】窗口中的效果如图 4.31 所示。

提示：用户在添加了预设文字动画之后，如果对预设文字动画不满意，还可以根据实际需要，对预设文字动画参数进行修改。

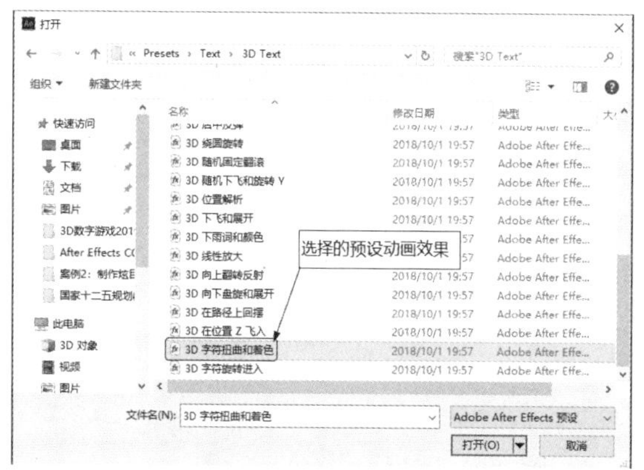

图 4.29 【打开】对话框

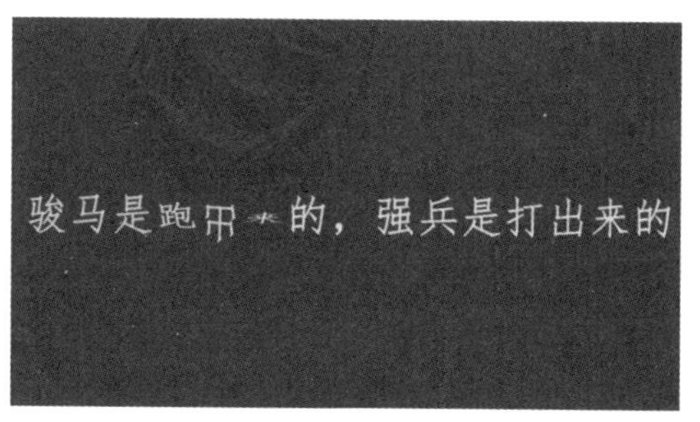

图 4.30 在【合成预览】窗口中的效果

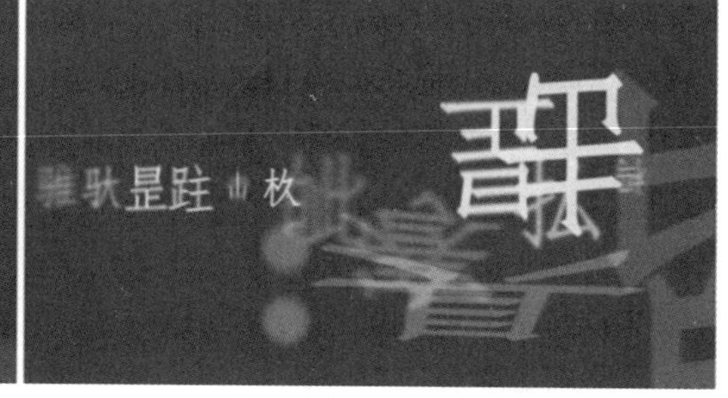

图 4.31 添加“3D 回落混杂和模糊”之后，在【合成预览】窗口中截图效果

视频播放：关于具体介绍，请观看本书光盘上的配套视频“任务二：添加预设文字动画.wmv”。

任务三：给文字图层添加效果

步骤 01：在菜单栏中单击【效果（T）】→【风格化】→【发光】命令，完成效果的添加。

步骤 02：设置【发光】效果的参数，具体设置如图 4.32 所示。在【合成预览】窗口中的效果如图 4.33 所示。

步骤 03：在菜单栏中单击【效果（T）】→【风格化】→【彩色浮雕】命令，完成效果的添加。

步骤 04：设置【彩色浮雕】效果参数，具体设置如图 4.34 所示。在【合成预览】窗口中的效果如图 4.35 所示。

视频播放：关于具体介绍，请观看本书光盘上的配套视频“任务三：给文字图层添加效果.wmv”。

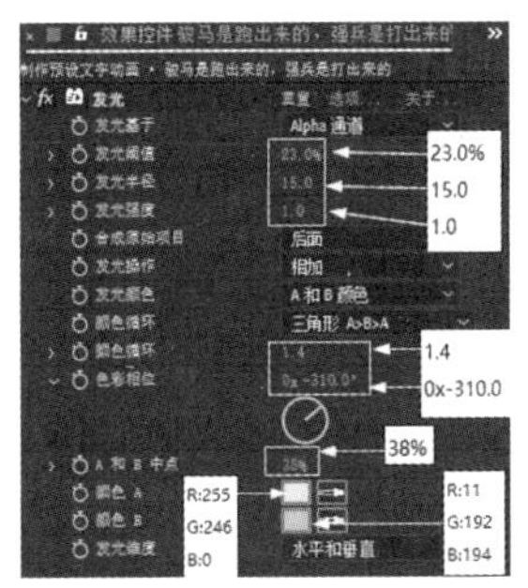

图 4.32 【发光】效果的参数设置

图 4.33　在【合成预览】窗口中的效果

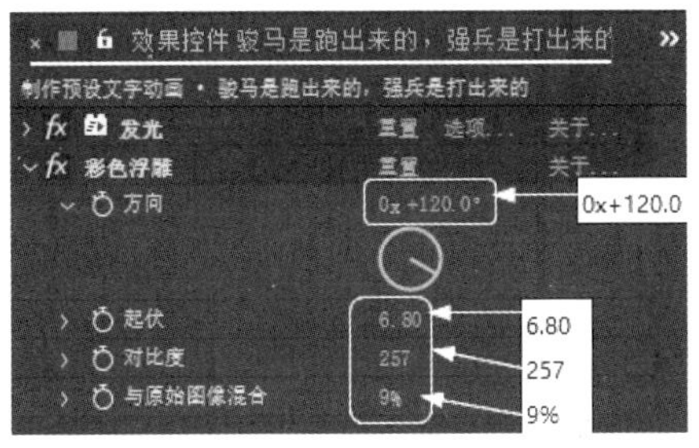

图 4.34 【彩色浮雕】效果的参数设置

图 4.35　在【合成预览】窗口中的效果

任务四：给文字动画添加背景

步骤 01：在【合成】窗口的空白处，单击右键，弹出快捷菜单。在弹出的快捷菜单中，单击【新建】→【纯色（S）…】命令，弹出【纯色设置】对话框。

步骤 02：在【纯色设置】对话框中，把纯色图层命名为“背景”，把颜色设置为纯黑色。单击【确定】按钮，即可创建一个纯黑色的图层。

步骤 03：在菜单栏中单击【效果（T）】→【模拟】→【CC Snowfall】命令，完成【CC Snowfall】效果的添加。

步骤 04：设置【CC Snowfall】效果参数，具体设置如图 4.36 所示，在【合成预览】窗口中的效果如图 4.37 所示。

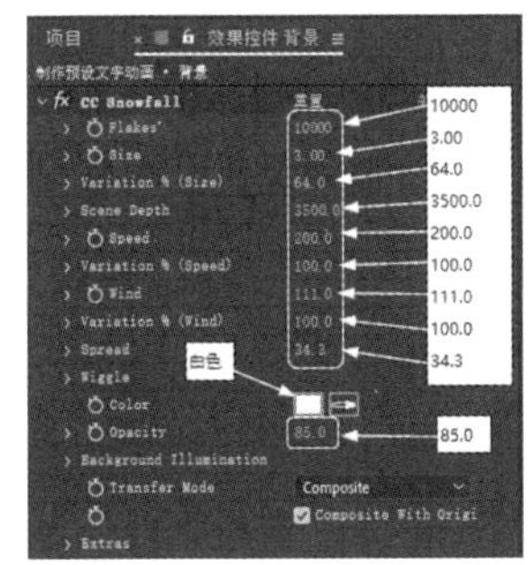

图 4.36 【CC Snowfall】参数设置

图 4.37　在【合成预览】窗口中的效果

视频播放：关于具体介绍，请观看本书光盘上的配套视频“任务四：给文字动画添加背景.wmv”。

七、拓展训练

根据所学知识完成以下效果的制作。

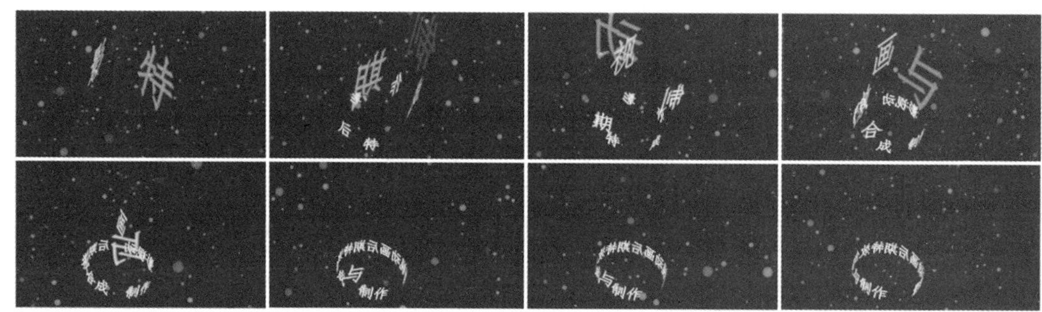

学习笔记：

案例 4：制作变形动画文字效果

一、案例内容简介

本案例主要介绍如何使用 After Effects CC 2019 中的效果命令，综合应用这些效果命令来制作一个随水波变形的动画文字效果。

二、案例效果欣赏

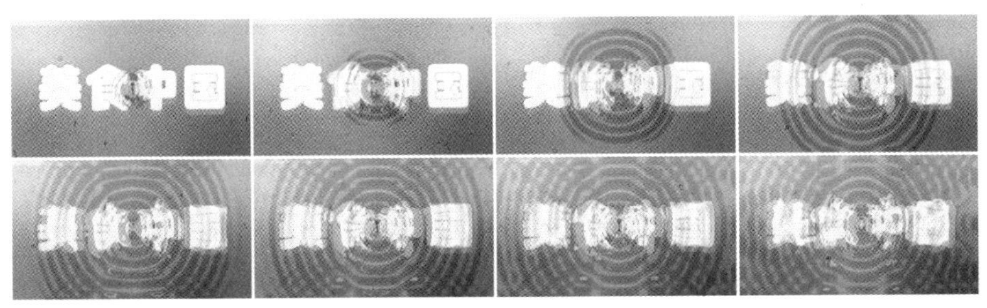

三、案例制作（步骤）流程

任务一：创建新合成 ➡ 任务二：创建涟漪效果 ➡ 任务三：创建预合成
⬇
任务六：给涟漪图层添加效果 ⬅ 任务五：给文字添加效果 ⬅ 任务四：创建文字图层

四、制作目的

（1）理解涟漪效果制作。
（2）掌握图层重组的方法。
（3）理解焦散效果的作用和参数设置。
（4）掌握给涟漪图层添加效果的作用。

五、制作过程中需要解决的问题

（1）熟悉制作涟漪效果的原理。
（2）理解图层重组的原理和作用。
（3）熟悉效果命令的综合应用和参数调节。

六、详细操作步骤

在 After Effects CC 2019 中，给文字添加【扭曲】或【分解】等效果，并将扭曲或分解的变化过程记录下来就可以制作出各种各样的变形文字效果，如水波形文字、烟雾形文字、爆炸形文字等。

在本案例中通过制作一个涟漪波光文字动画，详细介绍动画文字效果制作的基本原理和方法。

任务一：创建新合成

步骤 01：启动 After Effects CC 2019。

步骤 02：创建新合成。在菜单栏中单击【合成（C）】→【新建合成（C）…】命令（或按“Ctrl+N”组合键），弹出【合成设置】对话框。

步骤 03：在【合成设置】对话框中把新建的合成命名为“变形文字动画”，尺寸为“1280px×720px”，持续时间为“6 秒”。

步骤 04：单击【确定】按钮，完成新合成的创建。

视频播放：关于具体介绍，请观看本书光盘上的配套视频“任务一：创建新合成.wmv”。

任务二：创建涟漪效果

步骤 01：创建纯色图层。在【变形文字动画】窗口的空白处，单击右键，弹出快捷菜单。在弹出的快捷菜单中单击【新建】→【纯色（S）…】命令，弹出【纯色设置】对话框。

步骤 02：在弹出的【纯色设置】对话框中输入名称“涟漪图层”，把颜色设置为纯黑色（R：0，G：0，B：0）。单击【确定】按钮，即可创建一个涟漪图层。

步骤 03：添加【波形环境】效果。单选【变形文字动画】合成中的[涟漪图层]图层，在菜单栏中单击【效果（T）】→【模拟】→【波形环境】命令，完成【波形环境】效果的添加。

步骤 04：设置【波形环境】效果参数，具体设置如图 4.38 所示。

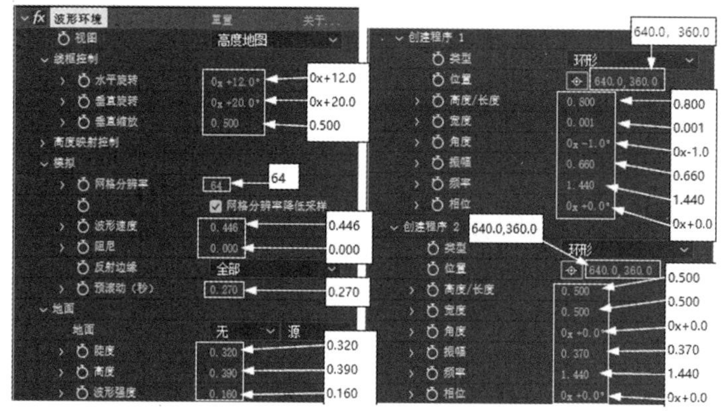

图 4.38 【波形环境】效果参数设置

视频播放：关于具体介绍，请观看本书光盘上的配套视频“任务二：创建涟漪效果.wmv”。

任务三：创建预合成

步骤 01：单选[涟漪图层]图层，在菜单栏中单击【图层（L）】→【与合成（P）…】

命令（或按“Ctrl+Shift+C”组合键），弹出【预合成】对话框。

步骤 02： 在【预合成】对话框设置参数，具体设置如图 4.39 所示。单击【确定】按钮，完成图层重组，创建的预合成如图 4.40 所示。

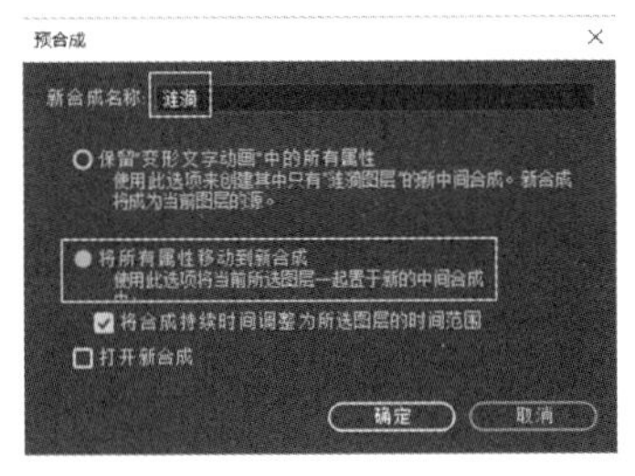

图 4.39 【预合成】对话框参数设置

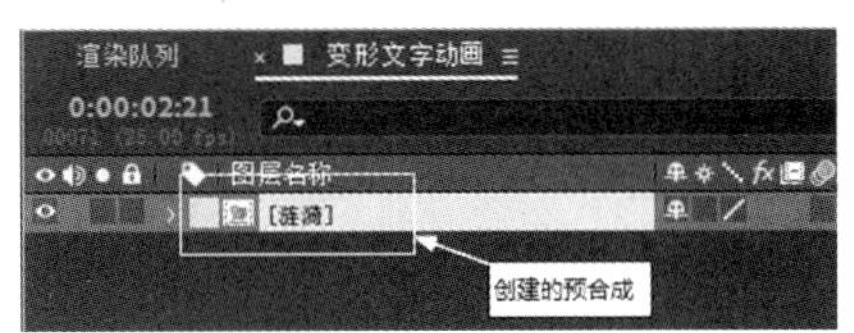

图 4.40　创建的预合成

视频播放： 关于具体介绍，请观看本书光盘上的配套视频“任务三：创建预合成.wmv”。

任务四：创建文字图层

步骤 01： 在工具栏中单击T（横排文字工具），在【合成预览】窗口中单击并输入“美食中国”文字。

步骤 02： 设置文字属性，具体设置如图 4.41 所示，在【合成预览】窗口中的效果如图 4.42 所示。

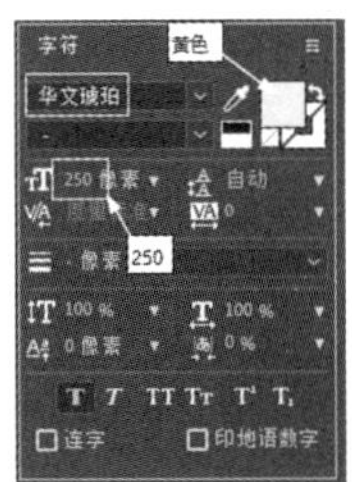

图 4.41　文字属性设置

图 4.42　在【合成预览】窗口中的效果

视频播放： 关于具体介绍，请观看本书光盘上的配套视频“任务四：创建文字图层.wmv”。

任务五：给文字添加效果

步骤 01： 单选 T 美食中国 图层，在菜单栏中单击【效果（T）】→【模拟】→【焦散】命令，完成【焦散】效果的添加。

步骤 02： 设置【焦散】效果的参数，具体设置如图 4.43 所示，在【合成预览】窗口中的效果如图 4.44 所示。

步骤 03： 单选 T 美食中国 图层，在菜单栏中单击【图层（L）】→【与合成（P）…】命令（或按“Ctrl+Shift+C”组合键），弹出【预合成】对话框。

步骤 04： 在【预合成】对话框设置参数，具体设置如图 4.45 所示。单击【确定】按钮，完成图层重组，创建的预合成如图 4.46 所示。

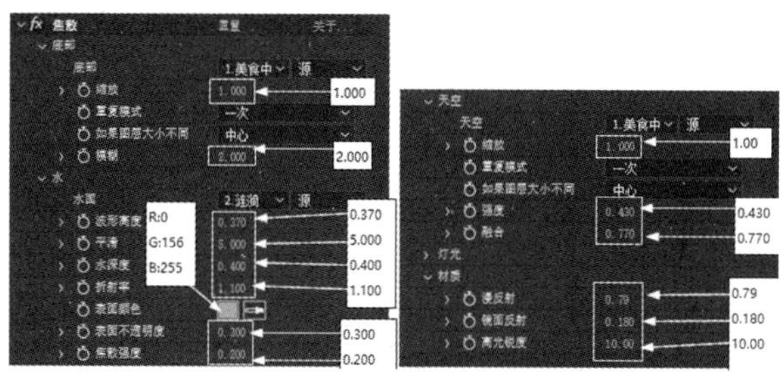

图 4.43 【焦散】效果参数设置

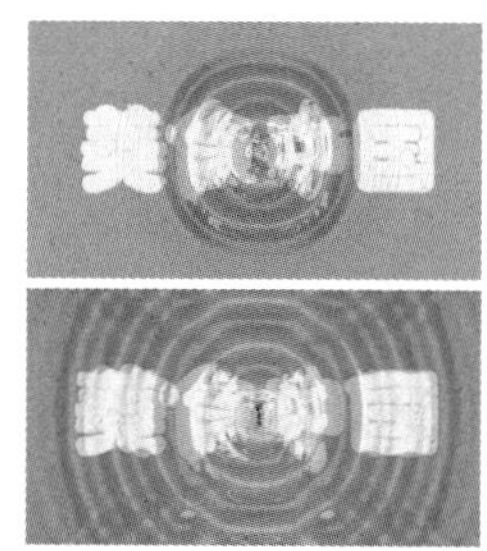

图 4.44 在【合成预览】窗口中的效果

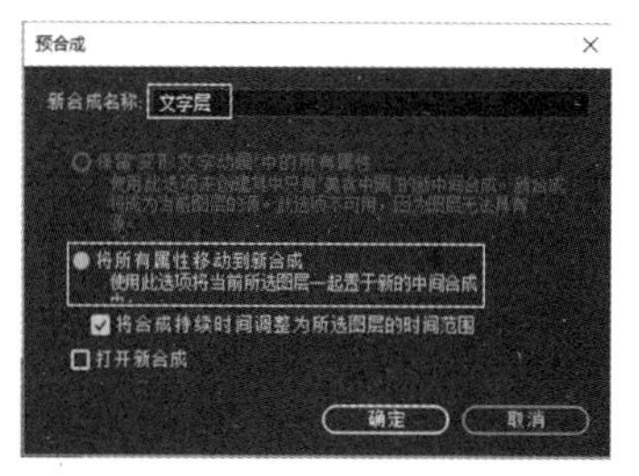

图 4.45 【预合成】对话框参数设置

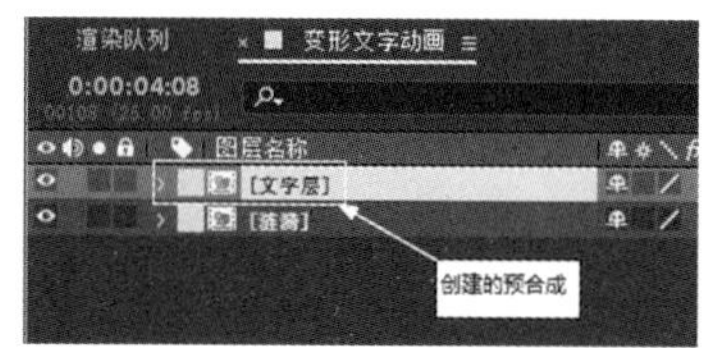

图 4.46 创建的预合成

步骤 05：添加阴影。在菜单栏中单击【效果（T）】→【透视】→【投影】命令，完成【阴影】效果添加。

步骤 06：设置【阴影】效果参数设置，具体设置如图 4.47 所示，在【合成预览】窗口中的效果如图 4.48 所示。

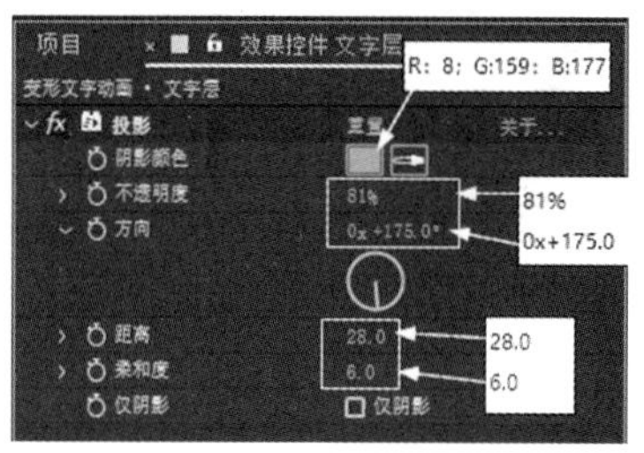

图 4.47 【阴影】效果参数设置

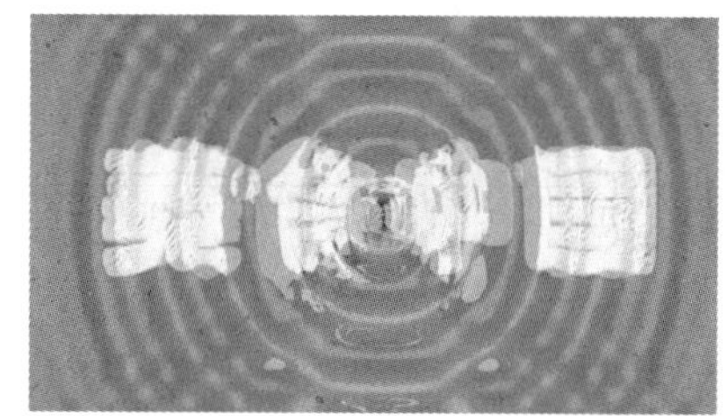

图 4.48 在【合成预览】窗口中的效果

视频播放：关于具体介绍，请观看本书光盘上的配套视频“任务五：给文字添加效果.wmv”。

任务六：给涟漪图层添加效果

步骤 01：单选[涟漪]图层，在菜单栏中单击【效果（T）】→【生成】→【四色渐变】命令，完成【四色渐变】效果的添加。

步骤 02：设置【四色渐变】效果参数，具体设置如图 4.49 所示，在【合成预览】窗口中的效果如图 4.50 所示。

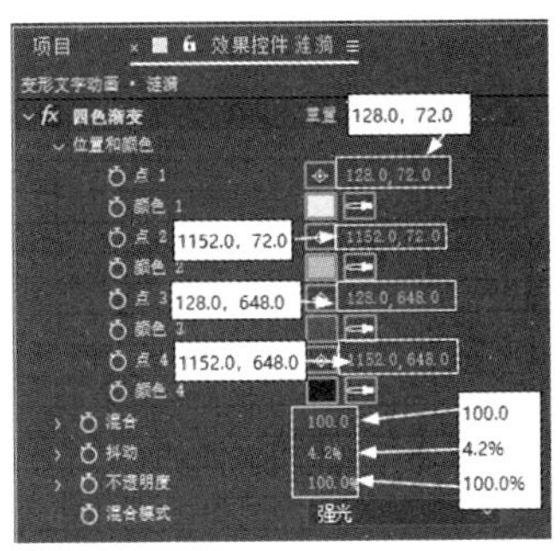

图 4.49 【四色渐变】参数设置

图 4.50　在【合成预览】窗口中的效果

视频播放：关于具体介绍，请观看本书光盘上的配套视频“任务六：给涟漪图层添加效果.wmv”。

七、拓展训练

根据所学知识完成以下效果的制作。

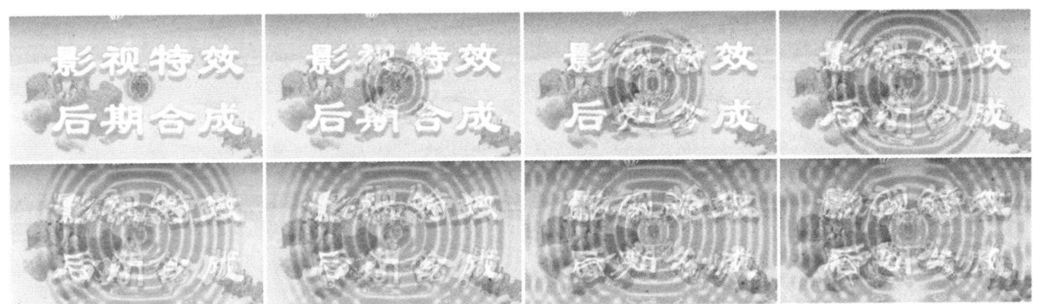

学习笔记：

案例 5：制作空间文字动画

一、案例内容简介

本案例主要介绍空间文字动画制作的原理、2D 图层转换为 3D 图层、“摄像机”图层的创建、“摄像机”图层的参数调节、灯光图层的创建和参数调节。

二、案例效果欣赏

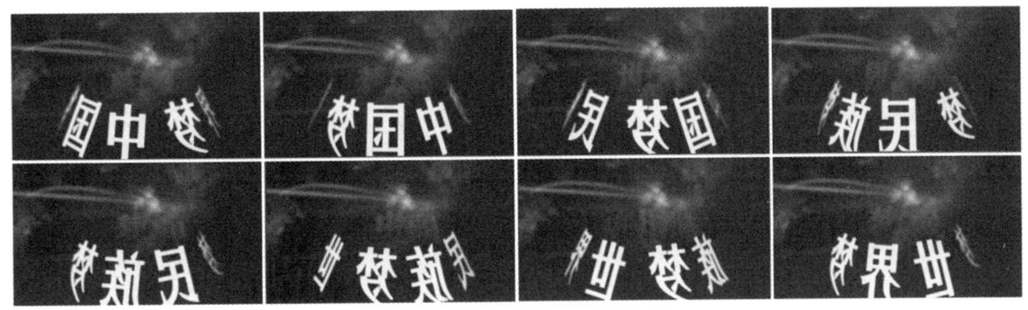

三、案例制作（步骤）流程

任务一：创建新合成和文字图层➡任务二：导入素材➡任务三：将2D图层转换为3D图层
⬇
任务六：创建灯光图层⬅任务五：创建“摄像机”图层⬅任务四：制作路径文字
⬇
任务七：制作文字旋转动画

四、制作目的

（1）理解 2D 图层和 3D 图层的概念。
（2）掌握 2D 图层转 3D 图层的方法。
（3）理解“摄像机”图层和灯光图层的概念。
（4）掌握“摄像机”图层和灯光图层的参数设置。

五、制作过程中需要解决的问题

（1）熟悉 2D 图层转 3D 图层的原理。
（2）熟悉“摄像机”图层和灯光图层各个参数的作用。
（3）熟悉各种图层参数的综合设置。

六、详细操作步骤

在 After Effects CC 2019 中，用户不仅可以进行 2D 合成，而且可以制作 3D 动画效果。

3D动画制作的方法主要有两种，一种方法是通过3D图层制作3D动画，另一种方法是通过第三方特效插件制作。

在本案例中，主要使用3D图层来创建一个3D文字动画。在After Effects CC 2019默认情况下图层为2D图层，如果要使用2D图层来制作3D动画，就可以将2D图层转化为3D图层，转化之后的图层就会出现一个Z轴。Z轴主要用来描述深度信息。

下面通过制作一个空间文字动画来介绍3D文字动画的制作方法和原理。

任务一：创建新合成和文字图层

1. 创建新合成

步骤01：启动After Effects CC 2019。

步骤02：创建新合成。在菜单栏中单击【合成（C）】→【新建合成（C）…】（或按键盘上的“Ctrl+N”组合键），弹出【合成设置】对话框。

步骤03：该对话框中设置合成名称为“空间文字动画”，尺寸为“1280px×720px”，持续时间为“6秒”。

步骤04：单击【确定】按钮，完成新合成的创建。

2. 创建文字图层

步骤01：在工具栏中单击T（横排文字工具）按钮或按“Ctrl+T”组合键，在【合成预览】窗口中单击并输入“中国梦 民族梦 世界梦”文字。

步骤02：设置文字参数，具体设置如图4.51所示，在【合成预览】窗口中的效果如图4.52所示。

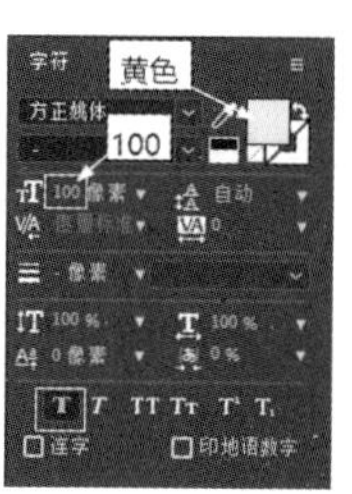

图4.51　文字参数设置

图4.52　在【合成预览】窗口中的效果

视频播放：关于具体介绍，请观看本书光盘上的配套视频“任务一：创建新合成和文字图层.wmv”。

任务二：导入素材

步骤01：在菜单栏中单击【文件（F）】→【导入（I）】→【文件…】命令（或按“Ctrl+I”组合键），弹出【导入文件】对话框。

步骤02：在【导入文件】对话框中单选“背景02.jpg”图片素材。单击【导入】按钮，即可将图片素材导入【项目】窗口中。

步骤 03：将“背景 02.jpg”图片素材拖到【空间文字动画】合成窗口中。在【合成预览】窗口中的效果，如图 4.53 所示。

视频播放：关于具体介绍，请观看本书光盘上的配套视频“任务二：导入素材.wmv”。

任务三：将 2D 图层转换为 3D 图层

步骤 01：分别单击两个图层的【3D 图层】开关，将两个 2D 图层转换为 3D 图层，并设置图层参数，具体参数设置如图 4.54 所示。

图 4.53　在【合成预览】窗口中的效果

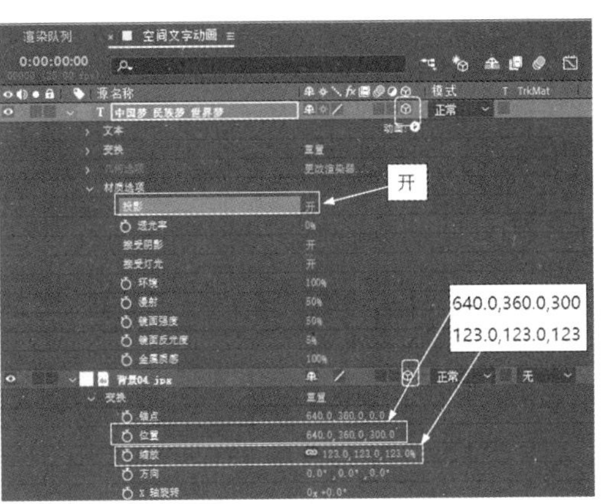

图 4.54　图层参数设置

步骤 02：将【合成预览】窗口切换到 4 视图显示方式，如图 4.55 所示。

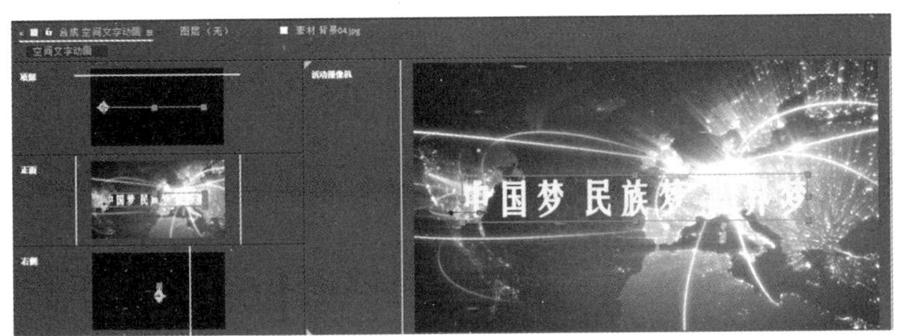

图 4.55　【合成预览】窗口的 4 视图显示方式

视频播放：关于具体介绍，请观看本书光盘上的配套视频“任务三：将 2D 图层转换为 3D 图层.wmv”。

任务四：制作路径文字

步骤 01：单选 T 中国梦 民族梦 世界梦 图层，再单击（椭圆工具），在【合成预览】窗口中绘制一个圆形路径，如图 4.56 所示。

步骤 02：先设置文字的路径，具体设置如图 4.57 所示；再设置文字参数，在【合成预览】窗口中的效果如图 4.58 所示。

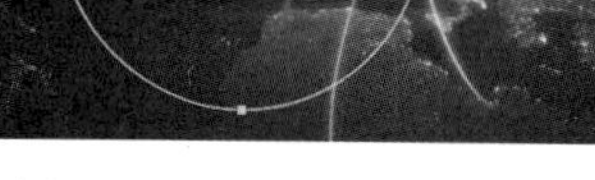

图 4.56　绘制的圆形路径

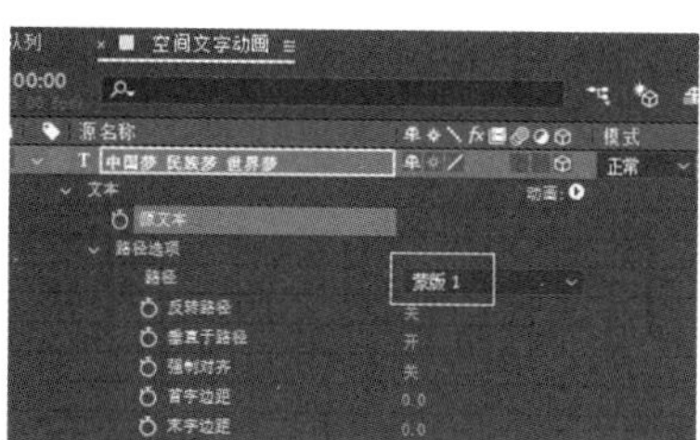

图 4.57　文字的路径选择

步骤 03：继续设置 T 中国梦 民族梦 世界梦 图层的参数，单击【动画】右边的◎图标，弹出快捷菜单，在弹出的快捷菜单中单击【启用逐字 3D 化】命令，图层文字开启逐字 3D 化功能。

步骤 04：单击【动画】右边的◎图标，弹出快捷菜单。在弹出的快捷菜单中单击【旋转】命令，为文字添加“旋转”属性，设置图层参数，具体设置如图 4.59 所示。在【合成预览】窗口中的效果如图 4.60 所示。

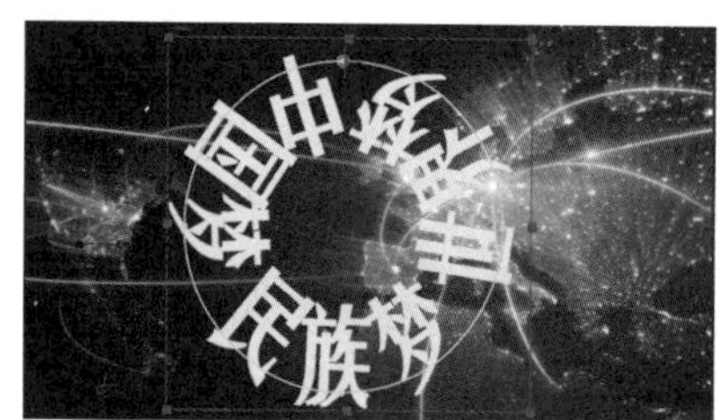

图 4.58　在【合成预览】窗口中的效果

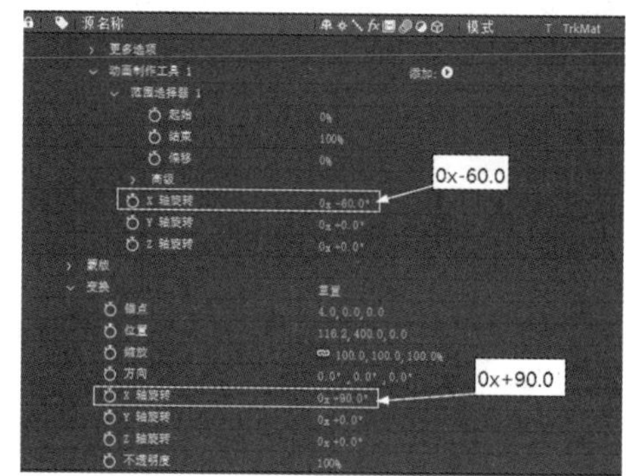

图 4.59　【旋转】参数设置

图 4.60　在【合成预览】窗口中的效果

视频播放：关于具体介绍，请观看本书光盘上的配套视频“任务四：制作路径文字.wmv”。

任务五：创建“摄像机”图层

步骤 01：在【空间文字动画】合成窗口中，单击右键，弹出快捷菜单。在弹出的快捷菜单中单击【新建】→【摄像机（C）…】命令，弹出【摄像机设置】对话框。在该对话框中选择默认设置，单击【确定】按钮，完成“摄像机”图层的创建。

步骤 02：设置“摄像机”图层的参数，具体设置如图 4.61 所示。在【合成预览】窗口中的效果如图 4.62 所示。

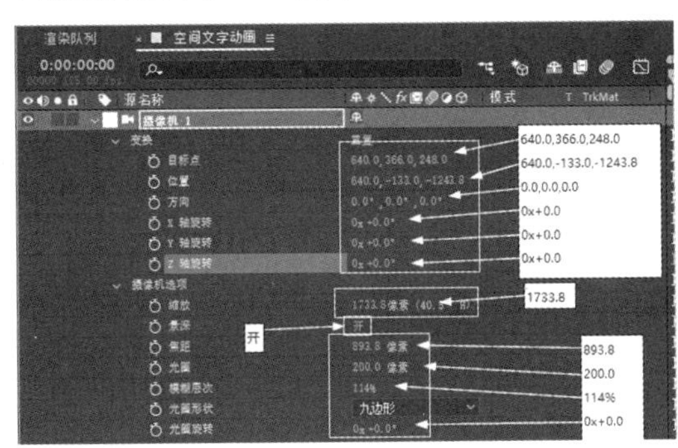

图 4.61　摄像机图层参数设置

图 4.62　在【合成预览】窗口中的效果

视频播放：关于具体介绍，请观看本书光盘上的配套视频“任务五：创建“摄像机”图层.wmv”。

任务六：创建灯光图层

步骤 01：在【空间文字动画】合成窗口中，单击右键，弹出快捷菜单。在弹出的快捷菜单中，单击【新建】→【灯光（L）…】命令，弹出【灯光设置】对话框。在该对话框中选择默认设置。单击【确定】按钮，完成“摄像机”图层的创建。

步骤 02：设置灯光图层的参数，具体设置如图 4.63 所示。在【合成预览】窗口中的效果如图 4.64 所示。

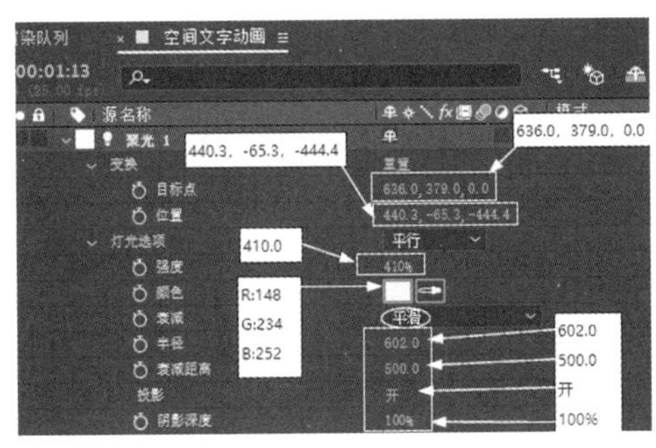

图 4.63　灯光图层参数设置

图 4.64　在【合成预览】窗口中的效果

视频播放：关于具体介绍，请观看本书光盘上的配套视频“任务六：创建灯光图层.wmv”。

任务七：制作文字旋转动画

文字旋转动画的制作主要通过调节文字图层中【首字边距】属性来完成。

步骤 01：将▼（时间指针）移到第 00 秒 00 帧的位置，设置【首字边距】属性的参数值为“0”并单击【首字边距】属性左侧的⏱图标，给【首字边距】属性添加关键帧，如图 4.65 所示。

步骤 02：将▼（时间指针）移到第 06 秒 00 帧的位置，设置【首字边距】属性的参数值为“-1440”，完成旋转文字动画制作，从第 00 秒 00 帧位置到第 06 秒 00 帧位置，文字旋转 4 圈。在【合成预览】窗口中的效果如图 4.66 所示。

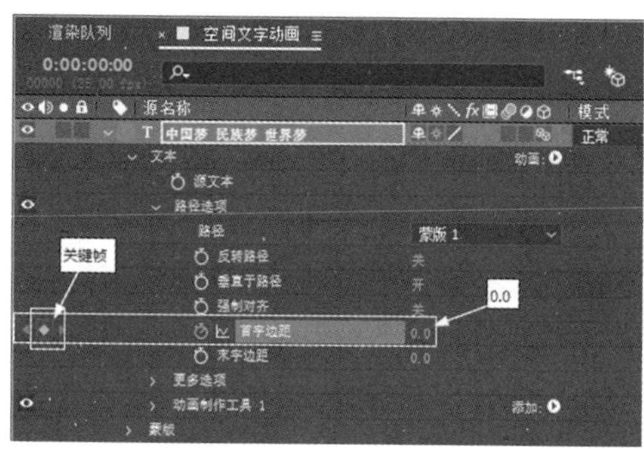

图 4.65 【首字边距】属性设置

图 4.66 在【合成预览】窗口中的效果

视频播放：关于具体介绍，请观看本书光盘上的配套视频“任务七：制作文字旋转动画.wmv”。

七、拓展训练

根据所学知识完成以下效果的制作。

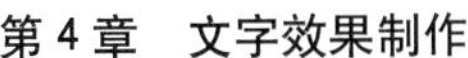

学习笔记：

案例6：制作卡片式出字效果

一、案例内容简介

本案例主要介绍如何综合应用【卡片擦除】、【梯度渐变】、【发光】、【色阶】、【方向模糊】和【镜头光晕】效果命令制作一个卡片式出字效果。

二、案例效果欣赏

三、案例制作（步骤）流程

任务一：创建新合成和文字图层 ➡任务二：制作卡片擦除效果

⬇

任务四：制作光晕效果⬅ 任务三：制作渐变背景和发光散射效果

四、制作目的

（1）掌握卡片式出字效果制作的原理。
（2）掌握【卡片擦除】效果的作用和参数设置。
（3）理解图层叠加模式的原理和作用。
（4）掌握【预合成】的创建方法。

五、制作过程中需要解决的问题

（1）具备综合应用多个效果命令的能力。
（2）熟悉【卡片擦除】效果中参数的灵活调节技巧。
（3）熟悉【预合成】的作用和应用原则。

六、详细操作步骤

在本案例中，主要通过【卡片擦除】效果、【方向模糊】效果和【镜头光晕】效果等的综合应用来制作卡片式出字效果。

任务一：创建新合成和文字图层

1. 创建新合成

步骤 01：启动 After Effects CC 2019。

步骤 02：创建新合成。在菜单栏中单击【合成（C）】→【新建合成（C）…】命令（或按“Ctrl+N”组合键），弹出【合成设置】对话框。

步骤 03：在该对话框中，把新建的合成名称设为“卡片擦除效果”，尺寸为“1280px×720px”，持续时间为“3 秒”。

步骤 04：单击【确定】按钮，完成新合成的创建。

2. 创建文字图层

步骤 01：在工具栏中，单击T（横排文字工具）或按“Ctrl+T”组合键。在【合成预览】窗口中单击并输入“学霸是练出来的　精英是训出来的”文字。

步骤 02：设置文字参数，文字的具体参数设置如图 4.67 所示，在【合成预览】窗口中的效果如图 4.68 所示。

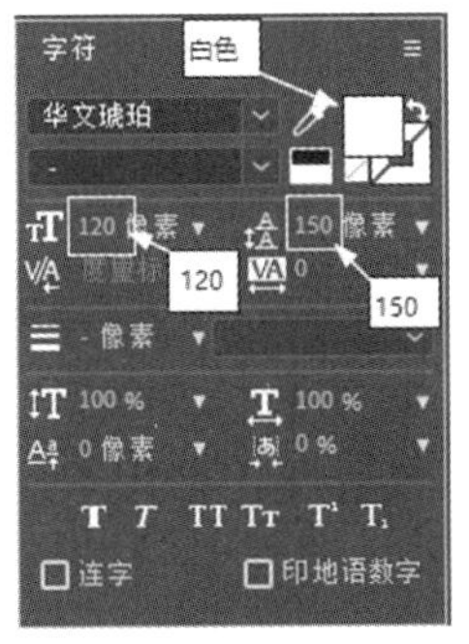

图 4.67　文字参数设置

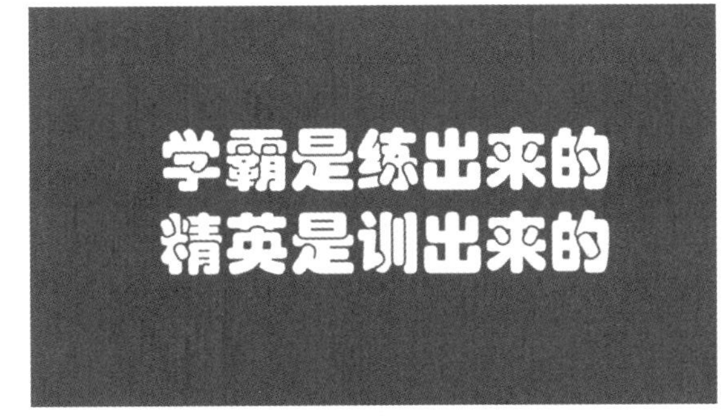

图 4.68　在【合成预览】窗口中的效果

视频播放：关于具体介绍，请观看本书光盘上的配套视频“任务一：创建新合成和文字图层.wmv”。

任务二：制作卡片擦除效果

具体操作方法如下。

步骤 01：在【卡片擦除效果】合成窗口中，单选刚创建的文字图层。

步骤 02：在菜单栏中单击【效果（T）】→【过渡】→【卡片擦除】命令，完成【卡片擦除】效果的添加。

步骤 03：将■（时间指针）移到第 00 秒 00 帧的位置，设置【卡片擦除】效果参数，具体设置如图 4.69 所示。在【合成预览】窗口中的效果如图 4.70 所示。

步骤 04：将■（时间指针）移到第 02 秒 10 帧的位置，设置【卡片擦除】效果参数，具体设置如图 4.71 所示。在【合成预览】窗口中的效果如图 4.72 所示。

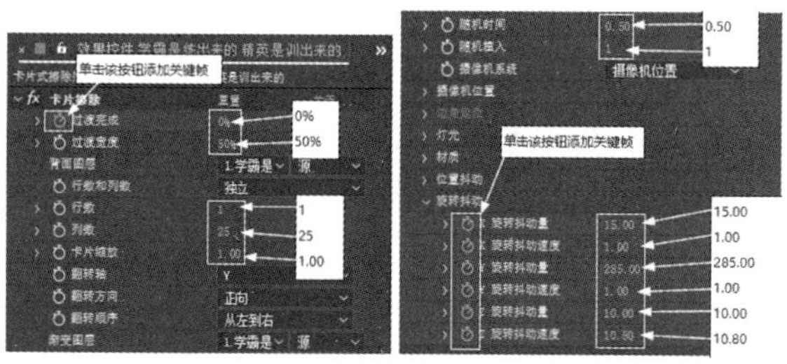

图 4.69　第 00 秒 00 帧位置的【卡片擦除】效果参数设置

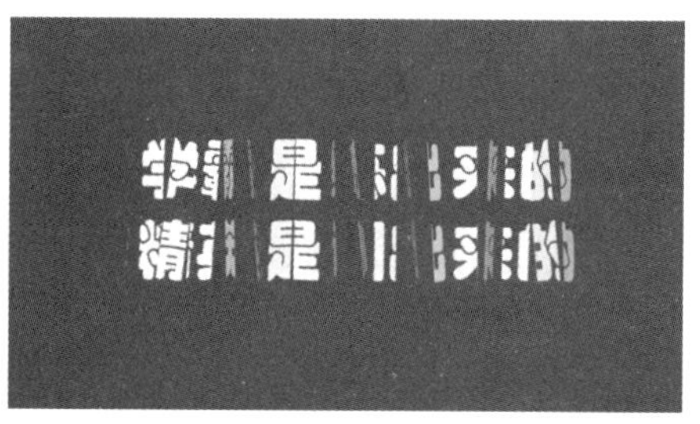

图 4.70　在【合成预览】窗口中的效果

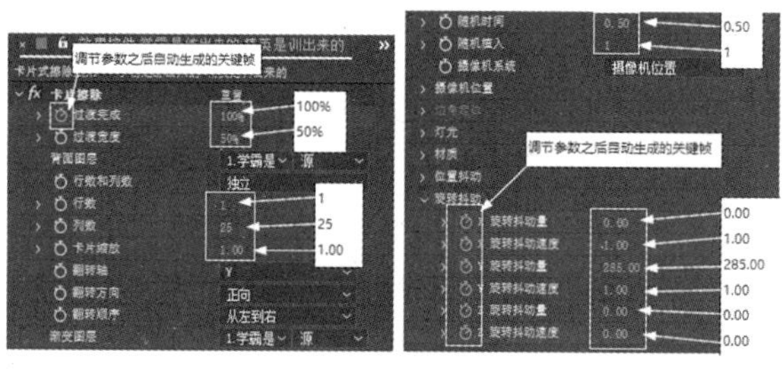

图 4.71　第 02 秒 10 帧位置的【卡片擦除】效果参数设置

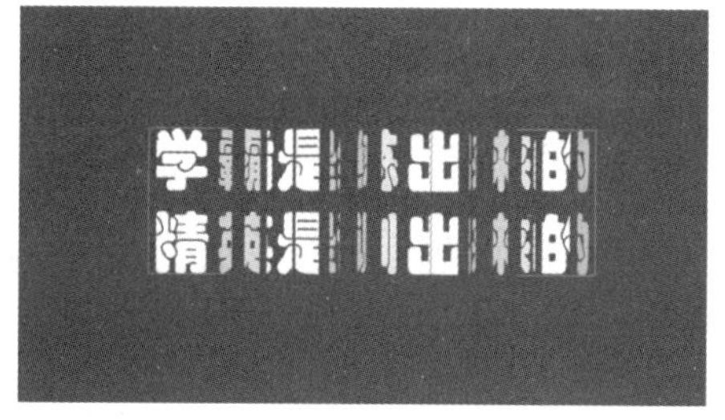

图 4.72　在【合成预览】窗口中的效果

步骤 05：转换为【预合成】。将光标移到【卡片擦除效果】合成窗口中的 T 学霸是练出来的 精英是训出来的 图层上，单击右键，弹出快捷菜单。在弹出的快捷菜单中单击【预合成…】命令，弹出【预合成】对话框。在该对话框设置【预合成】参数，具体设置如图 4.73 所示。单击【确定】按钮，完成预合成的转换，转换之后的图层如图 4.74 所示。

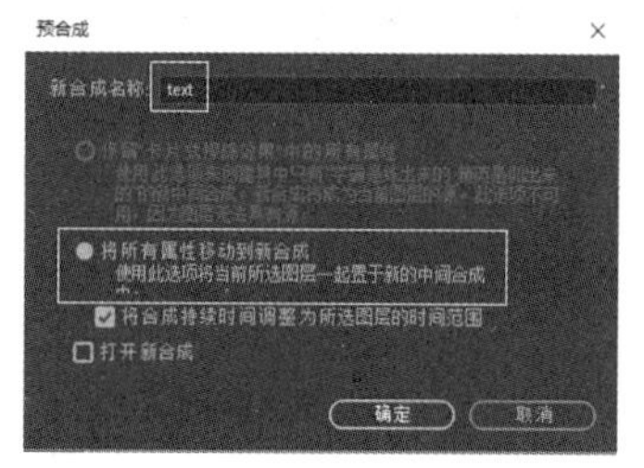

图 4.73　【预合成】对话框参数设置

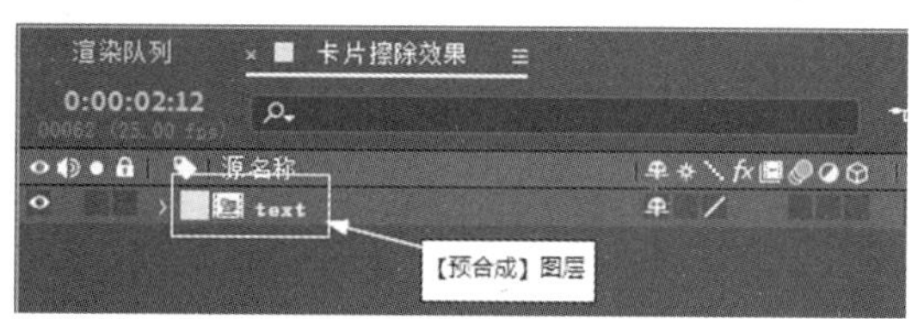

图 4.74　转换之后的图层

视频播放：关于具体介绍，请观看本书光盘上的配套视频“任务二：制作卡片擦除效果.wmv”。

任务三：制作渐变背景和发光散射效果

1. 创建渐变背景效果

步骤 01：按“Ctrl+Y”组合键，弹出【纯色设置】对话框。在该对话框中设置参数，具体设置如图 4.75 所示。

步骤 02：单击【确定】按钮，创建一个名为“背景”的纯色图层，并将该纯色图层放置在最底层，如图 4.76 所示。

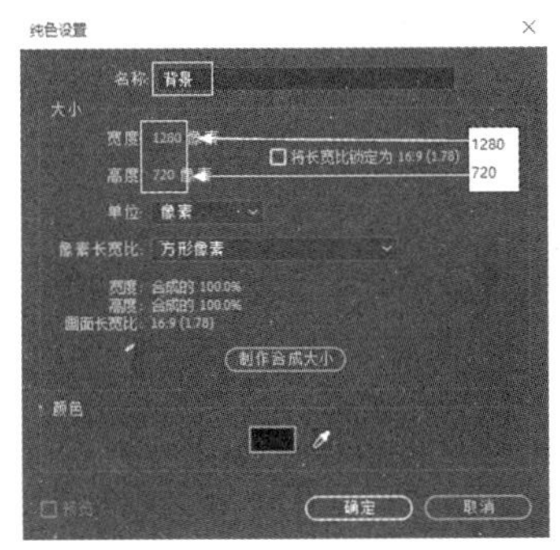

图 4.75　【纯色设置】参数设置

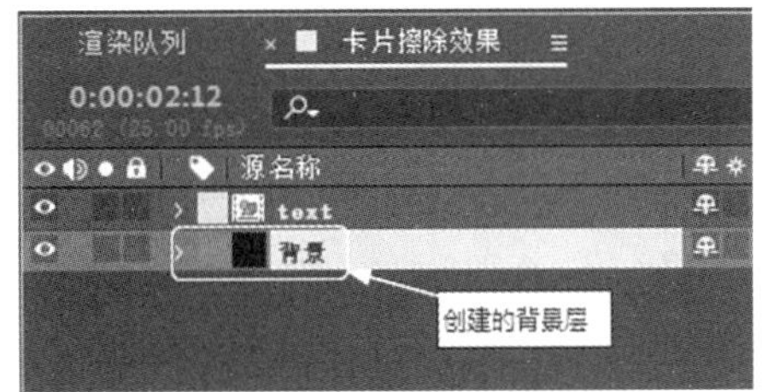

图 4.76　创建的背景层

步骤 03：单击创建的背景纯色图层，在菜单栏中单击【效果（T）】→【生成】→【梯度渐变】命令，完成“梯度渐变”效果的添加。

步骤 04：设置【梯度渐变】参数，具体设置如图 4.77 所示。在【合成预览】窗口中的效果如图 4.78 所示。

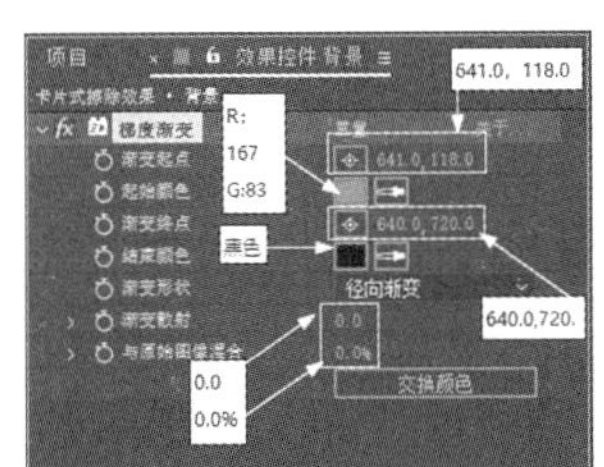

图 4.77　【梯度渐变】参数设置

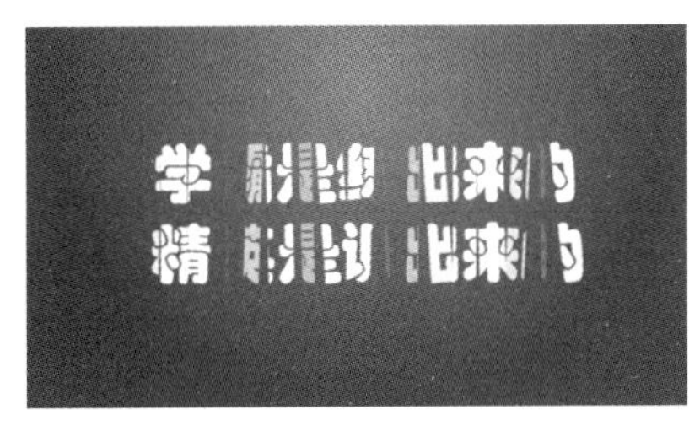

图 4.78　在【合成预览】窗口中的效果

2. 制作发光散射效果

步骤 01：在【卡片擦除效果】合成窗口中单选text图层，在菜单栏中单击【效果（T）】→【风格化】→【发光】命令，即可给单选的图层添加“发光”效果。

步骤 02：设置【发光】效果参数，具体参数设置如图 4.79 所示，在【合成预览】窗口中的效果如图 4.80 所示。

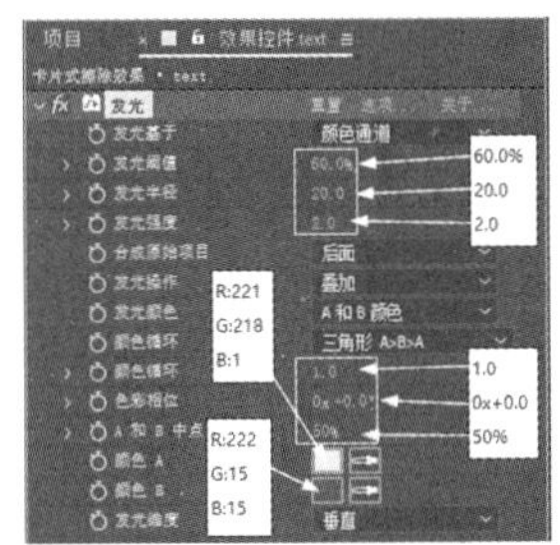

图 4.79　【发光】效果参数设置

图 4.80　在【合成预览】窗口中的效果

步骤 03：单选text图层，按“Ctrl+D”组合键，复制该图层并将复制图层重命名为“text01”，如图 4.81 所示。

步骤 04：单选text01图层，在菜单栏中单击【效果（T）】→【颜色校正】→【色阶】命令，即可给单选图层添加【色阶】效果。

步骤 05：设置【色阶】效果参数，具体参数设置如图 4.82 所示，在【合成预览】窗口中的效果如图 4.83 所示。

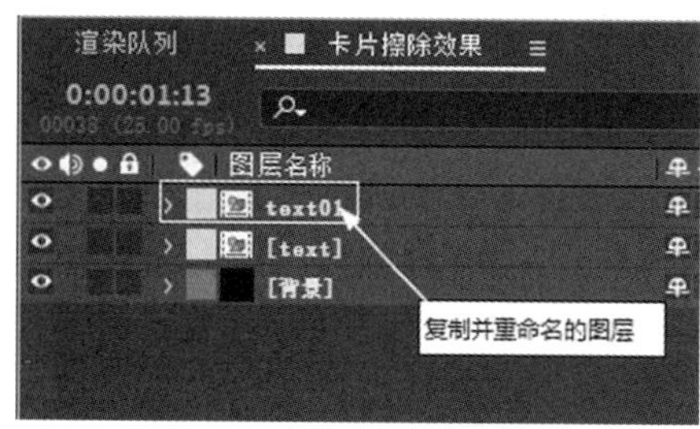

图 4.81　复制并重命名的图层

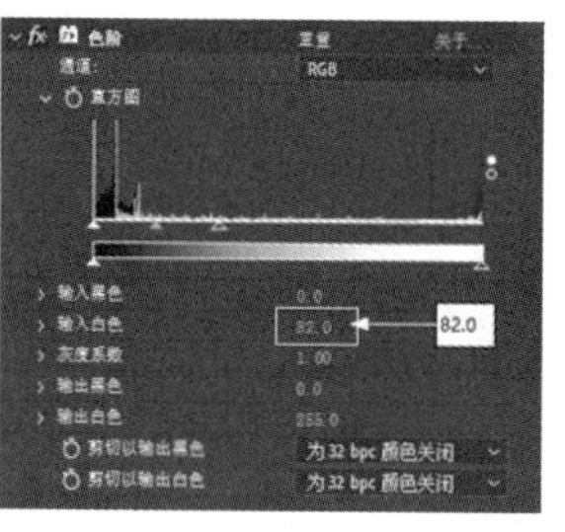

图 4.82　【色阶】效果参数设置

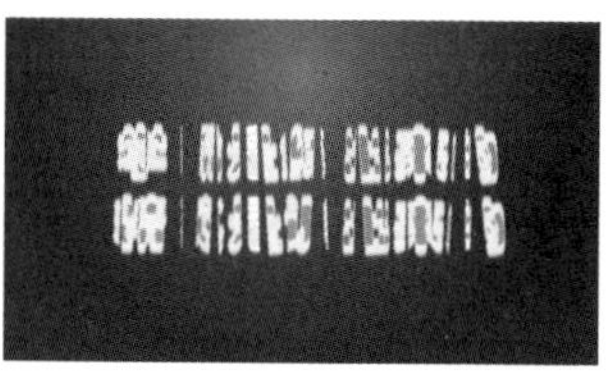

图 4.83　在【合成预览】窗口中的效果

步骤 06：继续给text01图层添加效果，在菜单栏中单击【效果（T）】→【模糊和锐化】→【定向模糊】命令即可给单选图层添加【定向模糊】效果。

步骤 07：设置【定向模糊】效果参数，具体参数设置如图 4.84 所示。把text01图层混合模式设置为“叠加”，模式，如图 4.85 所示。在【合成预览】窗口中的效果，如图 4.86 所示。

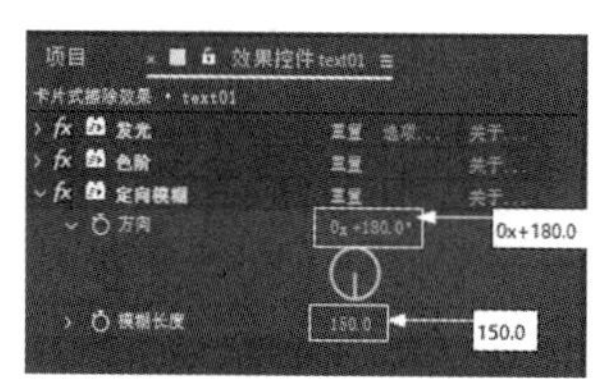

图 4.84　【定向模糊】参数设置

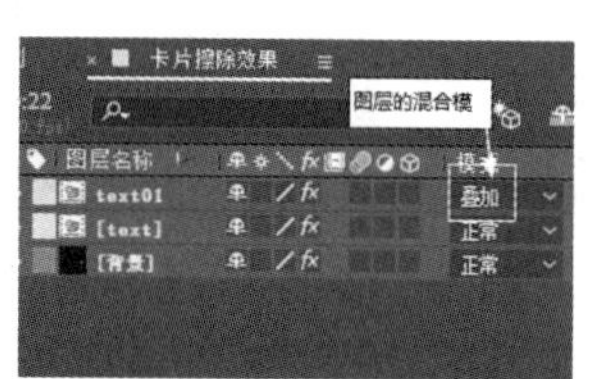

图 4.85　图层的混合模式

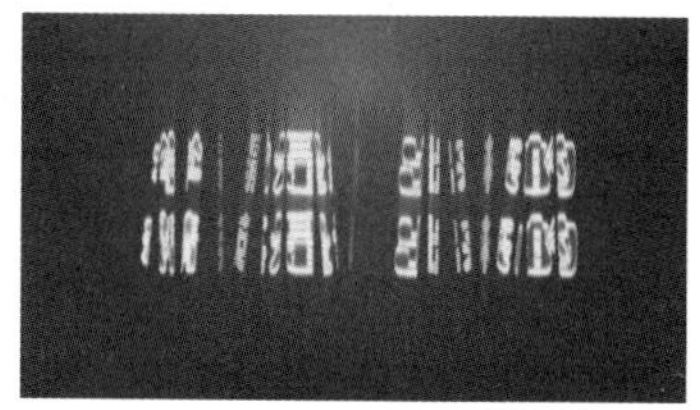

图 4.86　在【合成预览】中的效果

视频播放：关于具体介绍，请观看本书光盘上的配套视频“任务三：制作渐变背景和发光散射效果.wmv”。

任务四：制作光晕效果

步骤 01：创建一个黑色纯色图层，并把该图层的混合模式设置为“叠加”模式，如图 4.87 所示。

步骤 02：单选创建的[光晕]纯色图层，在菜单栏中单击【效果（T）】→【生成】→【镜头光晕】命令，即可给单选图层添加一个【镜头光晕】效果。

步骤 03：将（时间指针）移到第 00 秒 10 帧的位置，设置【镜头光晕】效果的参数，具体参数设置如图 4.88 所示。

步骤 04：将（时间指针）移到第 01 秒 00 帧的位置，将【光晕中心】参数设置为“552.0，296.8”。

步骤 05： 将■（时间指针）移到第 01 秒 10 帧的位置，将【光晕中心】参数设置为“1057.0，329.3”。

步骤 06： 将■（时间指针）移到第 02 秒 05 帧的位置，将【光晕中心】参数设置为“637.0，348.0”。在【合成预览】窗口中的效果如图 4.89 所示。

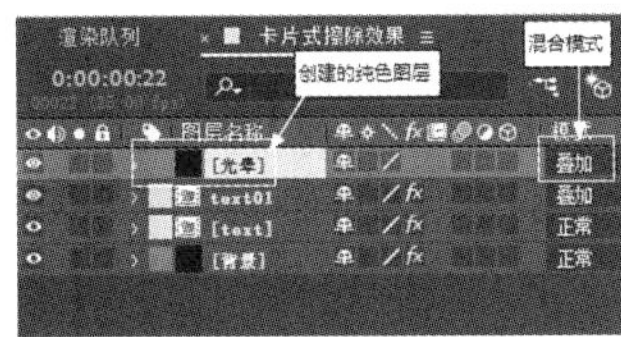

图 4.87　创建的纯色图层

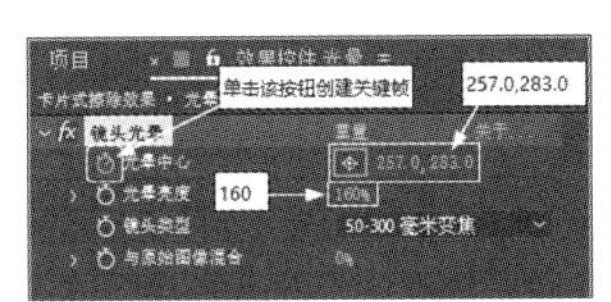

图 4.88【镜头光晕】参数设置

图 4.89　在【合成预览】窗口中的效果

视频播放： 关于具体介绍，请观看本书光盘上的配套视频“任务四：制作光晕效果.wmv”。

七、拓展训练

根据所学知识完成以下效果的制作。

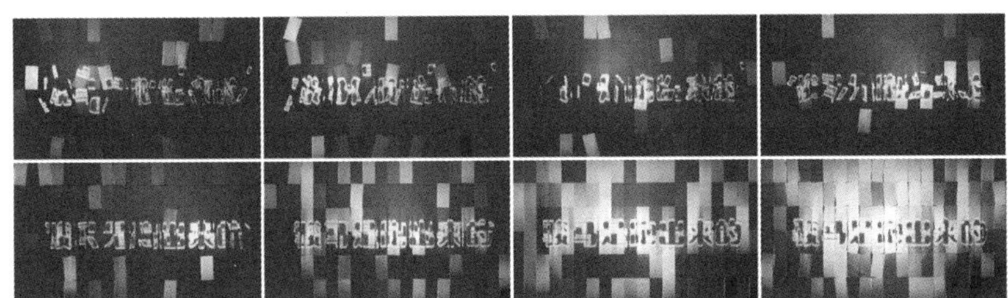

学习笔记：

案例7：制作玻璃切割效果

一、案例内容简介

本案例主要介绍如何综合应用【描边】、【残影】、【快速方框模糊】、【CC Glass】和【发光】效果制作一个玻璃切割效果。

二、案例效果欣赏

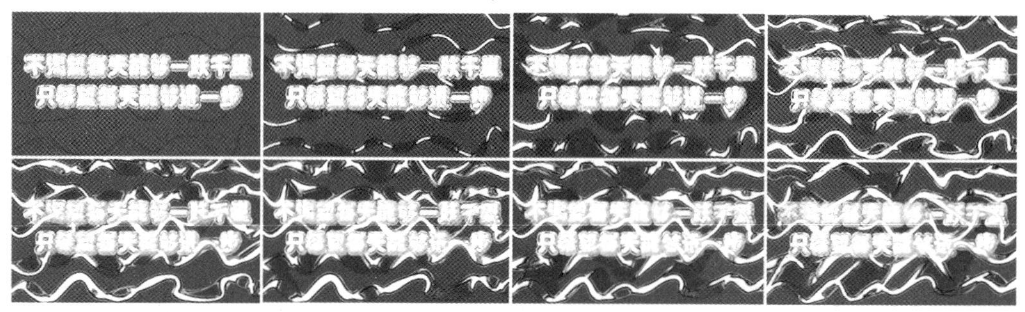

三、案例制作（步骤）流程

任务一：创建新合成和创建遮罩路径 ➡ 任务二：制作“光效”效果
⬇
任务四：制作玻璃文字 ⬅ 任务三：制作玻璃合成效果

四、制作目的

（1）掌握玻璃切割效果制作的原理。
（2）掌握【描边】效果的作用和参数设置。
（3）掌握【残影】效果的作用和参数设置。
（4）掌握路径动画制作方法。

五、制作过程中需要解决的问题

（1）掌握路径绘制的方法和技巧。
（2）怎样综合使用【描边】、【残影】、【快速方框模糊】和【发光】效果？
（3）熟悉【CC Glass】效果参数的设置方法。

六、详细操作步骤

在本案例中主要通过【描边】、【残影】、【快速方框模糊】、【CC Glass】和【发光】效果的综合应用来制作玻璃切割效果。

任务一：创建新合成和创建遮罩路径

1. 创建新合成

步骤 01：启动 After Effects CC 2019。

步骤 02：创建新合成。在菜单栏中单击【合成（C）】→【新建合成（C）…】命令（或按“Ctrl+N”组合键），弹出【合成设置】对话框。

步骤 03：在该对话框中，把新建的合成命名为“线条”，尺寸为“1280px×720px”，持续时间为“10 秒”。

步骤 04：单击【确定】按钮，完成新合成的创建。

2. 创建“发光”效果

步骤 01：在【线条】合成窗口中，单击右键，弹出快捷菜单。在弹出的快捷菜单中单击【新建】→【纯色（S）…】命令（或按“Ctrl+Y”组合键），弹出【纯色设置】对话框。在该对话框中设置参数，具体设置如图 4.90 所示。

步骤 02：参数设置完毕，单击【确定】按钮，创建一个纯色图层，如所示。

步骤 03：将（时间指针）移到第 00 秒 00 帧的位置，单击maxk纯色图层，在工具栏中单击（钢笔工具）按钮，在【合成预览】窗口中绘制如图 4.92 所示的遮罩路径。

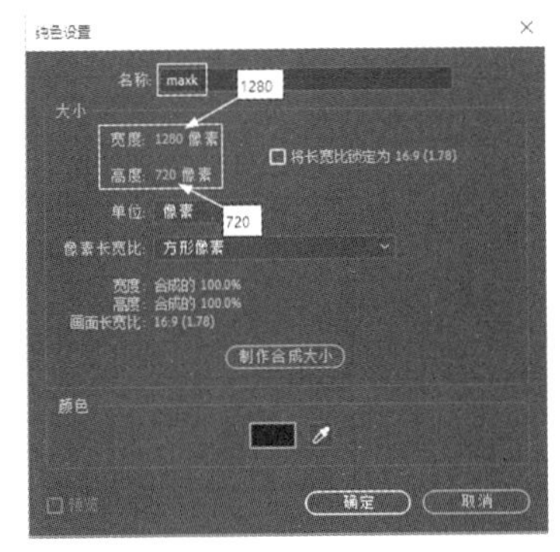

图 4.90　【纯色设置】对话框参数设置

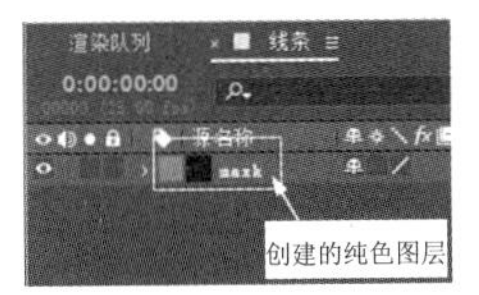

图 4.91　创建的纯色图层

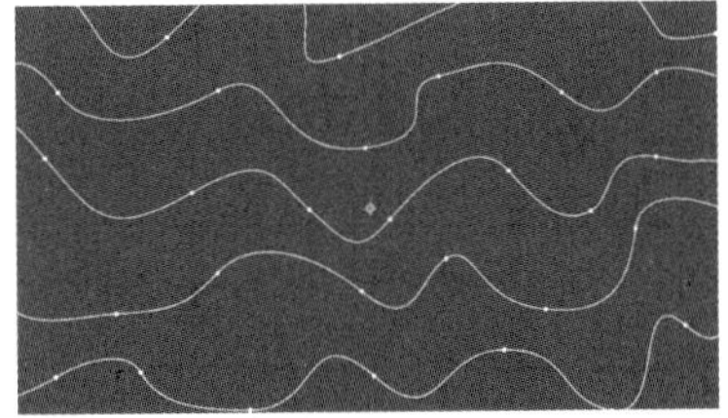

图 4.92　绘制的遮罩路径

提示：这里的遮罩路径形状是随意绘制的，读者可以根据自己的喜好绘制各种形状的路径。

步骤 04：展开绘制的遮罩属性，单击【形状…】右边的图标，即可给该遮罩创建一个关键帧，如图 4.93 所示。

步骤 05：将（时间指针）移到第 03 秒 00 帧的位置，绘制的遮罩路径的形状如图 4.94 所示。

步骤 06：将（时间指针）移到第 07 秒 00 帧的位置，绘制的遮罩路径的形状如图 4.95 所示。

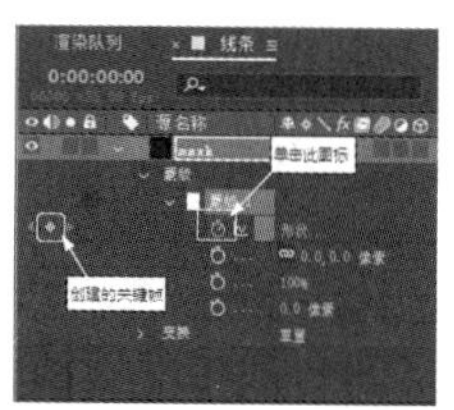

图 4.93　创建的关键帧

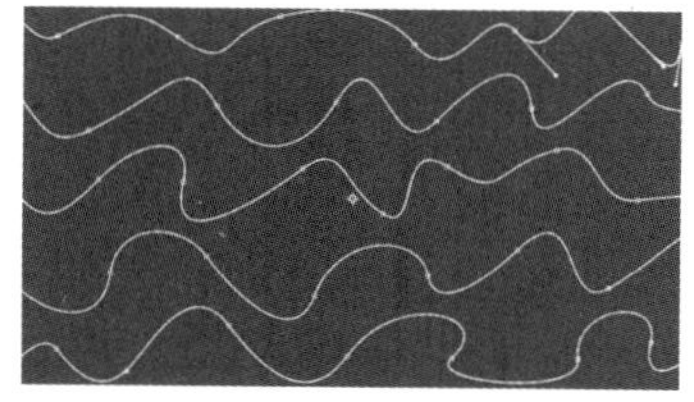

图 4.94　第 03 秒 00 帧位置的遮罩路径

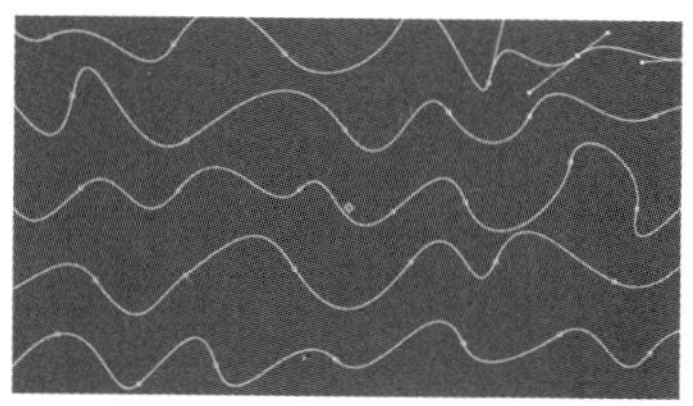

图 4.95　第 07 秒 00 帧位置的遮罩路径

步骤 07：将■（时间指针）移到第 09 秒 20 帧的位置，绘制遮罩路径的形状，如图 4.96 所示。

步骤 08：单选 maxk 纯色图层。在菜单栏中单击【效果（T）】→【生成】→【描边】命令，即可给单选的图层添加“描边”效果。

步骤 09：设置【描边】效果参数，具体设置如图 4.97 所示，在【合成预览】窗口中的效果如图 4.98 所示。

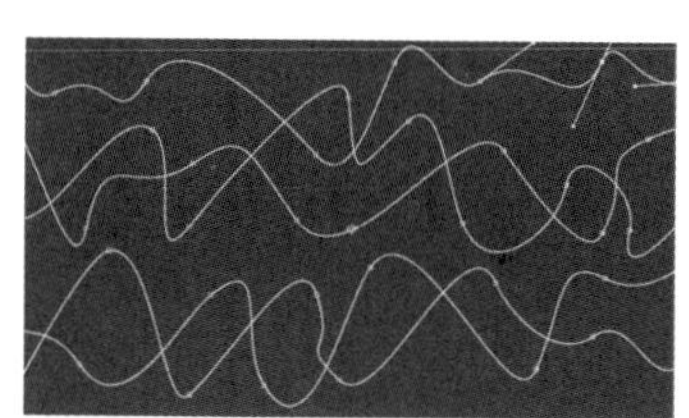

图 4.96　第 9 秒 20 帧位置的遮罩路径

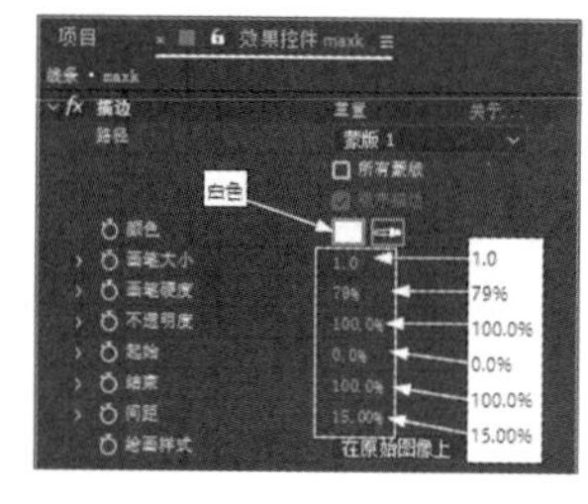

图 4.97　【描边】效果参数设置

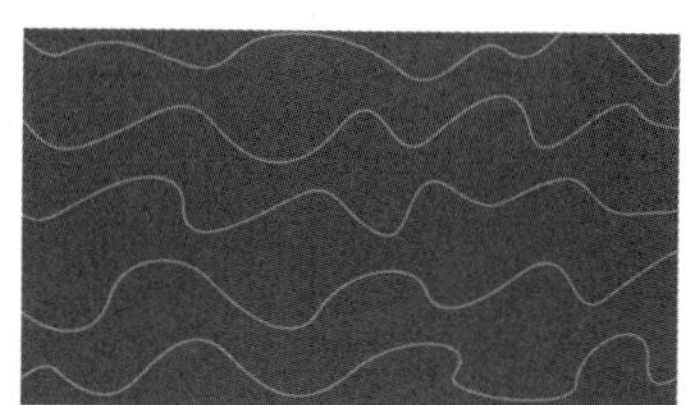

图 4.98　在【合成预览】窗口中的效果

步骤 10：继续单选 maxk 纯色图层，在菜单栏中单击【效果（T）】→【模糊和锐化】→【快速方框模糊】命令，即可给单选的图层添加【快速方框模糊】效果。

步骤 11：设置【快速方框模糊】效果参数，具体参数设置如图 4.99 所示。在【合成预览】窗口中的效果如图 4.100 所示。

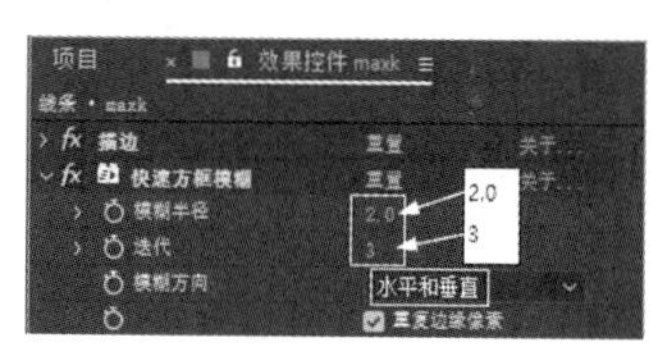

图 4.99　【快速方框模糊】参数设置

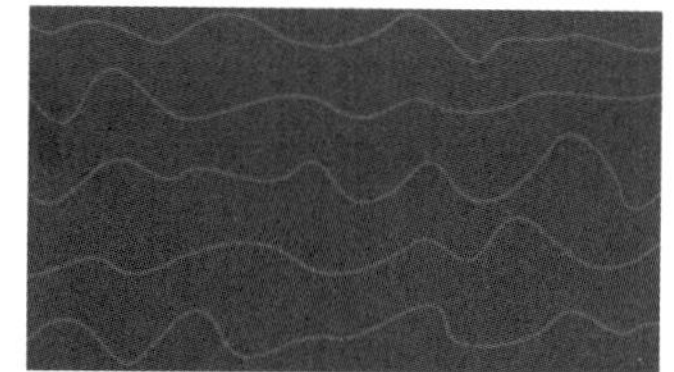

图 4.100　在【合成预览】窗口中的效果

视频播放：关于具体介绍，请观看本书光盘上的配套视频“任务一：创建新合成和创建遮罩路径.wmv”。

任务二：制作“光效”效果

步骤 01：按“Ctrl+N”组合键，弹出【合成设置】对话框。在该对话框中设置合成的名

称为“光效”，其他参数为默认设置。单击【确定】按钮，即可创建一个名为“光效”的合成。

步骤 02：将前面制作的【线条】合成拖到【光效】合成窗口中，形成合成嵌套，如图 4.101 所示。

步骤 03：单选【光效】图层中的线条图层，在菜单栏中单击【效果（T）】→【时间】→【残影】命令，给单选的图层添加【残影】效果。具体参数设置如图 4.102 所示，在【合成预览】窗口中的效果如图 4.103 所示。

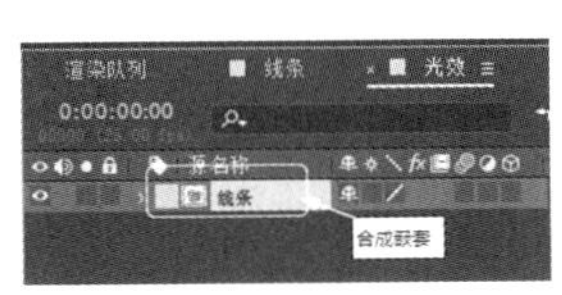

图 4.101　合成嵌套

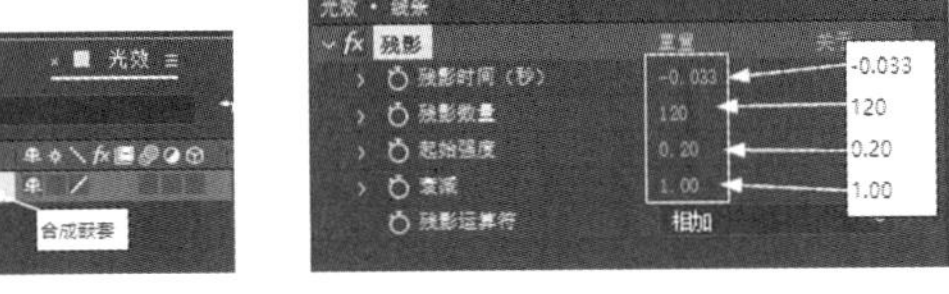

图 4.102　【残影】参数设置

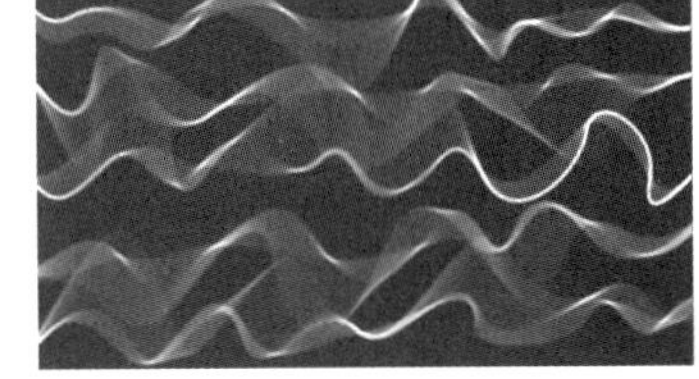

图 4.103　在【合成预览】窗口中的效果

步骤 04：继续单选【光效】图层中的线条图层，在菜单栏中单击【效果（T）】→【模糊和锐化】→【高斯模糊】命令，给单选的图层添加【高斯模糊】效果。具体参数设置如图 4.104 所示，在【合成预览】窗口中的效果如图 4.105 所示。

步骤 05：继续单选【光效】图层中的线条图层，在菜单栏中单击【效果（T）】→【风格化】→【发光】命令，给单选的图层添加【发光】效果。具体参数设置如图 4.106 所示，在【合成预览】窗口中的效果如图 1.107 所示。

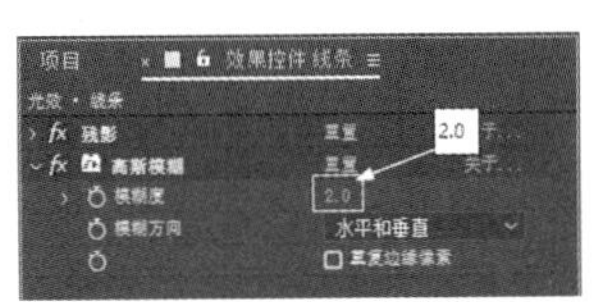

图 4.104　【高斯模糊】参数设置

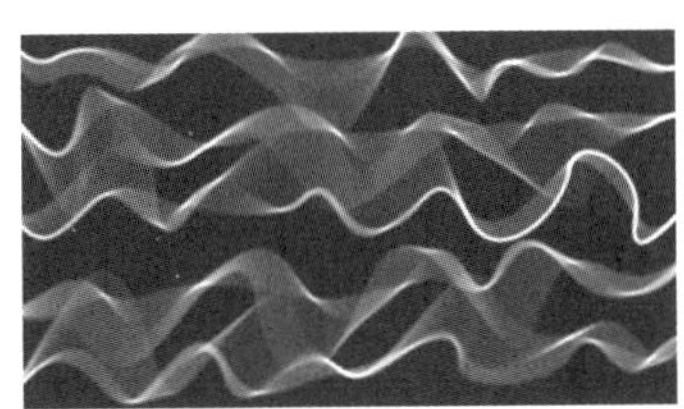

图 4.105　在【合成预览】窗口中的效果

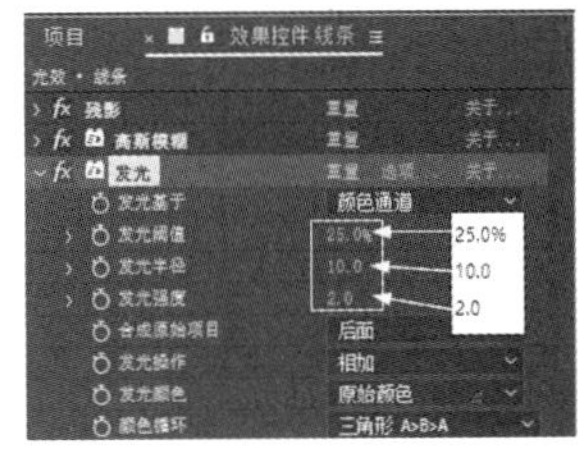

图 4.106　【发光】参数设置

步骤 06：继续单选【光效】图层中的线条图层，在菜单栏中单击【效果（T）】→【颜色校正】→【三色调】命令，给单选的图层添加【三色调】效果。具体参数设置如图 4.108 所示，在【合成预览】窗口中的效果如图 1.109 所示。

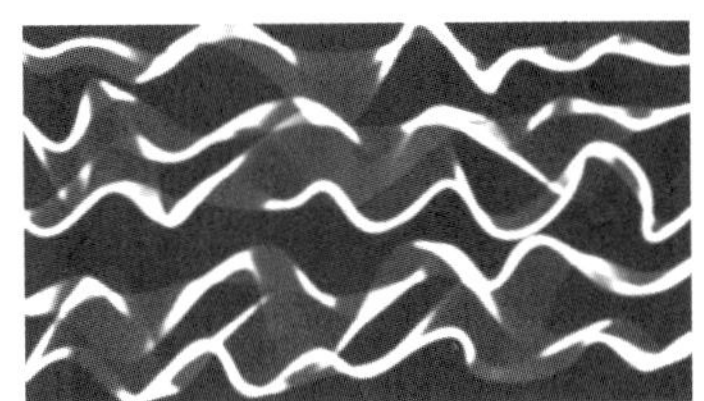

图 4.107　在【合成预览】窗口中的效果

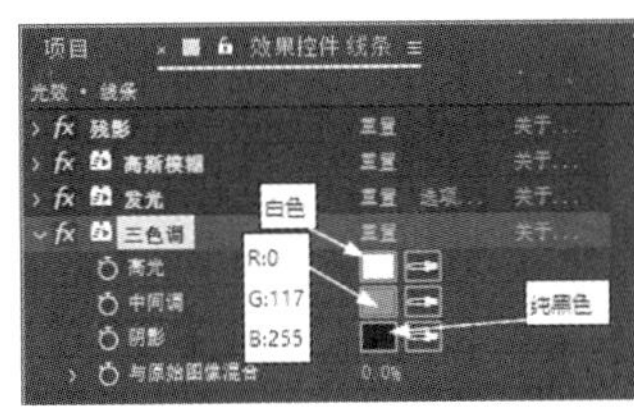

图 4.108　【三色调】参数设置

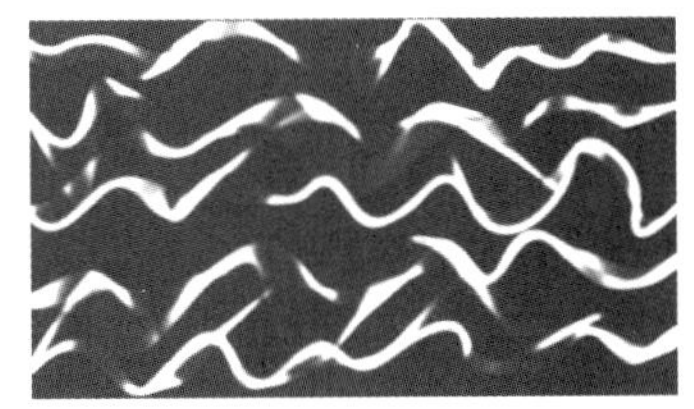

图 4.109　在【合成预览】窗口中的效果

视频播放：关于具体介绍，请观看本书光盘上的配套视频“任务二：制作“光效”效果.wmv”。

任务三：制作玻璃合成效果

步骤 01：按“Ctrl+N”组合键，弹出【合成设置】对话框。在该对话框中把新建的合成命名为“玻璃效果”，其他参数为默认值。单击【确定】按钮，创建一个名为“光效”的合成。

步骤 02：将【光效】合成拖到【玻璃效果】合成窗口中，形成图层嵌套，如图 4.110 所示。

步骤 03：单选光效图层，按“Ctrl+D”组合键，复制一个图层，并把图层模式设置为“叠加”模式，如图 4.111 所示。

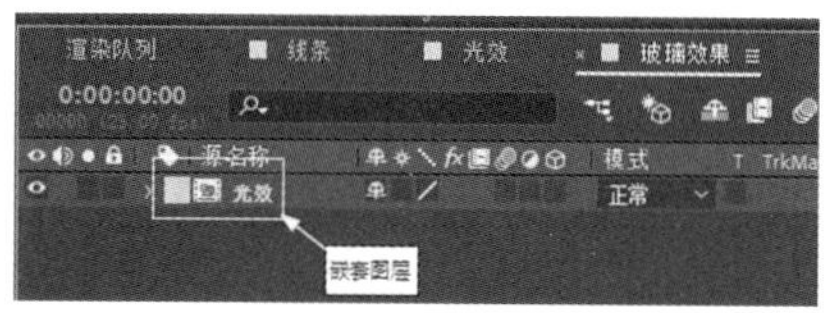

图 4.110　图层嵌套

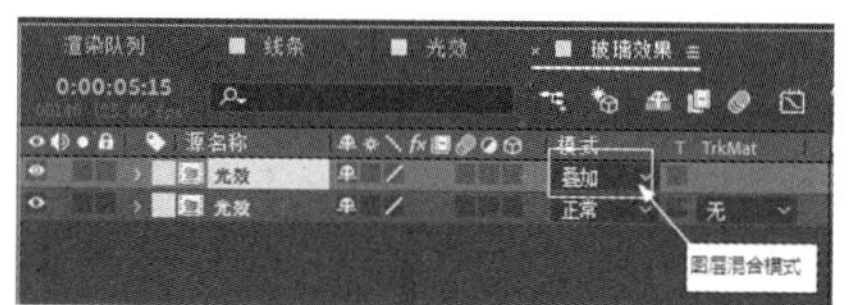

图 4.111　复制的图层及其模式设置

步骤 04：单选复制的光效图层，在菜单栏中单击【效果（T）】→【风格化】→【CC Glass】命令，给单选的图层添加【CC Glass】效果。具体参数设置如图 4.112 所示，在【合成预览】窗口中的效果如图 4.113 所示。

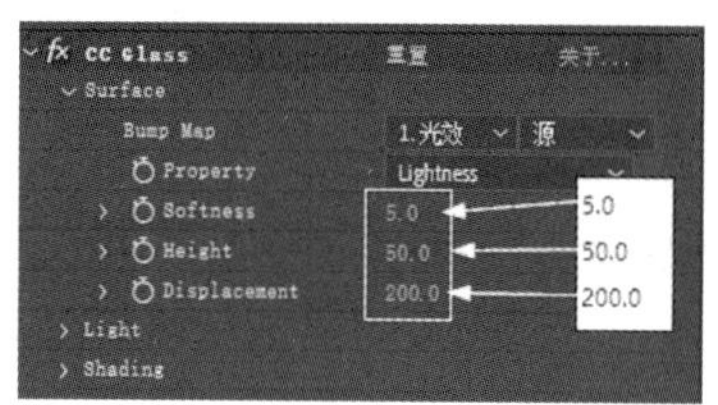

图 4.112 【CC Glass】参数设置

图 4.113　在【合成预览】窗口中的效果

视频播放：关于具体介绍，请观看本书光盘上的配套视频“任务三：制作玻璃合成效果.wmv”。

任务四：制作玻璃文字

步骤 01：在工具栏中单击（横排文字工具）或按“Ctrl+T”组合键，在【合成预览】窗口中单击并输入“不渴望每天能够一跃千里 只希望每天能够进一步”文字”，文字参数设置如图 4.114 所示。在【合成预览】窗口中的文字效果如图 4.115 所示。

步骤 02：单选文字图层，在菜单栏中单击【效果（T）】→【模糊和锐化】→【复合模糊】命令，给单选的图层添加【复合模糊】效果。

步骤 03：设置【复合模糊】效果参数。具体设置如图 4.116 所示，在【合成预览】窗口中的效果如图 4.117 所示。

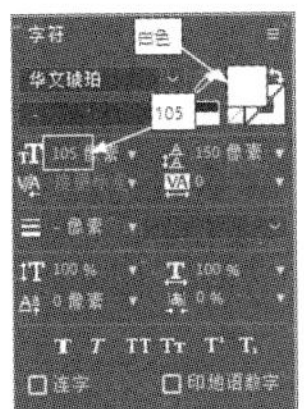

图 4.114　文字参数设置

图 4.115　在【合成预览】窗口中的文字效果

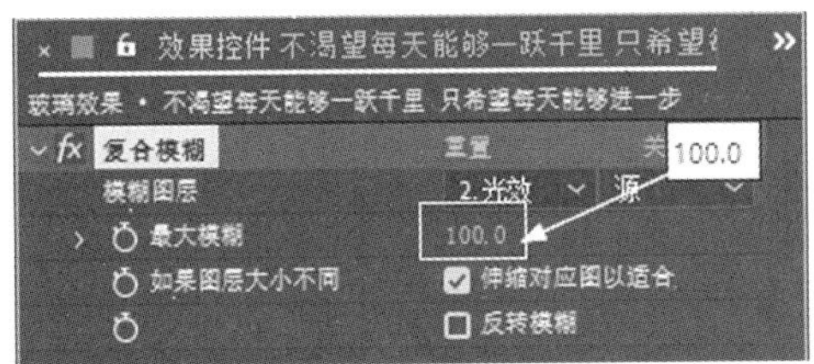

图 4.116 【复合模糊】参数设置

图 4.117　在【合成预览】窗口中的效果

步骤 04：按“Ctrl+D”组合键，复制文字图层，并单选复制的文字图层，在菜单栏中单击【效果（T）】→【风格化】→【CC Glass】命令，给单选的图层添加【CC Glass】效果。具体参数设置如图 4.118 所示，在【合成预览】窗口中的效果如图 4.119 所示。

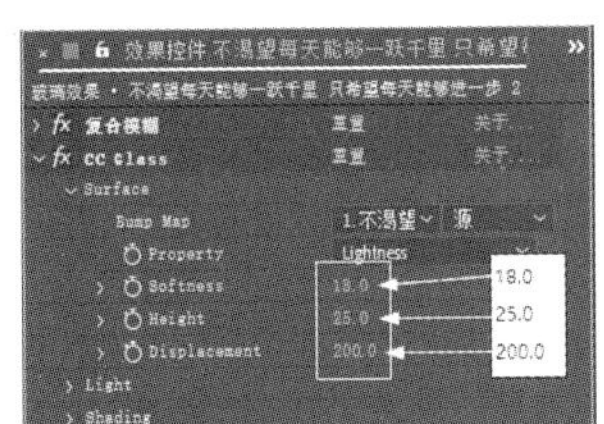

图 4.118 【CC Glass】效果参数

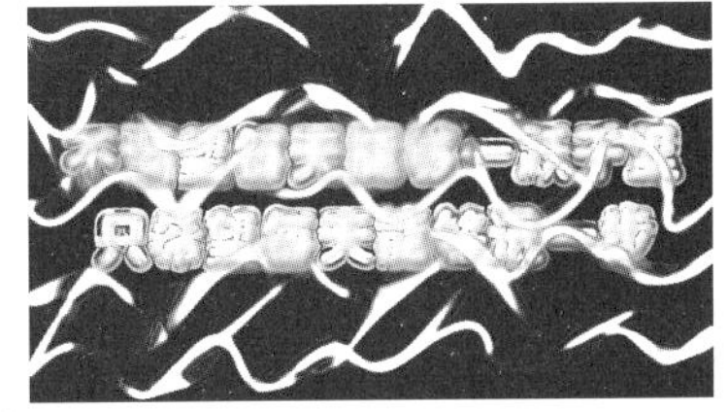

图 4.119　在【合成预览】窗口中的效果

步骤 05：单选最底层的 光效 图层，在菜单栏中单击【效果（T）】→【通道】→【通道合成器】命令，给单选图层添加【通达合成器】效果。

步骤 06：继续单选最底层的 光效 图层，在菜单栏中单击【效果（T）】→【通道】→【移除颜色遮罩】命令，给单选图层添加【移除颜色遮罩】效果。

步骤 07：设置【通道合成器】和【移除颜色遮罩】效果的参数，具体设置如图 4.120 所示，在【合成预览】窗口中的效果如图 4.121 所示。

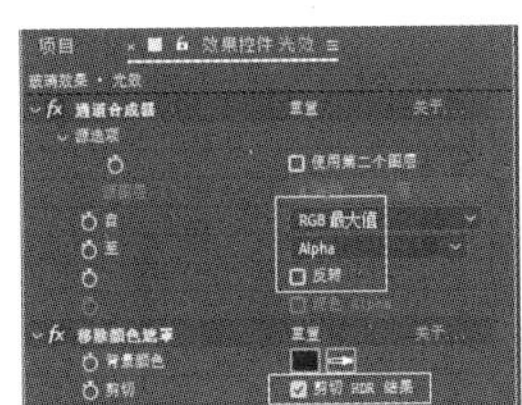

图 4.120 【通道合成器】和【移除颜色遮罩】效果参数设置

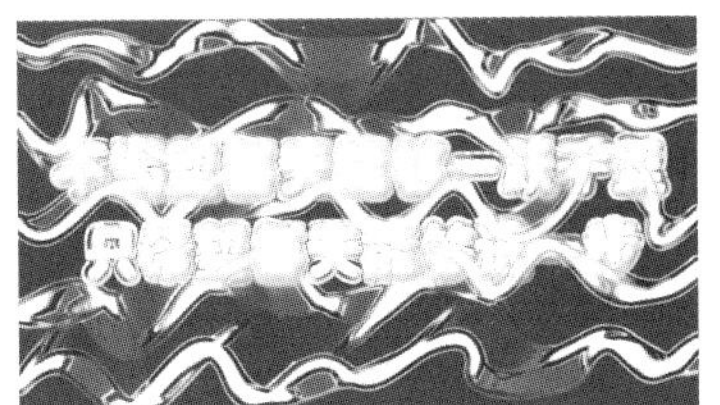

图 4.121　在【合成预览】窗口中的效果

视频播放：关于具体介绍，请观看本书光盘上的配套视频“任务四：制作玻璃文字.wmv”。

七、拓展训练

运用所学知识，完成以下效果的制作。

学习笔记：

第 5 章　视频画面处理技术

知识点

案例 1：常用颜色校正效果的介绍
案例 2：给视频调色
案例 3：制作晚霞效果
案例 4：制作水墨山水画效果
案例 5：给美女化妆

说明

本章主要通过 5 个案例，全面讲解颜色校正与调色的原理和方法。

教学建议课时数

一般情况下，需要 6 课时。其中，理论 2 课时，实际操作 4 课时（特殊情况下可做相应调整）。

本章主要通过 5 个案例全面介绍视频画面处理技术的相关知识点，通过这 5 个案例的学习，读者基本上可以掌握视频画面处理技术。

在影视后期合成中，视频画面处理主要包括对素材画面进行曝光过度、曝光不足、偏色以及根据读者的要求把视频画面处理成特定效果的视觉画面等操作。

案例 1：常用颜色校正效果的介绍

一、案例内容简介

本案例主要介绍常用颜色校正效果的作用、参数调节和使用方法。重点介绍【色阶】效果、【曲线】效果和【色相位/饱和度】效果的参数调节和使用。

二、案例效果欣赏

三、案例制作（步骤）流程

任务一：了解直方图 ➡ 任务二：【色阶】效果参数介绍和使用方法
⬇
任务三：曲线效果参数介绍和使用方法
⬇
任务五：其他调色效果介绍 ⬅ 任务四：【色相/饱和度】效果参数介绍和使用方法

四、制作目的

（1）了解颜色校正的原理。

（2）掌握【色阶】效果的作用、参数调节和使用方法。

（3）掌握【曲线】效果的作用、参数调节和使用方法。

（4）掌握【色相位/饱和度】效果的作用、参数调节和使用方法。

（5）了解其他调色效果的作用、参数调节和使用方法。

五、制作过程中需要解决的问题

（1）掌握色彩理论基础知识。

（2）掌握颜色校正基本规律。

（3）具备综合应用颜色校正效果的能力。

六、详细操作步骤

在影视后期合成中，需要制作哪些调色效果，可以通过 After Effects CC 2019 自带的颜色校正效果或第三方插件两种方法来实现。有时候为了满足更高的要求，也可以将两种方法综合使用。

下面通过具体案例，详细介绍颜色校正效果、常用的第三方插件的作用及相关参数的含义。

任务一：了解直方图

直方图是指通过图像的显示来展示视频画面的影调分布。通过直方图的显示方式，很容易看出视频画面的影调分布情况。例如，若画面中有大面积偏亮的影调，则在它的直方图右边会分布许多峰状波，如图 5.1 所示。

图 5.1　大面积偏亮的直方图和画面效果

如果画面中有大面积偏暗的影调，那么直方图的左边分布许多峰状波，如图 5.2 所示。

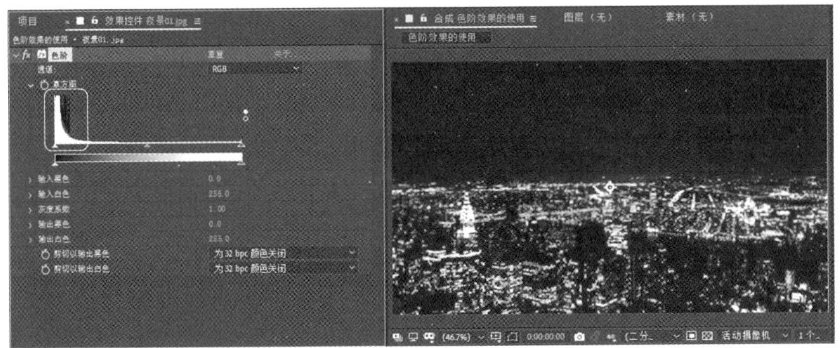

图 5.2　大面积偏暗的直方图和画面效果

通过直方图可以清楚地了解画面上的阴影和高光的位置，在 After Effects CC 2019 中，使用【色阶】或者【曲线】效果很容易调整画面中的影调。

还可以通过直方图辨别出视频素材的画质，例如，如果发现直方图的顶部被平切了，就说明视频素材的一部分高光或阴影由于各种原因已经损失，而且这种损失的画质是不可挽回的。

如果在直方图的中间出现缺口，就说明该视频素材在之前经过多次修改，画质受到了严重损失。而对于好的画质，其直方图的顶部应该是平滑的。

视频播放：关于具体介绍，请观看本书光盘上的配套视频“任务一：了解直方图.wmv”。

任务二：【色阶】效果参数介绍和使用方法

使用【色阶】效果时，可以通过改变输入颜色的级别来获取一个新的颜色范围，以达到修改视频画面亮度和对比度的目的。【色阶】效果参数面板如图 5.3 所示。

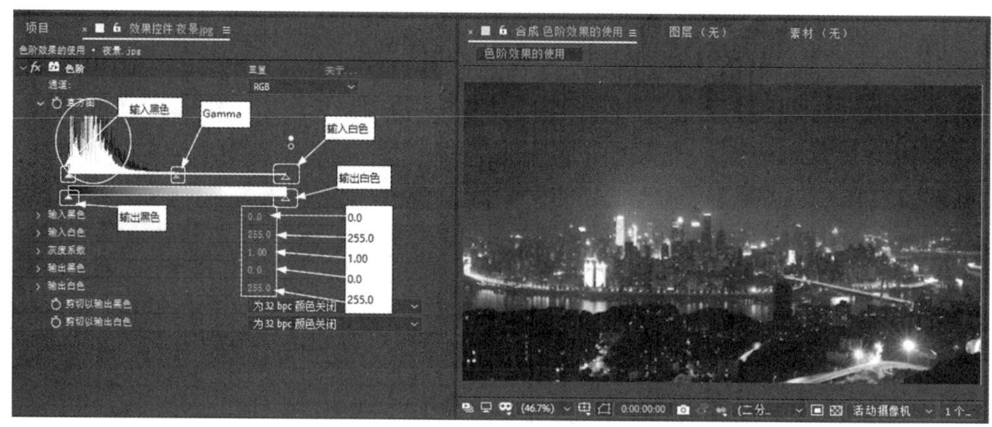

图 5.3 【色阶】效果参数面板

1.【色阶】效果参数介绍

（1）【通道】：主要用来选择效果需要修改的通道，可以分别对 RGB、R、G、B 和 Alpha 这几个通道进行单独调整。

（2）【直方图】：主要用来显示各个影调的像素在画面中的分布情况。

（3）【输入黑色】：主要用来控制图像中黑色的阈值输入，可以通过调节直方图中左边的褐色小三角形滑块来控制。

（4）【输入白色】：主要用来控制图像中白色的阈值输入，可以通过调节直方图中右边的白色小三角形滑块来控制。

（5）【Gamma】：也称为伽玛值，主要通过直方图中间的灰色小三角形滑块来控制图像影调在阴影和高光的相对值，【Gamma】在一定程度上会影响中间色，改变整个图像的对比度。

（6）【输出黑色】：主要用来控制图像中黑色的阈值输出，由直方图中色条左边的黑色

小三角形滑块来控制。

（7）【输出白色】：主要用来控制图像中白色的阈值输出，由直方图中色条右边的白色小三角形滑块来控制。

2. 使用【色阶】效果调整图像

步骤 01：根据前面所学知识，启动 After Effects CC 2019，创建一个名为“常用校色效果介绍”项目文件。

步骤 02：新建一个名为“色阶效果的使用”的合成。

步骤 03：导入一张如图 5.4 所示的图片并将其拖到“色阶效果的使用”合成窗口中。

步骤 04：添加“色阶”效果。在菜单栏中单击【效果（T）】→【颜色校正】→【色阶】命令，【色阶】效果参数面板如图 5.5 所示。

图 5.4　导入的图片

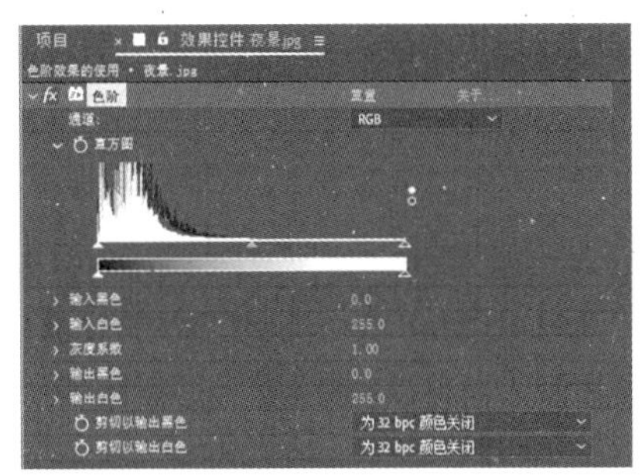

图 5.5　【色阶】效果参数面板

步骤 05：从图 5.5 可以看出图片曝光不足，中间色缺损，需要调整【色阶】效果参数。具体调整如图 5.6 所示，最终效果如图 5.7 所示。

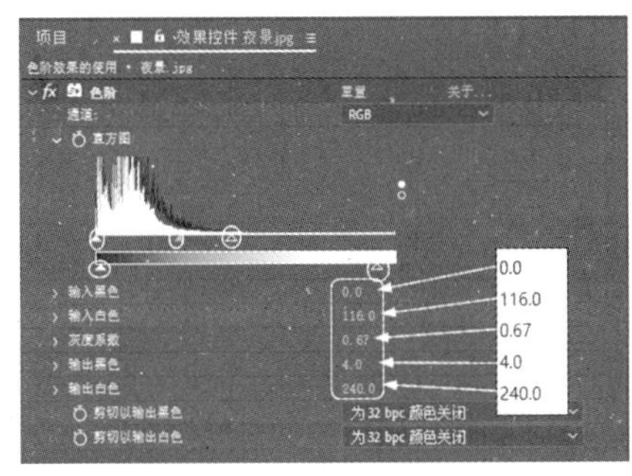

图 5.6　【色阶】参数设置

图 5.7　最终效果

视频播放：关于具体介绍，请观看本书光盘上的配套视频“任务二：【色阶】效果参数介绍和使用方法.wmv”。

任务三：【曲线】效果参数介绍和使用方法

在 After Effects CC 2019 中，对使用【色阶】效果能够调节出的效果，使用【曲线】效果也能做到。【曲线】效果与【色阶】效果相比有以下两个优势。

优势 1：使用【曲线】效果，能够对画面整体和单独的颜色通道精确地调整色阶的平衡和对比度。

优势 2：使用【曲线】效果，可以通过调节指定的影调来控制指定范围的影调对比度。

1.【曲线】效果参数介绍

【曲线】效果参数面板如图 5.8 所示。

（1）【通道】：主要为用户提供通道的选择。通道主要包括 RGB（三色通道）、红色、绿色、蓝色和 Alpha（透明通道）。单击【通道】右边的图标，弹出下拉菜单，在弹出的下拉菜单中单击需要的通道。

（2）【曲线】：主要为用户提供曲线的调节方式以改变图像的色调。

（3）【曲线工具】：主要为用户提供在曲线上添加节点。用户可以通过移动节点，调整画面色调。如果要删除节点，只须将需要删除的节点拖到曲线图之外。

（4）【铅笔工具】：主要用来在坐标图上随意绘制曲线。

（5）【打开…】：主要用来打开以前保存的曲线调整参数和 Photoshop 中使用的曲线数据。

（6）【保存…】：主要用来保存当前已经调节好的曲线，方便以后重复使用。保存的色调调节曲线文件还可以在 Photoshop 中使用。

（7）【平滑】：主要用来调整曲线，使之平滑。

（8）【重置】：主要用来将曲线恢复到调节之前的状态。

在图 5.8 中，底部水平方向从左往右表示 0～255 个级别的亮度输入，这与【色阶】效果是一致的。左侧从下往上垂直方向上表示 0～255 个级别的亮度输出，这与【色阶】特效垂直方向上表示像素的多少有些不同。通过曲线的调节，可以将“输入亮度”改变成对应的“输出亮度”。

2. 使用【曲线】效果调节视频画面

步骤 01：新建一个名为“曲线效果参数的使用”合成。

步骤 02：导入一段视频，视频截图如图 5.9 所示，并将其拖到“曲线效果参数的使用”合成窗口中。

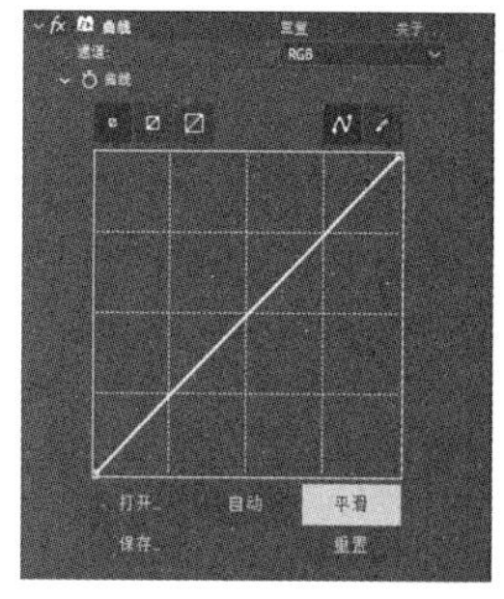

图 5.8 【曲线】效果参数面板

图 5.9 视频截图

步骤 03：添加【曲线】效果。在菜单栏中单击【效果（T）】→【颜色校正】→【曲线】命令，完成【曲线】效果的添加。

步骤 04：调节【曲线】效果面板的曲线，具体参数调节如图 5.10 所示。在【合成预览】窗口中的最终效果如图 5.11 所示。

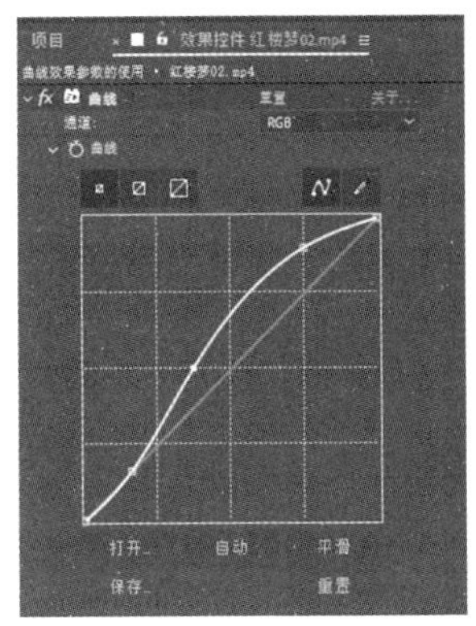

图 5.10　【曲线】效果参数调节

图 5.11　在【合成预览】窗口中的最终效果

视频播放：关于具体介绍，请观看本书光盘上的配套视频“任务三：【曲线】效果参数介绍和使用方法.wmv”。

任务四：【色相/饱和度】效果参数介绍和使用方法

【色相/饱和度】效果主要用来调整画面中的色调、亮度和饱和度。【色相/饱和度】效果参数面板如图 5.12 所示。

1.【色相/饱和度】效果参数介绍

（1）【通道控制】：主要用来控制受特效影响的通道。如果设置遮罩，会影响所有的通道；如果选择的不是遮罩，在调节通道控制参数时，可以控制受影响通道的具体范围。

（2）【通道范围】：主要用来显示通道受影响的范围。

（3）【主色相】：主要用来控制指定颜色通道的色调。

（4）【主饱和度】：主要用来控制指定颜色通道的饱和度。

（5）【主亮度】：主要用来控制指定颜色通道的亮度。

（6）【彩色化】：主要用来控制是否将指定图像进行单色处理。

（7）【着色色相】：主要用来将灰阶图像转换为彩色图像。

（8）【着色饱和度】：主要用来控制彩色化图像的饱和度。

（9）【着色亮度】：主要用来控制彩色化图像的亮度。亮度值越大，图像画面就越灰。

2. 利用【色相/饱和度】效果对视频进行调色

步骤 01：新建一个名为“色相/饱和度”的合成。

步骤 02：导入一段视频，并将其拖到“色相/饱和度”合成窗口中。

步骤 03：添加【色相/饱和度】效果。在菜单栏中单击【效果（T）】→【颜色校正】→【色相/饱和度】命令完成【色相/饱和度】效果的添加。

步骤 04：调节【色相/饱和度】效果的参数，具体参数调节如图 5.13 所示。调节之后在【合成预览】窗口中的效果如图 5.14 所示。

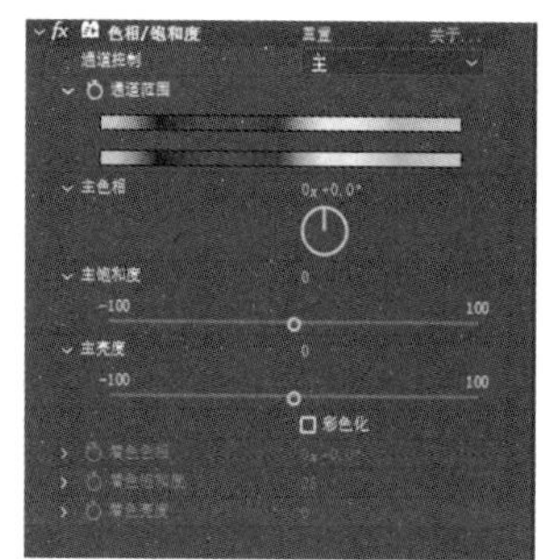

图 5.12 【色相/饱和度】效果参数面板

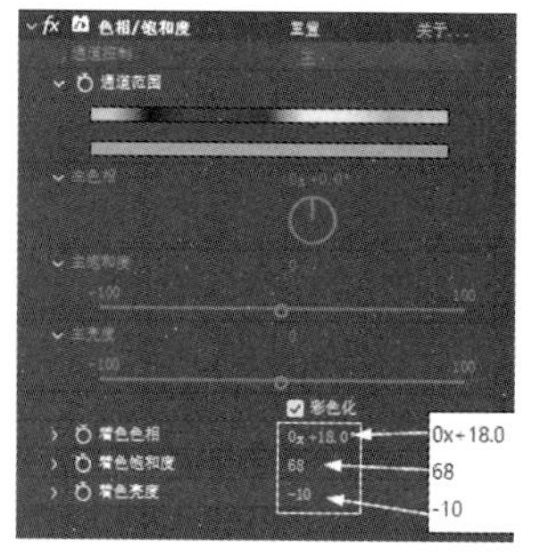

图 5.13 【色相/饱和度】效果参数调节

提示：在其他参数不变的情况下，如果将图 5.13 中的【着色饱和度】的参数值设置为“0”，那么图像将变成灰阶图像，如图 5.15 所示。

图 5.14 调节【色相/饱和度】参数之后的效果

图 5.15 将【着色饱和度】的值设置为“0”的效果

视频播放：关于具体介绍，请观看本书光盘上的配套视频“任务四：【色相/饱和度】效果参数介绍和使用方法.wmv”。

任务五：其他调色效果介绍

1.【自动颜色】和【自动对比度】效果

【自动颜色】效果主要用来对画面中的阴影、中间色和高光进行分析来调节图像的对比度和颜色。图 5.16 所示为添加【自动颜色】效果前后的对比。

【自动对比度】效果主要用来自动调节画面的对比度和颜色混合度。该特效不能单独调节通道，【自动对比度】效果的调节原理是通过将画面中最亮和最暗的部分映射为白色和黑色，达到使高光部分变得更亮，而暗的部分变得更暗。图 5.17 所示为添加【自动对比度】效果前后的对比。

（a）添加前

（b）添加后

图 5.16　添加【自动颜色】效果前后的对比

（a）添加前

（b）添加后

图 5.17　添加【自动对比度】效果前后的对比

2.【颜色平衡】和【颜色平衡（HLS）】效果

1）【颜色平衡】效果

主要通过控制红、绿、蓝在中间色、阴影色和高光色中的比重实现颜色平衡，用来对画面中的亮部、暗部和中间色域进行精细调节。图 5.18 所示为添加【颜色平衡】效果前后的对比。

（a）添加前　　（b）添加后

图 5.18　添加【颜色平衡】效果前后的对比

2）【颜色平衡（HLS）】效果

主要通过色相、饱和度和明度 3 个参数来调节画面色彩平衡关系。图 5.19 所示为添加【颜色平衡（HLS）】效果前后的对比。

（a）添加前　（b）添加后

图 5.19　添加【颜色平衡（HLS）】效果前后的对比

3.【CC Toner（CC 调色）】和【CC Color Offset（色彩偏移）】效果

1）【CC Toner（CC 调色）】效果

主要通过调节高光、中间色和阴影 3 种颜色来调整画面的颜色。图 5.20 所示为添加【CC Toner（CC 调色）】效果前后的对比。

（a）添加前　（b）添加后

图 5.20　添加【CC Toner（CC 调色）】效果前后的对比

2）【CC Color Offset（色彩偏移）】效果

主要通过调节各个颜色通道的偏移值来达到调节画面颜色的目的。图 5.21 所示为添加【CC Color Offset（色彩偏移）】效果前后的对比。

（a）添加前　（b）添加后

图 5.21 添加【CC Color Offset（色彩偏移）】效果前后的对比

视频播放： 关于具体介绍，请观看本书光盘上的配套视频“任务五：其他调色效果介绍.wmv”。

七、拓展训练

根据所学知识完成如下效果的制作。

学习笔记：

案例 2：给视频调色

一、案例内容简介

本案例主要介绍如何使用【色阶】效果给视频调色和创建遮罩。

二、案例效果欣赏

三、案例制作（步骤）流程

任务一：创建合成 ➡ 任务二：导入素材 ➡ 任务三：使用【色阶】效果进行调色 ⬇ 任务四：创建遮罩

四、制作目的

（1）了解对视频进行调色的原理。
（2）掌握使用【色阶】效果对视频进行调色的方法和技巧。
（3）了解遮罩的概念和遮罩的创建方法。

五、制作过程中需要解决的问题

（1）掌握色彩理论基础知识。
（2）熟悉色彩调节的基本原则。
（3）了解给画面调色的基本思路。

六、详细操作步骤

在学习这个案例的时候，不要求记住每个【色阶】效果设置的具体参数，只要掌握对画面进行调色的方法和步骤即可。因为每个人对画面的要求不同，所以在对画面进行调色的时候，要根据客户的具体要求来调节。例如，有的人喜欢画面透亮一些，有的人喜欢画面厚重一点，有的人不喜欢太刺眼的画面，而喜欢灰色的画面。

调色之后的画面并不要求每个人都觉得漂亮，但调节出来的画面要求被大多数专业人士认可。通过该案例的学习，掌握一些视频画面的共性知识，并把它作为以后对画面进行调色的依据。

任务一：创建合成

步骤 01： 启动 After Effects CC 2019。

步骤 02： 创建新合成。在菜单栏中单击【合成（C）】→【新建合成（C）…】命令（或按“Ctrl+N”组合键），弹出【合成设置】对话框。

步骤 03： 在该对话框中把新建的合成命名为“给视频调色”，尺寸为“1280px×720px”，持续时间为“03 秒 20 帧”。

步骤 04： 单击【确定】按钮，完成新合成的创建。

视频播放： 关于具体介绍，请观看本书光盘上的配套视频“任务一：创建合成.wmv”。

任务二：导入素材

步骤 01： 在【项目】窗口的空白处，单击右键，弹出快捷菜单。在弹出的快捷菜单中单击【导入】→【文件…】命令（或按“Ctrl+I”组合键），弹出【导入文件】对话框，在该对话框中单选“红楼梦 02.mpg”视频素材。

步骤 02： 单击【导入】按钮，将“红楼梦 02.mpg”视频素材导入【项目】窗口中。

步骤 03： 将【项目】窗口中的“红楼梦 02.mpg”视频素材拖到【给视频调色】合成窗口中，在【给视频调色】合成窗口中和【合成预览】窗口中的效果如图 5.22 所示。

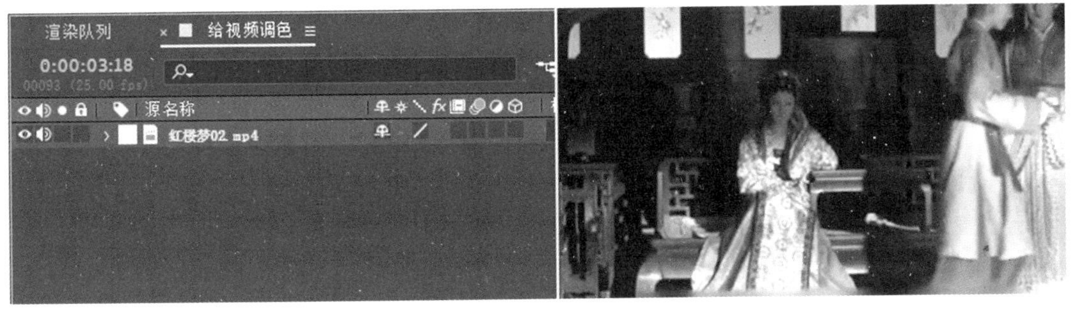

图 5.22　在【给视频调色】合成窗口中和【合成预览】窗口中的效果

视频播放： 关于具体介绍，请观看本书光盘上的配套视频“任务二：导入素材.wmv”。

任务三：使用【色阶】效果进行调色

1. 添加【色阶】效果

步骤 01： 在菜单栏中单击【效果（T）】→【颜色校正】→【色阶】命令，完成【色阶】效果的添加。

步骤 02： 设置【色阶】参数。【色阶】参数主要有 5 个，具体设置如图 5.23 所示，在【合成预览】窗口中的效果如图 5.24 所示。

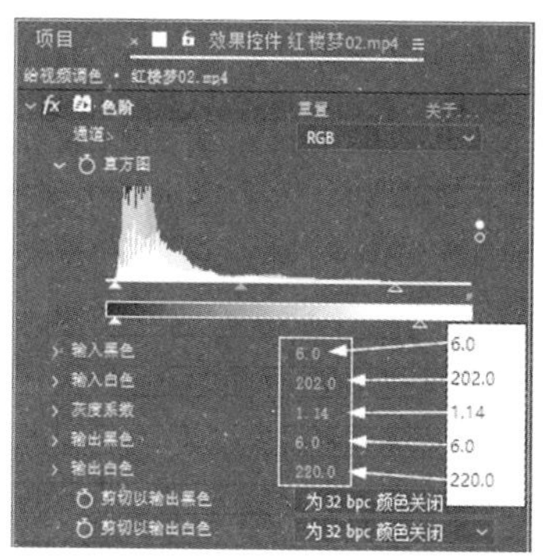

图 5.23 【色阶】参数设置

图 5.24 在【合成预览】窗口中的效果

2.【色阶】效果参数说明

(1)【输入黑色】：该参数值为 6.0，也就是将原始图像中值为 6.0 的亮度定义为纯黑色。而 6.0 值以下的亮度比纯黑色还要黑，因此在画面中才能出现纯黑的画面，提高画面的对比度。

(2)【输入白色】：该参数值为 202.0，也就是将原始图像中值为 202.0 的亮度定义为纯白色，而 202.0 值以上的亮度比纯白还要白。

(3)【输出黑色】：该参数值为 6.0，也就是说图像中低于 6.0 以下的亮度会自动调高到 6.0 的亮度。

(4)【输出白色】：该参数值为 220.0，也就是说画面中高于 220.0 以上的亮度不被输出，即高于 220.0 亮度的像素的参数会自动降低到 220.0 亮度，通过调整【输出白色】的参数可以调整图像画面的灰度。

(5)【灰度系数】：主要用来调节整个画面的中间色，改变整个图像的对比度。

视频播放：关于具体介绍，请观看本书光盘上的配套视频“任务三：使用【色阶】效果进行调色.wmv”。

任务四：创建遮罩

步骤 01：创建纯色图层。在【给视频调色】合成窗口中，单击右键，弹出快捷菜单。在弹出的快捷菜单中单击【新建】→【纯色（S）…】命令，弹出【纯色设置】对话框，在【名称】右边的文本框中输入“遮罩”，其他参数为默认值。单击【确定】按钮，创建一个纯色图层，如图 5.25 所示。

步骤 02：单击 遮罩 图层，在工具栏中单击▣（矩形工具）。

步骤 03：在【合成预览】窗口中创建一个矩形遮罩，具体参数设置如图 5.26 所示，在【合成预览】窗口中的效果如图 5.27 所示。

步骤 04：在菜单栏中单击【效果（T）】→【生成】→【四色渐变】命令，完成效果添加。该效果参数选择默认值，在【合成预览】窗口中的最终效果如图 5.28 所示。

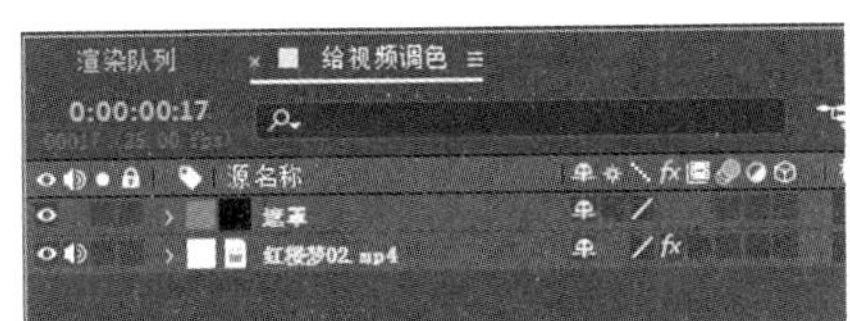

图 5.25　创建一个纯色图层

图 5.26　遮罩参数设置

图 5.27　创建矩形遮罩后在【合成预览】窗口中的效果

图 5.28　最终效果

视频播放：关于具体介绍，请观看本书光盘上的配套视频“任务四：创建遮罩.wmv”。

七、拓展训练

根据所学知识将上一行的画面效果调节为下一行的画面效果。

学习笔记：

案例 3：制作晚霞效果

一、案例内容简介

本案例主要介绍如何使用【颜色校正】命令组的效果选项，对画面进行综合调色。

二、案例效果欣赏

三、案例制作（步骤）流程

任务一：创建合成和导入素材 ➡ 任务二：添加【曲线】效果 ➡ 任务三：创建遮罩

⬇

任务五：添加“调整图层”和【色阶】效果 ⬅ 任务四：创建“调整图层”并添加效果

⬇

任务六：创建“调整图层”并添加【CC Light Burst 2.5】效果

四、制作目的

（1）掌握“晚霞”效果制作的原理。

（2）掌握【曲线】效果的作用、使用方法和技巧。

（3）掌握【CC Light Burst 2.5（CC 突发光 2.5）】效果的作用、使用方法和技巧。

五、制作过程中需要解决的问题

（1）掌握“晚霞”效果制作的流程和基本原则。

（2）使用【颜色校正】命令组中的效果选项对画面进行综合调色。

（3）熟悉调节层的作用和调节原理。

六、详细操作步骤

在本案例中，主要通过综合使用【颜色校正】命令组中的效果选项，对画面进行色彩调整，以便制作各种氛围的画面。

任务一：创建合成和导入素材

1. 创建合成

步骤 01：启动 After Effects CC 2019。

步骤 02：创建新合成。在菜单栏中单击【合成（C）】→【新建合成（C）…】命令（或按“Ctrl+N”组合键），弹出【合成设置】对话框。

步骤 03：在该对话框中把新建的合成命名为“制作晚霞效果”，尺寸为“1280px×720px”，持续时间为“10 秒”。

步骤 04：单击【确定】按钮，完成新合成的创建。

2. 导入素材

步骤 01：在【项目】窗口的空白处，单击右键，弹出快捷菜单。在弹出的快捷菜单中【导入】→【文件…】命令（或按“Ctrl+I”组合键），弹出【导入文件】对话框，在该对话框中单选需要导入的素材。

步骤 02：单击【导入】按钮，把选择的素材导入【项目】窗口中，如图 5.29 所示。

步骤 03：将“小镇.jpg”图片拖到【制作晚霞效果】合成窗口中，调节好画面的大小。调节后在【合成预览】窗口中的效果如图 5.30 所示。

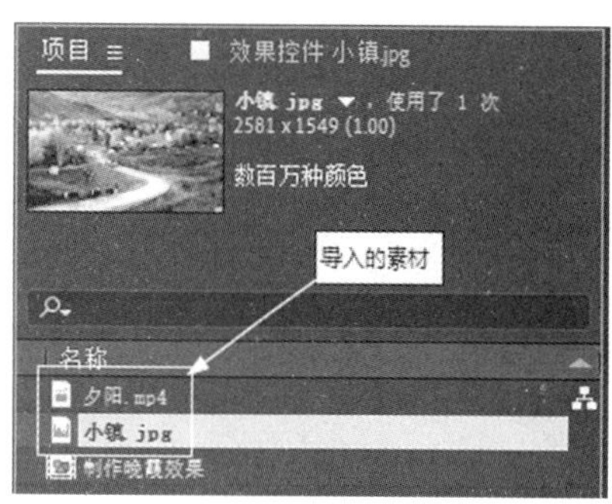

图 5.29　导入的素材

图 5.30　在【合成预览】窗口中的效果

视频播放：关于具体介绍，请观看本书光盘上的配套视频“任务一：创建合成和导入素材.wmv”。

任务二：添加【曲线】效果

步骤 01：在【制作晚霞效果】合成窗口中单选 小镇.jpg 图层。

步骤 02：添加【曲线】效果。在菜单栏中单击【效果（T）】→【颜色校正】→【曲线】命令，完成【曲线】效果的添加。

步骤 03：调节【曲线】效果参数。具体参数调节如图 5.31 所示，调节后在【合成预览】窗口中的效果如图 5.32 所示。

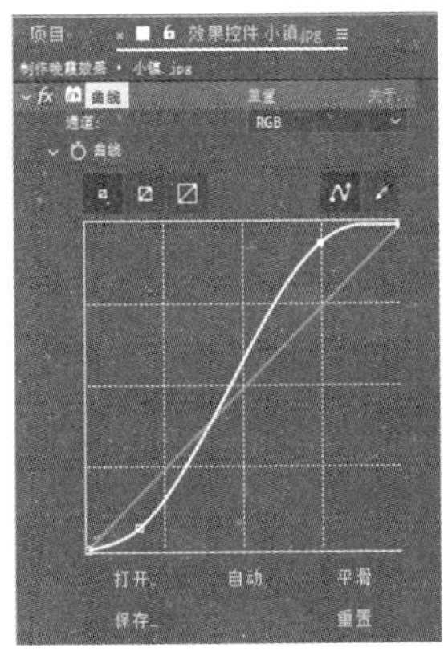

图 5.31 【曲线】效果参数调节

图 5.32　在【合成预览】窗口中的效果

步骤 04：调节【曲线】效果中的“红色”通道曲线，具体调节如图 5.33 所示。调节之后在【合成预览】窗口中的效果如图 5.34 所示。

步骤 05：调节【曲线】效果中的“蓝色”通道曲线，具体调节如图 5.35 所示，调节之后在【合成预览】窗口中的效果如图 5.36 所示。

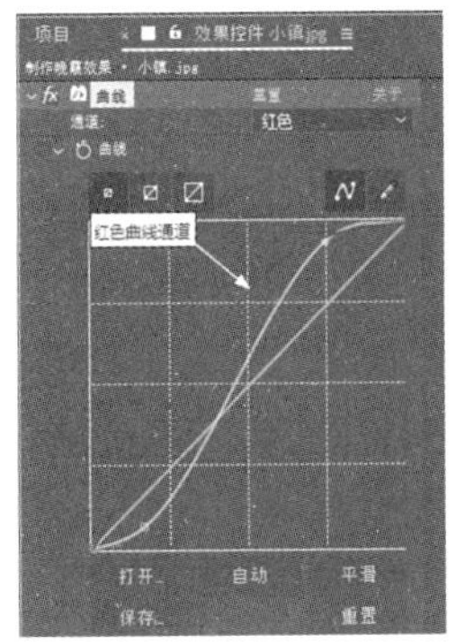

图 5.33 “红色”通道曲线调节

图 5.34　调节“红色”通道之后在【合成预览】窗口中的效果

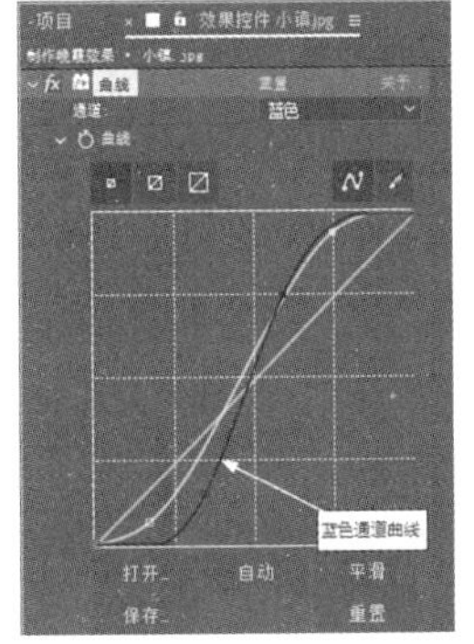

图 5.35 “蓝色”通道曲线调节

图 5.36　调节“蓝色”通道之后在【合成预览】窗口中的效果

视频播放：关于具体介绍，请观看本书光盘上的配套视频“任务二：添加【曲线】效果.wmv”。

任务三：创建遮罩

步骤 01：将【项目】窗口中的“夕阳.mp4”图片拖到【制作晚霞效果】合成窗口中，调节位置和大小，在【合成预览】窗口中的效果如图 5.37 所示。

步骤 02：在【制作晚霞效果】合成窗口中单选 夕阳.mp4 图层，在工具栏中单选 （矩形工具）按钮。在【合成预览】窗口中创建遮罩，并调节遮罩参数，具体参数调节如图 5.38 所示，调节遮罩参数之后在【合成预览】窗口中的效果如图 5.39 所示。

图 5.37 在【合成预览】窗口中的效果

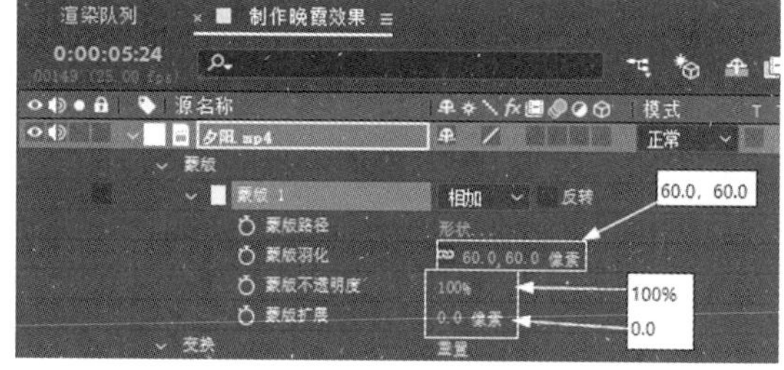

图 5.38 遮罩参数调节

视频播放：关于具体介绍，请观看本书光盘上的配套视频“任务三：创建遮罩.wmv”。

任务四：创建“调整图层”并添加效果

创建“调整图层”的目的是对“调整图层”下面的所有图层进行调节的同时，不破坏下面图层画面。

步骤 01：在【制作晚霞效果】合成窗口中的空白处，单击右键，弹出快捷菜单。在弹出的快捷菜单中，单击【新建】→【调整图层（A）】命令，完成“调整图层”的创建，如图 5.40 所示。

图 5.39 在【合成预览】窗口中的效果

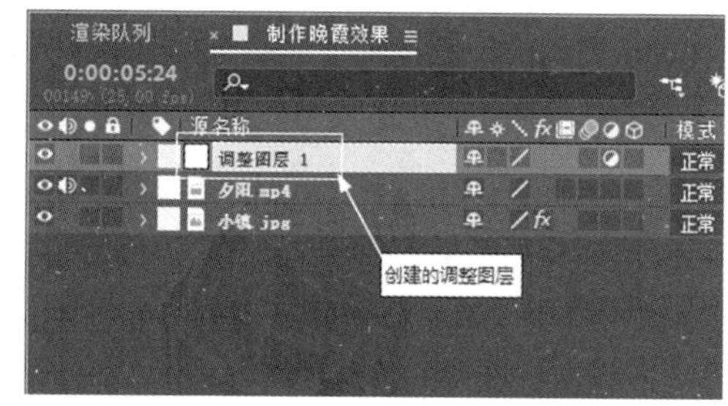

图 5.40 创建的“调整图层”

步骤 02：添加【CC light Sweep（CC 扫光）】效果。在菜单栏中单击【效果（T)】→【生成】→【CC light Sweep】命令，完成效果的添加。

步骤 03：设置【CC light Sweep（CC 扫光）】效果的参数。具体设置如图 5.41 所示，在【合成预览】窗口中的效果如图 5.42 所示。

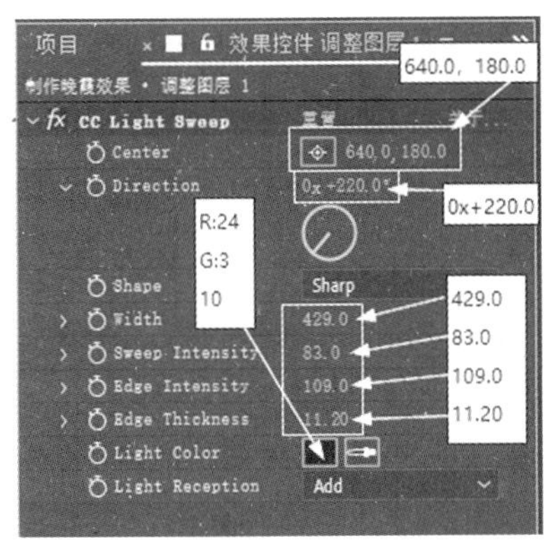

图 5.41【CC light Sweep（CC 扫光）】效果参数设置

图 5.42　在【合成预览】窗口中的效果

步骤 04：单选调整图层 1图层，单击（钢笔工具）按钮，在【合成预览】窗口中绘制闭合遮罩路径，并调节遮罩路径的参数，具体调节如图 5.43 所示。在【合成预览】窗口中的画面效果和遮罩路径如图 5.44 所示。

视频播放：关于具体介绍，请观看本书光盘上的配套视频“任务四：创建“调整图层”并添加效果.wmv”。

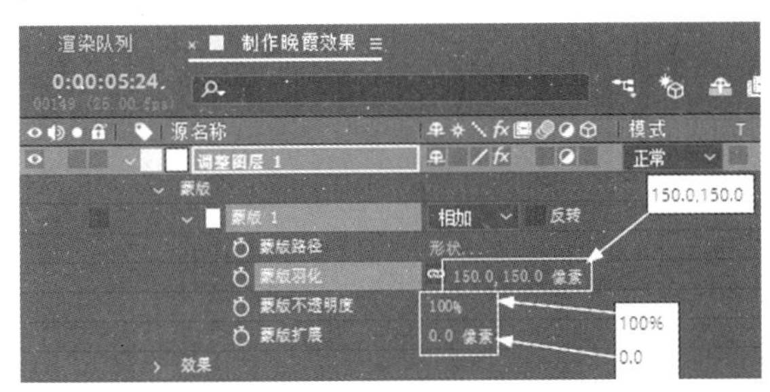

图 5.43　调节遮罩路径参数

图 5.44　在【合成预览】窗口中的画面效果和遮罩路径

任务五：添加“调整图层”和【色阶】效果

步骤 01：在【制作晚霞效果】合成窗口中的空白处，单击右键，弹出快捷菜单。在弹出的快捷菜单中单击【新建】→【调整图层（A）】命令，完成“调整图层”的创建，如图 5.45 所示。

步骤 02：添加【色阶】效果。在菜单栏中单击【效果（T）】→【颜色校正】→【色阶】命令，完成【色阶】效果的添加。

步骤 03：调节【色阶】效果参数。具体参数调节如图 5.46 所示，在【合成预览】窗口中的效果如图 5.47 所示。

视频播放：关于具体介绍，请观看本书光盘上的配套视频“任务五：添加“调整图层”和【色阶】效果.wmv”。

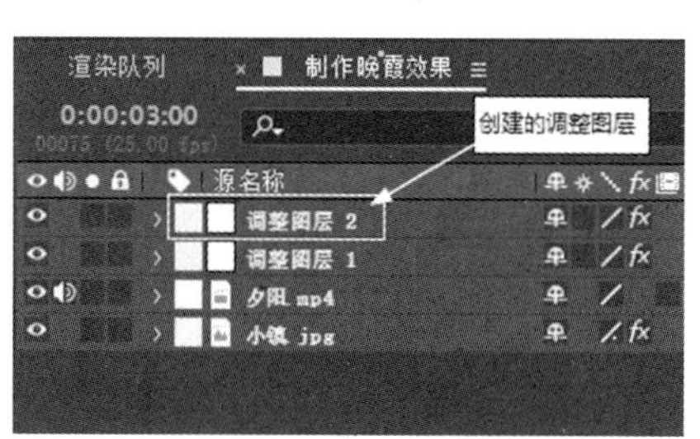

图 5.45　创建的“调整图层”

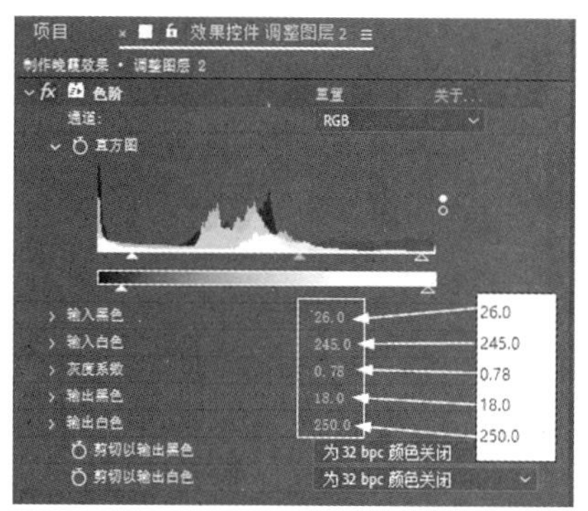

图 5.46　【色阶】效果参数调节

任务六：创建“调整图层”并添加【CC Light Burst 2.5】效果

步骤 01：在【制作晚霞效果】合成窗口中的空白处，单击右键，弹出快捷菜单。在弹出的快捷菜单中，单击【新建】→【调整图层（A）】命令，完成“调整图层”的创建，如图 5.48 所示。

步骤 02：添加【CC Light Burst 2.5】效果，单选 调整图层 3 图层，在菜单栏中单击【效果（T）】→【生成】→【CC Light Burst 2.5】命令，完成【CC Light Burst 2.5】效果的添加。

图 5.47　在【合成预览】窗口中的效果

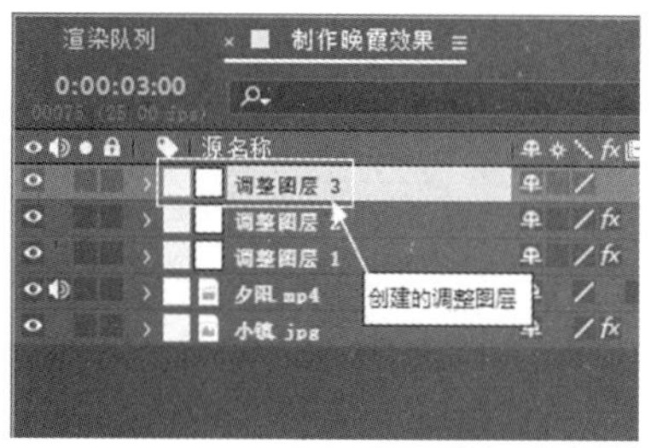

图 5.48　创建的“调整图层”

步骤 03：调节【CC Light Burst 2.5】参数，具体参数调节如图 5.49 所示。

步骤 04：把 调整图层 3 图层的混合模式设置为“叠加”混合模式，如图 5.50 所示，在【合成预览】窗口中的效果如图 5.51 所示。

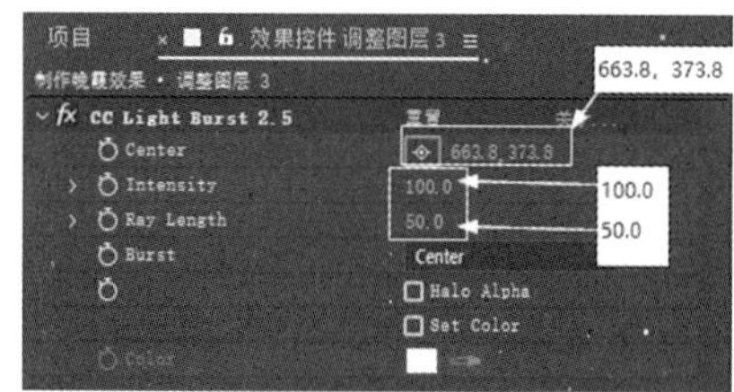

图 5.49　【CC Light Burst 2.5】参数调节

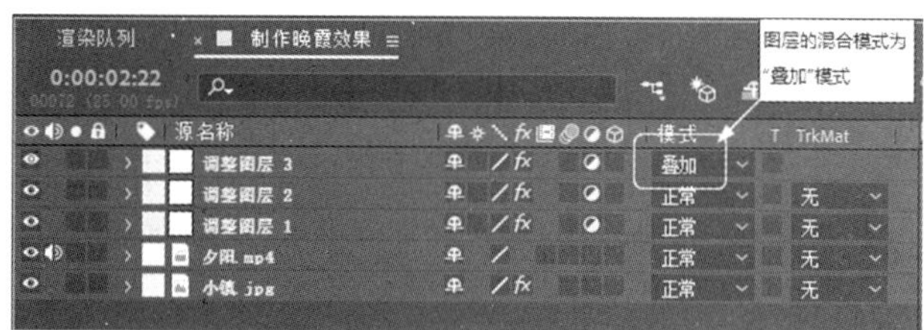

图 5.50　把图层的混合模式设置为“叠加”模式

图 5.51　在【合成预览】窗口中的效果

视频播放：关于具体介绍，请观看本书光盘上的配套视频“任务六：创建“调整图层”并添加【CC Light Burst 2.5】效果.wmv”。

七、拓展训练

根据所学知识制作以下效果。

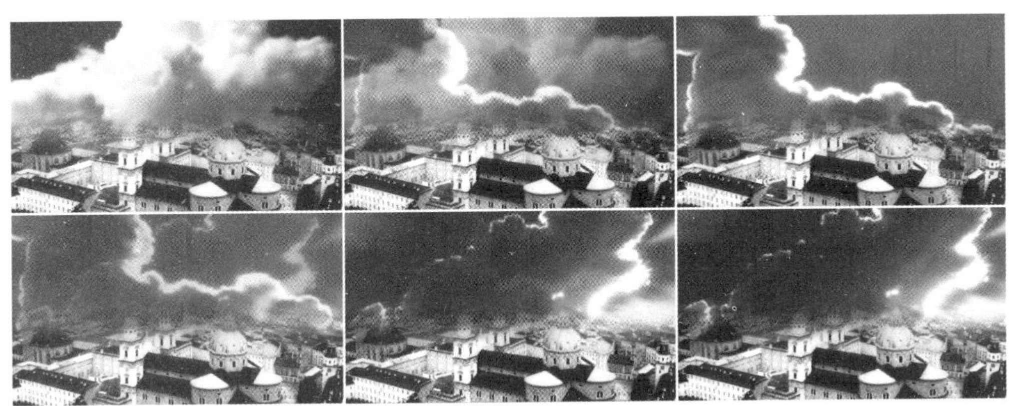

学习笔记：

案例 4：制作水墨山水画效果

一、案例内容简介

本案例主要介绍如何综合应用【色相/饱和度】、【查找边缘】、【蒙尘与划痕】、【快速方框模糊】和【湍流置换】效果制作水墨山水画效果。

二、案例效果欣赏

三、案例制作（步骤）流程

任务一：创建合成和导入素材 ➡ 任务二：给图层添加效果 ➡ 任务三：制作浸墨效果 ⬇ ⬅ 任务四：图层混合模式设置

四、制作目的

（1）掌握水墨山水画效果制作的原理。
（2）掌握水墨山水画效果制作的基本流程。
（3）掌握多种效果的综合应用和调节。

五、制作过程中需要解决的问题

（1）了解水墨山水画的特点。
（2）掌握各个效果的参数调节。
（3）理解各个效果中的参数作用和调节注意事项。

六、详细操作步骤

在本案例中，主要介绍如何使用 After Effects CC 2019 自带效果的组合来完成水墨山水画的制作。在影视制作中水墨山水画效果较为常见，使用二维软件制作时主要通过取色和多层叠加来完成。

任务一：创建合成和导入素材

1. 创建合成

步骤 01：启动 After Effects CC 2019。

步骤 02：创建新合成。在菜单栏中单击【合成（C）】→【新建合成（C）…】命令（或按“Ctrl+N”组合键），弹出【合成设置】对话框。

步骤 03：在该对话框中把新建的合成命名为“制作水墨山水画效果”，尺寸为“1280px×720px”，持续时间为“10 秒”。

步骤 04：单击【确定】按钮，完成新合成的创建。

2. 导入素材

步骤 01：在【项目】窗口的空白处，单击右键，弹出快捷菜单。在弹出的快捷菜单中【导入】→【文件…】命令（或按“Ctrl+I”组合键），弹出【导入文件】对话框。在该对话框中，单选需要导入的素材。

步骤 02：单击【导入】按钮，将选择的素材导入【项目】窗口中，如图 5.52 所示。

步骤 03：将导入的素材拖到【制作水墨山水画效果】合成窗口中，图层顺序如图 5.53 所示。

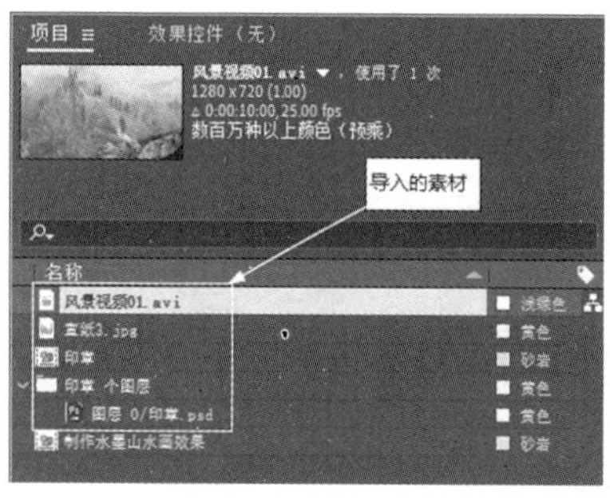

图 5.52　导入的素材

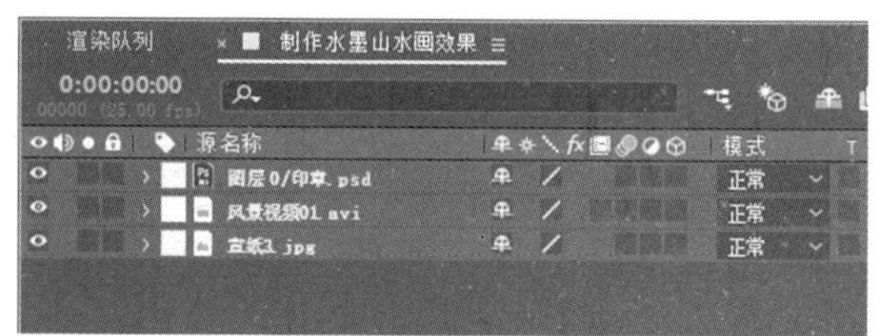

图 5.53　图层顺序

视频播放：关于具体介绍，请观看本书光盘上的配套视频“任务一：创建合成和导入素材.wmv”。

任务二：给图层添加效果

步骤 01：给视频画面去色处理。单选 风景视频01.avi 图层，在菜单栏中单击【效果（T）】→【颜色校正】→【色相/饱和度】命令，完成【色相/饱和度】效果的添加。

步骤 02：设置【色相/饱和度】效果参数，具体参数设置如图 5.54 所示。在【合成预览】窗口中的效果如图 5.55 所示。

步骤 03：制作水墨笔触效果。在菜单栏中单击【效果（T）】→【风格化】→【查找边缘】命令，完成【查找边缘】效果的添加。

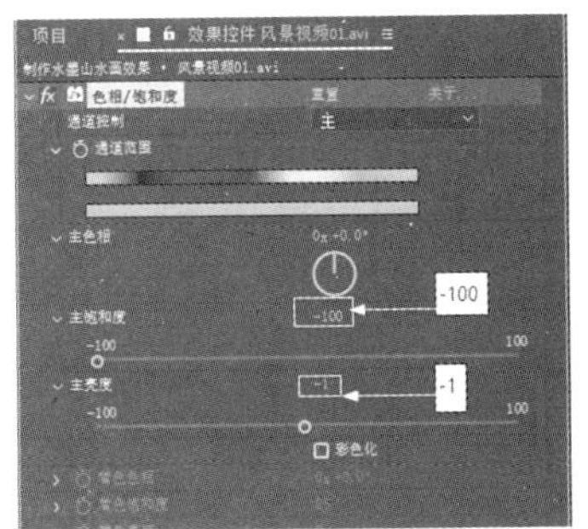

图 5.54　【色相/饱和度】效果参数设置

图 5.55　在【合成预览】窗口中的效果

步骤 04：设置【查找边缘】效果参数。具体参数设置如图 5.56 所示，在【合成预览】窗口中的效果如图 5.57 所示。

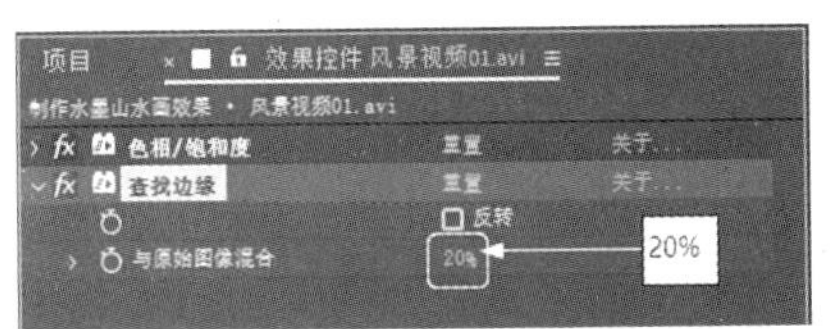

图 5.56　【查找边缘】参数设置

图 5.57　在【合成预览】窗口中的效果

步骤 05：给细节添加模糊效果。在菜单栏中单击【效果（T）】→【杂色和颗粒】→【蒙尘与划痕】命令，完成【蒙尘与划痕】效果的添加。

步骤 06：设置【蒙尘与划痕】效果参数。具体参数设置如图 5.58 所示，在【合成预览】窗口中的效果如图 5.59 所示。

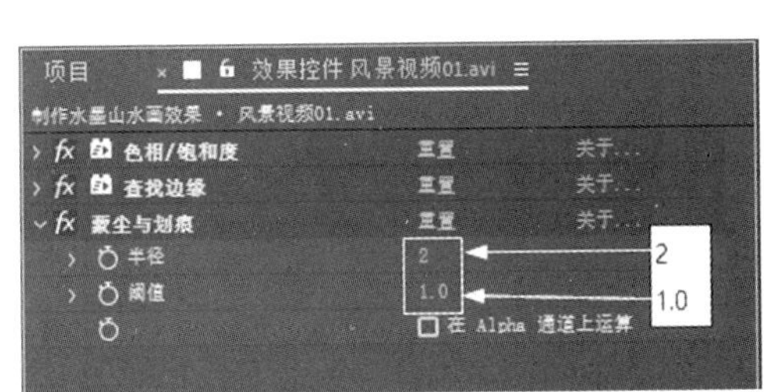

图 5.58　【蒙尘与划痕】效果参数设置

图 5.59　在【合成预览】窗口中的效果

步骤 07：增加画面的对比度。在菜单栏中单击【效果（T）】→【颜色校正】→【曲线】命令，完成【曲线】效果的添加。

步骤 08：设置【曲线】效果参数。具体参数设置如图 5.60 所示，在【合成预览】窗口中的效果如图 5.61 所示。

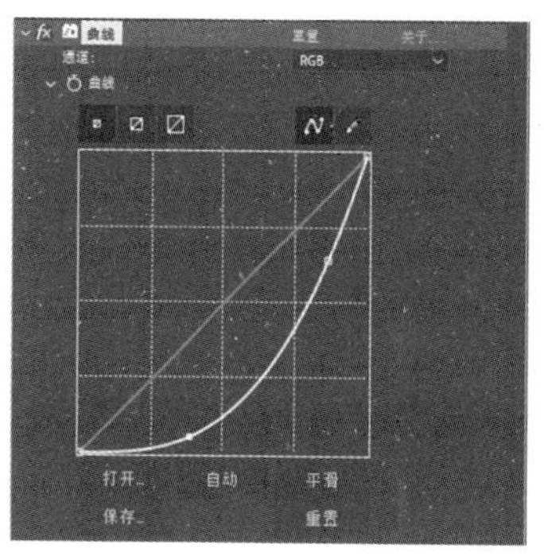

图 5.60 【曲线】效果参数设置

图 5.61 在【合成预览】窗口中的效果

视频播放：关于具体介绍，请观看本书光盘上的配套视频“任务二：给图层添加效果.wmv”。

任务三：制作浸墨效果

步骤 01：复制图层。单选风景视频01.avi图层，按“Ctrl+D”组合键复制图层，并将其命名为“浸墨”，如图 5.62 所示。

步骤 02：调节浸墨图层中的【曲线】效果参数，具体调节如图 5.63 所示。

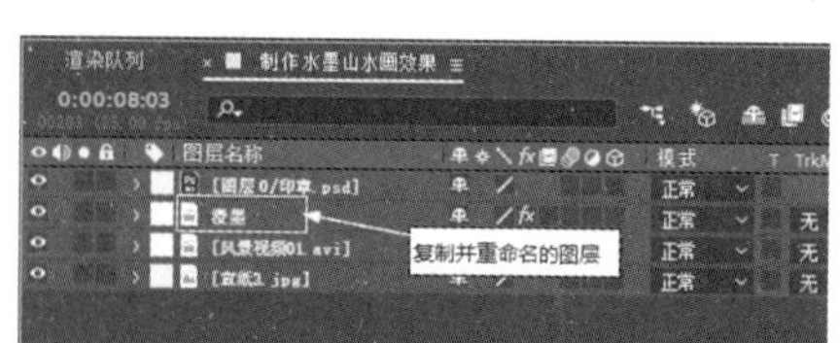

图 5.62 复制并重命名的图层

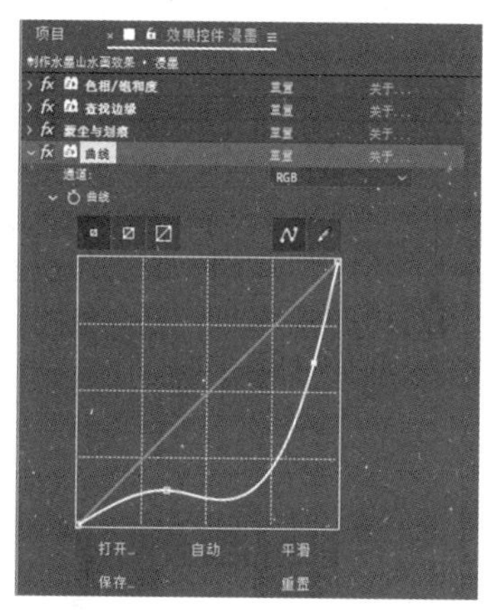

图 5.63 【曲线】效果参数设置

步骤 03：给细节添加模糊效果。在菜单栏中单击【效果（T）】→【模糊和锐化】→【快速方框模糊】命令，完成【快速方框模糊】效果的添加，如图 5.64 所示。

步骤 04：设置【快速方框模糊】参数。具体设置如图 5.65 所示，在【合成预览】窗口中的效果如图 5.65 所示。

步骤 05：制作不规则的渗透吸墨效果。在菜单栏中单击【效果（T）】→【扭曲】→【湍流置换】命令，完成【湍流置换】效果的添加。

步骤 06：设置【湍流置换】参数。具体设置如图 5.66 所示，在【合成预览】窗口中的效果如图 5.67 所示。

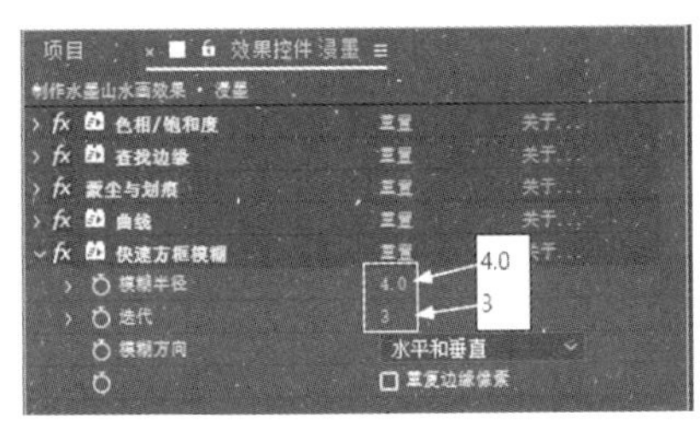

图 5.64 【快速方框模糊】参数设置

图 5.65　在【合成预览】窗口中的效果

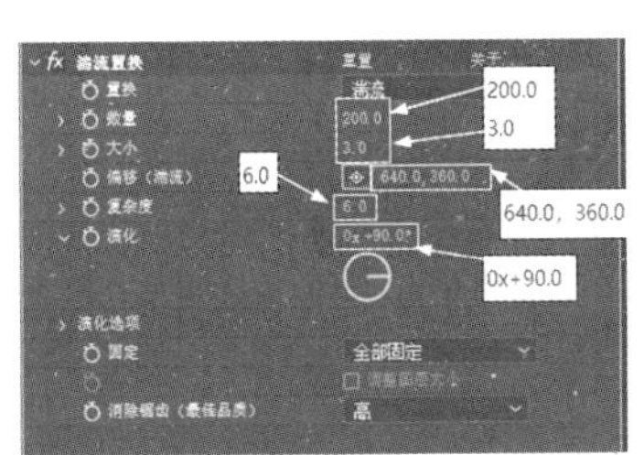

图 5.66　【湍流置换】参数设置

图 5.67　在【合成预览】窗口中的效果

视频播放：关于具体介绍，请观看本书光盘上的配套视频“任务三：制作浸墨效果.wmv”。

任务四：图层混合模式设置

步骤 01：设置图层混合模式。具体设置如图 5.68 所示，在【合成预览】窗口中的效果如图 5.69 所示。

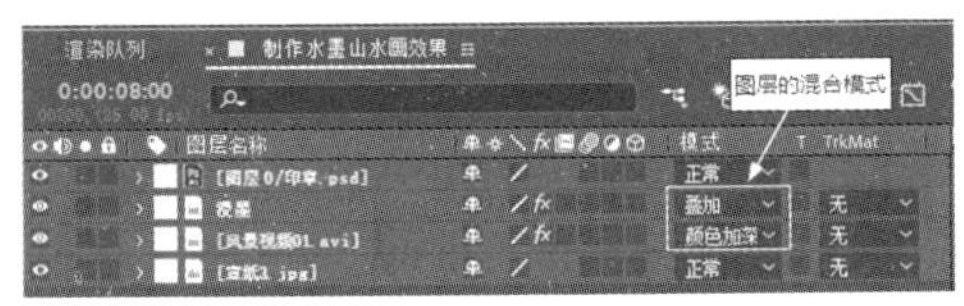

图 5.68　图层混合模式设置

图 5.69　在【合成预览】窗口中的效果

步骤 02：给浸墨图层创建遮罩。单选浸墨图层，在工具栏中单击（钢笔工具），所绘制的闭合曲线遮罩在【合成预览】窗口中的效果如图 5.70 所示，遮罩的具体参数设置如图 5.71 所示。

图 5.70　在【合成预览】窗口中的效果

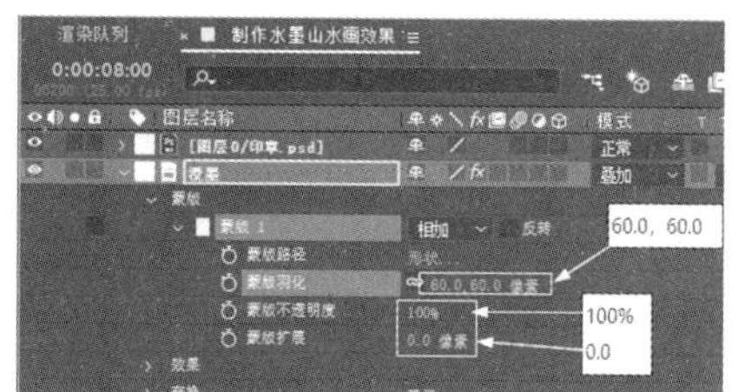

图 5.71　遮罩的参数设置

步骤 03：给[风景视频01.avi]图层创建遮罩，单选[风景视频01.avi]图层，在工具栏中单击（钢笔工具），所绘制的闭合曲线遮罩在【合成预览】窗口中的效果如图 5.72 所示，遮罩的具体参数设置如图 5.73 所示。

图 5.72　在【合成预览】窗口中的效果

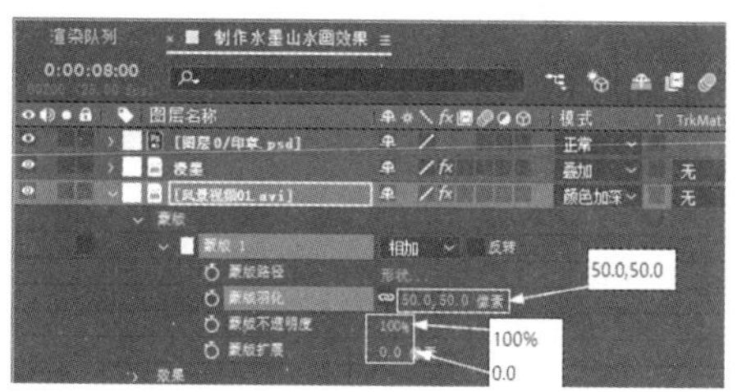

图 5.73　遮罩的参数设置

步骤 04：调节好“印章”的位置，如图 5.74 所示。把[图层0/印章.psd]的混合模式设置为“颜色加深”，在【合成预览】窗口中的最终效果如图 5.75 所示。

图 5.74　“印章”的位置

图 5.75　在【合成预览】窗口中的最终效果

视频播放：关于具体介绍，请观看本书光盘上的配套视频“任务四：图层混合模式设置.wmv”。

七、拓展训练

根据所学知识制作以下效果。

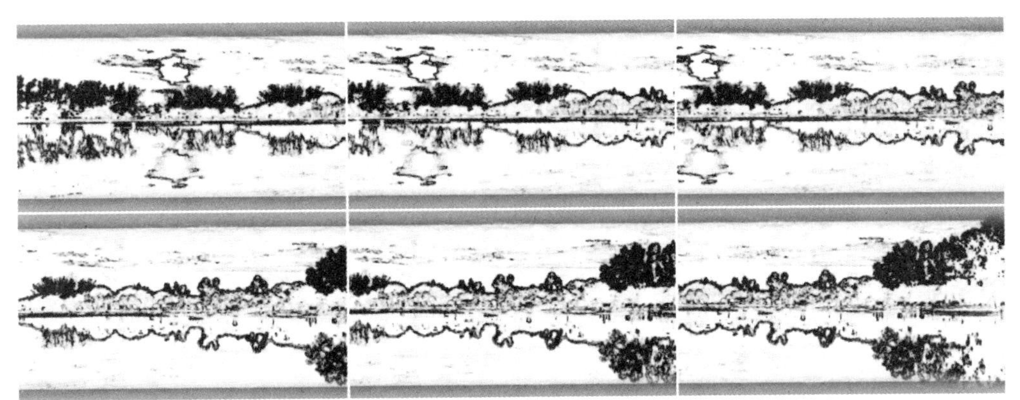

学习笔记：

案例5：给美女化妆

一、案例内容简介

本案例主要介绍如何综合应用【转换通道】、【曲线】、【色相/饱和度】和【移除颗粒】效果对人物脸部进行美白处理。

二、案例效果欣赏

三、案例制作（步骤）流程

任务一：创建合成和导入素材 ➡ 任务二：创建选区 ➡ 任务三：美白处理 ⬇ 任务四：对皮肤进行光滑处理

四、制作目的

（1）掌握人物脸部美白处理的原理。

（2）掌握通道的概念和通道的应用。

（3）掌握【转换通道】和【移除颗粒】效果的作用和参数调节。

五、制作过程中需要解决的问题

（1）了解一些化妆的基础知识。

（2）了解人变老的决定因素。

（3）熟悉人物脸部美白处理的基本流程。

（4）柔滑白嫩的皮肤是由什么因素决定的？

六、详细操作步骤

对于一个影视后期制作人员来说，人物脸部肤色的处理是经常碰到的事情。通过该案例的介绍，使读者掌握制作柔滑白嫩的皮肤效果的方法和技巧。

任务一：创建合成和导入素材

1. 创建合成

步骤 01：启动 After Effects CC 2019。

步骤 02：创建新合成。在菜单栏中单击【合成（C）】→【新建合成（C）…】命令（或按“Ctrl+N”组合键），弹出【合成设置】对话框。

步骤 03：在该对话框中把新建的合成命名为“给美女化妆”，尺寸为“1280px×720px”，持续时间为“3 秒”。

步骤 04：单击【确定】按钮，完成新合成的创建。

2. 导入素材

步骤 01：在【项目】窗口的空白处，单击右键，弹出快捷菜单。在弹出的快捷菜单中单击【导入】→【文件…】命令（或按“Ctrl+I”组合键）。弹出【导入文件】对话框，在该对话框中单选需要导入的素材。

步骤 02：单击【导入】按钮，将选择的素材导入【项目】窗口中，如图 5.76 所示。

步骤 03：将导入的素材拖到【给美女化妆】合成窗口中，图层顺序如图 5.77 所示。

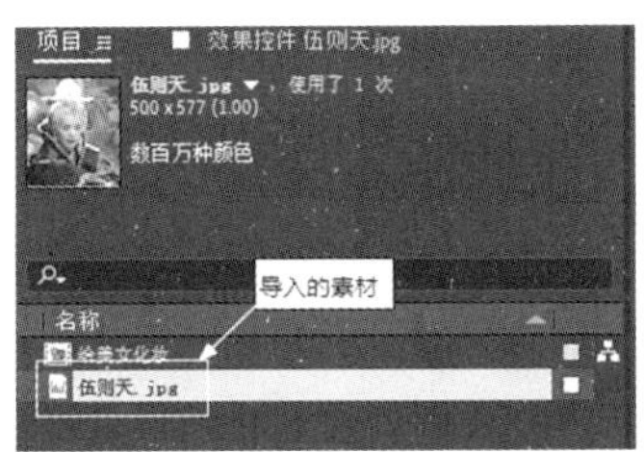

图 5.76　导入的素材

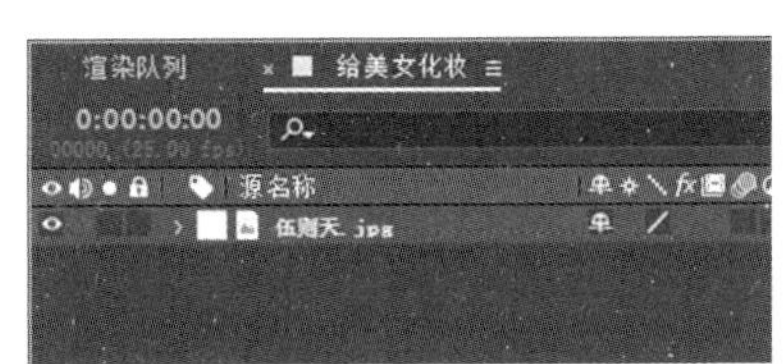

图 5.77　图层顺序

视频播放：关于具体介绍，请观看本书光盘上的配套视频“任务一：创建合成和导入素材.wmv”。

任务二：创建选区

步骤 01：调节伍则天.jpg图层的“变换”参数，具体调节如图 5.78 所示，在【合成预览】窗口中的效果如图 5.79 所示。

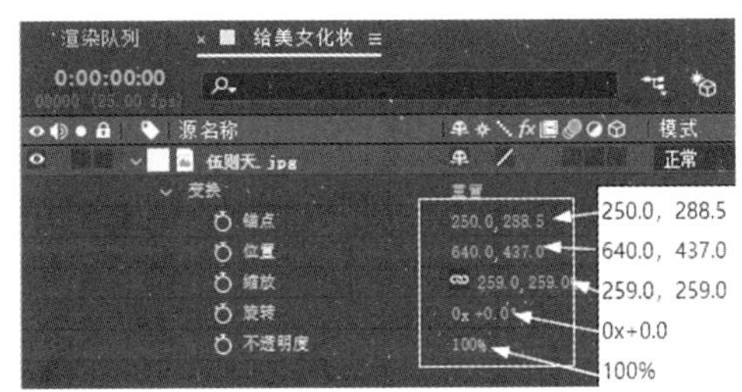

图 5.78　“变换”参数设置

图 5.79　在【合成预览】窗口中的效果

步骤 02：单击【合成预览】窗口下方的（显示通道及色彩管理设置）图标，弹出下拉菜单，如图 5.80 所示。

步骤 03：在弹出的下拉菜单中选择不同的颜色通道，所得到的画面效果如图 5.81 所示。

图 5.80 弹出的下拉菜单

（a）红色通道效果

（b）绿色通道效果

（c）蓝色通道效果

图 5.81 3 种颜色通道的画面效果

步骤 04：从图 5.81 可以看出，红色通道是最干净的一个通道，在这里可以使用红色通道来创建选区。

步骤 05：复制图层。单选图层，按“Ctrl+D”组合键复制一个图层并重命名为“武则天遮罩”，如图 5.82 所示。

步骤 06：将图层的蓝色通道和绿色通道转换为红色通道。在菜单栏中单击【效果（T）】→【通道】→【转换通道】命令，完成【转换通道】效果的添加。调节【转换通道】参数，具体调节如图 5.83 所示。

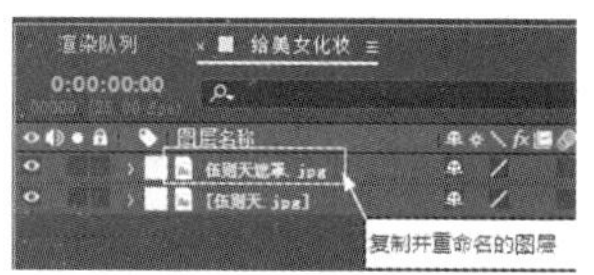

图 5.82 复制并重命名的图层

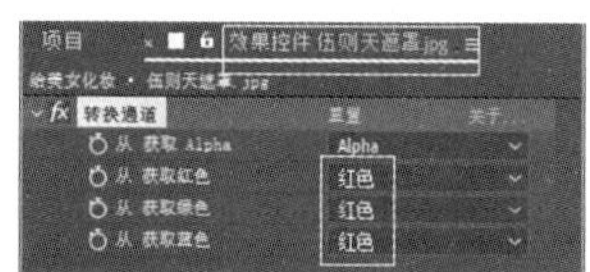

图 5.83 【转换通道】参数调节

步骤 07：调节画面亮度。在菜单栏中单击【效果（T）】→【颜色校正】→【曲线】命令，完成【曲线】效果的添加。调节【曲线】效果参数，具体调节如图 5.84 所示，在【合成预览】窗口中的效果如图 5.85 所示。

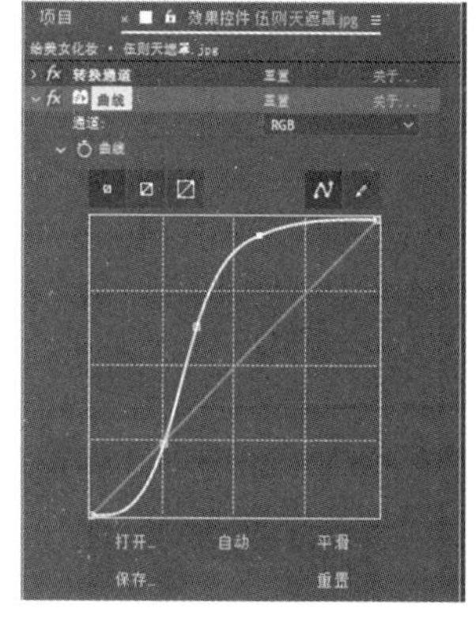

图 5.84 【曲线】效果参数调节

图 5.85 在【合成预览】窗口中的效果

视频播放：关于具体介绍，请观看本书光盘上的配套视频“任务二：创建选区.wmv”。

任务三：美白处理

步骤 01：创建调整图层。在【给美女化妆】合成的空白处，单击右键，弹出快捷菜单，在弹出的快捷菜单中单击【新建】→【调整图层】命令，完成调整图层的创建。

步骤 02：对创建的调整图层进行重命名。命名为“美白调节”并调节图层的叠放顺序，如图 5.86 所示。

步骤 03：把美白调节图层的遮罩方式设置为亮度遮罩，即“武则天遮罩”模式，如图 5.87 所示。

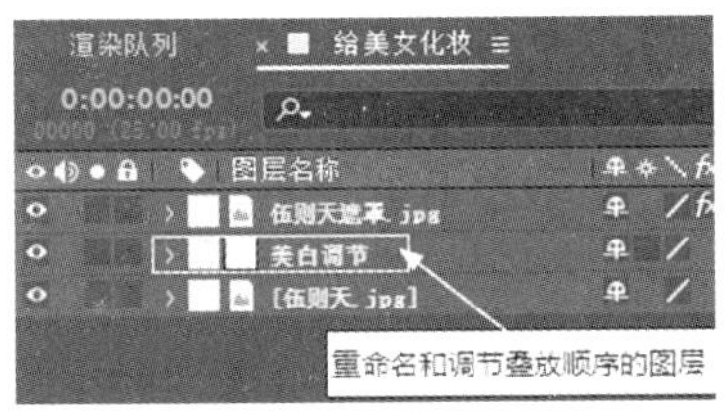

图 5.86　重命名和调节叠放顺序的图层

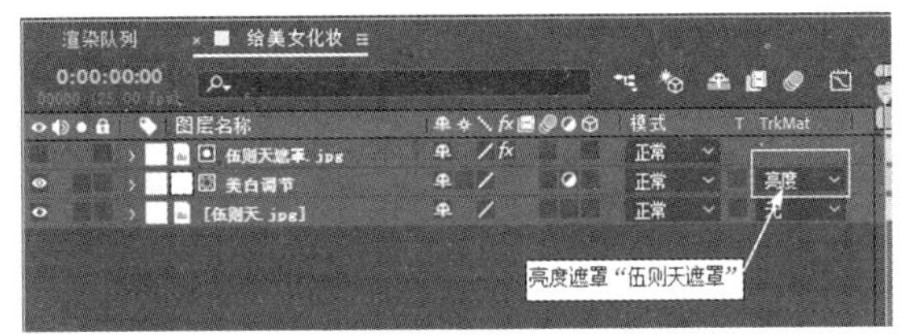

图 5.87　亮度遮罩“武则天遮罩”模式

步骤 04：调节美白调节图层的亮度。在菜单栏中单击【效果（T）】→【颜色校正】→【曲线】命令，完成【曲线】效果的添加。调节【曲线】效果参数，具体调节如图 5.88 所示，在【合成预览】窗口中的效果如图 5.89 所示。

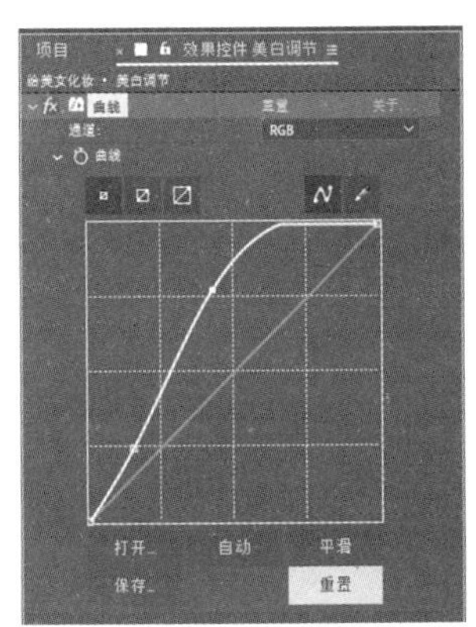

图 5.88　【曲线】效果参数调节

图 5.89　在【合成预览】窗口中的效果

步骤 05：调节美白调节图层的色彩。在菜单栏中单击【效果（T）】→【颜色校正】→【色相/饱和度】命令，完成【色相/饱和度】的添加。调节【色相/饱和度】参数，具体调节如图 5.90 所示，在【合成预览】窗口中的效果如图 5.91 所示。

步骤 06：继续调节【色相/饱和度】效果参数。具体调节如图 5.92 所示，在【合成预览】窗口中的效果如图 5.93 所示。

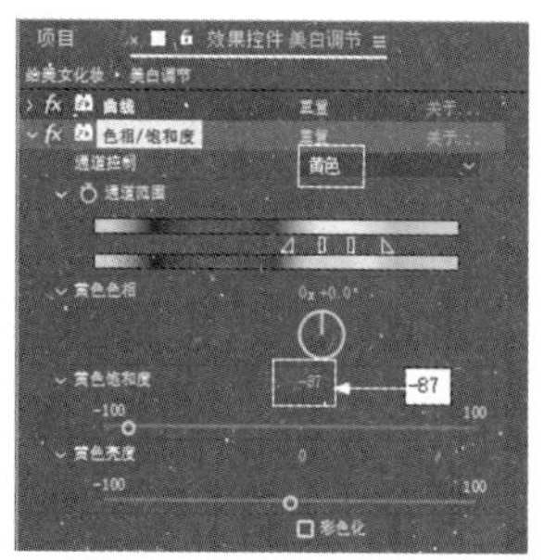
图 5.90 【色相/饱和度】效果参数调节

图 5.91 在【合成预览】窗口中的效果

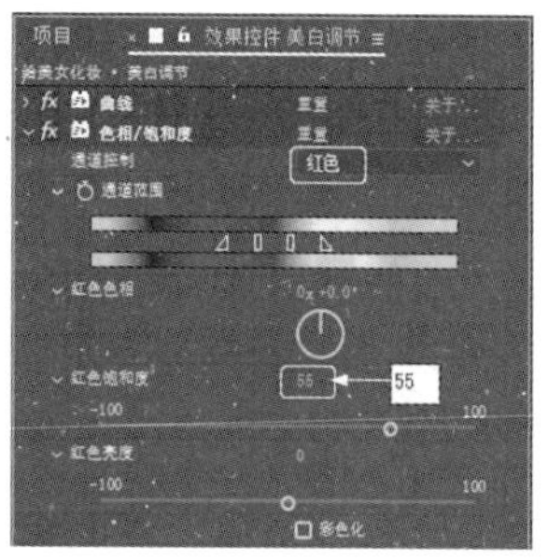
图 5.92 【色相/饱和度】效果参数再次调节

图 5.93 在【合成预览】窗口中的效果

视频播放：关于具体介绍，请观看本书光盘上的配套视频“任务三：美白处理.wmv”。

任务四：对皮肤进行光滑处理

1. 添加【移除颗粒】效果

步骤 01：单选□美白调节图层。

步骤 02：在菜单栏中单击【效果（T）】→【杂色和颗粒】→【移除颗粒】命令，完成【移除颗粒】效果的添加。

步骤 03：调节【移除颗粒】效果参数。具体调节如图 5.94 所示，在【合成预览】窗口中的效果如图 5.95 所示。

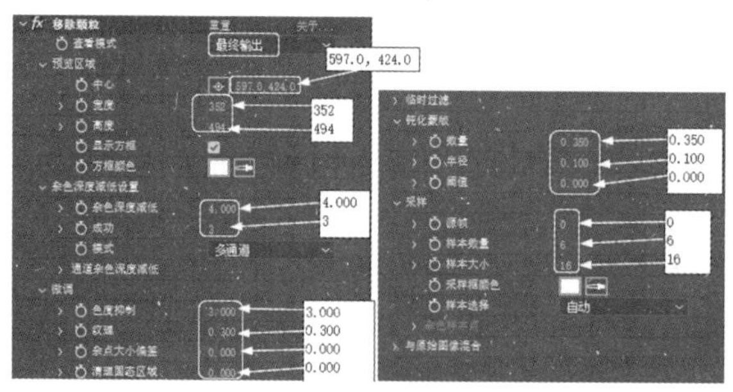
图 5.94 【移除颗粒】效果参数调节

图 5.95 在【合成预览】窗口中的效果

2.【移除颗粒】效果参数介绍

（1）【杂色深度减低设置】：主要用来控制去除颗粒的程度。
（2）【微调】：主要用来对去除颗粒后的细节进行调节。
（3）【钝化蒙版】：主要用来对最终画面效果进行清晰化处理。
（4）【采样】：主要用来对颗粒移除采样。

视频播放：关于具体介绍，请观看本书光盘上的配套视频“任务四：对皮肤进行光滑处理.wmv”。

七、拓展训练

根据所学知识，将右边的画面效果处理成左边的画面效果。

学习笔记：

第 6 章　视频合成技术

知识点

案例 1：蓝频抠像技术
案例 2：亮度抠像技术
案例 3：半透明抠像技术
案例 4：毛发抠像技术
案例 5：替换背景操作

说明

本章主要通过 5 个案例，全面讲解视频合成技术的原理和使用技巧。

教学建议课时数

一般情况下需要 6 课时。其中，理论 2 课时，实际操作 4 课时（特殊情况下可做相应调整）。

在本章中主要通过5个案例全面介绍【抠像】效果的作用、使用方法、参数调节和使用技巧。在After Effects CC 2019中有多个抠像效果，这些【抠像】效果有其自身的特点和用途。读者通过本章的学习，在制作影视后期特效合成中可以根据素材的特点，选择最合适的【抠像】效果。

案例1：蓝频抠像技术

一、案例内容简介

本案例主要介绍如何综合应用【Keylight（1.2）】效果、【色阶】效果和【曲线】效果对画面进行抠像合成。

二、案例效果欣赏

三、案例制作（步骤）流程

任务一：创建合成和导入素材 ➡ 任务二：使用【抠像】效果进行抠像

⬇

任务三：调整抠像层画面的色阶和亮度对比度

⬇

任务四：调整画面的整体亮度对比度和变换参数

四、制作目的

（1）了解蓝频抠像的原理。

（2）掌握【色阶】效果的作用、参数调节和使用方法。

（3）掌握【曲线】效果的作用、参数调节和使用方法。

五、制作过程中需要解决的问题

（1）掌握抠像的概念。

（2）掌握抠像的基本流程。

（3）具备综合应用各种效果的能力。

六、详细操作步骤

蓝频抠像技术与绿频抠像技术的原理和方法基本相同，即在纯蓝色或纯绿色的背景下拍摄素材，然后使用抠像效果将其蓝色背景或绿色背景去除，在这里要提醒读者的是，拍摄对象尽量不要包含有蓝色或绿色。东方国家在对演员进行拍摄时一般使用蓝色背景，而西方国家对演员进行拍摄时一般使用绿色背景，因为西方国家的演员眼睛是蓝色的。

任务一：创建合成和导入素材

1. 创建新合成

步骤 01：启动 After Effects CC 2019。

步骤 02：创建新合成。在菜单栏中单击【合成（C）】→【新建合成（C）…】命令，弹出【合成设置】对话框。在该对话框中，把新建的合成命名为“蓝频抠像”，尺寸为“1280px×720px”，持续时间为“6 秒”，其他参数为默认值。

步骤 03：设置完毕，单击【确定】按钮，完成新合成的创建。

2. 导入素材

步骤 01：在【项目】窗口的空白处，单击右键，弹出快捷菜单。在弹出的快捷菜单中，单击【导入】→【文件…】命令，弹出【导入文件】对话框。在【导入文件】对话框中，选择需要导入的文件。

步骤 02：单击【导入】按钮，将选择的素材导入【项目】窗口中，如图 6.1 所示。

步骤 03：把需要导入的素材拖到【蓝频抠像】合成窗口中，如图 6.2 所示。

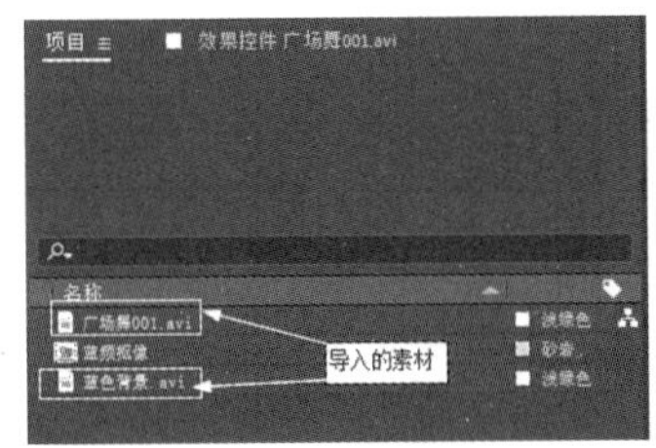

图 6.1　导入的素材

图 6.2　在【蓝频抠像】合成窗口中的效果

视频播放：关于具体介绍，请观看本书光盘上的配套视频“任务一：创建合成和导入素材.wmv”。

任务二：使用【抠像】效果进行抠像

步骤 01：选择图层。在【蓝频抠像】合成窗口中单选 广场舞001.avi 图层。

步骤 02：添加抠像效果。在菜单栏中单击【效果（T）】→【Keying】→【Keylight（1.2）】命令，完成【Keylight（1.2）】抠像效果的添加。

步骤 03：调节【Keylight（1.2）】参数。在【效果控件】面板中单击【Keylight（1.2）】效果中的图标。在【合成预览】窗口中的蓝色画面上单击，即可吸取蓝色作为抠像颜色，调节该效果参数。具体调节如图 6.3 所示，在【合成预览】窗口中的截图效果如图 6.4 所示。

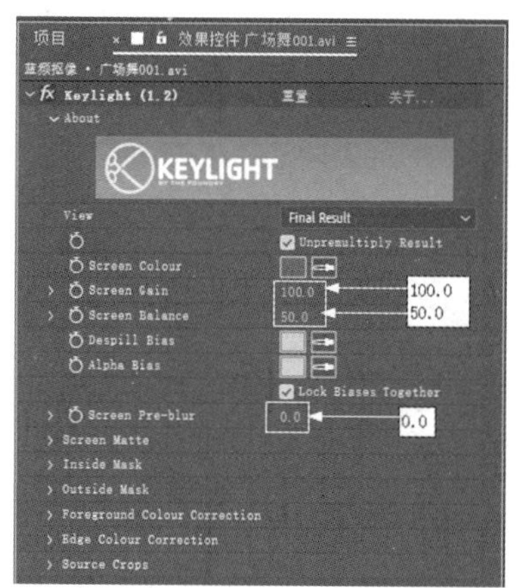

图 6.3 【Keylight（1.2）】参数调节

图 6.4 在【合成预览】窗口中的截图效果

视频播放：关于具体介绍，请观看本书光盘上的配套视频“任务二：使用【抠像】效果进行抠像.wmv”。

任务三：调整抠像层画面的色阶和亮度对比度

步骤 01：添加【色阶】效果。在菜单栏中单击【效果（T）】→【颜色校正】→【色阶】命令，完成【色阶】效果的添加。

步骤 02：调节【色阶】效果参数。具体参数调节如图 6.5 所示，在【合成预览】窗口中的截图效果如图 6.6 所示。

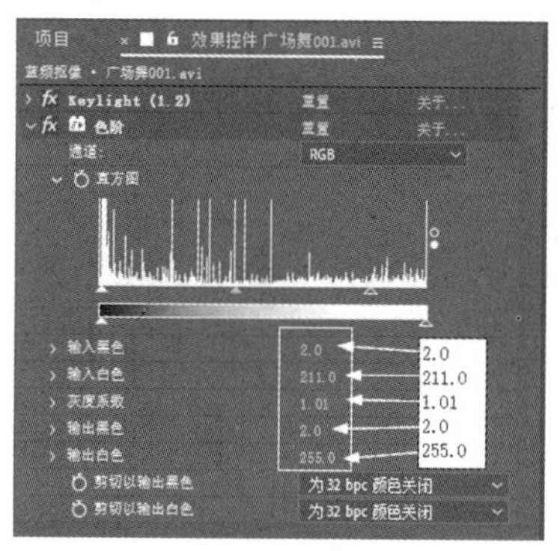

图 6.5 【色阶】效果参数调节

图 6.6 在【合成预览】窗口中的截图效果

步骤 03：添加【曲线】效果。在菜单栏中单击【效果（T）】→【颜色校正】→【曲线】命令，完成【曲线】效果的添加。

步骤 04：调节【曲线】效果参数。【曲线】效果参数的具体调节如图 6.7 所示，在【合成预览】窗口中的截图效果如图 6.8 所示。

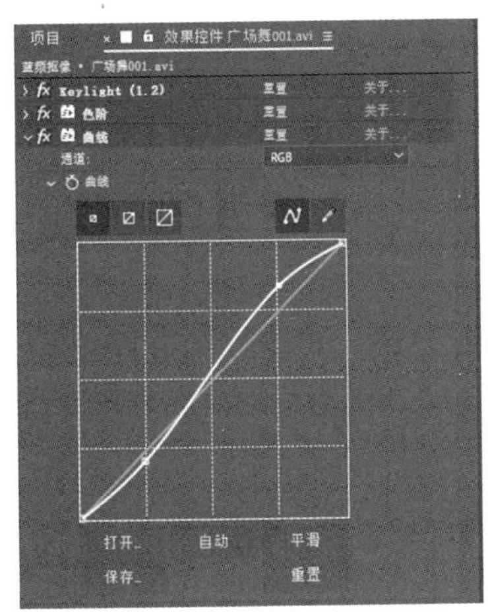

图 6.7 【曲线】效果参数调节

图 6.8　在【合成预览】窗口中的截图效果

视频播放：关于具体介绍，请观看本书光盘上的配套视频“任务三：调整抠像层画面的色阶和亮度对比度.wmv”。

任务四：调整画面的整体亮度对比度和变换参数

步骤 01：在【蓝频抠像】合成窗口中的空白处，单击右键，弹出快捷菜单。在弹出的快捷菜单中单击【新建】→【调整图层（A）】命令，完成“调整图层”的添加。

步骤 02：给“调整图层”添加效果。在【蓝频抠像】合成窗口中单选刚创建的 调整图层 1 图层。在菜单栏中单击【效果（T）】→【颜色校正】→【自动对比度】命令，完成【自动对比度】效果的添加。调节【自动对比度】效果参数，具体调节如图 6.9 所示。在【合成预览】窗口中的截图效果如图 6.10 所示。

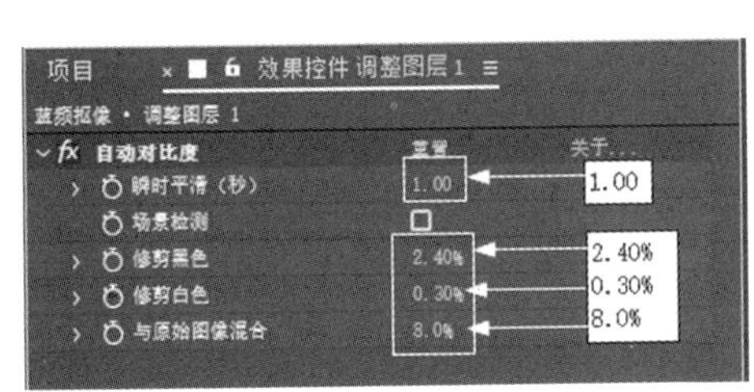

图 6.9 【自动对比度】效果参数调节

图 6.10　在【合成预览】窗口中的截图效果

步骤 03：在【蓝频抠像】合成窗口中，调节 广场舞001.avi 图层的“变换”参数，具体调节如图 6.11 所示。在【合成预览】窗口中的截图效果如图 6.12 所示。

视频播放：关于具体介绍，请观看本书光盘上的配套视频“任务四：调整画面的整体亮度对比度和变换参数.wmv”。

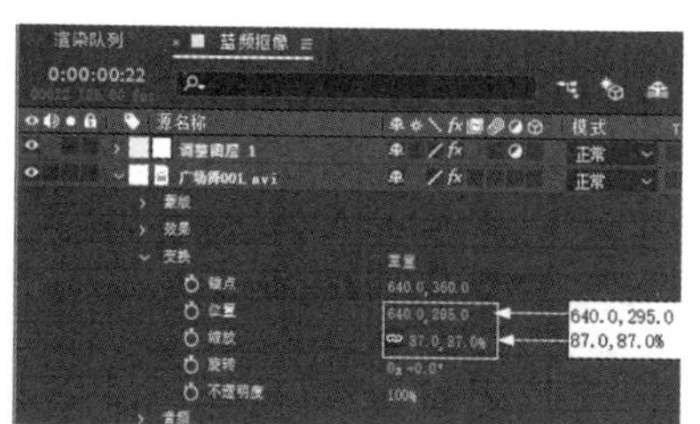

图 6.11　图层的变换参数调节

图 6.12　在【合成预览】窗口中的截图效果

七、拓展训练

根据所学知识，用本书提供的素材进行抠像合成，最终画面效果如下图所示。

学习笔记：

案例 2：亮度抠像技术

一、案例内容简介

本案例主要介绍如何综合应用【曲线】效果、【线性颜色键】效果、【高级溢出抑制器】和【投影】效果，对画面进行抠像。

二、案例效果欣赏

三、案例制作（步骤）流程

任务一：创建合成和导入素材 ➡ 任务二：调节“书法13.jpg”图层的亮度和对比度
⬇
任务三：使用【线性颜色键】效果进行抠像
⬇
任务四：添加【高级溢出抑制器】效果和【投影】效果

四、制作目的

（1）了解亮度抠像的原理。
（2）掌握【线性颜色键】效果的作用、参数调节和使用方法。
（3）掌握【投影】效果的作用、参数调节和使用方法。

五、制作过程中需要解决的问题

（1）理解提高画面亮度对比度的作用。
（2）掌握亮度抠像的基本流程。
（3）熟悉亮度抠像过程中的技巧。

六、详细操作步骤

亮度抠像的原理是根据画面明暗对比进行抠像，主要对明暗差别比较明显的画面进行抠像，下面通过 4 个任务介绍亮度抠像的一般操作步骤和技巧。

任务一：创建合成和导入素材

1. 创建新合成

步骤 01：启动 After Effects CC 2019。

步骤 02：创建新合成。在菜单栏中单击【合成（C）】→【新建合成（C）…】命令，弹出【合成设置】对话框。在该对话框中，把新建的合成命名为“亮度抠像”，尺寸为“1280px×720px”，持续时间为“10 秒”，其他参数为默认值。

步骤 03：设置完毕，单击【确定】按钮，完成新合成的创建。

2. 导入素材

步骤 01：在【项目】窗口的空白处，单击右键，弹出快捷菜单。在弹出的快捷菜单中单击【导入】→【文件…】命令，弹出【导入文件】对话框。在【导入文件】对话框中，选择需要导入的文件。

步骤 02：单击【导入】按钮，将选择的素材导入【项目】窗口中，如图 6.13 所示。

步骤 03：将导入的素材拖到【亮度抠像】合成窗口中，如图 6.14 所示。

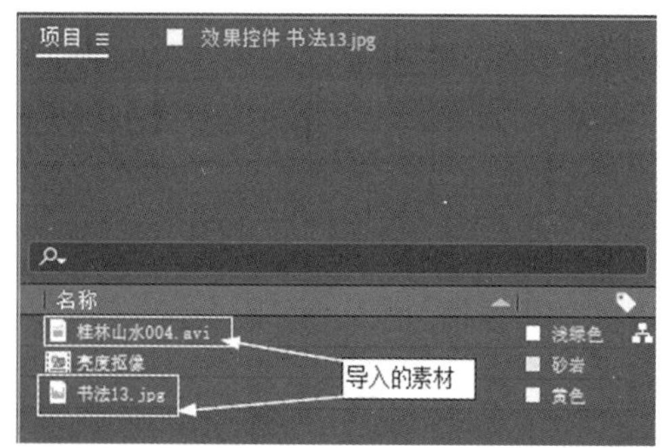

图 6.13　导入的素材

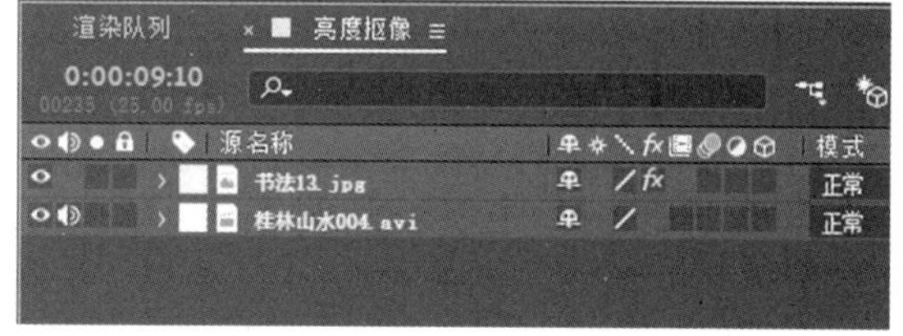

图 6.14　在【亮度抠像】合成窗口中的效果

视频播放：关于具体介绍，请观看本书光盘上的配套视频“任务一：创建合成和导入素材.wmv”。

任务二：调节“书法 13.jpg”图层的亮度和对比度

步骤 01：在【亮度抠像】合成窗口中单选 书法13.jpg 图层。

步骤 02：调整图层的亮度对比度。在菜单栏中单击【效果（T）】→【颜色校正】→【曲线】命令，完成【曲线】效果的添加。调节【曲线】效果的参数，具体参数调节如图 6.15 所示。调节参数前后的画面效果对比如图 6.16 所示。

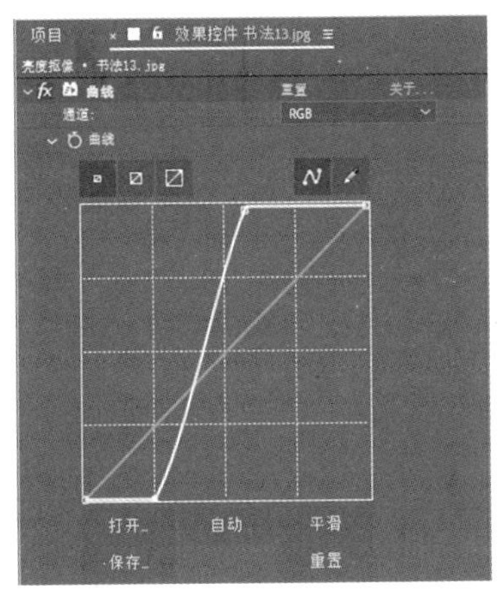

图 6.15 【曲线】参数设置

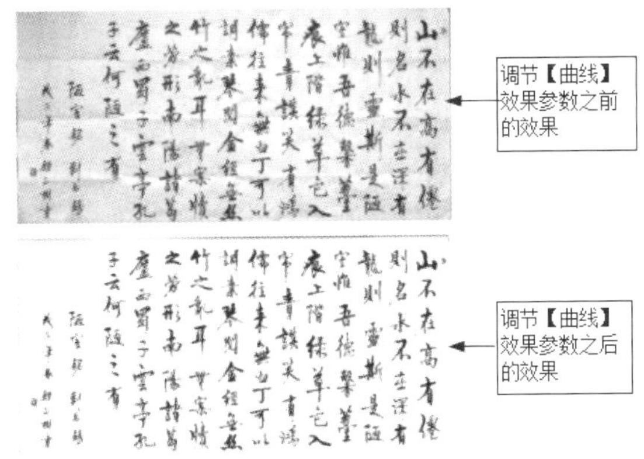

图 6.16　调节【曲线】效果参数前后的画面效果对比

视频播放：关于具体介绍，请观看本书光盘上的配套视频“任务二：调节“书法 13.jpg”图层的亮度和对比度.wmv”。

任务三：使用【线性颜色键】效果进行抠像

1. 对画面进行抠像

步骤 01：添加【线性颜色键】效果。在菜单栏中，单击【效果（T）】→【抠像】→【线性颜色键】命令，完成【线性颜色键】效果的添加。

步骤 02：调节【线性颜色键】效果参数，具体参数调节如图 6.17 所示。在【合成预览】窗口中的截图效果如图 6.18 所示。

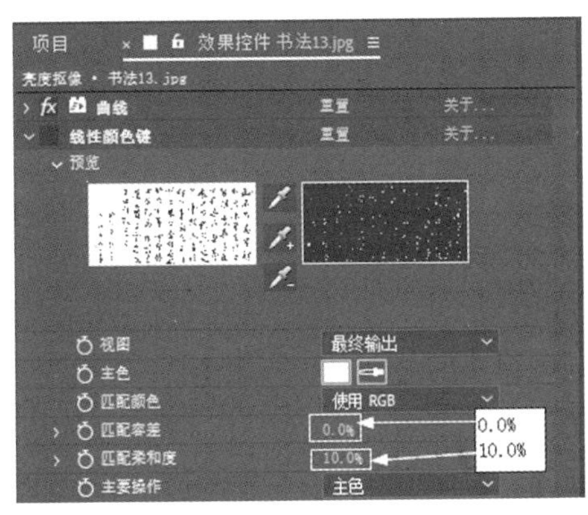

图 6.17 【线性颜色键】效果参数调节

图 6.18　在【合成预览】窗口中的截图效果

2. 【线性颜色键】效果参数介绍

（1）【视图】：为用户提供了“最终输出”“仅限源”和“仅限遮罩”3 种显示方式。

（2）【主色】：设置【合成预览】中抠像的颜色。

（3）【匹配颜色】：设置颜色匹配空间。

（4）【匹配容差】：设置颜色匹配范围。

（5）【匹配柔和度】：设置匹配柔和程度。

（6）【主要操作】：设置主要的操作方式，为用户提供了“主色”和“保持颜色”两种操作方式。

视频播放：关于具体介绍，请观看本书光盘上的配套视频“任务三：使用【线性颜色键】效果进行抠像.wmv”。

任务四：添加【高级溢出抑制器】效果和【投影】效果

1. 添加【高级溢出抑制器】效果

步骤 01：添加【高级溢出抑制器】效果。在菜单栏中单击【效果（T）】→【抠像】→【高级溢出抑制器】命令，完成【高级溢出抑制器】效果的添加。

步骤 02：设置【高级溢出抑制器】效果的参数，该效果参数的具体设置如图 6.19 所示，在【合成预览】窗口中的截图效果如图 6.20 所示。

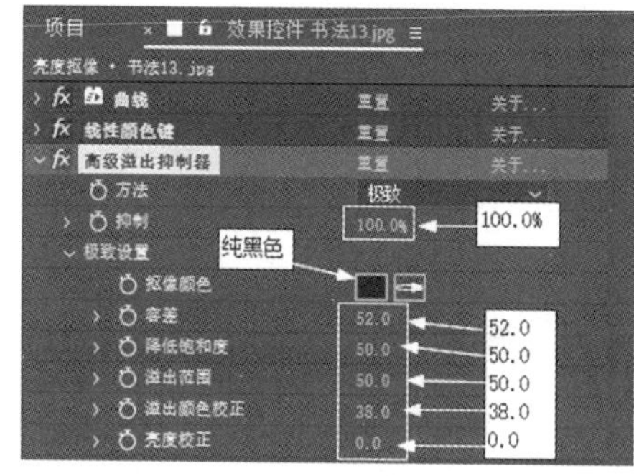

图 6.19 【高级溢出抑制器】参数设置

图 6.20 在【合成预览】窗口中的截图效果

2. 【高级溢出抑制器】效果参数介绍

（1）【方法】：为用户提供了“标准”和“极致”两种溢出方法。

（2）【抑制】：主要用来调节抑制程度的设置。

（3）【极致设置】参数组：主要用来调节抑制器的算法，增强抑制的精确度。

3. 添加【投影】效果

步骤 01：添加【投影】效果。在菜单栏中单击【效果（T）】→【透视】→【投影】命令，完成【投影】效果的添加。

步骤 02：调节【投影】效果的参数，该效果参数的具体调节如图 6.21 所示，在【合成预览】窗口中的截图效果如图 6.22 所示。

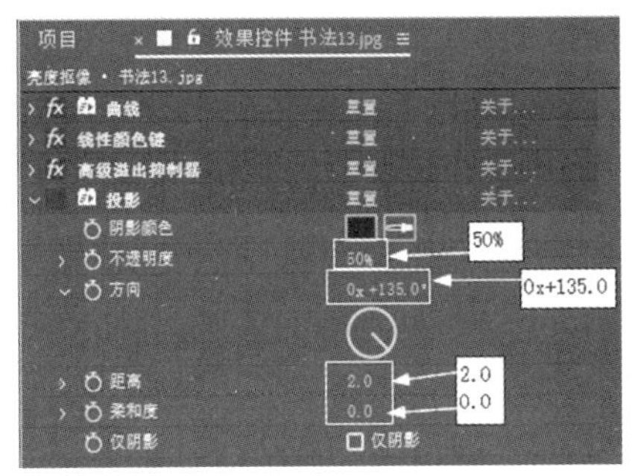

图 6.21 【投影】效果参数设置

图 6.22　在【合成预览】窗口中的截图效果

4.【投影】效果参数介绍

（1）【阴影颜色】：主要用来设置阴影的颜色。

（2）【不透明度】：主要用来设置阴影的透明度。

（3）【方向】：主要用来设置阴影的投影方向。

（4）【距离】：主要用来设置投影与图像之间的距离。

（5）【柔和度】：主要用来设置投影的柔和程度。

（6）【仅阴影】：若勾选此项，则只显示阴影。

视频播放：关于具体介绍，请观看本书光盘上的配套视频“任务四：添加【高级溢出抑制器】效果和【投影】效果.wmv”。

七、拓展训练

根据所学知识和本书提供的素材进行抠像合成，最终画面截图效果如下图所示。

学习笔记：

案例 3：半透明抠像技术

一、案例内容简介

本案例主要介绍如何综合应用【颜色范围】效果、【色阶】效果和【高级溢出抑制器】效果，对画面进行抠像处理。

二、案例效果欣赏

三、案例制作（步骤）流程

任务一：创建合成和导入素材 ➡ 任务二：对“明星.jpg”进行抠像

⬇

任务三：对“明星.jpg”进行调色和图层混合模式的设置

四、制作目的

（1）了解半透明度抠像的原理。

（2）掌握【颜色范围】效果的作用、参数调节和使用方法。

（3）掌握【高级溢出抑制器】效果的作用、参数调节和使用方法。

五、制作过程中需要解决的问题

（1）理解各个效果中参数的作用。

（2）掌握半透明度抠像的基本流程。

（3）熟悉半透明度抠像过程中的技巧。

六、详细操作步骤

半透明度抠像的原理主要对抠像对象进行多次取样，从而达到抠像的目的。主要对玻璃、薄衣服之类的半透明对象进行抠像。

任务一：创建合成和导入素材

1. 创建新合成

步骤 01：启动 After Effects CC 2019。

步骤 02：创建新合成。在菜单栏中单击【合成（C）】→【新建合成（C）…】命令，弹出【合成设置】对话框，在该对话框中，把新建合成命名为“半透明度抠像”，尺寸为“1280px×720px”，持续时间为“10 秒”，其他参数为默认值。

步骤 03：设置完毕，单击【确定】按钮，完成新合成的创建。

2. 导入素材

步骤 01：在【项目】窗口的空白处，单击右键，弹出快捷菜单，在弹出的快捷菜单中单击【导入】→【文件…】命令，弹出【导入文件】对话框。在【导入文件】对话框中，选择需要导入的文件。

步骤 02：单击【导入】按钮，将选择的素材导入【项目】窗口中，如图 6.23 所示。

步骤 03：将导入的素材拖到【半透明度抠像】合成窗口中，如图 6.24 所示。

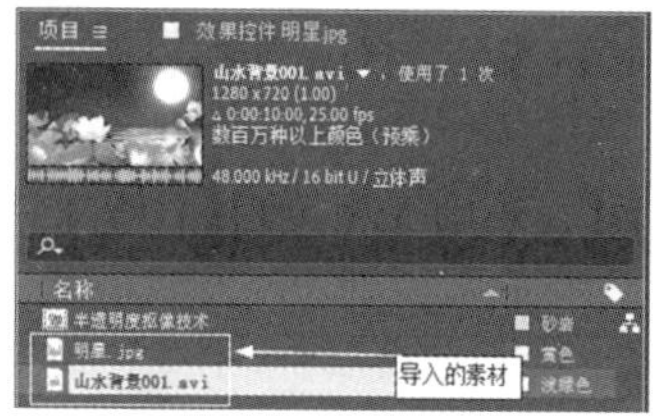

图 6.23　导入的素材

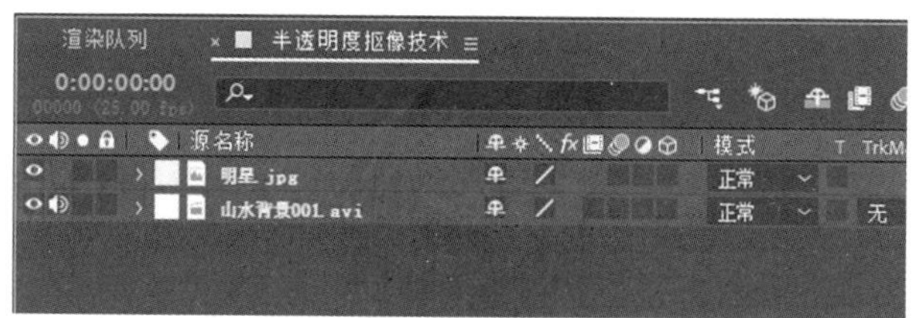

图 6.24　在【半透明度抠像】合成窗口中的效果

视频播放：关于具体介绍，请观看本书光盘上的配套视频“任务一：创建合成和导入素材.wmv”。

任务二：对“明星.jpg”进行抠像

1. 使用【颜色范围】效果进行抠像

步骤 01：在【半透明度抠像】合成窗口中单选 明星.jpg 图层。

步骤 02：添加【颜色范围】效果。在菜单栏中单击【效果（T）】→【抠像】→【颜色范围】命令，完成【颜色范围】效果的添加。

步骤 03：调节【颜色范围】效果参数，在【效果控件】面板中单击【颜色范围】效果参数中的按钮。在【预览】窗口中单击需要抠除的位置，即可对画面进行抠像，再使用工具和工具对画面抠像范围进行添加和减少，最后调节参数，具体调节如图 6.25 所示。在【合成预览】窗口中的截图效果如图 6.26 所示。

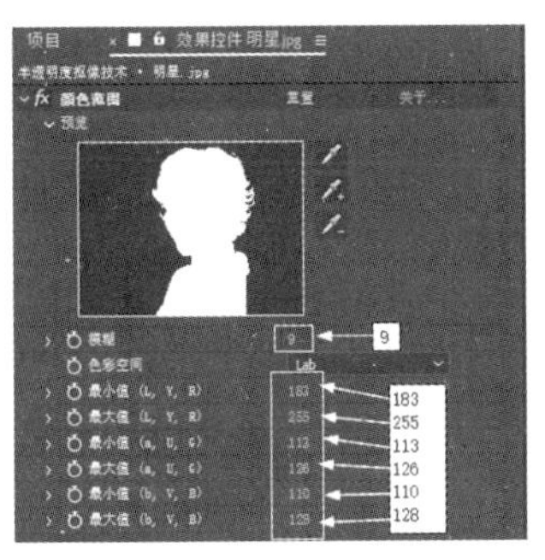

图 6.25 【颜色范围】效果参数设置

图 6.26　在【合成预览】窗口中的截图效果

2.【颜色范围】效果参数介绍

（1）【预览】：为用户提供观察抠像选取效果。

（2）【模糊】：主要用来调节抠像的匹配取样范围。

（3）【色彩空间】：主要用来设置色彩空间的算法，主要有 Lab、YUV 和 RGB 三中方式。

（4）【最小值/最大值（L,Y,R）/(a,U,G)/（b,V,B）】：主要用来精确调节色彩空间参数。

3. 添加【高级溢出抑制器】效果

步骤 01：添加【高级溢出抑制器】效果。在菜单栏中单击【效果（T）】→【抠像】→【高级溢出抑制器】命令，完成【高级溢出抑制器】效果的添加。

步骤 02：设置【高级溢出抑制器】效果的参数，该效果参数的具体设置如图 6.27 所示，在【合成预览】窗口中的截图效果如图 6.28 所示。

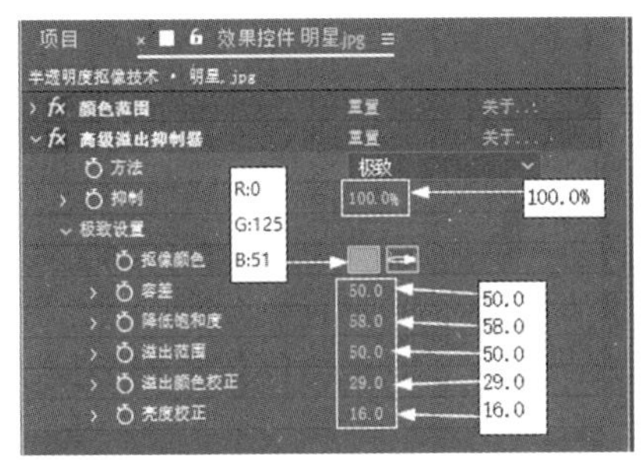

图 6.27 【高级溢出抑制器】参数设置

图 6.28　在【合成预览】窗口中的截图效果

视频播放：关于具体介绍，请观看本书光盘上的配套视频“任务二：对“明星.jpg”进行抠像.wmv”。

任务三：对“明星.jpg”进行调色和图层混合模式的设置

1. 使用【色阶】效果对画面进行调节

步骤 01：选择图层。在【半透明度抠像】合成窗口中单选 明星.jpg 图层。

步骤 02：给选择图层添加【色阶】效果。在菜单栏中单击【效果（T）】→【颜色校正】→【色阶】命令，完成【色阶】效果的添加。

步骤 03：调节【色阶】效果的参数。【色阶】效果参数的具体调节如图 6.29 所示，在【合成预览】窗口中的效果如图 6.30 所示。

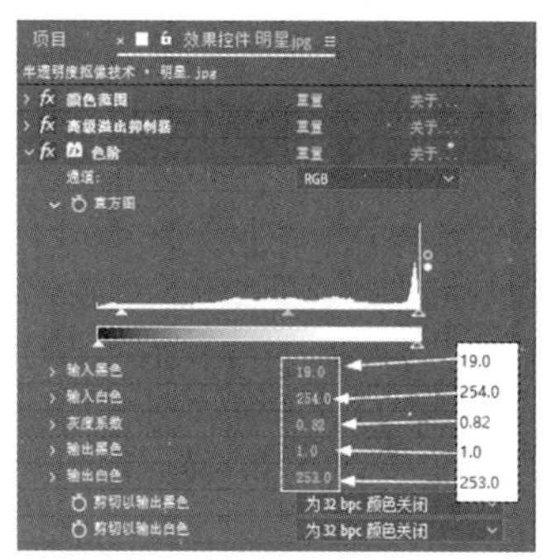

图 6.29 【色阶】效果参数调节

图 6.30 在【合成预览】窗口中的效果

2. 设置图层的混合模式

图层的混合模式设置比较简单，在【半透明度抠像】合成窗口中，将图层混合模式设置为“强光”，如图 6.31 所示。在【合成预览】窗口中的截图效果如图 6.32 所示。

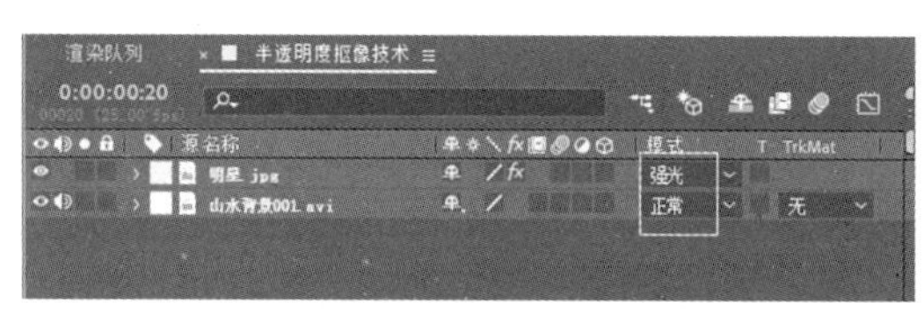

图 6.31 图层混合模式设置

图 6.32 在【合成预览】窗口中的截图效果

视频播放：关于具体介绍，请观看本书光盘上的配套视频“任务三：对“明星.jpg”进行调色和图层混合模式的设置.wmv”。

七、拓展训练

根据所学知识和本书提供的素材进行抠像合成，最终画面截图效果如下图所示。

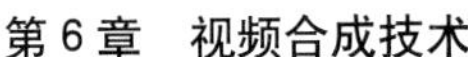

学习笔记：

案例 4：毛发抠像技术

一、案例内容简介

本案例主要介绍如何综合应用【线性颜色键】效果、【高级溢出抑制器】效果和【内部/外部键】效果，对画面进行毛发抠像处理。

二、案例效果欣赏

三、案例制作（步骤）流程

任务一：创建合成和导入素材 ➡ 任务二：对“西方美女.jpg”图层进行抠像

⬇

任务四：调节画面的亮度对比度 ⬅ 任务三：对抠像后的画面边缘进行处理

四、制作目的

（1）了解毛发抠像的原理。

（2）掌握【线性颜色键】效果的作用、参数调节和使用方法。

（3）掌握【内部/外部键】效果的作用、参数调节和使用方法。

五、制作过程中需要解决的问题

（1）理解各个效果中参数的作用。

（2）掌握毛发抠像的基本流程。

（3）熟悉毛发抠像过程中的技巧。

六、详细操作步骤

对毛发进行抠像，是影视后期特效合成中最难的工作，因为毛发本身容易残留背景色，

既要去除残留的背景色，又要保留毛发的完整性，使用前面介绍的普通抠像技术是没法做到的。在本案例中，使用一些特殊抠像效果来完成毛发的抠像。

任务一：创建合成和导入素材

1. 创建新合成

步骤 01：启动 After Effects CC 2019。

步骤 02：创建新合成。在菜单栏中单击【合成（C）】→【新建合成（C）…】命令，弹出【合成设置】对话框。在该对话框中，把新建的合成命名为“毛发抠像技术”，尺寸为“1280px×720px”，持续时间为“10 秒”，其他参数为默认值。

步骤 03：设置完毕，单击【确定】按钮，完成新合成的创建。

2. 导入素材

步骤 01：在【项目】窗口的空白处单击右键，弹出快捷菜单，在弹出的快捷菜单中单击【导入】→【文件…】命令，弹出【导入文件】对话框。在【导入文件】对话框中，选择需要导入的文件。

步骤 02：单击【导入】按钮，将选择的素材导入【项目】窗口中，如图 6.33 所示。

步骤 03：将导入的素材拖到【毛发抠像技术】合成窗口中，如图 6.34 所示。

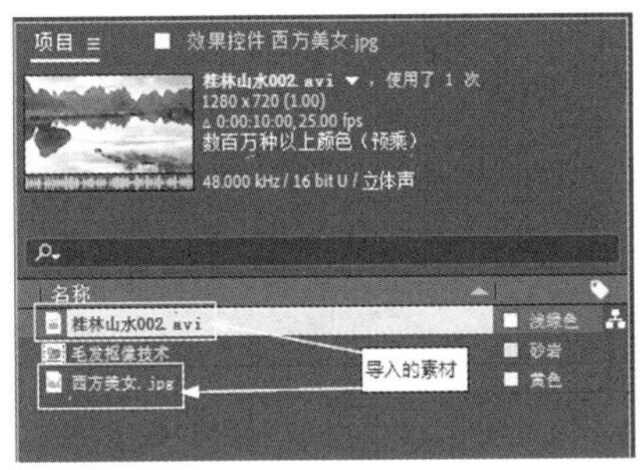

图 6.33　导入的素材

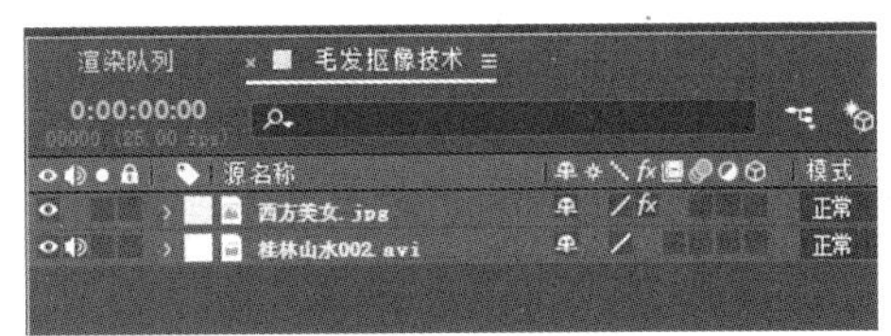

图 6.34　在【毛发抠像技术】合成窗口中的效果

视频播放：关于具体介绍，请观看本书光盘上的配套视频“任务一：创建合成和导入素材.wmv”。

任务二：对“西方美女.jpg”图层进行抠像

1. 使用【颜色范围】效果进行抠像

步骤 01：选择图层。在【毛发抠像技术】合成窗口中单选 西方美女.jpg 图层。

步骤 02：添加【线性颜色键】效果。在菜单栏中单击【效果（T）】→【抠像】→【线性颜色键】命令，完成【线性颜色键】效果的添加。

步骤 03：调节【线性颜色键】参数，具体调节如图 6.35 所示。在【合成预览】窗口中的截图效果如图 6.36 所示。

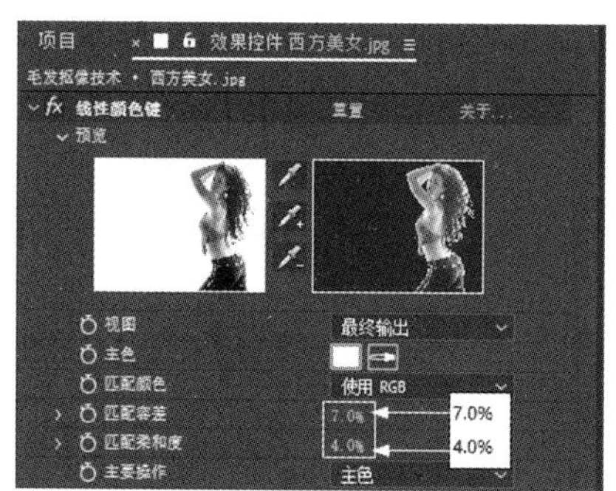

图 6.35 【线性颜色键】效果参数调节

图 6.36 在【合成预览】窗口中的截图效果

2. 添加【高级溢出抑制器】效果

步骤 01：添加【高级溢出抑制器】效果。在菜单栏中单击【效果（T）】→【抠像】→【高级溢出抑制器】命令，完成【高级溢出抑制器】的添加。

步骤 02：调节【高级溢出抑制器】参数，具体调节如图 6.37 所示。在【合成预览】窗口中的截图效果如图 6.38 所示。

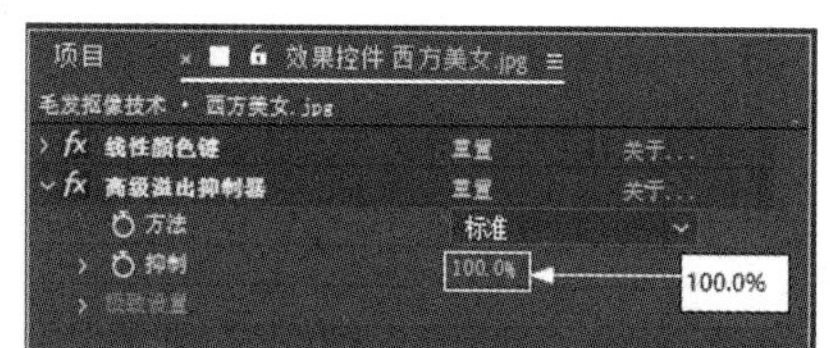

图 6.37 【高级溢出抑制器】效果参数调节

图 6.38 在【合成预览】窗口中的截图效果

视频播放：关于具体介绍，请观看本书光盘上的配套视频“任务二：对“西方美女.jpg”图层进行抠像.wmv”。

任务三：对抠像后的画面边缘进行处理

步骤 01：在【毛发抠像技术】合成窗口中单选西方美女.jpg图层。

步骤 02：绘制“遮罩 1”。在工具箱中单击（钢笔工具），在【合成预览】窗口中绘制第 1 个遮罩，如图 6.39 所示。

步骤 03：绘制“遮罩 2”。继续使用（钢笔工具），在【合成预览】窗口中绘制第 2 个遮罩，系统自动命名为“遮罩 2”。绘制好的“遮罩 2”在【合成预览】窗口中的效果如图 6.40 所示。

图 6.39　“遮罩 1”【合成预览】窗口中的效果

图 6.40　“遮罩 2”【合成预览】窗口中的效果

步骤 04：添加【内部/外部键】效果。在菜单栏中单击【效果（T）】→【抠像】→【内部/外部键】命令，完成【内部/外部键】效果的添加。

步骤 05：调节【内部/外部键】效果参数，具体调节如图 6.41 所示，在【合成预览】窗口中的效果如图 6.42 所示。

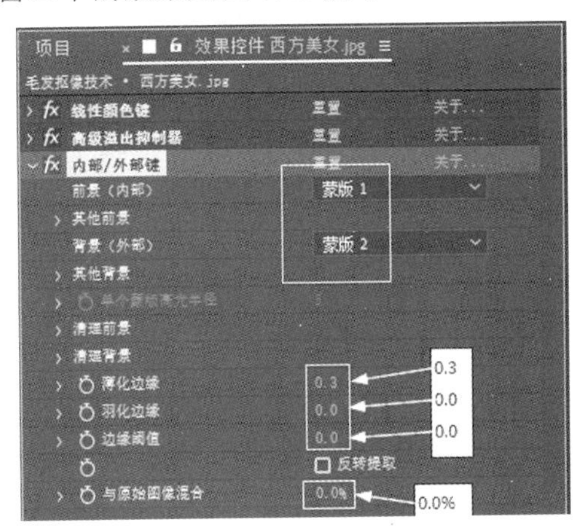

图 6.41 【内部/外部键】效果参数调节

图 6.42　在【合成预览】窗口中的效果

视频播放：关于具体介绍，请观看本书光盘上的配套视频“任务三：对抠像后的画面边缘进行处理.wmv”。

任务四：调节画面的亮度对比度

步骤 01：创建调整图层。在【毛发抠像技术】合成窗口中的空白处，单击右键，弹出快捷菜单。在弹出的快捷菜单中单击【新建】→【调整图层（A）】命令，完成调整图层的创建。

步骤 02：在【毛发抠像技术】合成窗口中单选刚创建的调整图层，如图 6.43 所示。

步骤 03：给调整图层添加【曲线】效果。在菜单栏中单击【效果（T）】→【颜色校正】→【曲线】命令，给选择图层添加【曲线】效果。

步骤 04：调节【曲线】效果参数，具体调节如图 6.44 所示。在【合成预览】窗口中的截图效果如图 6.45 所示。

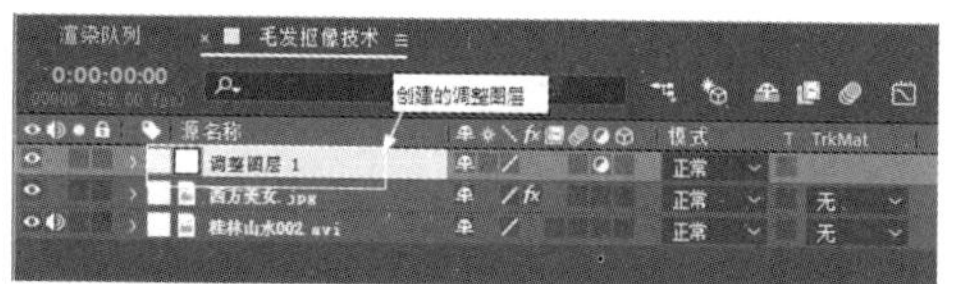

图 6.43　选择调整图层

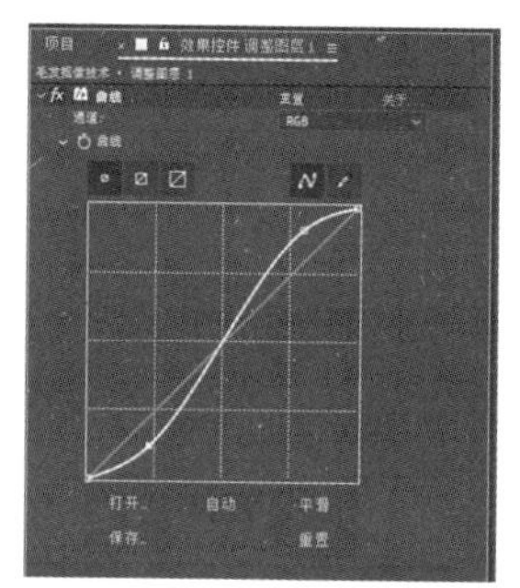

图 6.44 【曲线】效果参数调节

图 6.45　在【合成预览】窗口中的截图效果

视频播放：关于具体介绍，请观看本书光盘上的配套视频“任务四：调节画面的亮度对比度.wmv”。

七、拓展训练

根据所学知识和本书提供的素材进行抠像合成，最终画面截图效果如下图所示。

学习笔记：

案例 5：替换背景操作

一、案例内容简介

本案例主要介绍如何综合应用【边角定位】效果、【颜色范围】效果和【颜色链接】效果，对画面进行背景替换操作。

二、案例效果欣赏

三、案例制作（步骤）流程

任务一：创建合成和导入素材 ➡ 任务二：绘制遮罩 ➡ 任务三：调整画面的视角 ⬇ 任务四：对前景进行抠像 ➡ 任务五：画面色彩匹配

四、制作目的

（1）了解替换背景的原理。

（2）掌握【颜色链接】效果的作用、参数调节和使用方法。

（3）掌握【边角定位】效果的作用、参数调节和使用方法。

五、制作过程中需要解决的问题

（1）理解各个效果中参数的作用。

（2）掌握替换背景的基本流程。

（3）熟悉替换背景过程中的技巧。

六、详细操作步骤

在影视后期特效合成中，经常会遇到前景色与背景色的亮度、色调不协调，特别是前景为静态图片而背景为变化多端的动态背景时，为了很好地进行合成，就需要综合应用After Effects CC 2019 中的相关特效组来完成。

任务一：创建合成和导入素材

1. 创建新合成

步骤 01： 启动 After Effects CC 2019。

步骤 02： 创建新合成。在菜单栏中单击【合成（C）】→【新建合成（C）…】命令，弹出【合成设置】对话框。在该对话框中，把新建的合成命名为“替换背景”，尺寸为“1280px×720px”，持续时间为“10 秒”，其他参数为默认值。

步骤 03： 设置完毕，单击【确定】按钮，完成新合成的创建。

2. 导入素材

步骤 01： 在【项目】窗口的空白处，单击右键，弹出快捷菜单。在弹出的快捷菜单中单击【导入】→【文件…】命令，弹出【导入文件】对话框。在【导入文件】对话框中，选择需要导入的文件。

步骤 02： 单击【导入】按钮，将选中的素材导入【项目】窗口中，如图 6.46 所示。

步骤 03： 将导入的素材拖到【替换背景】合成窗口中，如图 6.47 所示。

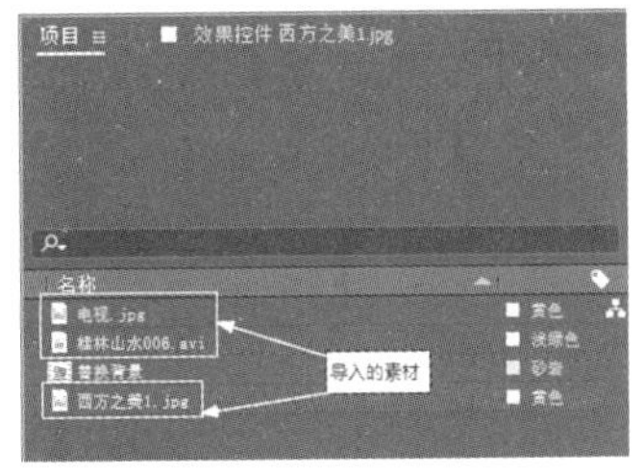

图 6.46　导入的素材

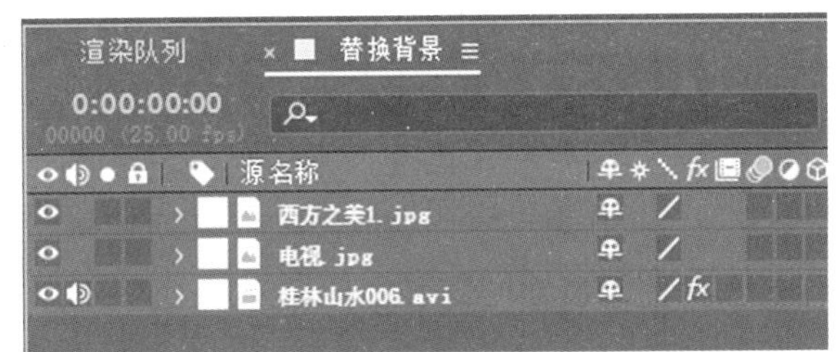

图 6.47　在【替换背景】合成窗口中的效果

视频播放： 关于具体介绍，请观看本书光盘上的配套视频“任务一：创建合成和导入素材.wmv”。

任务二：绘制遮罩

步骤 01： 选择图层。在【替换背景】合成窗口中单选 电视.jpg 图层。

步骤 02： 绘制遮罩。在工具箱中单击（钢笔工具），在【合成预览】窗口中绘制如图 6.48 所示的闭合遮罩路径。在【替换背景】合成窗口中的闭合遮罩效果如图 6.49 所示。

图 6.48　在【合成预览】窗口中绘制的闭合遮罩路径

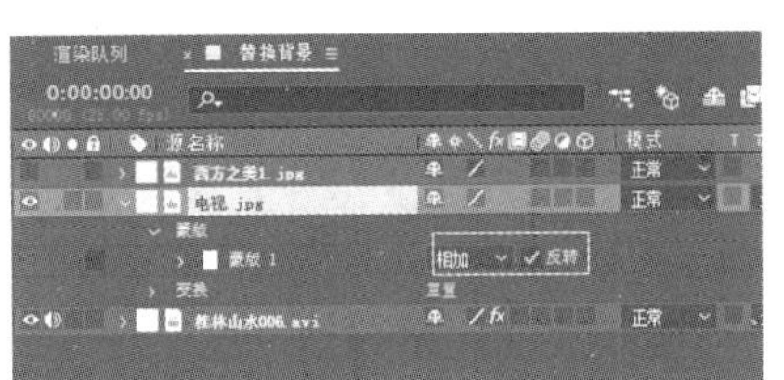

图 6.49　闭合遮罩效果

视频播放：关于具体介绍，请观看本书光盘上的配套视频“任务二：绘制遮罩.wmv”。

任务三：调整画面的视角

步骤 01：选择图层。在【替换背景】合成窗口中单选 桂林山水006.avi 图层。

步骤 02：调整画面的视角。在菜单栏中单击【效果（T）】→【扭曲】→【边角定位】命令，完成【边角定位】效果的添加。

步骤 03：调节【边角定位】效果参数。具体调节如图 6.50 所示，在【合成预览】窗口中的截图效果如图 6.51 所示。

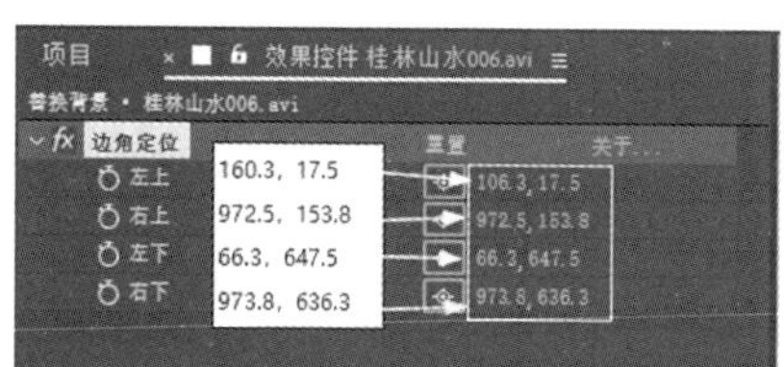

图 6.50 【边角定位】效果参数调节

图 6.51 在【合成预览】窗口中的截图效果

视频播放：关于具体介绍，请观看本书光盘上的配套视频“任务三：调整画面的视角.wmv”。

任务四：对前景进行抠像

步骤 01：在【替换背景】合成窗口中单选 西方之美1.jpg 图层。

步骤 02：添加【曲线】效果。在菜单栏中单击【效果（T）】→【颜色校正】→【曲线】效果，完成【曲线】效果的添加。

步骤 03：调节【曲线】效果的参数。具体调节如图 6.52 所示，在【合成预览】窗口中的截图效果如图 6.53 所示。

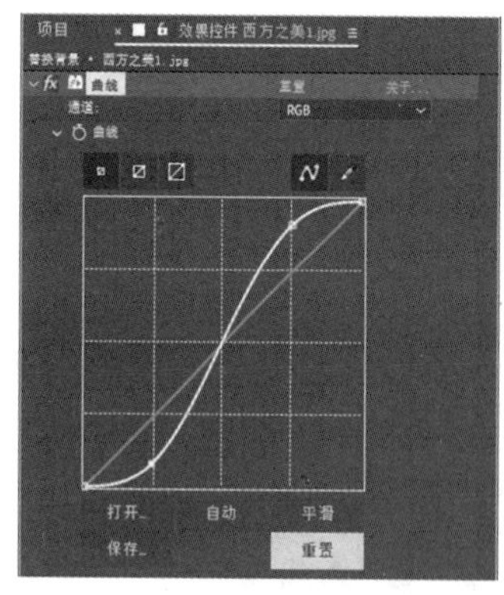

图 6.52 【曲线】效果参数调节

图 6.53 在【合成预览】窗口中的截图效果

步骤 04：添加【颜色范围】效果。在菜单栏中单击【效果（T）】→【抠像】→【颜色范围】命令，完成【颜色范围】效果的添加。

步骤 05：调节【颜色范围】效果参数。具体调节如图 6.54 所示，在【合成预览】窗口中的截图效果如图 6.55 所示。

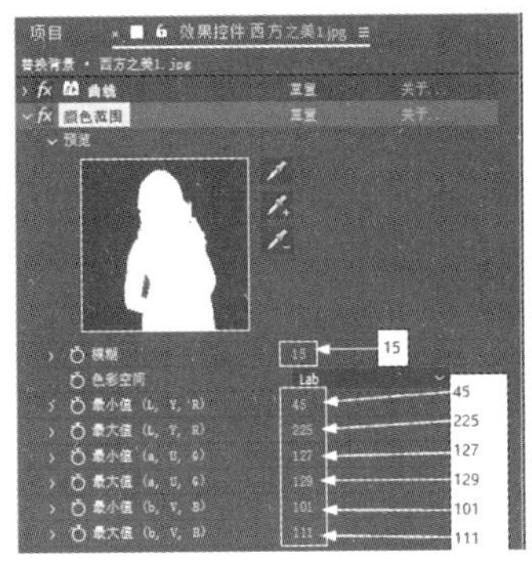

图 6.54 【颜色范围】效果参数调节

图 6.55　在【合成预览】窗口中的截图效果

步骤 06：添加【遮罩阻塞工具】效果。在菜单栏中单击【效果（T）】→【遮罩】→【遮罩阻塞工具】命令，完成【遮罩阻塞工具】的添加。

步骤 07：调节【遮罩阻塞工具】效果参数。具体调节如图 6.56 所示，在【合成预览】窗口中的截图效果如图 6.57 所示。

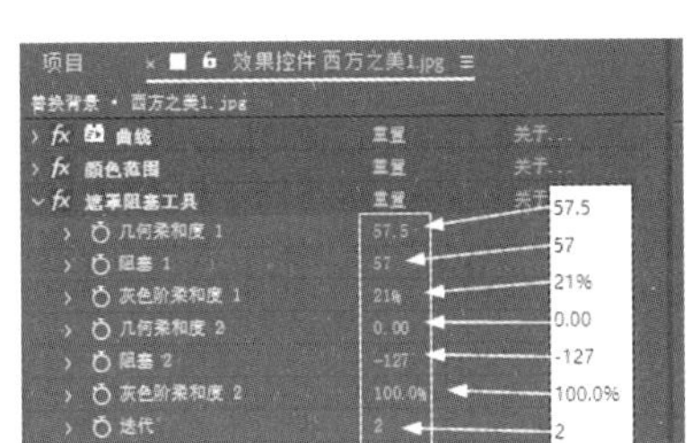

图 6.56 【遮罩阻塞工具】效果参数调节

图 6.57　在【合成预览】窗口中的截图效果

视频播放：关于具体介绍，请观看本书光盘上的配套视频“任务四：对前景进行抠像.wmv”。

任务五：画面色彩匹配

1. 添加【颜色链接】效果

画面色彩匹配主要通过【颜色链接】效果来完成。

步骤 01：选择图层。在【替换背景】合成窗口中单选 西方之美1.jpg 图层。

步骤 02：添加【颜色链接】效果。在菜单栏中单击【效果（T）】→【颜色校正】→【颜色链接】命令，完成【颜色链接】效果的添加。

步骤 03：调节【颜色链接】效果参数。具体调节如图 6.58 所示，在【合成预览】窗口中的截图效果如图 6.59 所示。

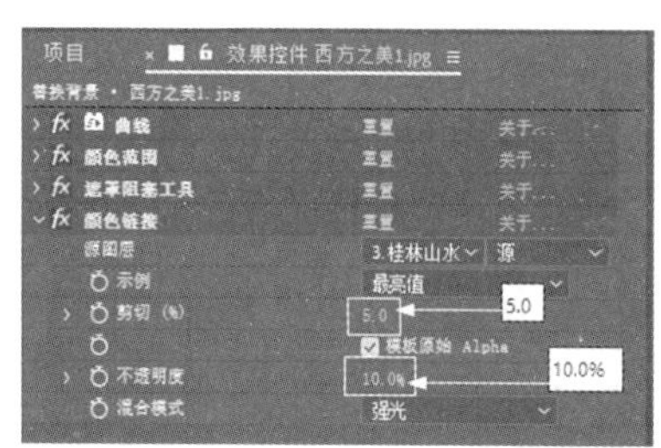

图 6.58 【颜色链接】效果参数调节

图 6.59 在【合成预览】窗口中的截图效果

步骤 04：选择图层。在【替换背景】合成窗口中单选 电视.jpg 图层。

步骤 05：添加【颜色链接】效果。在菜单栏中单击【效果（T）】→【颜色校正】→【颜色链接】命令，完成【颜色链接】效果的添加。

步骤 06：再次调节【颜色链接】效果参数。具体调节如图 6.60 所示，在【合成预览】窗口中的截图效果如图 6.61 所示。

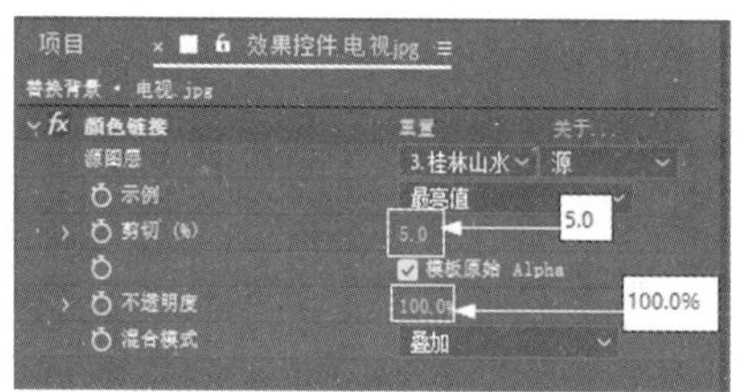

图 6.60 【颜色链接】效果参数再次调节

图 6.61 在【合成预览】窗口中的截图效果

2.【颜色链接】效果参数介绍

（1）【源图层】：主要用来设置需要颜色匹配的图层。

（2）【示例】：主要用来选取颜色取样点的调整方式。

（3）【剪切（%）】：主要用来设置剪切百分比数值。

（4）【模板原始 Alpha】：主要用来设置原稿的透明模板或类似透明区域。

（5）【不透明度】：主要用来调节效果的透明度。

（6）【混合模式】：主要用来设置效果的混合模式。

视频播放：关于具体介绍，请观看本书光盘上的配套视频“任务五：画面色彩匹配.wmv”。

七、拓展训练

根据所学知识和本书提供的素材进行抠像合成，最终画面截图效果如下图所示。

学习笔记：

第 7 章　三维空间效果

知识点

案例 1：制作风景环绕效果
案例 2：制作风景长廊
案例 3：制作三维空间文字动画
案例 4：制作立方体旋转动画

说明

本章主要通过 4 个案例，全面讲解创建三维空间效果的原理和方法。

教学建议课时数

一般情况下需要 6 课时。其中，理论 2 课时，实际操作 4 课时（特殊情况下可做相应调整）。

在本章中主要通过 4 个案例全面介绍三维空间效果的创建原理和方法。在 After Effects CC 2019 中普通图层都可以转换为 3D 图层，转换之后的图层具有透视深度属性。通过使用摄影机或灯光等技术创建三维空间效果，使作品具有强烈的视觉冲击力。

案例 1：制作风景环绕效果

一、案例内容简介

本案例主要介绍使用“摄像机”图层、3D 图层和“空对象”图层来实现风景环绕效果的制作。

二、案例效果欣赏

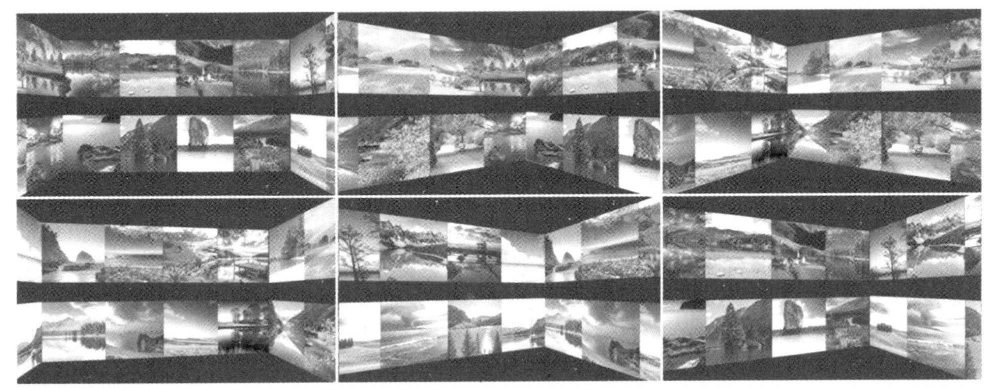

三、案例制作（步骤）流程

任务一：创建合成和导入素材 ➡ 任务二：转换为预合成
⬇
任务三：将嵌套图层转换为3D图层并调节位置
⬇
任务四：创建摄像机 ➡ 任务五：创建“空对象”图层

四、制作目的

（1）了解风景环绕效果制作的原理。
（2）掌握“摄像机”图层的创建原理、参数的作用和调节。
（3）掌握“空对象”图层的作用和使用方法。

五、制作过程中需要解决的问题

（1）掌握 3D 图层的工作原理。
（2）掌握 3D 图层的参数调节。

（3）掌握“摄像机”图层的相关操作。

（4）掌握视听语言中的相关基础知识。

六、详细操作步骤

风景环绕效果的制作思路：制作4个图像合成，对4个图像合成进行嵌套，再将嵌套合成转换为3D图层；对3D图层进行位置和旋转操作，使用“摄像机”功能创建透视的三维空间，再通过调整图层的父子关系进行统一的位移和旋转等操作。

任务一：创建合成和导入素材

1. 创建新合成

步骤01：启动After Effects CC 2019。

步骤02：创建新合成。在菜单栏中单击【合成（C）】→【新建合成（C）…】命令，弹出【合成设置】对话框。在该对话框中，把新建的合成命名为“风景环绕效果”，尺寸为“1280px×720px”，持续时间为“10秒”，其他参数为默认值。

步骤03：设置完参数，单击【确定】按钮，完成新合成的创建。

2. 导入素材

步骤01：在【项目】窗口的空白处，单击右键，弹出快捷菜单。在弹出的快捷菜单中单击【导入】→【文件…】命令，弹出【导入文件】对话框。在【导入文件】对话框中，选择需要导入的图片素材，如图7.1所示。

图7.1　选择需要导入的图片素材

步骤02：单击【导入】按钮，将选择的图片素材导入【项目】窗口中。

步骤03：将“1.jpg”至“8.jpg”的图片素材拖到【风景环绕效果】合成窗口中，

如图 7.2 所示。

步骤 04：通过调节图层的“变换”属性的“位置”参数，调节图片素材在【合成预览】窗口中的位置，调节之后的最终效果如图 7.3 所示。

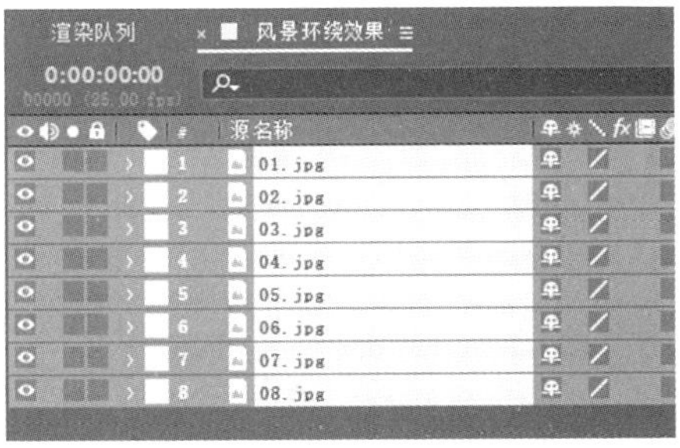

图 7.2　在【风景环绕效果】合成窗口中的图层

图 7.3　最终效果

视频播放：关于具体介绍，请观看本书光盘上的配套视频“任务一：创建合成和导入素材.wmv”。

任务二：转换为预合成

步骤 01：在【风景环绕效果】合成窗口中框选所有图层。

步骤 02：在菜单栏中单击【图层（L）】→【预合成（P）…】命令（或按“Ctrl+Shift+C”组合键），弹出【预合成】对话框，具体参数设置如图 7.4 所示。

步骤 03：设置完参数之后，单击【确定】按钮，完成【预合成】的创建，如图 7.5 所示。

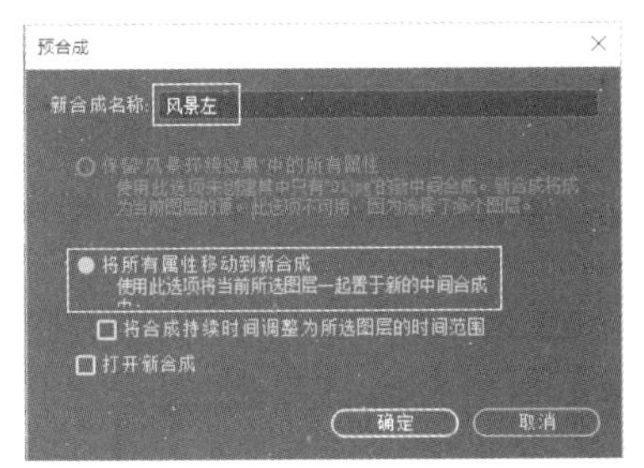

图 7.4　【预合成】对话框参数设置

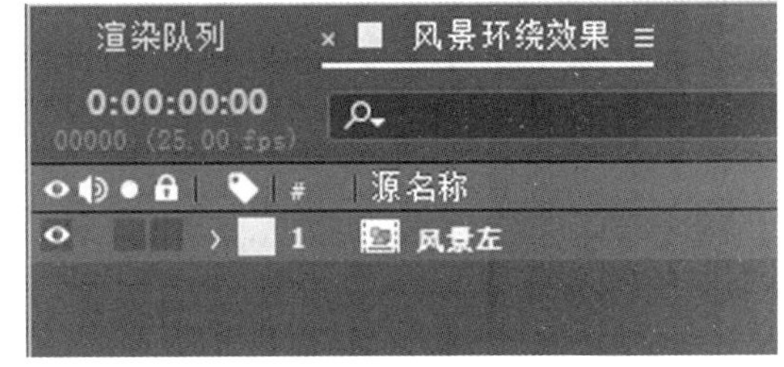

图 7.5　创建的【预合成】

步骤 04：方法同上，继续创建【风景右】、【风景前】和【风景后】3 个预合成，最终的 4 个预合成嵌套效果如图 7.6 所示。

图 7.6　最终的 4 个预合成嵌套效果

视频播放：关于具体介绍，请观看本书光盘上的配套视频“任务二：转换为预合成.wmv”。

任务三：将嵌套图层转换为3D图层并调节位置

步骤01：将【风景环绕效果】合成窗口中的嵌套图层转换为3D图层，如图7.7所示。

步骤02：将【合成预览】窗口切换为4个视图显示模式。单击【合成预览】下方的▣（选择视图布局）按钮，弹出下拉菜单。在弹出的下拉菜单中，单击【4个视图-左侧】选项，将【合成预览】窗口切换为4个视图显示模式，如图7.8所示。

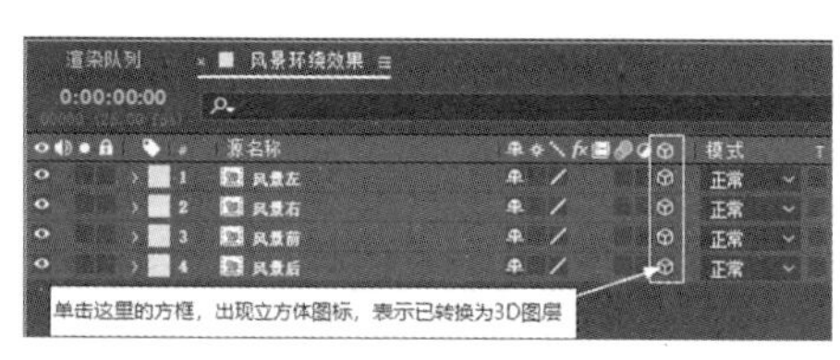

图7.7　嵌套图层转为3D图层的效果

图7.8　4个视图显示模式

步骤03：在【风景环绕效果】窗口中调节嵌套图层参数，具体调节如图7.9所示，在【合成预览】窗口中的效果如图7.10所示。

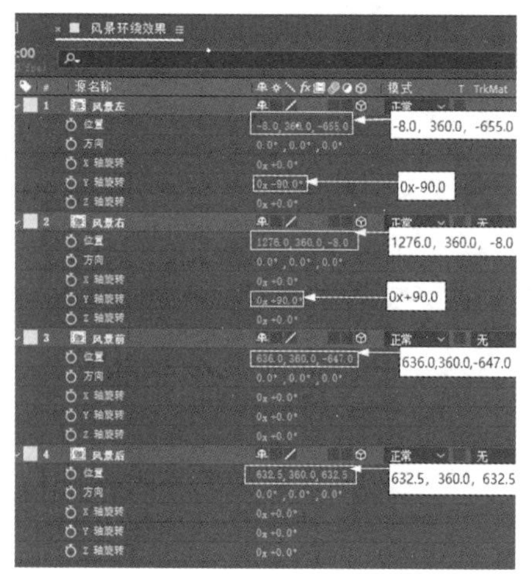

图7.9　嵌套图层的参数调节

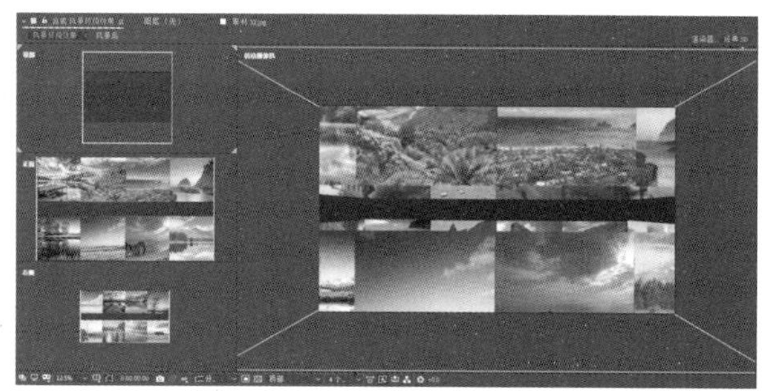

图7.10　【合成预览】窗口中的效果

提示：在合成窗口中框选所有图层，若按“P”键，则显示所有图层的“位置”属性；若按“Shift+R”组合键，则显示图层的“位置”和“旋转”属性；若按“S”键，则显示图层的“缩放”属性；若再按已经显示属性的字母，则全部收起。

视频播放：关于具体介绍，请观看本书光盘上的配套视频“任务三：将嵌套图层转换为3D图层并调节位置.wmv”。

任务四：创建摄像机

步骤 01：在【风景环绕效果】合成窗口中的空白处，单击右键，弹出快捷菜单。在弹出的快捷菜单中单击【新建】→【摄像机（C）…】命令，弹出【摄像机设置】对话框，如图 7.11 所示。

步骤 02：对【摄像机设置】对话框参数选择默认值，单击【确定】按钮，完成“摄像机”图层的创建。

步骤 03：在【风景环绕效果】窗口中，调节【摄像机 1】图层的参数。具体调节如图 7.12 所示，在【合成预览】窗口中的效果如图 7.13 所示。

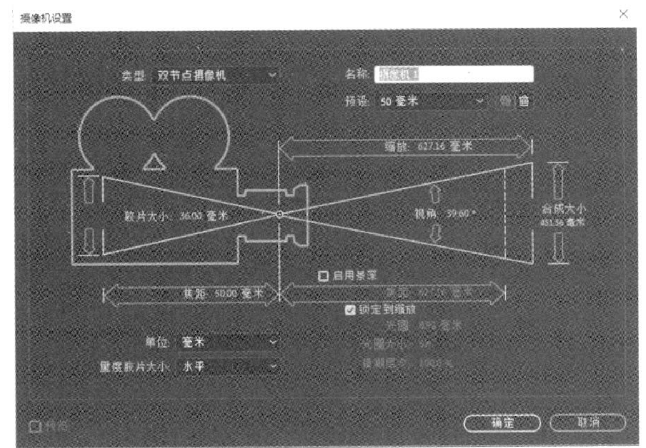

图 7.11　【摄像机设置】对话框

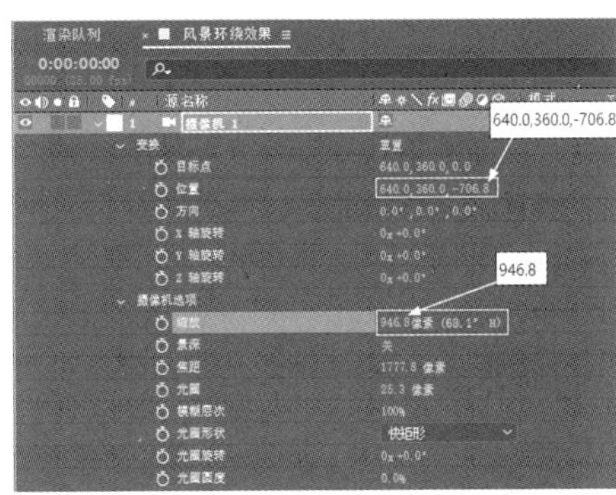

图 7.12　【摄像机 1】图层参数调节

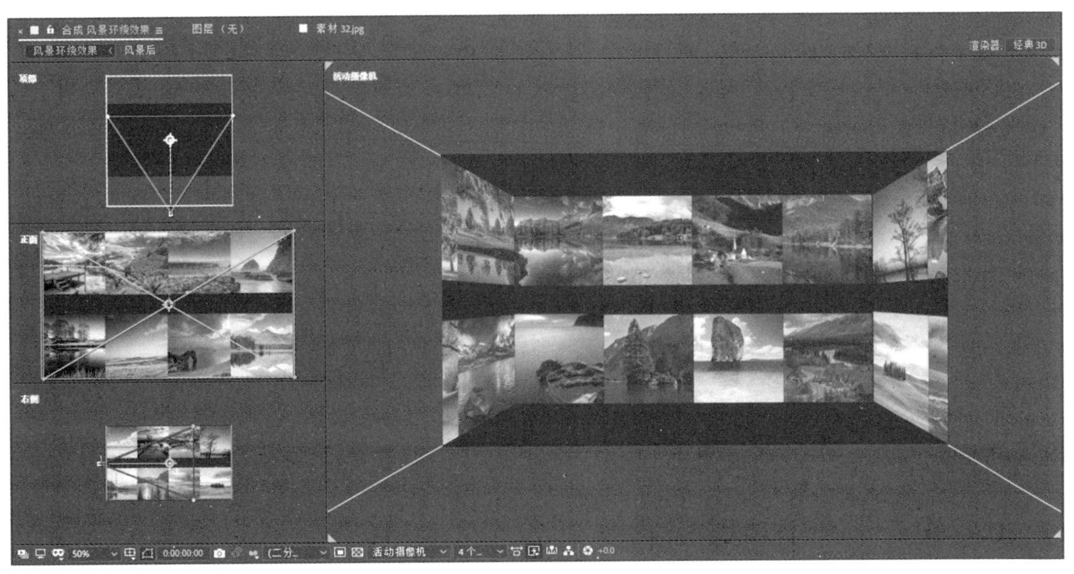

图 7.13　在【合成预览】窗口中的效果

视频播放：关于具体介绍，请观看本书光盘上的配套视频“任务四：创建摄像机.wmv”。

任务五：创建“空对象”图层

创建“空对象”图层的目的是通过“空对象”图层来控制所有嵌套图层的旋转运动。

步骤 01：创建“空对象”图层。在【风景环绕效果】合成窗口的空白处，单击右键，弹出快捷菜单。在弹出的快捷菜单中单击【新建】→【空对象（N）】命令，完成“空对象 1”图层的创建，如图 7.14 所示。

步骤 02：将其他 4 个嵌套图层设置为空对象1图层的子图层，如图 7.15 所示。

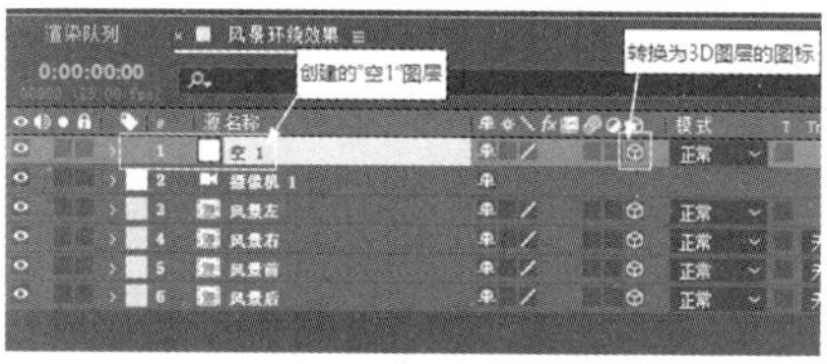

图 7.14　创建的“空对象 1”图层

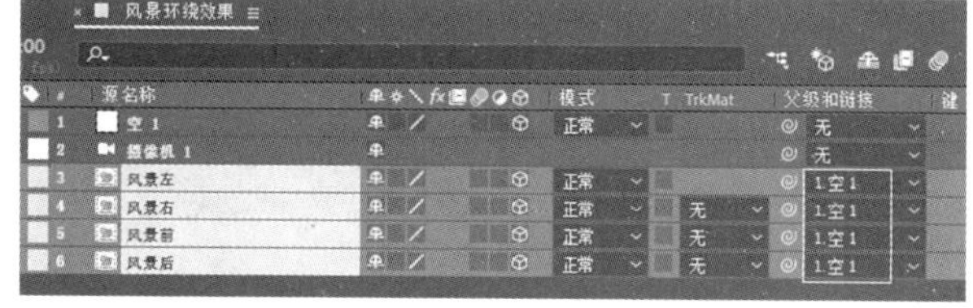

图 7.15　设置“空对象 1”的子图层

步骤 03：将（时间指针）移到第 00 秒 00 帧的位置，给空对象1图层的旋转属性设置关键帧，如图 7.16 所示。

步骤 04：将（时间指针）移到第 09 秒 24 帧的位置，设置空对象1的旋转属性，具体设置如图 7.17 所示。

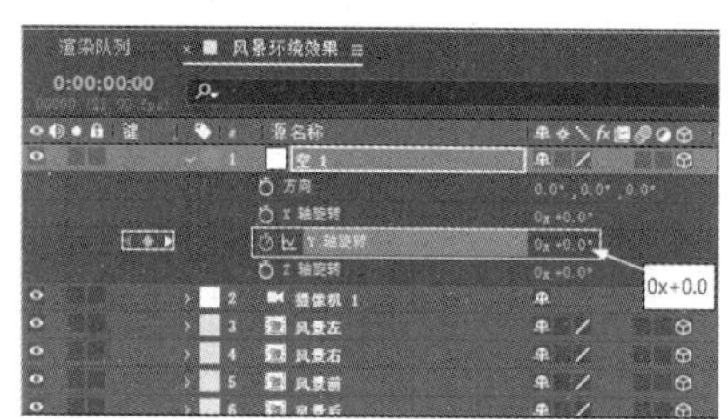

图 7.16　“空对象 1”图层的旋转参数设置

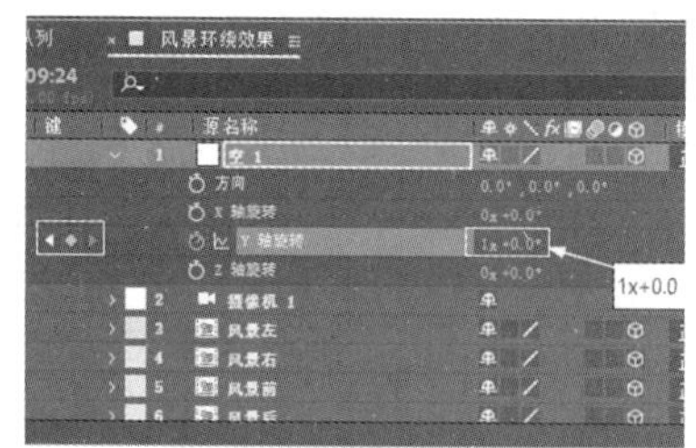

图 7.17　第 09 秒 24 帧的位置的旋转属性参数设置

步骤 05：将【预览合成】窗口切换为单视图显示，单击【合成预览】下方的（选择视图布局）按钮，弹出下拉菜单。在弹出的下拉菜单中单击【1 个视图】项，将【合成预览】窗口切换为 1 个视图显示，在【合成预览】窗口中的截图效果如图 7.18 所示。

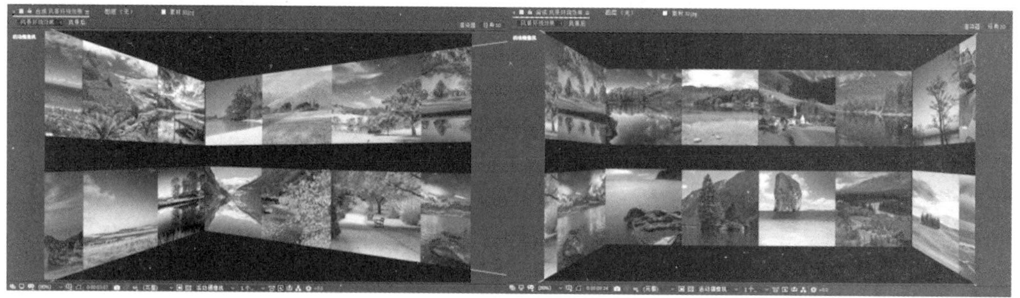

图 7.18　在【合成预览】窗口中的截图效果

视频播放：关于具体介绍，请观看本书光盘上的配套视频“任务五：创建“空对象”图层.wmv”。

七、拓展训练

根据所学知识，用本书提供的素材进行合成操作，最终画面截图效果如下图所示。

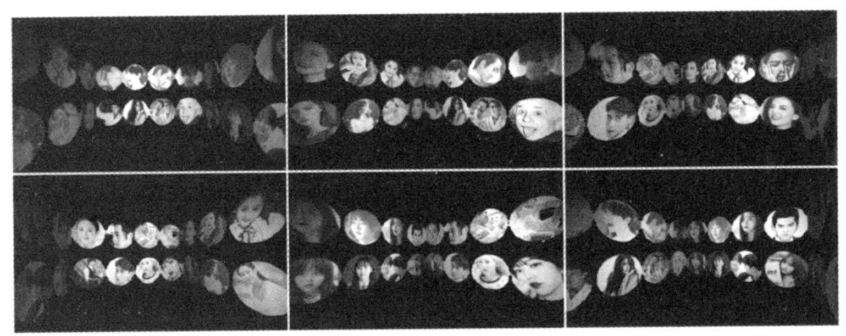

学习笔记：

案例2：制作风景长廊

一、案例内容简介

本案例主要介绍如何使用多个“摄像机”图层多视角控制显示、3D图层、“空对象”图层和合成嵌套等技术来实现风景长廊的制作。

二、案例效果欣赏

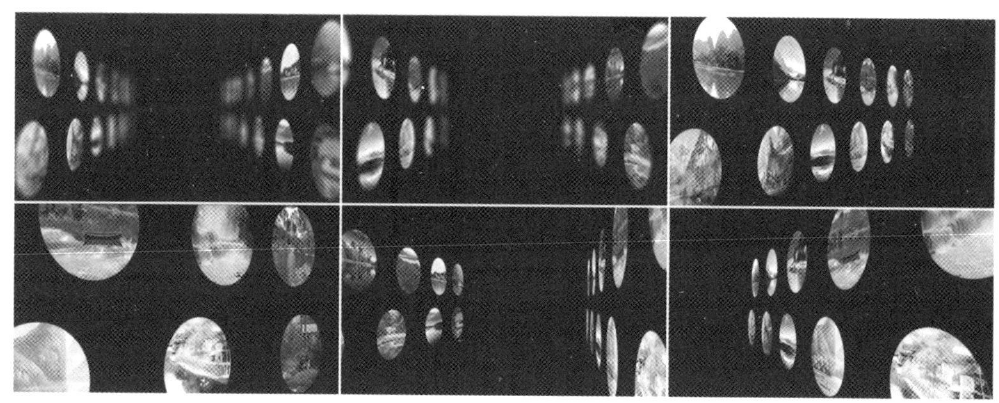

三、案例制作（步骤）流程

任务一：创建合成和导入素材 ➡ 任务二：创建风景长廊合成
⬇
任务四：制作摄影机动画 ⬅ 任务三：制作合成嵌套

四、制作目的

（1）了解风景长廊制作的原理。
（2）掌握多个“摄像机”之间的相互转场的原理、方法和技巧。
（3）掌握“嵌套图层”的原理和基本规则。

五、制作过程中需要解决的问题

（1）掌握“摄像机”的工作原理。
（2）掌握“摄像机”基本参数的作用和调节方法。
（3）掌握“嵌套”的原理和注意事项。
（4）掌握视听语言中的景别和镜头的相关知识。

六、详细操作步骤

风景长廊的制作思路：将大量风景图片在三维空间中排列为一条长廊，然后通过“摄

像机”图层的位置改变来模拟“摄像机”在风景长廊中的穿行效果。

在本案例中还使用多个“摄像机”和视角切换的方法、标尺和参考线。

任务一：创建合成和导入素材

1. 创建新合成

步骤 01：启动 After Effects CC 2019。

步骤 02：创建新合成。在菜单栏中单击【合成（C）】→【新建合成（C）…】命令，弹出【合成设置】对话框。在该对话框中，把新建的合成命名为“制作风景长廊”，尺寸为“1280px×720px”，持续时间为“10 秒”，其他参数为默认值。

步骤 03：设置完毕，单击【确定】按钮，完成新合成的创建。

2. 导入素材

步骤 01：在【项目】窗口的空白处，单击右键，弹出快捷菜单。在弹出的快捷菜单中单击【导入】→【文件…】命令，弹出【导入文件】对话框。在【导入文件】对话框中选择需要导入的图片素材，如图 7.19 所示。

步骤 02：单击【导入】按钮，弹出【图形图片素材.psd】对话框，具体设置如图 7.20 所示。

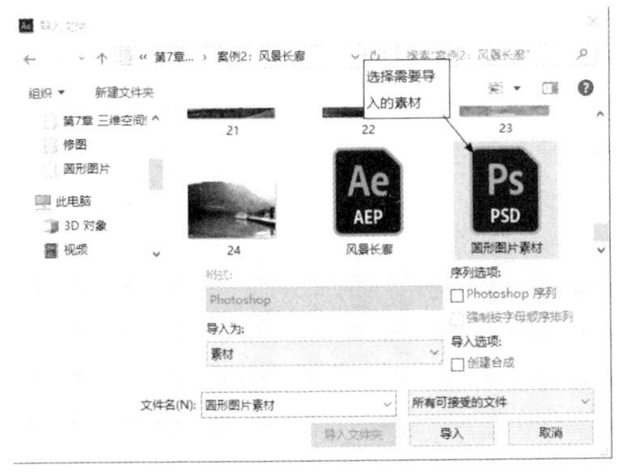

图 7.19　【导入文件】对话框

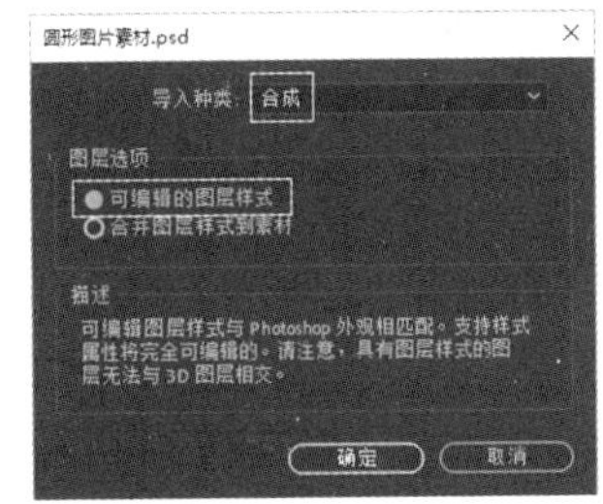

图 7.20　【图形图片素材.psd】对话框参数设置

步骤 03：单击【确定】按钮，将选择的“.psd”文件导入【项目】文件中，如图 7.21 所示。

视频播放：关于具体介绍，请观看本书光盘上的配套视频“任务一：创建合成和导入素材.wmv”。

任务二：创建风景长廊合成

步骤 01：在菜单栏中单击【合成（C）】→【新建合成（C）…】命令，弹出【合成设置】对话框。在该对话框中，把新建的合成命名为“风景长廊 01”，尺寸为“3000px×720px”，持续时间为“10 秒”，其他参数为默认值。

步骤 02：设置完毕，单击【确定】按钮，完成新合成的创建。

步骤 03：将素材拖到【风景长廊 01】合成窗口中，如图 7.22 所示。

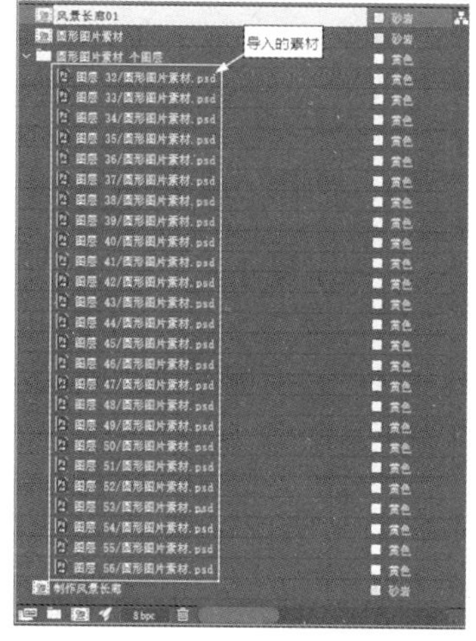

图 7.21　导入的素材文件

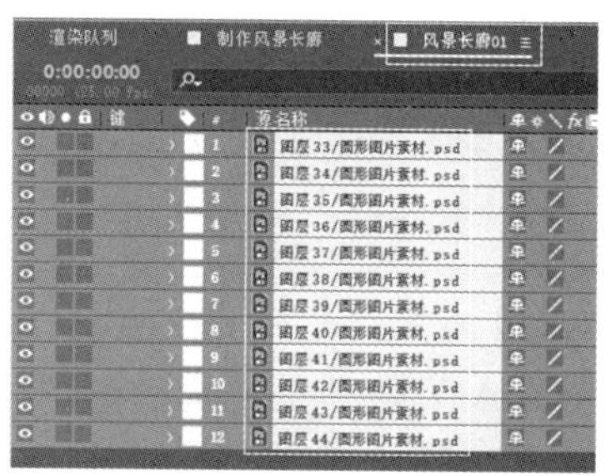

图 7.22　在【风景长廊 01】合成窗口中的效果

步骤 04：在【合成预览】窗口中调节图片的排布，最终效果如图 7.23 所示。

图 7.23　图片的排布效果

步骤 05：方法同上，创建一个【风景长廊 02】，尺寸为“3000px×720px”，持续时间为“10 秒”，其他参数为默认值。将素材拖到【合成预览】窗口中并进行排布，最终效果如图 7.24 所示。

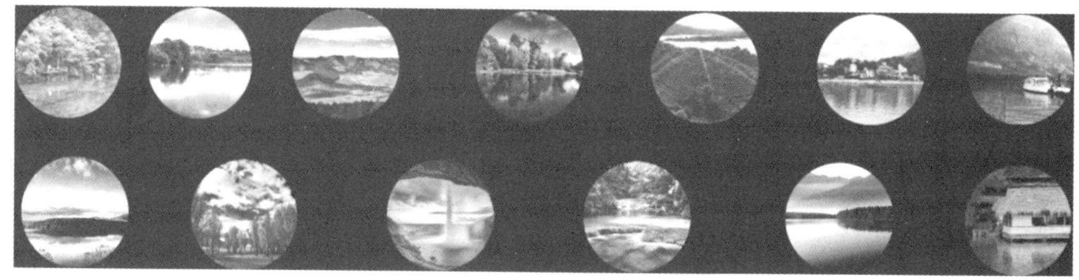

图 7.24　图片排布的最终效果

视频播放：关于具体介绍，请观看本书光盘上的配套视频“任务二：创建风景长廊合成.wmv”。

任务三：制作合成嵌套

制作合成嵌套的方法是将“任务二”中制作的合成拖到【制作风景长廊】合成窗口中，通过将嵌套的图层转换为 3D 图层和摄像机来实现，如图 7.25 所示。

步骤 01：将【风景长廊 01】和【风景长廊 02】合成拖到【制作风景长廊】中，以 4 个视图显示，如图 7.26 所示。

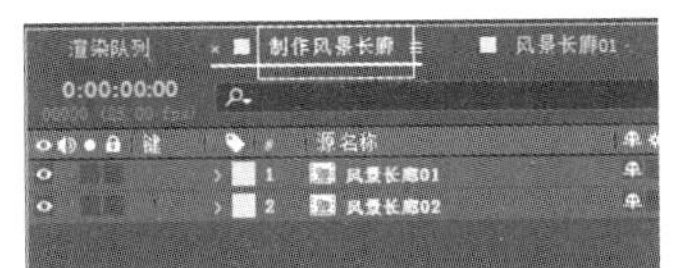

图 7.25　合成嵌套

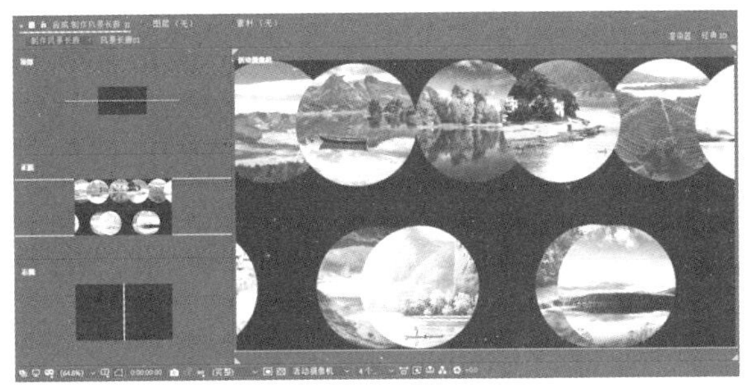

图 7.26　4 个视图显示的【合成预览】窗口

步骤 02：将【制作风景长廊】合成窗口中的嵌套图层转换为 3D 图层，并调节好参数，具体参数调节如图 7.27 所示，在【合成预览】窗口中的效果如图 7.28 所示。

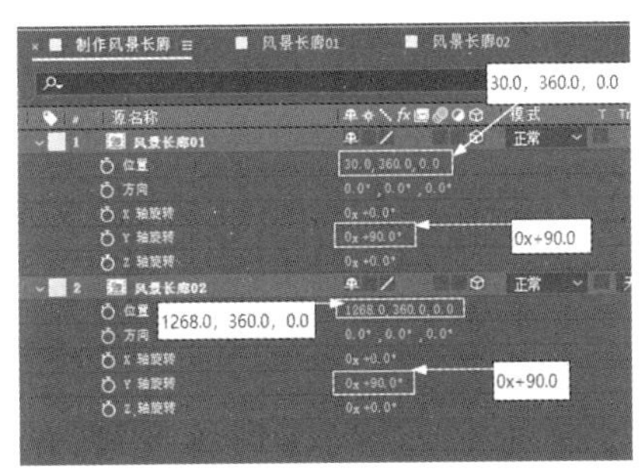

图 7.27　嵌套图层的参数调节

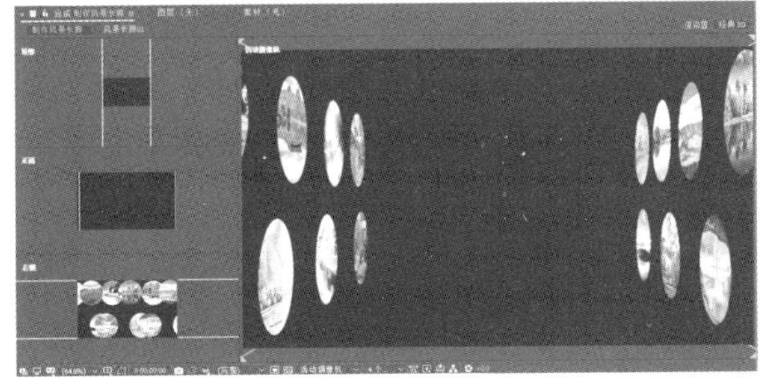

图 7.28　在【合成预览】窗口中的效果

提示：在【制作风景长廊】合成窗口中，框选需要展开的图层，若按“P”键，则显示框选图层的位置参数；若按住“Shift+R”组合键，则加选框选图层的旋转参数。如果不按“Shift”，只按“R”键，则切换到旋转参数显示；若按“S”键，则显示框选图层的缩放参数。

视频播放：关于具体介绍，请观看本书光盘上的配套视频“任务三：制作合成嵌套.wmv”。

任务四：制作摄像机动画

在本任务中主要通过 3 个“摄像机”的切换来实现风景长廊效果。

1. 制作“摄像机 1”

步骤 01：在【制作风景长廊】合成窗口空白处，单击右键，弹出快捷菜单。在弹出的快捷菜单中单击【新建】→【摄像机（C）…】命令，弹出【摄像机设置】对话框。在该对话框中选择默认值，单击【确定】按钮，完成“摄像机 1”的创建。

步骤 02：将▣（时间指针）移到第 00 秒 00 帧的位置，调节“摄像机 1”的参数，并给“目标点”和“位置”参数添加关键帧。具体调节如图 7.29 所示，在【合成预览】窗口中的效果如图 7.30 所示。

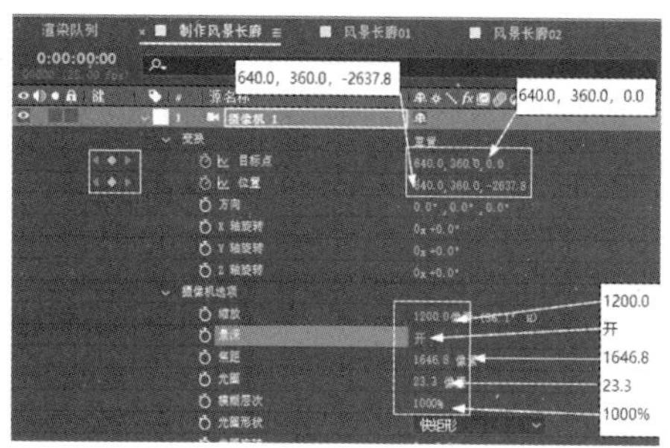

图 7.29 “摄像机 1”的参数调节

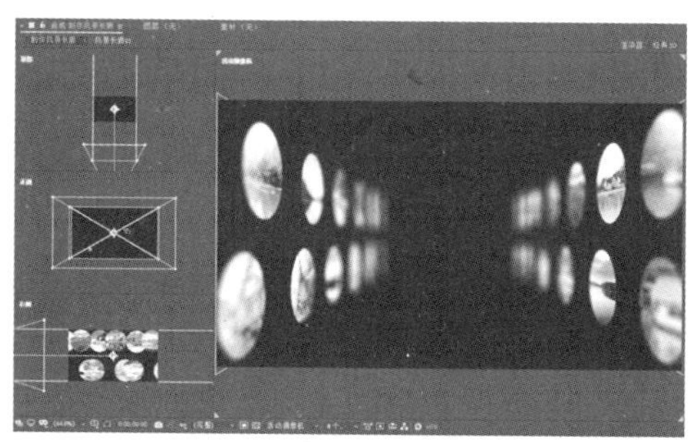

图 7.30 在【合成预览】窗口中的效果

步骤 03：将▣（时间指针）移到第 03 秒 00 帧的位置，继续调节“摄像机 1”的参数。具体调节如图 7.31 所示，在【合成预览】窗口中效果如图 7.32 所示。

图 7.31 “摄像机 1”的参数调节

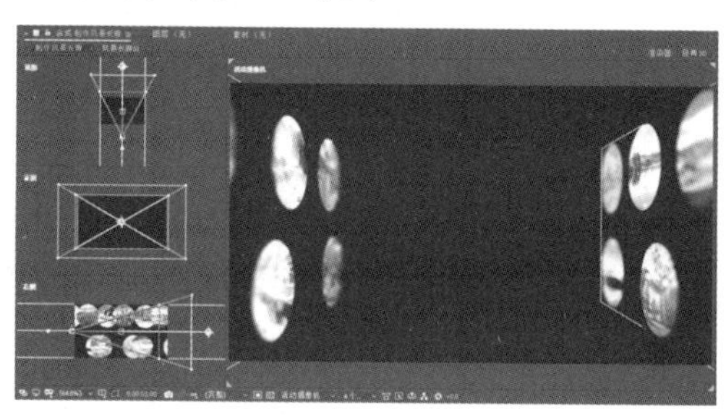

图 7.32 在【合成预览】窗口中的效果

2. 制作“摄像机 2”动画

步骤 01：方法同上，创建“摄像机 2”，将▣（时间指针）移到第 03 秒 00 帧的位置，将“摄像机”的开始位置设为第 03 秒 00 帧的位置，设置参数并添加关键帧，具体设置如图 7.33 所示。

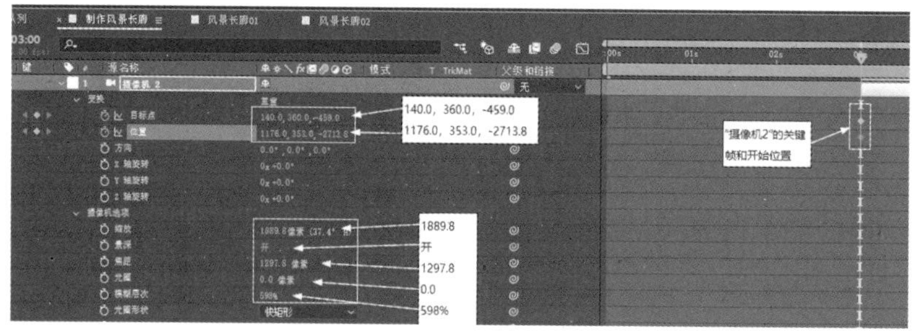

图 7.33 “摄像机”的开始位置和参数设置

步骤 02：调节完参数之后，在【合成预览】窗口中的效果如图 7.34 所示。

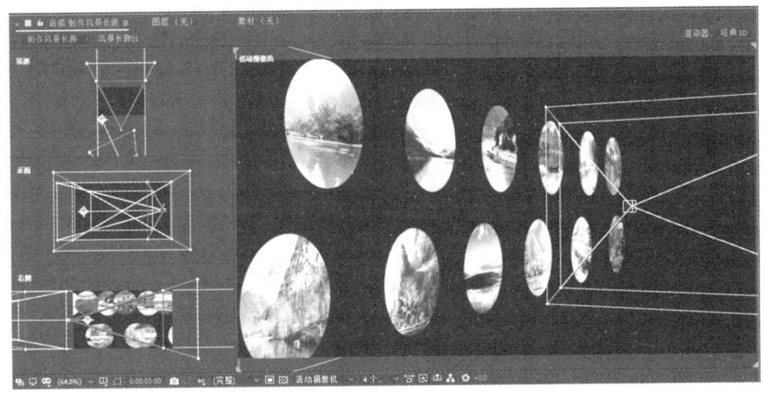

图 7.34　在【合成预览】窗口中的效果

步骤 03：将（时间指针）移到第 05 秒 00 帧的位置，设置“摄像机 2”的参数，如图 7.35 所示，在【合成预览】窗口中的效果如图 7.36 所示。

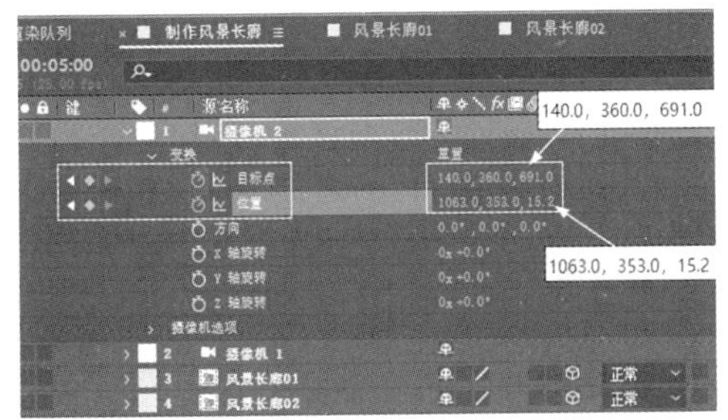

图 7.35　“摄像机 2”的参数设置

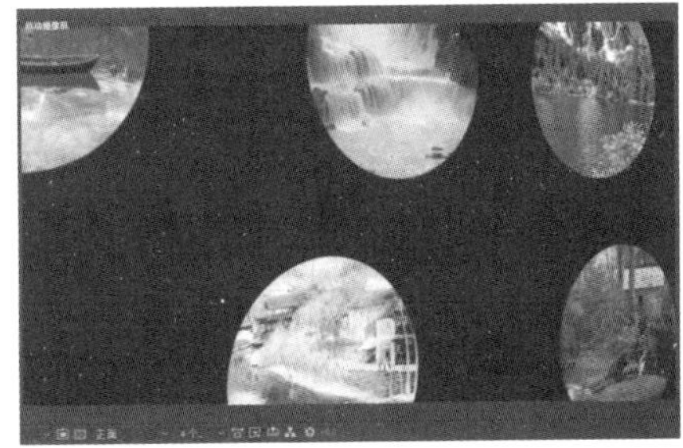

图 7.36　在【合成预览】窗口中的效果

3. 制作“摄像机 3”动画

步骤 01：方法同上，创建“摄像机 3”。将（时间指针）移到第 05 秒 00 帧的位置，将“摄像机”的开始位置拖到第 05 秒 00 帧的位置，设置参数并添加关键帧，具体设置如图 7.37 所示。

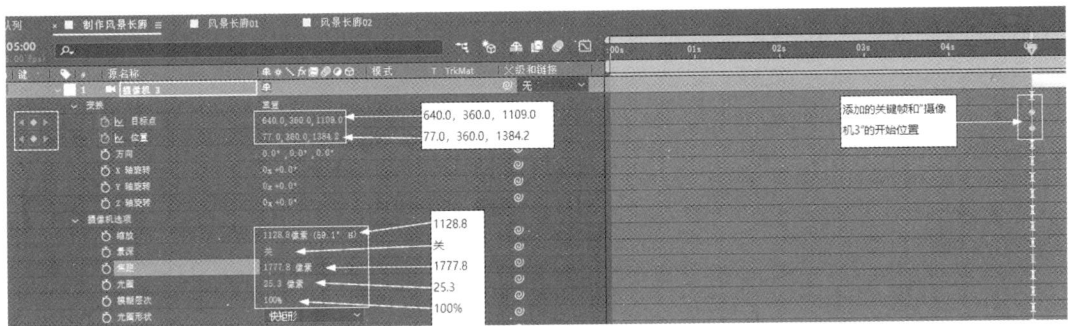

图 7.37　“摄像机”的开始位置和参数设置

步骤 02：调节完参数之后，在【合成预览】窗口中的效果如图 7.38 所示。

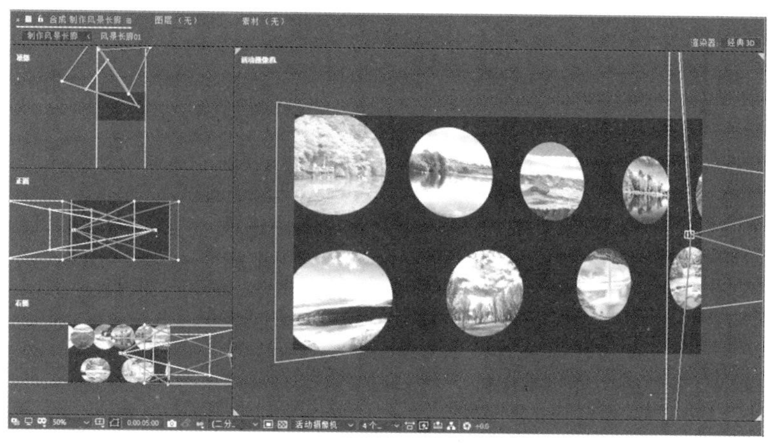

图 7.38 在【合成预览】窗口中的效果

步骤 03：将■图标（时间指针）移到第 07 秒 00 帧的位置，设置“摄像机 3”的参数，如图 7.39 所示，在【合成预览】窗口中的效果如图 7.40 所示。

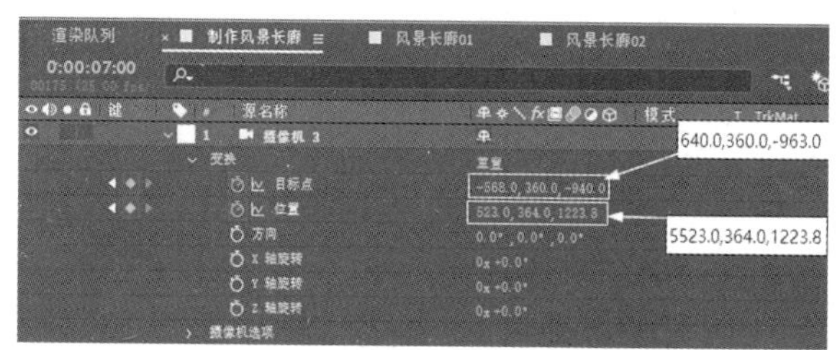

图 7.39 “摄像机 3”的参数设置

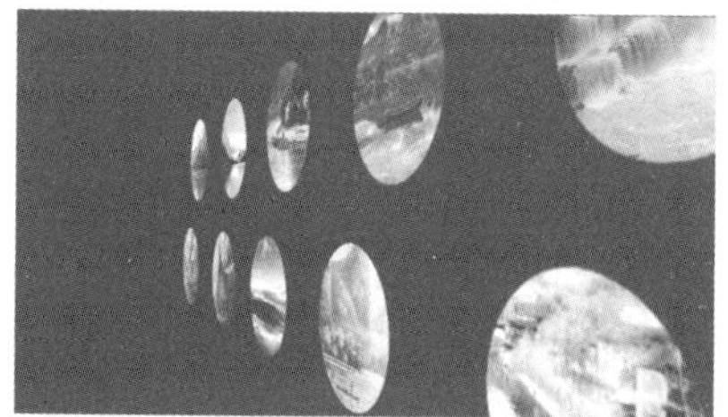

图 7.40 在【合成预览】窗口中的效果

步骤 04：将 4 个视图预览方式切换为 1 个视图显示方式，完成摄像机动画的制作，在【合成预览】窗口中的截图效果如图 7.41 所示。

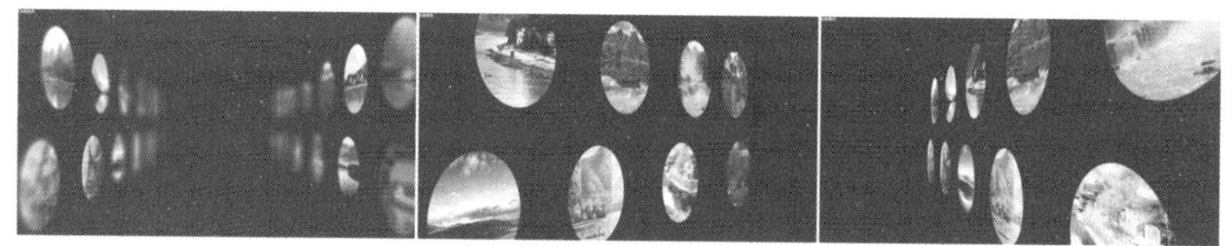

图 7.41 在【合成预览】窗口中的截图效果

视频播放：关于具体介绍，请观看本书光盘上的配套视频“任务四：制作摄像机动画.wmv”。

七、拓展训练

根据所学知识和本书提供的素材进行合成，最终画面截图效果如下图所示。

学习笔记：

案例 3：制作三维空间文字动画

一、案例内容简介

本案例主要介绍如何使用“摄像机”图层、3D 图层、【描边】效果、“路径文字”和添加文字动画属性以及设置文字动画属性，实现三维空间文字动画效果。

二、案例效果欣赏

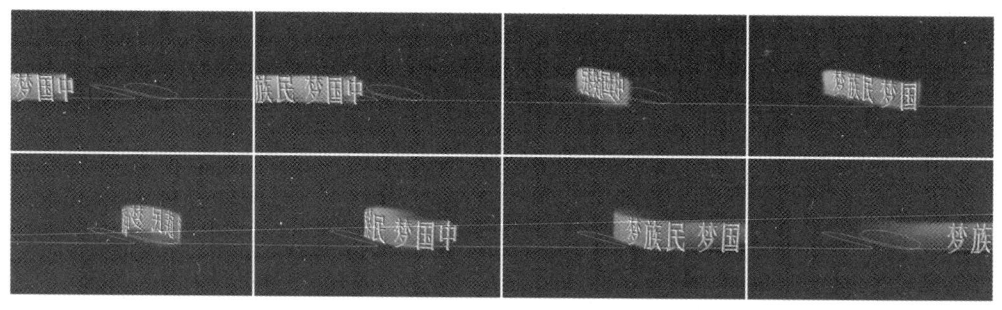

三、案例制作（步骤）流程

任务一：创建合成 ➡ 任务二：创建路径文字 ➡ 任务三：制作运动文字效果
⬇
任务四：创建“摄像机”和摄像机动画
⬇
任务五：制作浮雕文字效果和显示文字运动路径 ➡ 任务六：制作拖尾和渐变效果

四、制作目的

（1）理解三维空间文字动画制作的原理。
（2）掌握三维空间文字动画制作的方法和技巧。
（3）掌握【描边】效果的作用、参数调节和使用方法。

五、制作过程中需要解决的问题

（1）理解“路径文字”的概念。
（2）掌握文字动画属性的添加方法、使用规则和参数调节。
（3）掌握【描边】路径的作用和技巧。
（4）理解 3D 图层的空间坐标轴概念。

六、详细操作步骤

在 After Effects CC 2019 中，可以使用三维文字的功能，在三维空间对文字进行自由

移动和旋转等操作。在本案例中，主要介绍利用三维文字的功能，制作在三维空间运动的文字效果。

任务一：创建合成

步骤 01：启动 After Effects CC 2019。

步骤 02：创建新合成。在菜单栏中单击【合成（C）】→【新建合成（C）…】命令，弹出【合成设置】对话框。在该对话框中，把新建的合成命名为“三维空间文字动画”，尺寸为“1280px×720px”，持续时间为“10 秒”，其他参数为默认值。

步骤 03：设置完参数，单击【确定】按钮，完成新合成的创建。

视频播放：关于具体介绍，请观看本书光盘上的配套视频“任务一：创建合成.wmv”。

任务二：创建路径文字

步骤 01：在工具箱中单击T（横排文字工具），在【合成预览】窗口中输入文字，效果如图 7.42 所示，文字属性设置如图 7.43 所示。

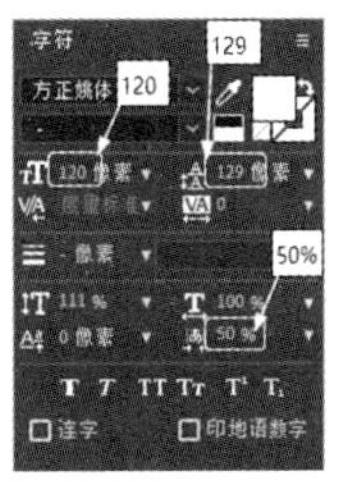

图 7.42　在【合成预览】窗口中输入文字的效果　　图 7.43　文字属性设置

步骤 02：在【三维空间文字动画】合成窗口中单击 T 梦族民 梦国中 图层，在工具箱中单击（钢笔工具），在【合成预览】窗口中绘制遮罩路径，绘制遮罩路径后的效果如图 7.44 所示，文字路径的设置如图 7.45 所示。

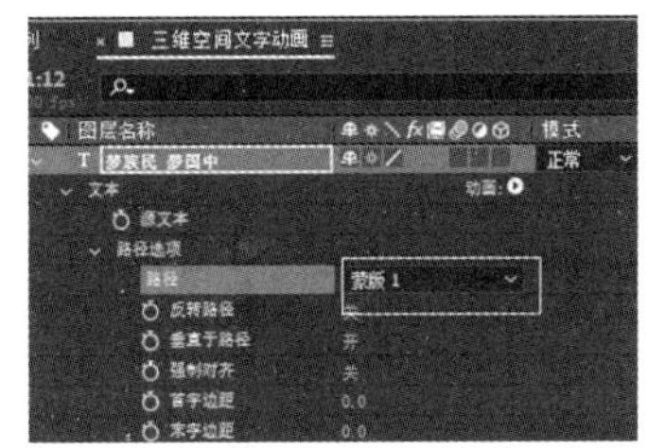

图 7.44　绘制遮罩路径后的效果　　图 7.45　文字路径的设置

步骤 03：设置文字路径之后，在【合成预览】窗口中的效果如图 7.46 所示。

步骤 04：在 T 典庆年周十七 中单击【动画】右边的图标，弹出快捷菜单。在弹出的快捷菜单中单击【启用逐字 3D 化】命令，将文字转换为 3D 图层。

步骤 05：再单击【动画】右边的图标，弹出快捷菜单。在弹出的快捷菜单中单击【旋转】命令，调节 T 梦族民 梦国中 图层的参数，具体调节如图 7.47 所示。

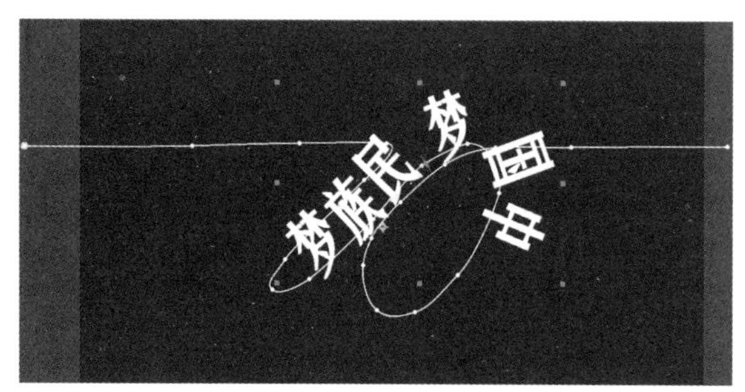

图 7.46　设置文字路径之后的效果

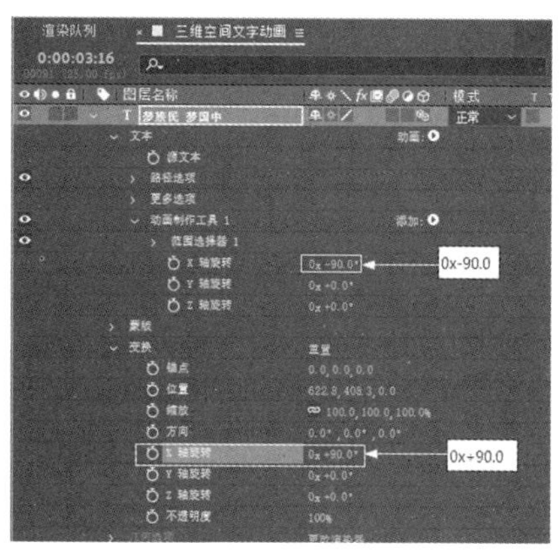

图 7.47　文字图层的参数调节

步骤 06：调节完毕，将【合成预览】窗口调节为 4 个视图方式显示，效果如图 7.48 所示。

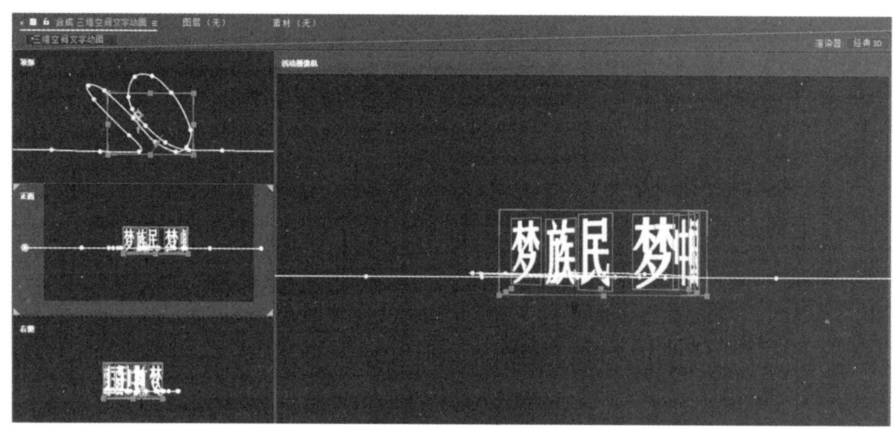

图 7.48　4 个视图方式显示效果

视频播放：关于具体介绍，请观看本书光盘上的配套视频“任务二：创建路径文字.wmv”。

任务三：制作运动文字效果

运动文字效果主要通过修改文字图层中的“首字边距”参数来实现。

步骤 01：将▼（时间指针）移到第 00 秒 00 帧的位置，调节文字图层的“路径选项”中的参数并设置关键帧，具体设置如图 7.49 所示。

步骤 02：将▼（时间指针）移到第 09 秒 24 帧的位置，将“首字边距”的参数设置为“2200”，文字在【合成预览】窗口中的效果如图 7.50 所示。

视频播放：关于具体介绍，请观看本书光盘上的配套视频“任务三：制作运动文字效果.wmv”。

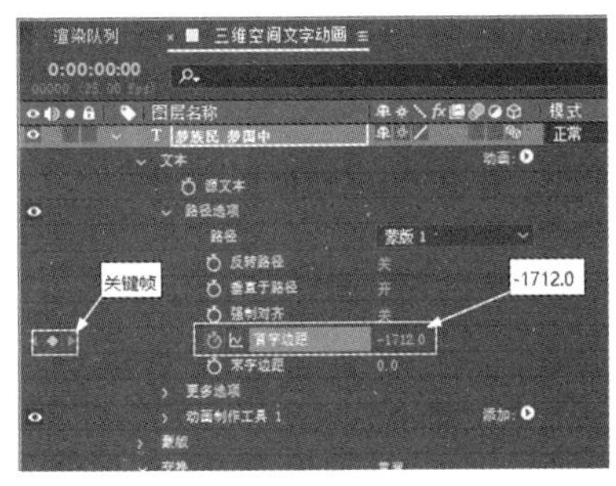

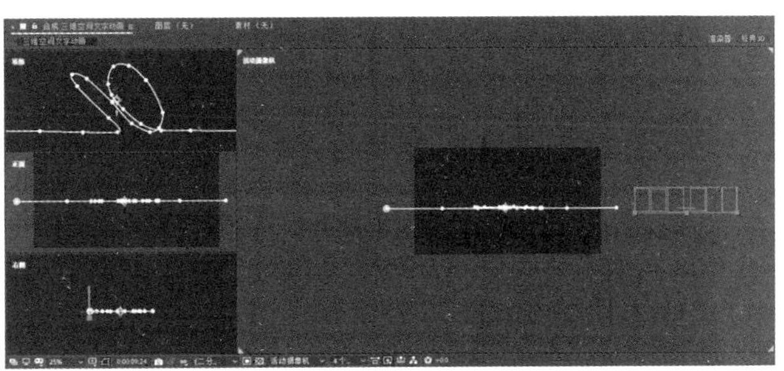

图 7.49　“路径选项”文本参数调节　　　　图 7.50　文字在【合成预览】窗口中的效果

任务四：创建“摄像机”和摄像机动画

步骤 01：创建“摄像机”。在【创建三维动画中的运动文字效果】合成窗口的空白处，单击右键，弹出快捷菜单。在弹出的快捷菜单中单击【新建】→【摄像机（C）…】命令，弹出【摄像机设置】对话框。在该对话框中选择默认设置，单击【确定】按钮，完成“摄像机”的创建。

步骤 02：调节“摄像机”图层的参数。将（时间指针）移到第 00 秒 00 帧的位置，调节摄像机 1图层的参数，具体调节如图 7.51 所示。在【合成预览】窗口中的效果如图 7.52 所示。

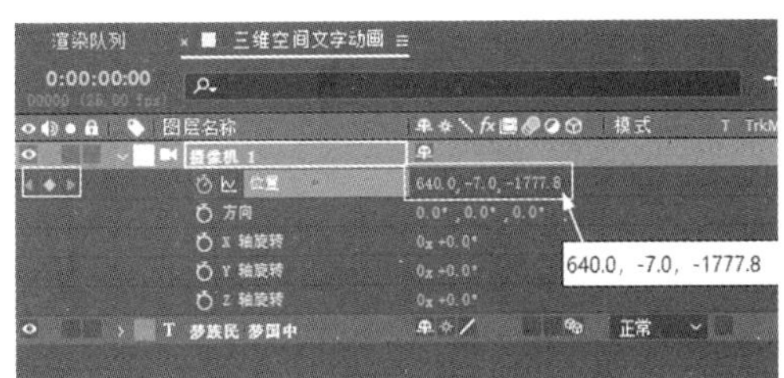

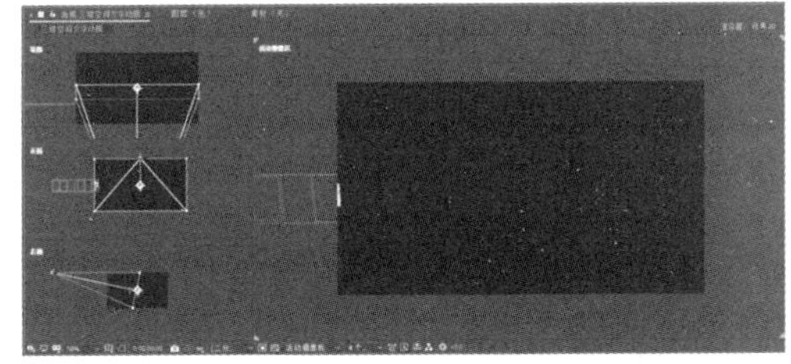

图 7.51　【摄像机 1】图层参数调节　　　　图 7.52　在【合成预览】窗口中的效果

步骤 03：继续调节“摄像机”图层的参数。将（时间指针）移到第 09 秒 24 帧的位置，将摄像机 1图层中的“位置”参数值设置为“640.0，-7.0，-1570.8”。此时，系统给该参数自动添加一个关键帧，完成摄像机动画的制作。

视频播放：关于具体介绍，请观看本书光盘上的配套视频“任务四：创建“摄像机”和摄像机动画.wmv”。

任务五：制作浮雕文字效果和显示文字运动路径

文字的浮雕效果和显示文字运动路径主要通过 After Effects CC 2019 自带的【浮雕】和【描边】效果来实现。

步骤 01：复制图层。在【创建三维空间中的运动文字效果】合成窗口中单击 T 梦族民 梦国中图层，按“Ctrl+D”组合键，完成图层的复制。

步骤 02：将复制的图层重命名，单选复制的图层，将名称重命名为“浮雕渐变运动文字”，如图 7.53 所示。

步骤 03：添加【描边】效果。在菜单栏中单击【效果（T）】→【生成】→【描边】命令，完成【描边】效果的添加。

步骤 04：调节【描边】效果的参数。具体调节如图 7.54 所示。在【合成预览】窗口中的效果如图 7.55 所示。

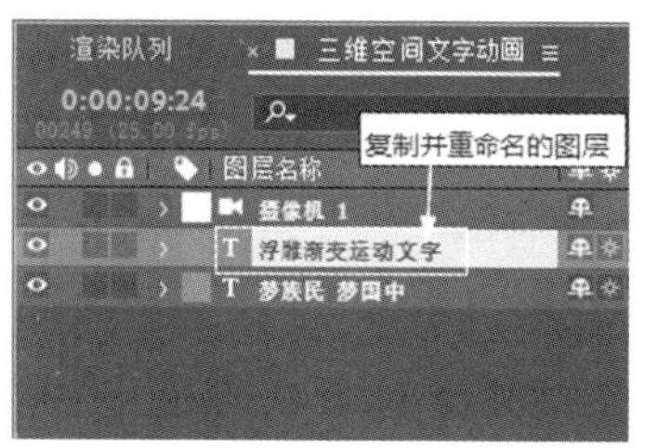

图 7.53 复制并重命名的图层

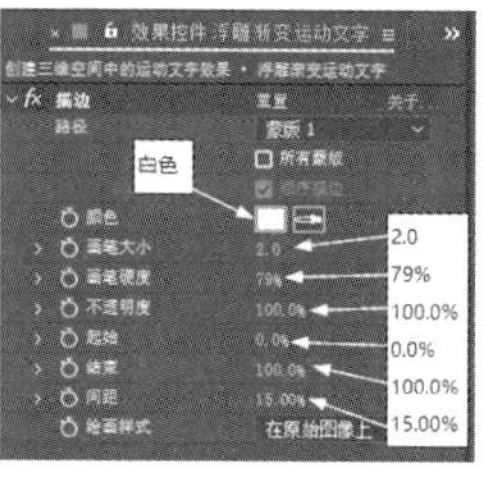

图 7.54 【描边】效果参数调节

图 7.55 在【合成预览】窗口中的效果

步骤 05：添加【浮雕】效果。在菜单栏中单击【效果（T）】→【风格化】→【浮雕】命令，完成【浮雕】效果的添加。

步骤 06：调节【浮雕】效果参数。具体调节如图 7.56 所示，在【合成预览】窗口中的效果如图 7.57 所示。

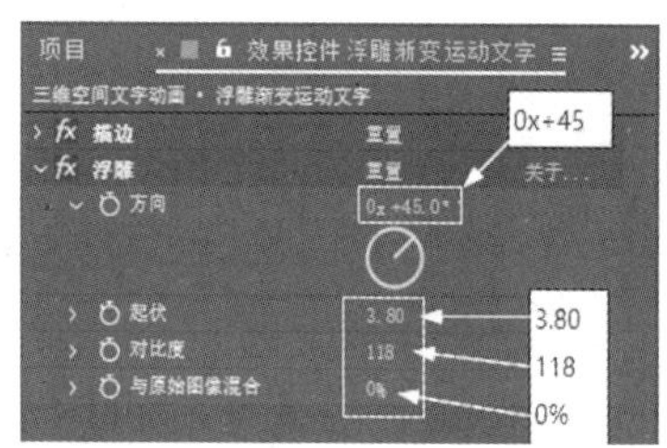

图 7.56 【浮雕】效果参数调节

图 7.57 在【合成预览】窗口中的效果

视频播放：关于具体介绍，请观看本书光盘上的配套视频“任务五：制作浮雕文字效果和显示文字运动路径.wmv”。

任务六：制作拖尾和渐变效果

拖尾和渐变效果主要通过 After Effects CC 2019 自带的【残影】和【四色渐变】效果来实现。

步骤 01：选择图层。在【创建三维空间中的运动文字效果】合成窗口中单击 T 梦族民 梦国中 图层，即可选择该图层。

步骤 02：添加【残影】效果。在菜单栏中单击【效果（T）】→【时间】→【残影】命令，完成【残影】效果的添加。

步骤 03：调节【残影】效果参数。具体调节如图 7.58 所示，在【合成预览】窗口中的效果如图 7.59 所示。

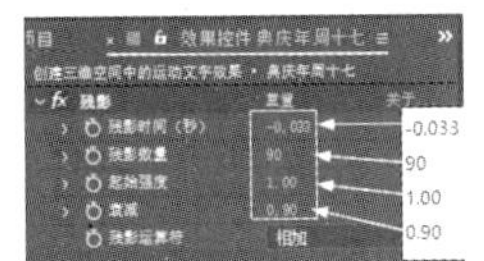

图 7.58 【残影】效果参数调节　　　图 7.59　在【合成预览】窗口中的效果

步骤 04： 添加【四色渐变】效果。在菜单栏中单击【效果（T）】→【生成】→【四色渐变】命令，完成【四色渐变】效果的添加，参数选择默认值。

步骤 05： 添加【高斯模糊】效果。在菜单栏中单击【效果（T）】→【模糊和锐化】→【高斯模糊】命令，完成【高斯模糊】效果的添加。

步骤 06： 调节【高斯模糊】效果的参数。具体调节如图 7.60 所示，在【合成预览】窗口中的截图效果如图 7.61 所示。

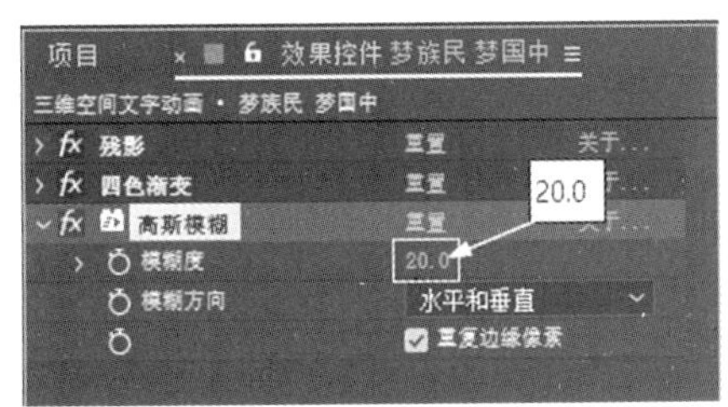

图 7.60 【高斯模糊】效果参数调节　　　图 7.61　在【合成预览】窗口中的截图效果

视频播放： 关于具体介绍，请观看本书光盘上的配套视频“任务六：制作拖尾和渐变效果.wmv”。

七、拓展训练

根据所学知识制作三维空间的运动文字效果，最终画面截图效果如下图所示。

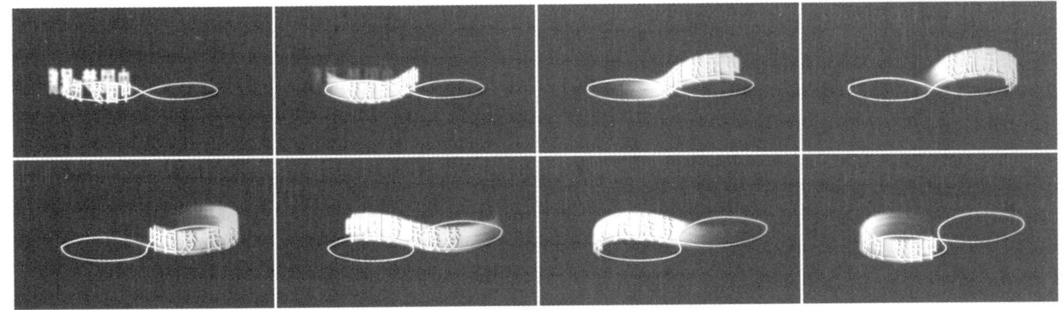

学习笔记：

案例4：制作立方体旋转动画

一、案例内容简介

本案例主要介绍如何使用“摄像机”图层、3D图层和“空对象”图层实现立方体旋转动画。

二、案例效果欣赏

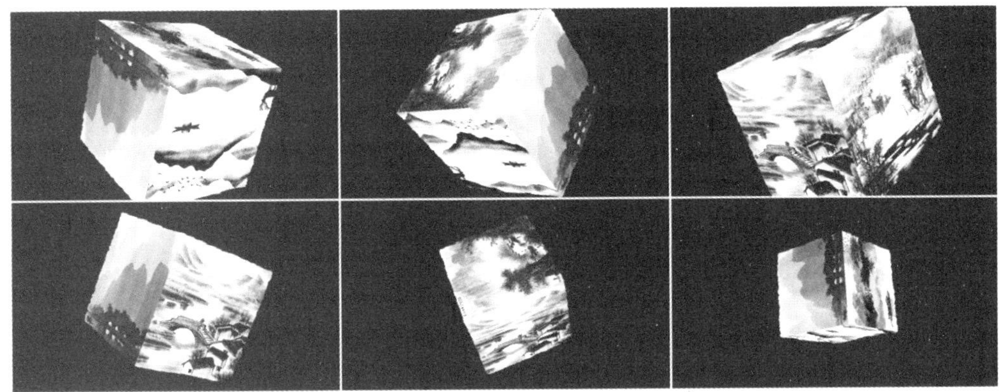

三、案例制作（步骤）流程

任务一：创建合成和导入素材 ➡ 任务二：制作立方体效果
⬇
任务四：添加效果 ⬅ 任务三：制作立方体动画和摄像机动画

四、制作目的

（1）了解立方体旋转动画制作的原理。
（2）掌握“空对象”图层的作用和使用方法。
（3）掌握3D图层参数调节。
（4）掌握图层的父子关系的控制方法和技巧。

五、制作过程中需要解决的问题

（1）掌握“摄像机”图层的参数调节。
（2）掌握立方体旋转动画制作的技巧。
（3）掌握效果添加和参数调节方法。
（4）掌握摄像机动画制作方法。

六、详细操作步骤

在 After Effects CC 2019 中，可以将图片转换为 3D 图层来制作立方体旋转动画。

任务一：创建合成和导入素材

1. 创建新合成

步骤 01：启动 After Effects CC 2019。

步骤 02：创建新合成。在菜单栏中单击【合成（C）】→【新建合成（C）…】命令，弹出【合成设置】对话框。在该对话框中，把新建的合成命名为“立方体旋转动画”，尺寸为“1280px×720px”，持续时间为“10 秒”，其他参数为默认值。

步骤 03：设置完毕，单击【确定】按钮，完成新合成的创建。

2. 导入素材

步骤 01：在【项目】窗口中的空白处，单击右键，弹出快捷菜单。在弹出的快捷菜单中单击【导入】→【文件…】命令，弹出【导入文件】对话框，在【导入文件】对话框选择需要导入的图片素材，如图 7.62 所示。

步骤 02：单击【导入】按钮，完成素材的导入，将导入的素材拖到【制作旋转的立方体效果】合成窗口中，如图 7.63 所示。

图 7.62 【导入文件】对话框

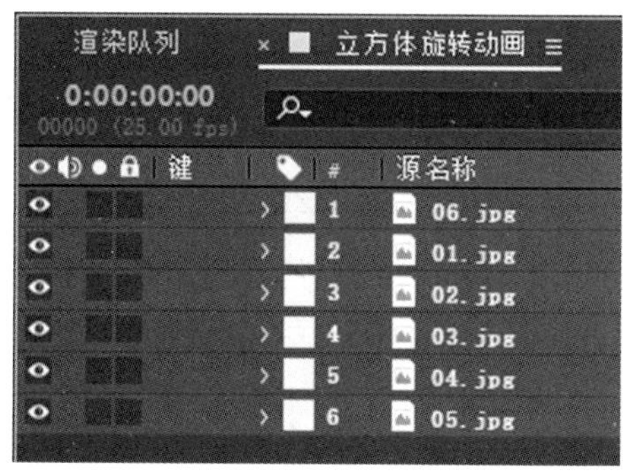

图 7.63 拖到【制作旋转的立方体效果】合成窗口中的素材文件

视频播放：关于具体介绍，请观看本书光盘上的配套视频“任务一：创建合成和导入素材.wmv”。

任务二：制作立方体效果

立方体效果的制作主要通过调节 3D 图层的位置和旋转参数来实现。

步骤 01：将【立方体旋转动画】合成窗口中的图层转换为 3D 图层，如图 7.64 所示。

步骤 02：将【合成预览】窗口切换为 4 个视图的显示方式，如图 7.65 所示。

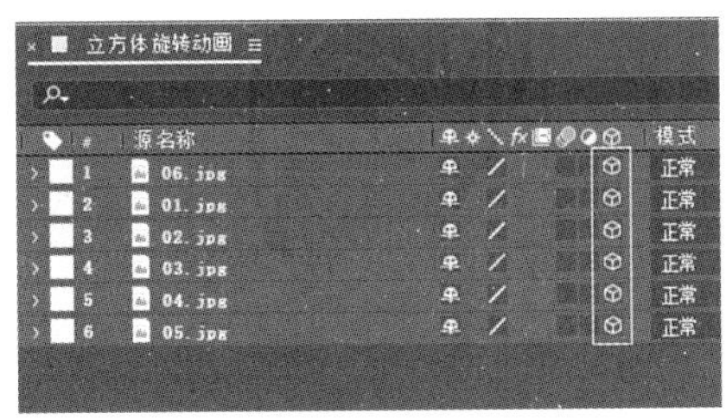

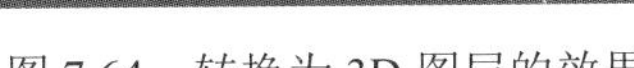

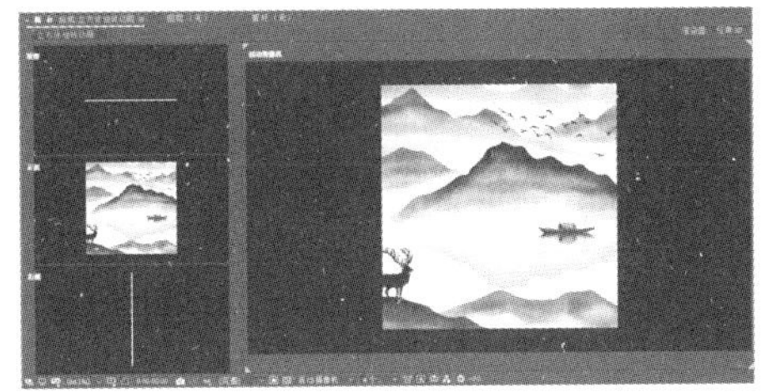

图 7.64　转换为 3D 图层的效果　　　图 7.65　4 个视图显示的【合成预览】窗口

步骤 03： 调节 3D 图层参数，制作立方体效果，各个图层参数的具体调节如图 7.66 所示，在【合成预览】窗口中的效果如图 7.67 所示。

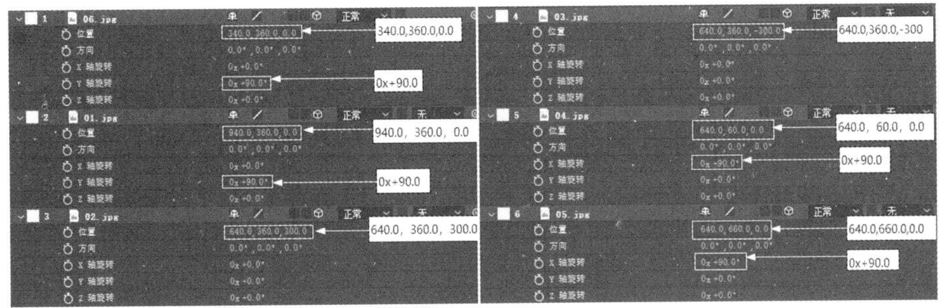

图 7.66　转换 3D 图层的参数调节

图 7.67　在【合成预览】窗口中的效果

视频播放： 关于具体介绍，请观看本书光盘上的配套视频“任务二：制作立方体效果.wmv”。

任务三：制作立方体动画和摄像机动画

立方体动画主要通过“空对象”图层和父子关系来实现。摄像机动画主要通过调节摄

像机图层中的位置来实现。

1. 制作立方体动画

步骤 01：创建空对象图层。在【立方体旋转动画】合成窗口中的空白处，单击右键，弹出快捷菜单。在弹出的快捷菜单中单击【新建】→【空对象（N）】命令，完成“空对象”图层的创建。

步骤 02：将创建的“空 1”图层转换为 3D 图层，并设置其他图层的父子关系，如图 7.68 所示。

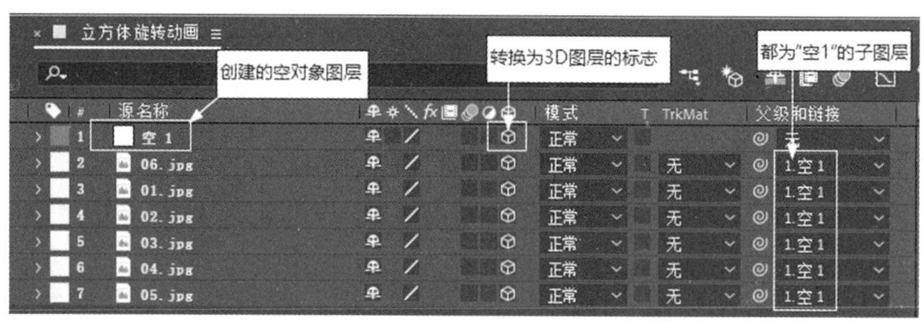

图 7.68 创建的“空对象”图层和父子关系设置

步骤 03：将（时间指针）移到第 00 秒 00 帧的位置，调节空 1对象图层的参数和添加关键帧。具体调节如图 7.69 所示，在【合成预览】窗口中的效果如图 7.70 所示。

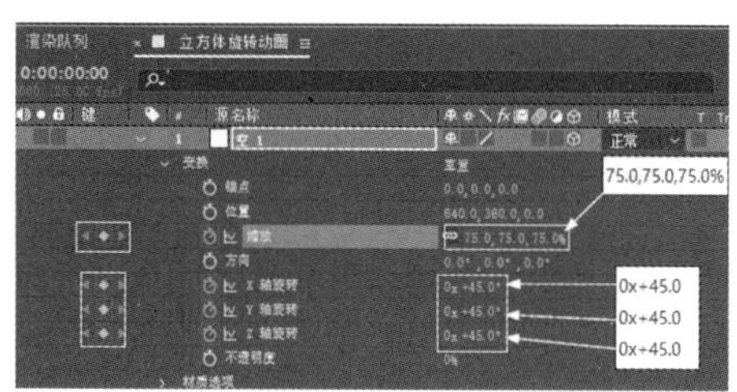

图 7.69 第 00 秒 00 帧的位置“空 1”对象图层参数调节

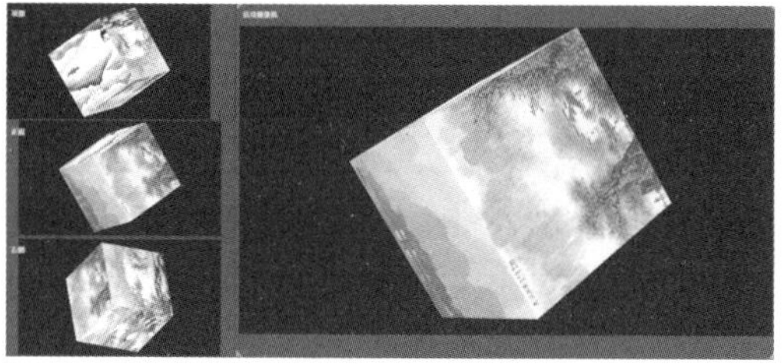

图 7.70 在【合成预览】窗口中的效果

步骤 04：将（时间指针）移到第 09 秒 24 帧的位置，调节空 1对象图层的参数并添加关键帧。具体调节如图 7.71 所示，在【合成预览】窗口中的效果如图 7.72 所示。

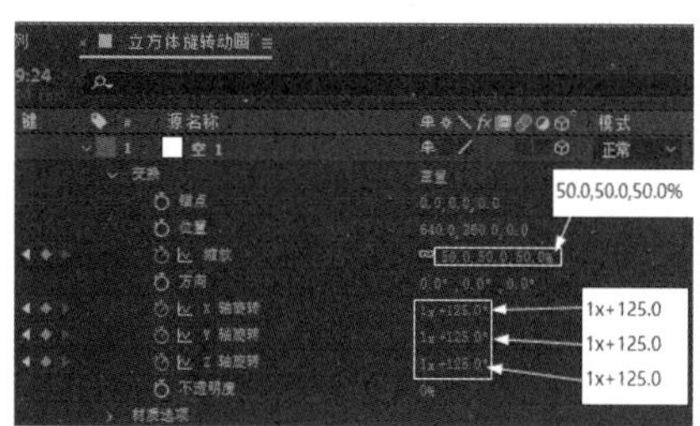

图 7.71 第 09 秒 24 帧位置的“空 1”对象图层参数调节

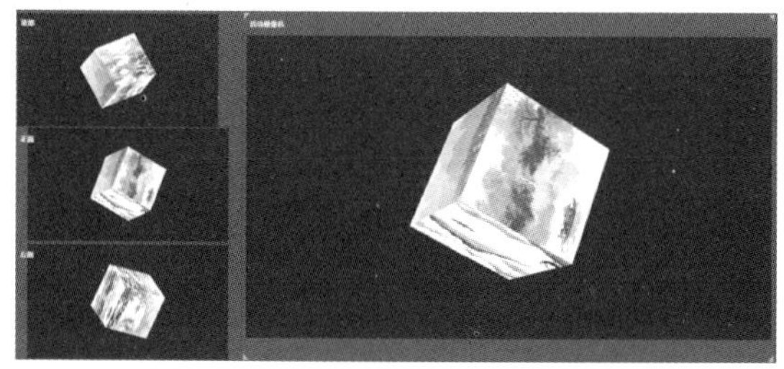

图 7.72 在【合成预览】窗口中的效果

2. 制作摄像机动画

步骤 01：在【立方体旋转动画】合成窗口中的空白处，单击右键，弹出快捷菜单。在弹出的快捷菜单中单击【新建】→【摄像机（C）…】命令，弹出【摄像机设置】对话框。在对话框中对参数选择默认值，单击【确定】按钮，完成摄像机的创建。

步骤 02：调节“摄像机”图层的参数。将（时间指针）移到第 00 秒 00 帧的位置，调节摄像机 1图层的参数。具体调节如图 7.73 所示，在【合成预览】窗口中的效果如图 7.74 所示。

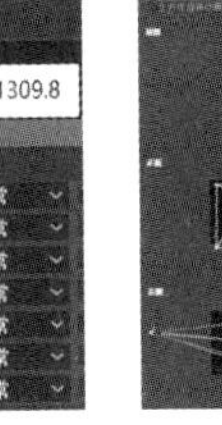

图 7.73 【摄像机 1】图层的参数调节　　图 7.74 在【合成预览】窗口中的效果

步骤 03：继续设置摄像机 1的参数，将（时间指针）移到第 02 秒 00 帧的位置，将摄像机 1图层的“位置”参数设置为“-621.0，-276.0，-901.8”。

步骤 04：将（时间指针）移到第 04 秒 00 帧的位置，将摄像机 1图层的“位置”参数值设置为“-330.0，-276.0，834.2”。

步骤 05：将（时间指针）移到第 06 秒 00 帧的位置，将摄像机 1图层的“位置”参数值设置为“1734.0，-276.0，714.2”。

步骤 06：将（时间指针）移到第 08 秒 00 帧的位置，将摄像机 1图层的“位置”参数值设置为“1709.0，-276.0，-1213.8”。

步骤 07：将（时间指针）移到第 09 秒 24 帧的位置，将摄像机 1图层的“位置”参数值设置为“-263.0，-276.0，-1321.8”。

视频播放：关于具体介绍，请观看配套视频“任务三：制作立方体动画和摄像机动画.wmv”。

任务四：添加效果

步骤 01：创建调整图层。在【立方体旋转动画】合成窗口中的空白处，单击右键，弹出快捷菜单。在弹出的快捷菜单中单击【新建】→【调整图层（A）…】命令，创建一个名称为“调整图层 1”的调整图层。

步骤 02：添加【毛边】效果。在菜单栏中单击【效果（T）】→【风格化】→【毛边】命令，完成【毛边】效果的添加。

步骤 03：调节【毛边】效果的参数。【毛边】效果参数的具体调节如图 7.75 所示，在【合成预览】窗口中的效果如图 7.76 所示。

步骤 04：添加【曲线】效果。在菜单栏中单击【效果（T）】→【颜色校正】→【曲线】命令，完成【曲线】效果的添加。

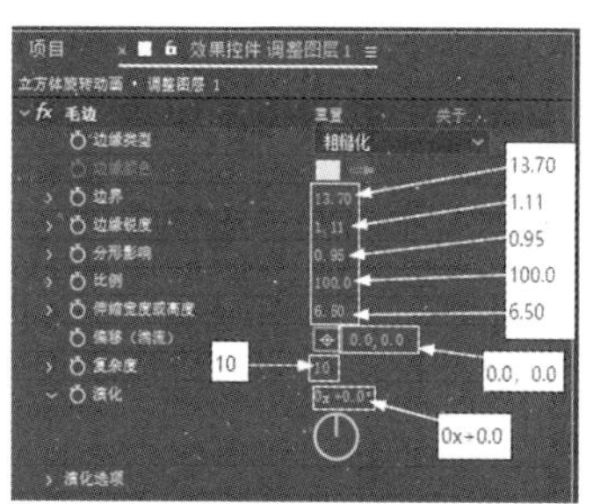

图 7.75 【毛边】效果参数调节

图 7.76 在【合成预览】窗口中的效果

步骤 05：调节【曲线】效果参数。【曲线】效果参数的具体调节如图 7.77 所示，在【合成预览】窗口中的效果如图 7.78 所示。

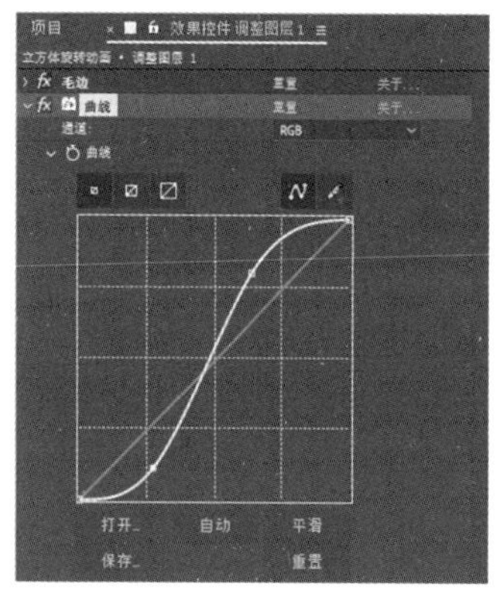

图 7.77 【曲线】效果参数调节

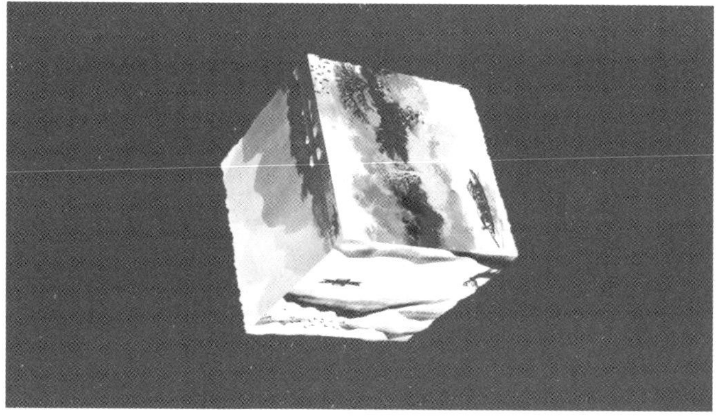

图 7.78 在【合成预览】窗口中的效果

视频播放：关于具体介绍，请观看本书光盘上的配套视频“任务四：添加效果.wmv”。

七、拓展训练

根据所学知识制作立方体运动效果，最终画面截图效果如下图所示。

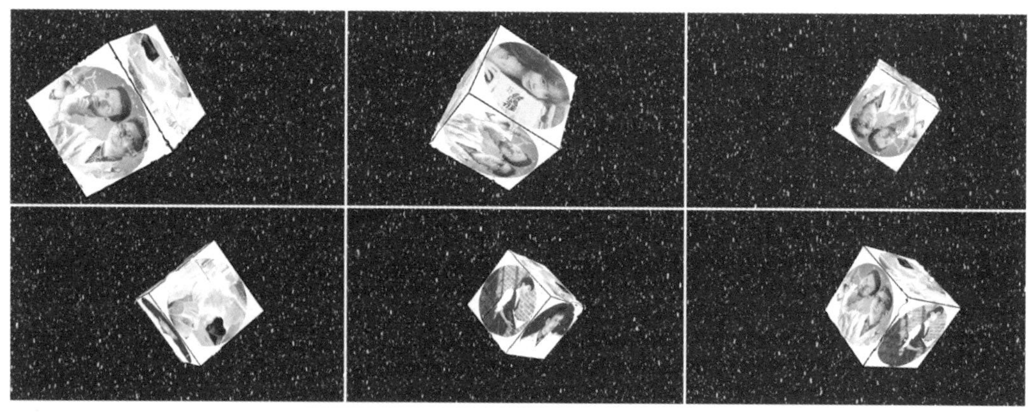

学习笔记：

第 8 章　运动跟踪技术

知识点

案例 1：画面稳定处理
案例 2：一点跟踪
案例 3：四点跟踪

说明

本章主要通过 3 个案例，全面讲解运动跟踪的原理和方法。

教学建议课时数

一般情况下需要 4 课时。其中，理论 1 课时，实际操作 3 课时（特殊情况下可做相应调整）。

在本章中主要通过 3 个案例全面介绍影视后期特效合成中的运动跟踪技术。运动跟踪技术是影视后期特效合成中的高级合成技术，也只有专业的视频合成软件才具有运动跟踪功能。在所有的影视后期特效合成应用软件中，After Effects CC 2019 在动态跟踪方面一直处于领先水平，使用 After Effects CC 2019 中的运动跟踪功能，不仅可以同时跟踪画面中的多个点的运动轨迹，还可以跟踪画面透视角度的变化。

案例 1：画面稳定处理

一、案例内容简介

本案例主要介绍画面的稳定原理、方法和制作。

二、案例效果欣赏

三、案例制作（步骤）流程

任务一：创建合成和导入素材➡任务二：进行画面稳定处理➡任务三：进行黑边处理

四、制作目的

（1）了解画面稳定处理的原理。
（2）掌握画面稳定的处理方法。
（3）理解跟踪技术的概念。
（4）掌握黑边处理方法和技巧。

五、制作过程中需要解决的问题

（1）掌握关键帧的编辑。
（2）了解跟踪技术的原理。
（3）了解跟踪技术的应用领域。

六、详细操作步骤

画面稳定是指在一个图层中，通过跟踪画面中的一个特征点，将晃动的视频画面处理成稳定的视频画面。画面稳定技术主要用来修复在运动拍摄中由于摄像机晃动造成的画面抖动现象。

任务一：创建合成和导入素材

1. 创建新合成

步骤 01：启动 After Effects CC 2019。

步骤 02：创建新合成。在菜单栏中单击【合成（C）】→【新建合成（C）…】命令，弹出【合成设置】对话框。在该对话框中，把新建的合成命名为“画面的稳定”，尺寸为“1280px×720px”，持续时间为“5 秒”，其他参数为默认值。

步骤 03：设置完参数，单击【确定】按钮，完成新合成的创建。

2. 导入素材

步骤 01：在【项目】窗口中的空白处，单击右键，弹出快捷菜单。在弹出的快捷菜单中单击【导入】→【文件…】命令，弹出【导入文件】对话框。在【导入文件】对话框中选择需要导入的“视频 1.mpg”素材。

步骤 02：单击【导入】按钮，将选择的素材导入【项目】窗口中，如图 8.1 所示。

步骤 03：将“视频 1.mpg”素材拖到【画面的稳定】合成窗口中，调节它的“缩放”参数，具体调节如图 8.2 所示。

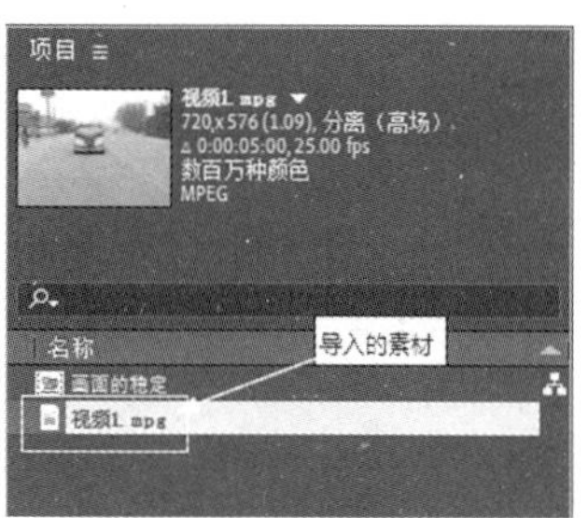

图 8.1　导入的素材

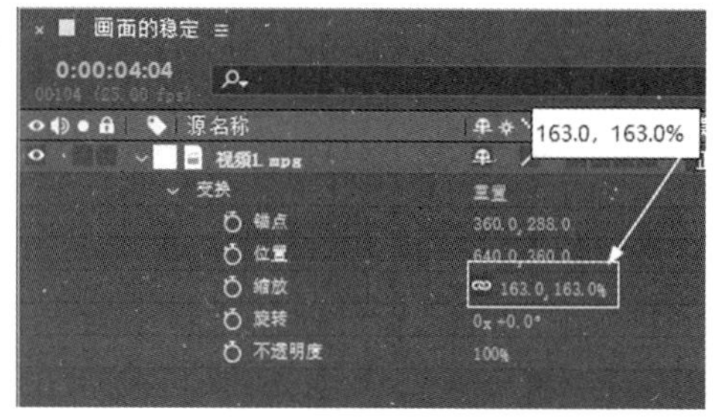

图 8.2 【视频 1.mpg】“缩放”参数调节

视频播放：关于具体介绍，请观看本书光盘上的配套视频“任务一：创建合成和导入素材.wmv”。

任务二：进行画面稳定处理

步骤 01：切换工作界面。在菜单栏中单击【窗口】→【工作区（S）】→【运动跟踪】命令，完成工作界面的切换。

步骤 02：设置运功跟踪。【跟踪器】面板的具体设置如图 8.3 所示。

步骤 03：在【跟踪器】面板中单击【跟踪运动】按钮，在【合成预览】窗口中出现一个跟踪点，如图 8.4 所示。

步骤 04：移动跟踪点。将光标移到跟踪点上，并按住左键不放。此时，跟踪点被放大显示，如图 8.5 所示。这样，可以准确地放置跟踪点。

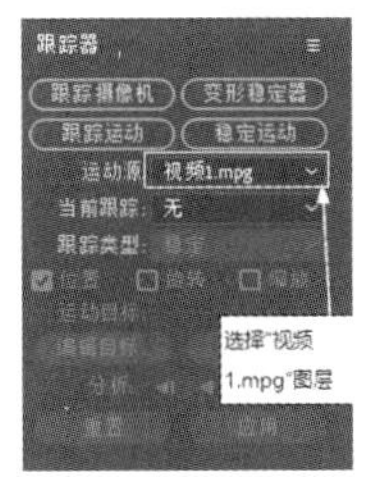

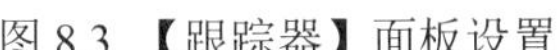

图 8.3 【跟踪器】面板设置

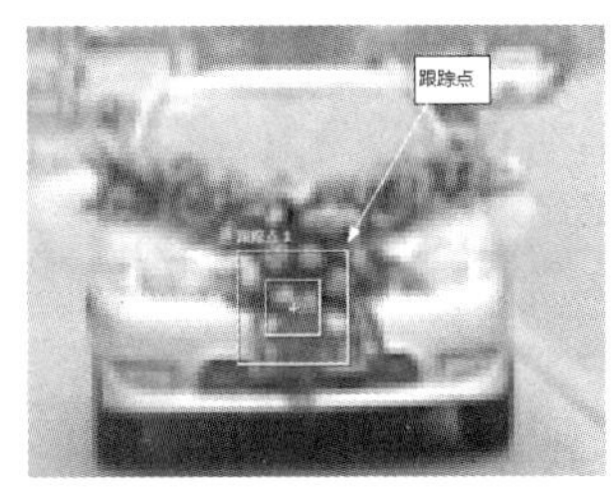

图 8.4　出现的跟踪点

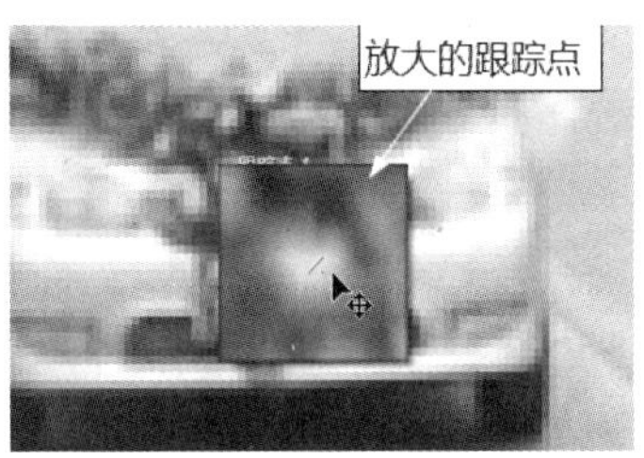

图 8.5　放大的跟踪点

步骤 05： 精确设置跟踪点位置。将跟踪点放置到一个比较明显的特征点上面，如图 8.6 所示。松开左键完成跟踪点的设置，如图 8.7 所示。

步骤 06： 设置取样范围。将光标移到取样框的角点上，按住左键不放进行移动，具体设置如图 8.8 所示。

图 8.6　放大显示的跟踪点

图 8.7　跟踪点的设置

图 8.8　取样范围的设置

步骤 07： 在【跟踪器】面板中单击【编辑目标】按钮，弹出【运动目标】对话框。设置该对话框，具体设置如图 8.9 所示。单击【确定】按钮，完成目标的设置。

步骤 08： 在【跟踪器】面板中单击【选项…】按钮，弹出【动态跟踪选项】对话框，设置该动画框的参数，具体设置如图 8.10 所示。单击【确定】按钮，完成参数的设置。

步骤 09： 单击▶（向前分析）按钮，等完成分析之后，单击【应用】按钮。在弹出的【动态跟踪器应用选项】对话框中设置参数，具体设置如图 8.11 所示。单击【确定】按钮，完成跟踪的设置。

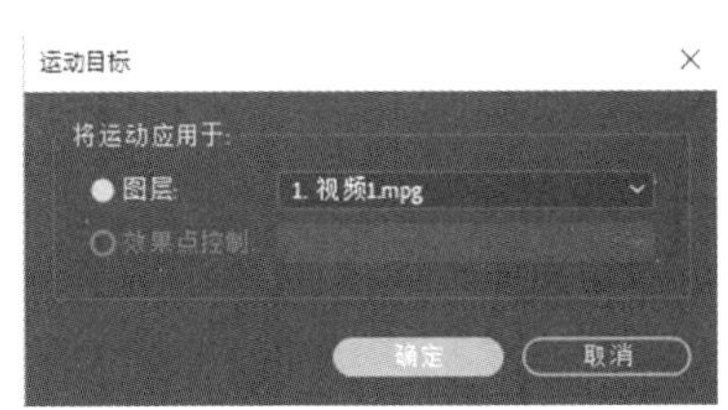

图 8.9 【运动目标】对话框参数设置

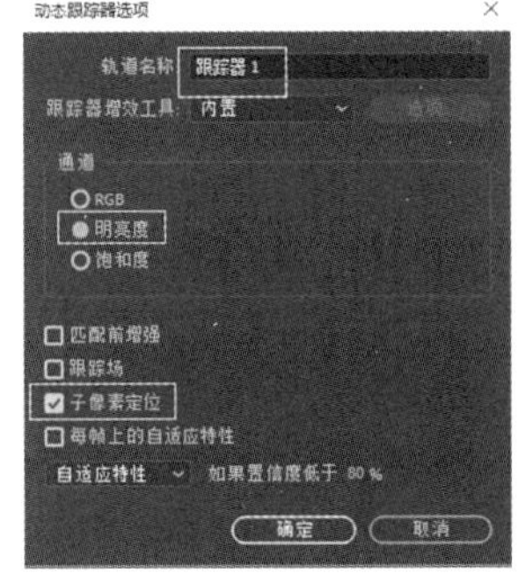

图 8.10 【动态跟踪器选项】对话框参数设置

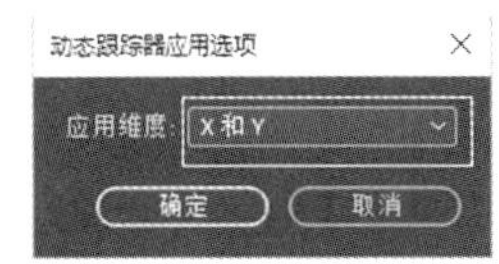

图 8.11 【动态跟踪器应用选项】对话框参数设置

步骤 10：完成跟踪设置之后，在【画面的稳定】合成窗口中可以看到生成了很多关键帧，在【合成预览】窗口中出现黑边，如图 8.12 所示。

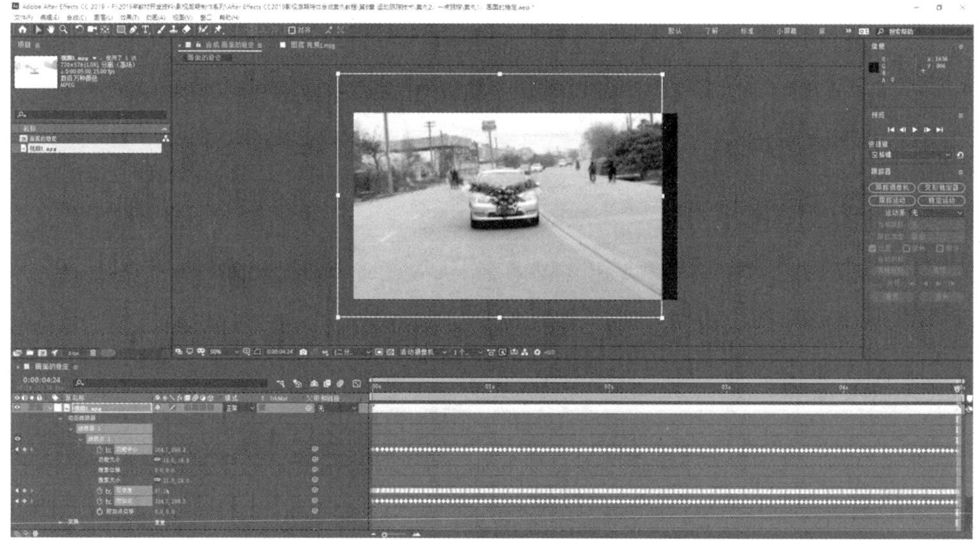

图 8.12　在【合成预览】窗口中的黑边效果

视频播放：关于具体介绍，请观看本书光盘上的配套视频“任务二：进行画面稳定处理.wmv”。

任务三：进行黑边处理

步骤 01：跟踪完毕之后，在【合成预览】窗口中可以看到黑边出现。需要对黑边进行处理，处理的方法是设置视频的变换属性中的“缩放”参数，具体参数设置如图 8.13 所示。

步骤 02：设置完“缩放”参数之后在【合成预览】窗口中的效果如图 8.14 所示。

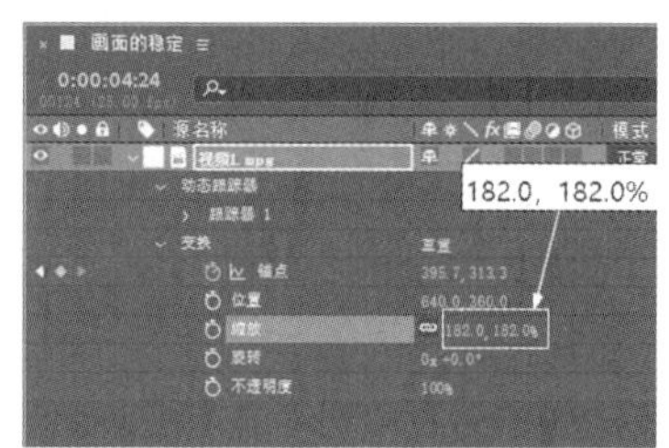

图 8.13　“缩放”参数设置

图 8.14　设置“缩放”参数之后在【合成预览】窗口中的效果

视频播放：关于具体介绍，请观看本书光盘上的配套视频“任务三：进行黑边处理.wmv”。

七、拓展训练

根据所学知识，对“视频 4.mpg”进行画面稳定处理。

学习笔记：

案例 2：一点跟踪

一、案例内容简介

本案例主要介绍如何使用【CC Particle World（CC 粒子仿真世界）】效果和一点跟踪技术，制作一个跟踪合成效果。

二、案例效果欣赏

三、案例制作（步骤）流程

任务一：创建合成和导入素材➡任务二：制作粒子效果预合成➡任务三：创建跟踪

四、制作目的

（1）了解一点跟踪的原理。

（2）掌握【CC Particle World（CC 粒子仿真世界）】效果的作用和参数调节。

（3）熟练掌握一点跟踪的创建方法和技巧。

五、制作过程中需要解决的问题

（1）了解一点跟踪的创建过程容易处出错的地方。

（2）了解【CC Particle World（CC 粒子仿真世界）】效果中各个参数的作用和参数的综合调节。

六、详细操作步骤

一点跟踪的原理就是目标图层跟踪源图层中的一个特征点，然后将这个特征点的运动路径应用到目标图层，使目标图层运动保持与源图层特征点的相对位置不变。本案例综合应用效果和跟踪技术来完成图像的合成。

任务一：创建合成和导入素材

1. 创建新合成

步骤 01： 启动 After Effects CC 2019。

步骤 02： 创建新合成。在菜单栏中单击【合成（C）】→【新建合成（C）…】命令，弹出【合成设置】对话框。在该对话框中，把新建的合成命名为“一点跟踪”，尺寸为“1280px×720px”，持续时间为“12 秒”，其他参数为默认值。

步骤 03： 设置完参数，单击【确定】按钮，完成新合成的创建。

2. 导入素材

步骤 01： 在【项目】窗口中的空白处，单击右键，弹出快捷菜单。在弹出的快捷菜单中单击【导入】→【文件…】命令，弹出【导入文件】对话框。在【导入文件】对话框中，选择需要导入的“视频 2.mpg”素材。

步骤 02： 单击【导入】按钮，将选择的素材导入【项目】窗口中，如图 8.15 所示。

步骤 03： 将“视频 1.mpg”素材拖到【一点跟踪】合成窗口中，调节它的“缩放”参数，具体调节如图 8.16 所示。

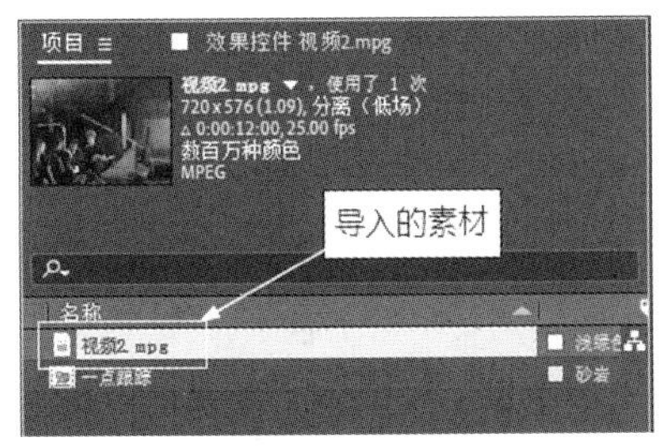

图 8.15　导入的素材

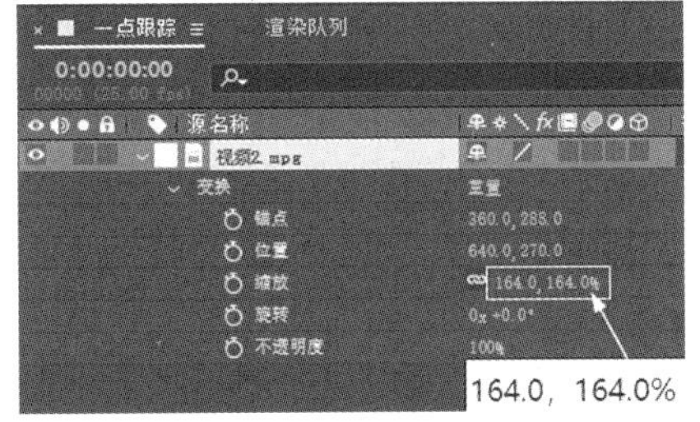

图 8.16　【视频 2.mpg】图层“缩放”参数调节

视频播放： 关于具体介绍，请观看本书光盘上的配套视频“任务一：创建合成和导入素材.wmv”。

任务二：制作粒子效果预合成

粒子效果的制作主要通过使用【CC Particle World（CC 粒子仿真世界）】效果来完成。

1. 添加效果

步骤 01： 创建纯色图层。在【一点跟踪】合成窗口中的空白处，单击右键，弹出快捷菜单。在弹出的快捷菜单中单击【新建】→【纯色（S）…】命令，弹出【纯色设置】对话框，设置【纯色设置】对话框参数，具体设置如图 8.17 所示。单击【确定】按钮，完成纯色图层的创建，如图 8.18 所示。

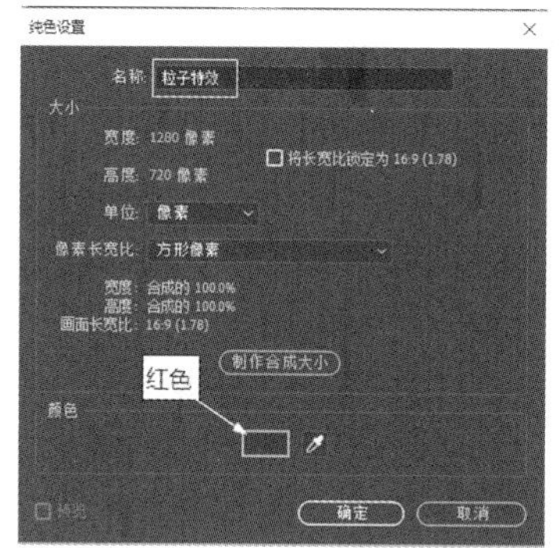

图 8.17 【纯色设置】对话框参数设置

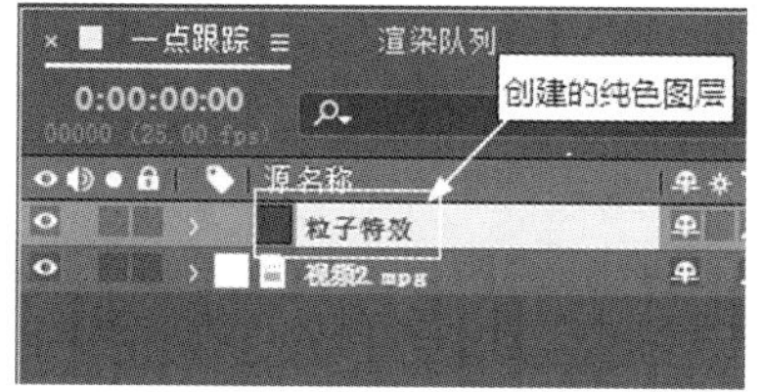

图 8.18 创建的纯色图层

步骤 02：给粒子特效图层添加效果。单选粒子特效图层，在菜单栏中单击【效果（T）】→【模拟】→【CC Particle World（CC 粒子仿真世界）】命令，完成【CC Particle World（CC 粒子仿真世界）】效果的添加。

步骤 03：调节【CC Particle World（CC 粒子仿真世界）】效果的参数。具体调节如图 8.19 所示，在【合成预览】窗口中的效果如图 8.20 所示。

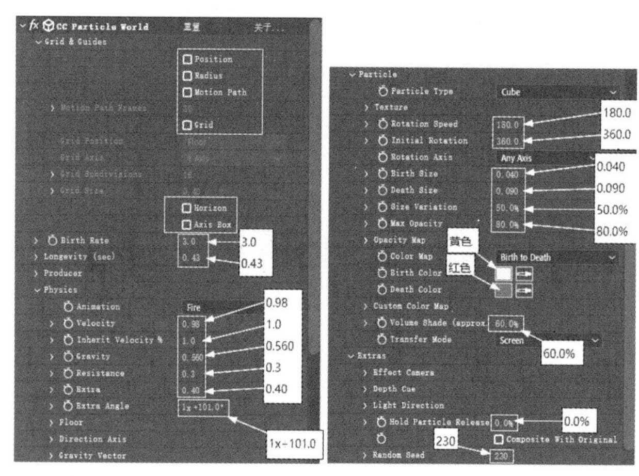

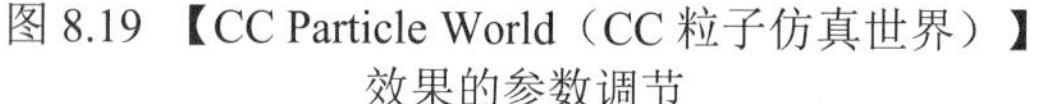
图 8.19 【CC Particle World（CC 粒子仿真世界）】效果的参数调节

图 8.20 在【合成预览】窗口中的效果

步骤 04：添加【发光】效果。在【效果（T）】→【风格化】→【发光】命令，完成【发光】效果的添加。

步骤 05：调节【发光】效果的参数。具体调节如图 8.21 所示，在【合成预览】窗口中的效果如图 8.22 所示。

2. 创建预合成

步骤 01：选择图层。在【一点跟踪】合成窗口中单选粒子特效图层。

步骤 02：将选择的图层转换为预合成。在菜单栏中单击【图层（L）】→【预合成（P）…】命令（或按“Ctrl+Shift+C”组合键），弹出【预合成】对话框。在【预合成】对

话框中进行参数调节，如图 8.23 所示。单击【确定】按钮，将选择的图层转换为预合成的图层，如图 8.24 所示。

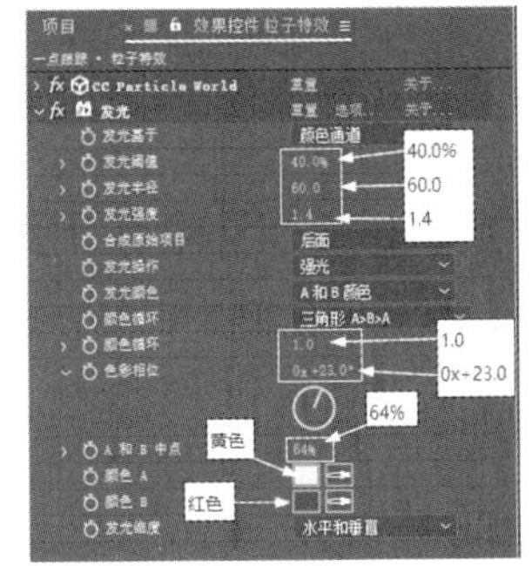

图 8.21 【发光】效果的参数调节

图 8.22　在【合成预览】窗口中的效果

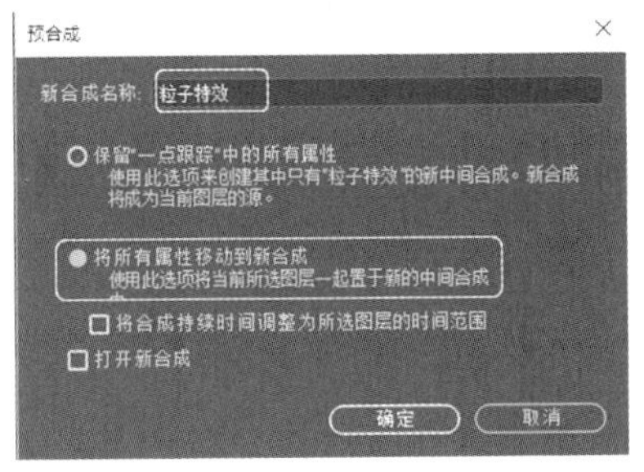

图 8.23 【预合成】对话框参数调节

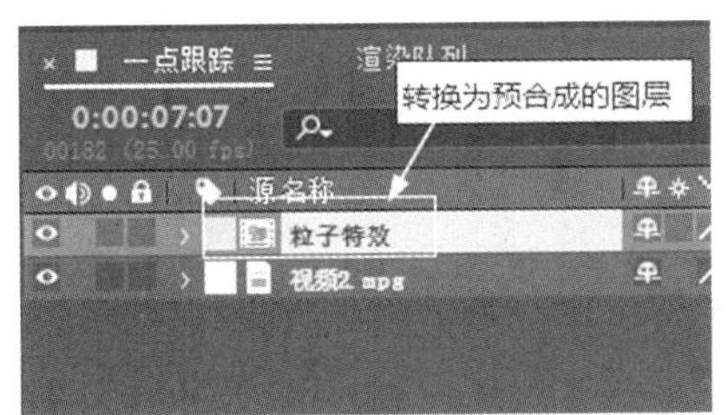

图 8.24　转换为预合成的图层

视频播放：关于具体介绍，请观看本书光盘上的配套视频“任务二：制作粒子效果预合成.wmv”。

任务三：创建跟踪

步骤 01：切换工作界面。在菜单栏中单击【窗口】→【工作区（S）】→【运动跟踪】命令，完成工作界面的切换。

步骤 02：在【一点跟踪】合成窗口中单选粒子特效图层，设置【跟踪器】面板参数，具体设置如图 8.25 所示。

步骤 03：进行跟踪。在【跟踪器】面板中单击【跟踪运动】按钮。此时，【跟踪器】面板如图 8.26 所示。

步骤 04：在【合成预览】窗口中出现一个跟踪点，将光标移到跟踪点的四框位置内，按住左键不放，将跟踪点移到需要跟踪的小亮点位置处，如图 8.27 所示。松开左键，完成跟踪点的位置设置。

步骤 05：单击【编辑目标…】按钮，在弹出的【运动目标】对话框中设置参数，具体设置如图 8.28 所示。单击【确定】按钮，完成跟踪目标的设置。

步骤 06：单击【选项】按钮，在弹出【动态跟踪器选项】的对话框中设置参数，具体设置如图 8.29 所示。单击【确定】按钮，完成动态跟踪的相关参数设置。

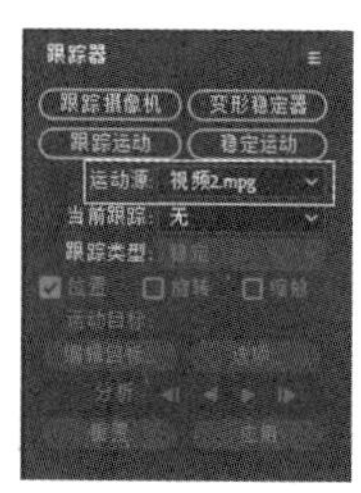
图 8.25 【跟踪器】面板参数设置

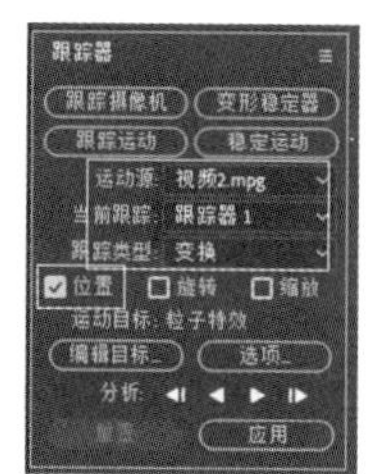
图 8.26 【跟踪器】面板

图 8.27 跟踪点在【合成预览】窗口中的位置

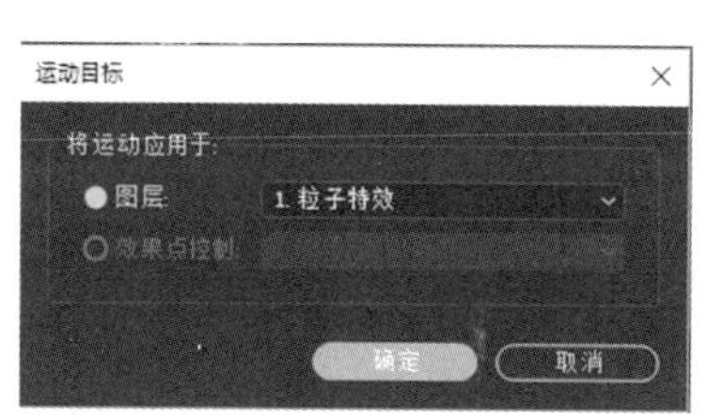
图 8.28 【运动目标】对话框参数设置

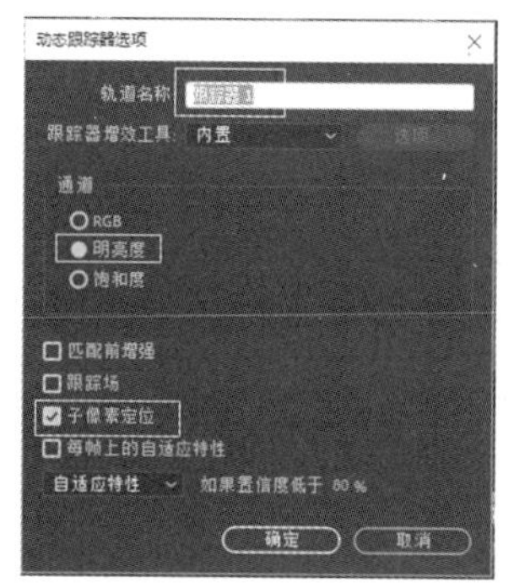
图 8.29 【运态跟踪选项】对话框参数设置

步骤 07：单击▶（向前分析）按钮进行跟踪分析，分析完成之后，单击【跟踪器】面板中的【应用】按钮。在弹出的【动态跟踪应用选项】对话框中设置参数，具体设置如图 8.30 所示。单击【确定】按钮，完成跟踪操作。

步骤 08：完成跟踪操作之后，在【一点跟踪】合成窗口中，调节粒子特效图层的“变换”选项中的“位置”参数，产生关键帧，如图 8.31 所示。

图 8.30【动态跟踪应用选项】对话框参数设置

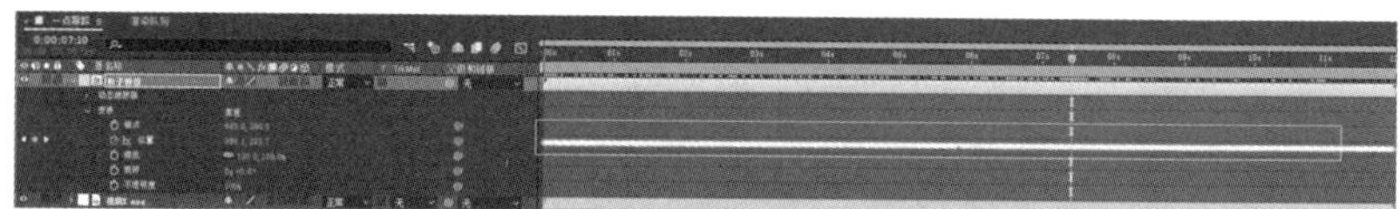
图 8.31 调节“位置”参数产生关键帧

提示：在跟踪操作完成之后，进行预览。如果发现在跟踪过程中出现跟踪脱轨，可从脱轨帧开始，先将后面的所产生的关键帧全部删除，再使用同样的方法，从脱轨帧开始进行一次跟踪操作。

步骤 09：通过预览可知，在第 08 秒 10 帧位置，在【合成预览】窗口中，跟踪点已经跑到画面外，如图 8.32 所示。操作完成后从关键帧开始就不要跟踪了，需要将该帧后面的

所有关键帧删除，如图 8.33 所示。

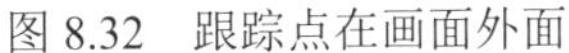

图 8.32　跟踪点在画面外面

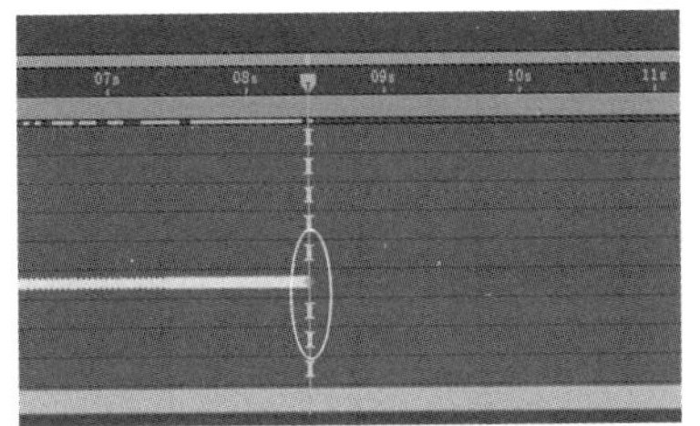

图 8.33　删除后面的所有关键帧

步骤 10：在【合成预览】窗口中将粒子特效图层的第 08 秒 10 帧位置的画面移到【合成预览】窗口的画面外，完成整个跟踪效果操作。

视频播放：关于具体介绍，请观看本书光盘上的配套视频“任务三：创建跟踪.wmv”。

七、拓展训练

根据所学知识，使用本书提供的素材进行跟踪合成处理，画面截图效果如下图所示。

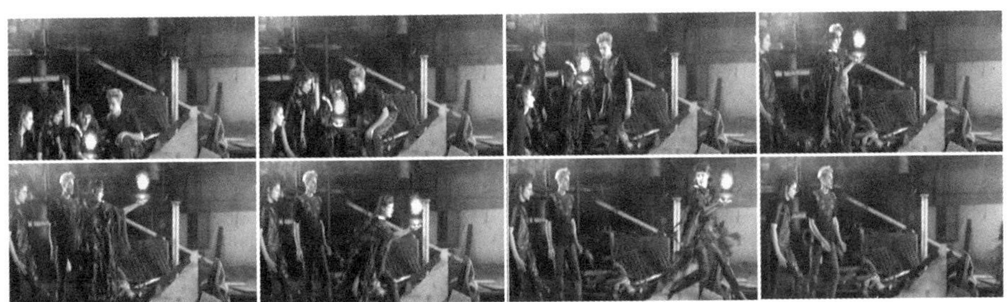

学习笔记：

案例3：四点跟踪

一、案例内容简介

本案例主要介绍四点跟踪（透视跟踪）的原理、方法和技巧。

二、案例效果欣赏

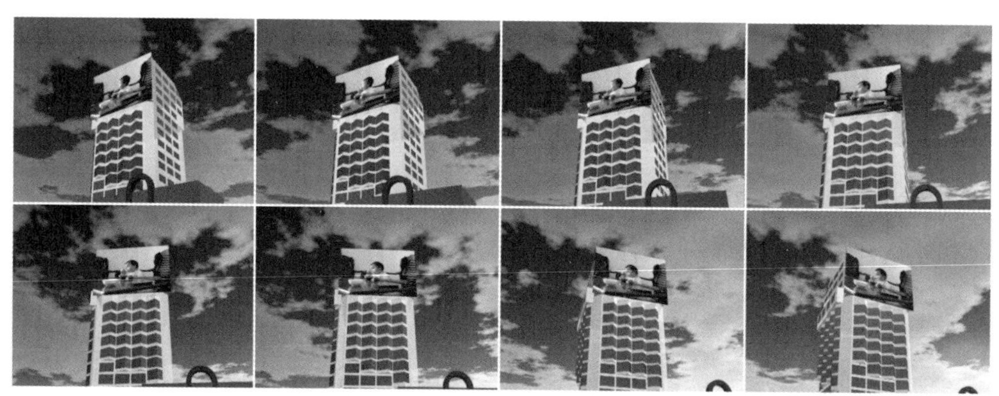

三、案例制作（步骤）流程

任务一：创建合成和导入素材 ➡ 任务二：创建四点跟踪 ⬇ 任务三：调节目标图层的大小

四、制作目的

（1）了解四点跟踪的原理。
（2）掌握目标图层大小的调节方法。
（3）熟练掌握创建跟踪的方法和技巧。

五、制作过程中需要解决的问题

（1）掌握四点跟踪的原理。
（2）掌握四点跟踪的一些小技巧。

六、详细操作步骤

在After Effects CC 2019中，四点跟踪技术也称为透视跟踪技术。该跟踪技术是影视后期特效合成中最高级的跟踪技术。跟踪的原理是通过同时跟踪源图层中的4个特征点的运动轨迹，以计算出画面的透视角度变化并应用到目标图层，可以使合成画面中的特定物

体产生透视角度变化，以达到模拟三维运动或摄像机角度变化的效果。

任务一：创建合成和导入素材

1. 创建新合成

步骤 01： 启动 After Effects CC 2019 应用软件。

步骤 02： 创建新合成。在菜单栏中单击【合成（C）】→【新建合成（C）…】命令，弹出【合成设置】对话框。在该对话框中把新建的合成命名为“四点跟踪”，尺寸为“720px×576px”，持续时间为“3 秒”，其他参数为默认值。

步骤 03： 设置完参数，单击【确定】按钮，完成新合成的创建。

2. 导入素材

步骤 01： 在【项目】窗口中的空白处，单击右键，弹出快捷菜单。在弹出的快捷菜单中单击【导入】→【文件…】命令，弹出【导入文件】对话框。在【导入文件】对话框中，选择需要导入的素材。

步骤 02： 单击【导入】按钮，将选择的素材导入【项目】窗口中，如图 8.34 所示。

步骤 03： 将导入的素材拖到【四点跟踪】合成窗口中，如图 8.35 所示。

图 8.34　导入的素材

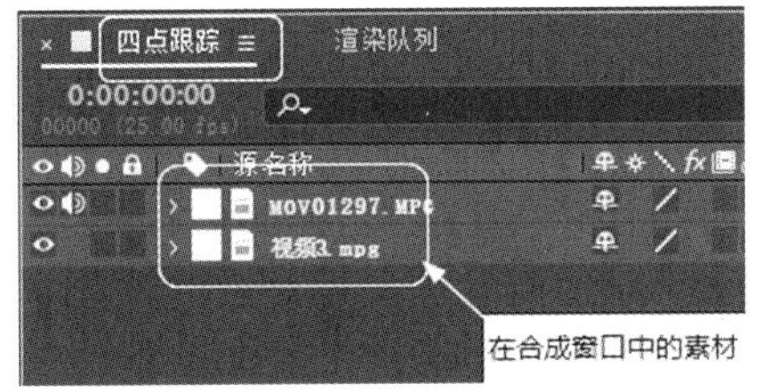

图 8.35　在【四点跟踪】合成窗口中的效果

视频播放： 关于具体介绍，请观看本书光盘上的配套视频“任务一：创建合成和导入素材.wmv”。

任务二：创建四点跟踪

四点跟踪主要通过【跟踪器】面板中的“透视跟踪”来完成。

步骤 01： 切换工作模式。在菜单栏中单击【窗口】→【工作区（S）】→【运动跟踪】命令，完成工作模式的切换。

步骤 02： 将▮（时间指针）移到第 00 秒 00 帧的位置。设置【跟踪器】面板参数，具体设置如图 8.36 所示。

步骤 03： 在【四点跟踪】合成窗口中单选 视频3.mpg 图层。此时，在【合成预览】窗口中出现 4 个跟踪点，调节这 4 个跟踪点的位置，把它们放到视频画面中绿色面板的白色特征点上，如图 8.37 所示。

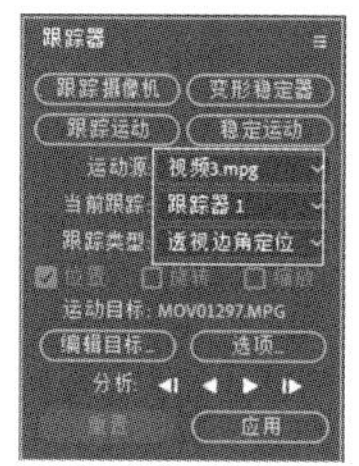

图 8.36 【跟踪器】面板参数设置

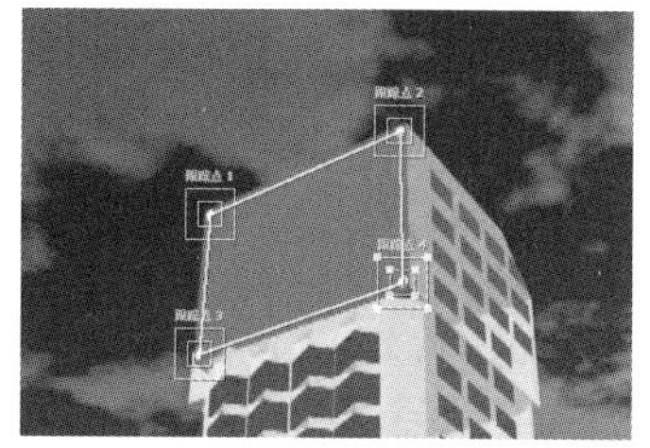
图 8.37 调节好的 4 个跟踪点位置

提示：在调节跟踪点时，4 个跟踪点要与绿色面板上的白色点对应；否则，会出现视频扭曲的现象。

步骤 04：设置“编辑目标”。单击【跟踪器】面板中的【编辑目标…】按钮，弹出【运动目标】对话框。在该对话框中设置参数，具体设置如图 8.38 所示。单击【确定】按钮，完成“目标图层”的设置。

步骤 05：设置“选项”。单击【跟踪器】面板中的【选项…】按钮，弹出【动态跟踪选项】对话框，在该对话框中设置参数，具体设置如图 8.39 所示。单击【确定】按钮，完成“动态跟踪”相关参数的设置。

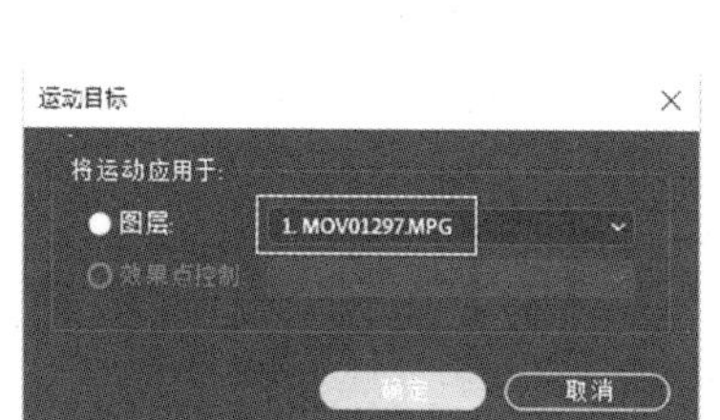

图 8.38 【运动目标】对话框参数设置

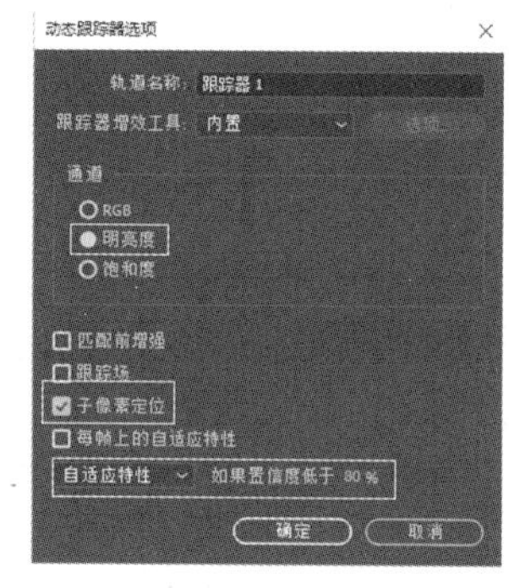

图 8.39 【动态跟踪选项】对话框参数设置

步骤 06：在【跟踪器】面板中单击▶（向前分析）按钮，系统自动对跟踪进行运算，运算之后在【四点跟踪】合成窗口中的图层会自动产生关键帧，如图 8.40 所示。用户可以对关键帧进行单独编辑操作。

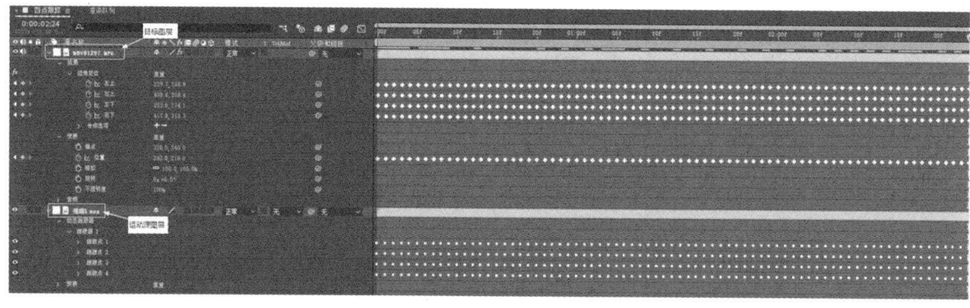

图 8.40 对跟踪进行运算之后产生的关键帧

视频播放：关于具体介绍，请观看本书光盘上的配套视频“任务二：创建四点跟踪.wmv”。

任务三：调节目标图层的大小

跟踪操作完成之后，在【合成预览】窗口中的效果如图 8.41 所示。可以看出，目标图层的画面与绿色背景画面没有完全匹配，需要进行适当的调节。

步骤 01：在【四点跟踪】合成窗口中，调节目标图层的“缩放”参数。具体调节如图 8.42 所示，调节之后在【合成预览】窗口中的效果如图 8.43 所示。

图 8.41　跟踪操作完成之后的效果

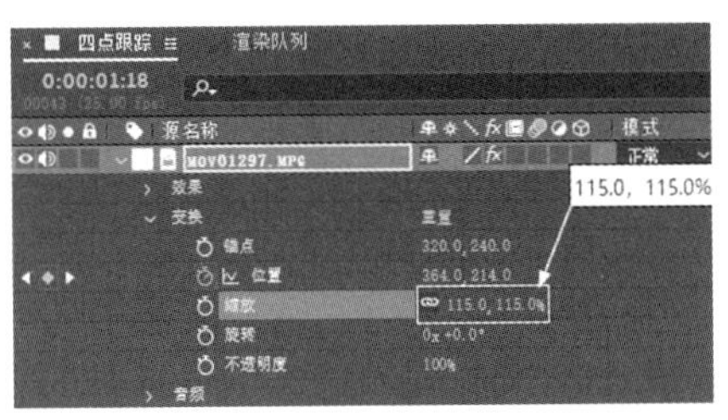

图 8.42　目标图层的“缩放”参数调节

图 8.43　调节之后【合成预览】窗口中的效果

视频播放：关于具体介绍，请观看本书光盘上的配套视频“任务三：调节目标图层的大小.wmv”。

七、拓展训练

根据所学知识，使用本书提供的素材进行跟踪合成处理，画面截图效果如下图所示。

学习笔记：

第9章　专 题 训 练

知识点

专题 1:《千岛银针》影视广告制作
专题 2:《星光音响》影视广告制作
专题 3:《尊品 U 盘》影视广告制作
专题 4:《圣诞贺卡》影视动画制作
专题 5:《栏目片头》影视栏目包装制作
专题 6:《倒计时》旅游广告片头制作

说明

本章主要通过 6 个专题的训练，对前面所学知识进行全面的复习、巩固和综合实践应用。

教学建议课时数

一般情况下需要 30 课时。其中，理论 10 课时，实际操作 20 课时（特殊情况下可做相应调整）。

在本章中，主要通过 6 个专题对前面所学知识进行全面的复习、巩固和综合实践应用。通过本章的学习，读者主要掌握影视后期特效合成的综合应用、【效果】参数设置、各种图层的操作、文字的综合应用、专题制作的基本流程、专题制作的方法、专题制作的技巧以及注意事项。

专题 1：《千岛银针》影视广告制作

一、专题内容简介

本专题主要介绍《千岛银针》影视广告制作的原理、方法以及技巧，重点介绍背景制作、文字动画的制作、文字标记的制作、“茶叶盒”动画效果以及渲染输出等知识点。

二、专题效果欣赏

三、专题制作（步骤）流程

任务一：答题要求➡任务二：根据要求创建工程文件➡任务三：创建合成并导入素材
⬇
任务五：制作“文字标记”旋转和渐变效果⬅任务四：制作背景效果
⬇
任务六：制作第1个文字动画➡任务七：制作第2个文字动画
⬇
任务九：制作“茶叶盒”动画效果⬅任务八：制作第3个文字动画
⬇
任务十：渲染输出与素材收集

四、制作目的

（1）了解《千岛银针》影视广告制作的原理。
（2）掌握三维素材的后期合成方法和技巧。
（3）掌握素材的色调、明暗度、饱和度和虚实的调节。
（4）掌握文字动画与效果的制作方法。
（5）掌握音频文件的制作方法。
（6）熟悉整体合成、剪辑与输出。

五、制作过程中需要解决的问题

（1）掌握影视广告制作的基本流程。
（2）掌握文字的相关属性设置。
（3）了解音频处理的相关知识。
（4）了解作品输出的基本设置和注意事项。

六、详细操作步骤

在本专题中，主要通过 10 个任务详细介绍【千岛银针】影视广告制作的原理、方法和技巧。

任务一：答题要求

1. 考核要求

（1）建立一个以考生准考证号后 8 位阿拉伯数字命名的文件夹作为“考生文件夹”（例如，准考证号为 651288881234 的考生以“88881234”命名文件夹）。在此文件夹下，存放后期工程文件和最终合成视频。

（2）把三维素材导入后期制作应用软件，使用正确的叠加模式把各个素材进行合成；对各个三维素材的时长进行剪辑，截取合适的播放画面到合成影片中；把后期背景素材导入后期制作应用软件，截取合适的画面和调节透明度，置于底层作为视频的背景，参考视频制作背景的透明度和动画。

（3）调节三维素材的色调、明暗度、饱和度、虚实度，以达到视频中要求的氛围效果。

（4）创建广告文字，以遮罩的效果呈现，并赋予文字效果；根据参考视频，制作广告文字的展示动画。

（5）整体调节效果，将三维素材与二维素材更好地融合在一起。

（6）添加音频。

（7）输出最终视频。

2. 考试素材

考试使用的素材：位于“/考试素材”文件夹内。

3. 输出要求

（1）输出视频：“*.avi”格式，1280px×720px(25 帧/秒)，质量调到最佳。
（2）创建后期工程文件，保证后期源文件里所有素材的指定路径正确。

4. 考试注意事项

（1）满分为 100 分，及格分为 60 分，考试时间为 180 分钟。

（2）注意把握时间和总体进度。

视频播放：关于具体介绍，请观看本书光盘上的配套视频“任务一：答题要求.wmv”。

任务二：根据要求创建工程文件

步骤 01：创建文件夹。在指定的一个硬盘上，创建一个以考生准考证号后 8 位阿拉伯数字命名的文件夹，并统一命名为“学生证号+名字”。例如，150602 王敏（1506 班王敏）。

步骤 02：复制素材。按要求将所提供的素材复制到“150602 王敏”文件夹中。

步骤 03：启动 After Effects CC 2019，保存项目为“专题 1：千岛银针”。

视频播放：关于具体介绍，请观看本书光盘上的配套视频“任务二：根据要求创建后期工程文件.wmv”。

任务三：创建合成并导入素材

1. 创建新合成

步骤 02：创建新合成。在菜单栏中单击【合成（C）】→【新建合成（C）…】命令，弹出【合成设置】对话框。在该对话框中，把新建的合成命名为“千岛银针”，尺寸为“1280px×720px”，持续时间为“10 秒”，其他参数为默认值。

步骤 03：设置完参数，单击【确定】按钮，完成新合成的创建。

2. 导入素材

步骤 01：导入素材。在【项目】窗口中的空白处，单击右键，弹出快捷菜单。在弹出的快捷菜单中单击【导入】→【文件】（或按“Ctrl+I”组合键），弹出【导入文件】对话框，选择需要导入的素材，如图 9.1 所示。单击【导入】按钮，完成素材的导入。

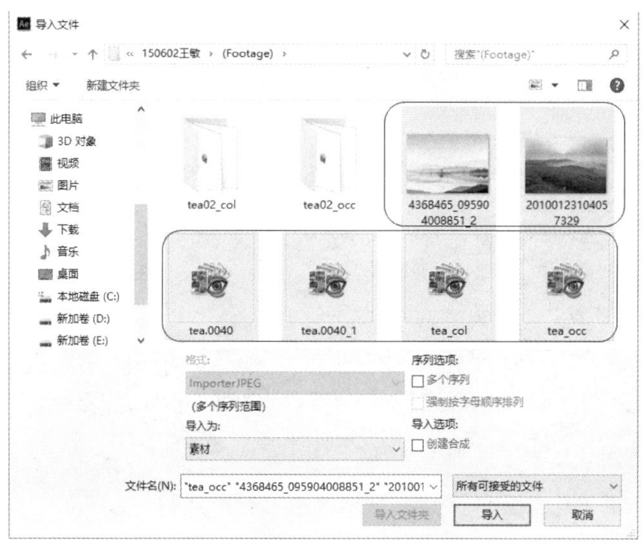

图 9.1　选择需要导入的素材

提示：如果导入的图片是“*.tga”格式，那么单击【导入】按钮，弹出【解释素材】对话框。在该对话框中选择第二项，如图 9.2 所示，再单击【确定】按钮，将素材导入【项目】窗口中，如图 9.3 所示。

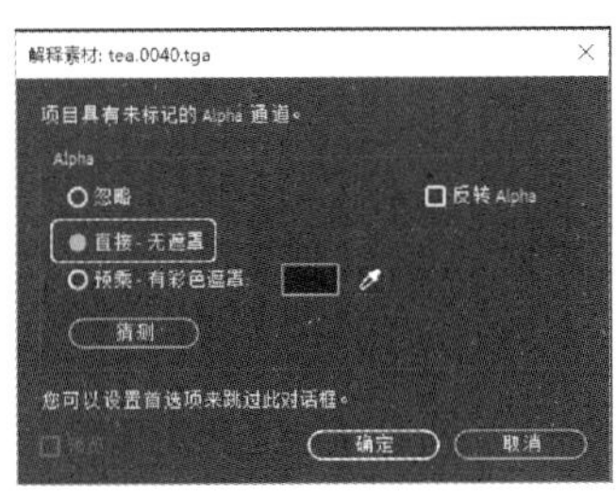

图 9.2 【解释素材】对话框

图 9.3　导入【项目】窗口中的素材

步骤 02：导入序列文件。在【项目】窗口中，双击或在菜单栏中单击【文件】→【导入（I）】→【文件…】命令（或按“Ctrl+I”组合键），弹出【导入文件】对话框。在该对话框中选择序列文件中的“tea.0001”文件，勾选“Targa 序列”选项，如图 9.4 所示。单击【导入】按钮，弹出【解释素材】对话框，具体设置如图 9.5 所示。单击【确定】按钮，完成素材的导入，导入的素材如图 9.6 所示。

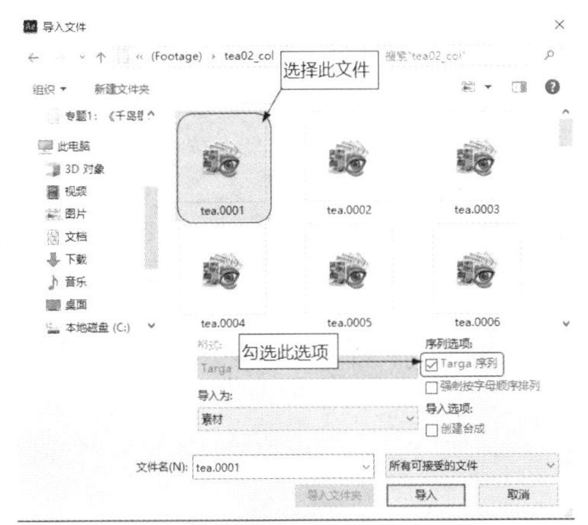

图 9.4 【导入文件】对话框

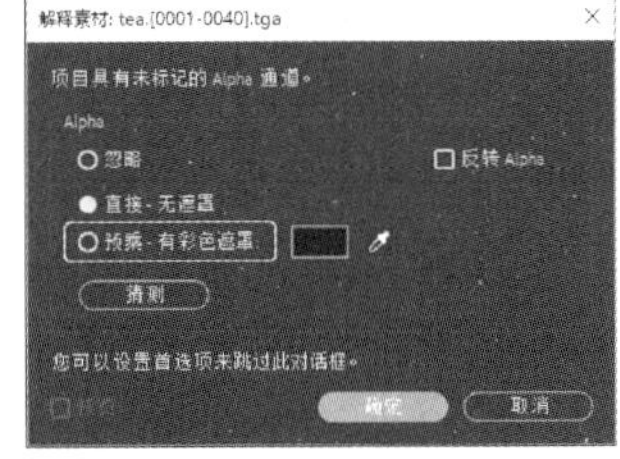

图 9.5 【解释素材】对话框设置

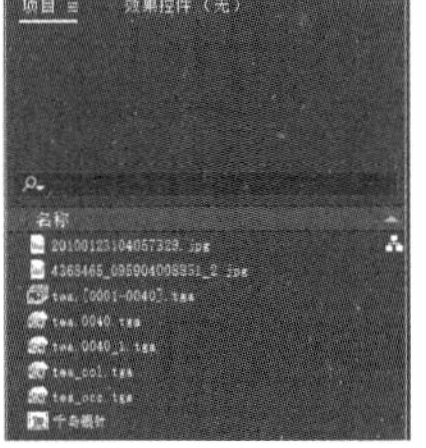

图 9.6　导入的素材

步骤 03：导入音频文件。方法同上，将“10 秒背景音乐.mp3”音频文件导入【项目】窗口。

视频播放：关于具体介绍，请观看本书光盘上的配套视频“任务三：创建合成并导入素材.wmv”。

任务四：制作背景效果

该专题背景效果的制作比较简单，主要通过调节两张图片的放大、缩小、位移、不透明度和叠加来制作。

步骤 01：将“20100123104057329.jpg”图片拖到【千岛银针】合成窗口中，将▼（时间指针）移到第 01 秒 00 帧的位置。调节图层的“变换”属性参数并添加关键帧，具体调节如图 9.7 所示。

步骤 02：将▼（时间指针）移到第 02 秒 00 帧的位置。调节图层的“缩放”属性参数，此时“缩放”属性参数自动添加一个关键帧，具体调节如图 9.8 所示。

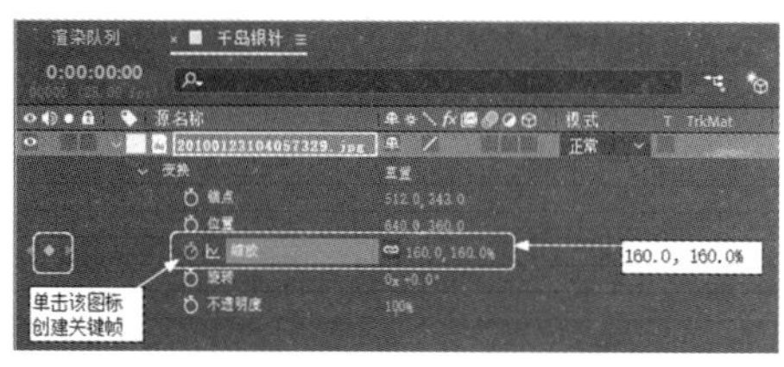

图 9.7　第 01 秒 00 帧位置图层“变换”属性参数调节

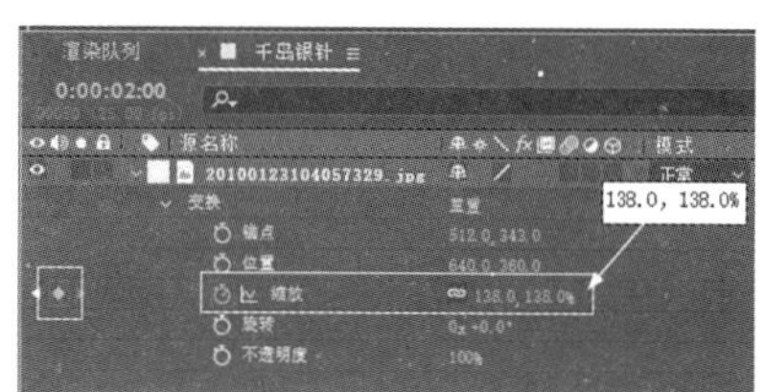

图 9.8　第 02 秒 00 帧位置图层“缩放”属性参数设置

步骤 03：将“4368465_095904008851_2.jpg”图片拖到【千岛银针】合成窗口中，将▼（时间指针）移到第 01 秒 12 帧的位置。调节图层的“变换”属性参数并添加关键帧，参数的具体调节和设置如图 9.9 所示。

步骤 04：将▼（时间指针）移到第 01 秒 24 帧的位置。调节图层的“变换”属性参数并添加关键帧，参数的具体调节和设置如图 9.10 所示。

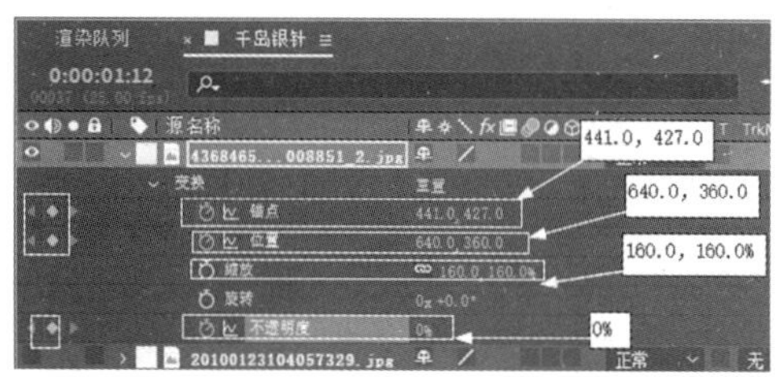

图 9.9　第 01 秒 12 帧位置图层“变换”属性参数调节

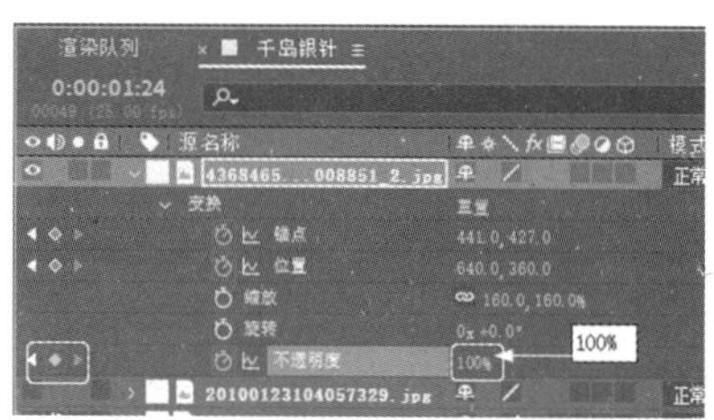

图 9.10　第 01 秒 24 帧位置图层“变换”属性参数设置

步骤 05：将▼（时间指针）移到第 09 秒 24 帧的位置。调节图层的“变换”属性参数和添加关键帧，参数的具体调节和设置如图 9.11 所示，在【合成预览】窗口中的效果如图 9.12 所示。

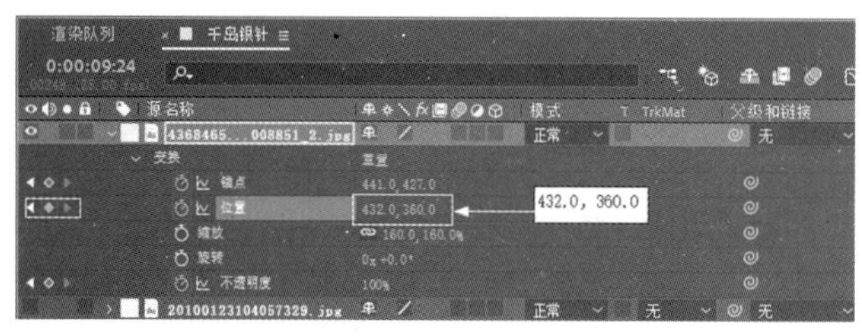

图 9.11　第 09 秒 24 帧位置图层“变换”属性参数调节

图 9.12　在【合成预览】窗口中的效果

视频播放：关于具体介绍，请观看本书光盘上的配套视频“任务四：制作背景效果.wmv”。

任务五：制作“文字标记”旋转和渐变效果

“文字标记”素材的制作主要是用 Photoshop 软件进行抠像处理而实现的，将“文字标记”导入 After Effects CC 2019 中进行旋转、渐变并制作遮罩效果。

1. 制作标记文字图片

步骤 01：在【项目】窗口中双击“《千岛银针茶》最终效果参考视频.flv”文件，切换到视频素材窗口，将（时间指针）移到第 01 秒 04 帧的位置，按“Print Screen”键，截取屏幕。

步骤 02：启动 Photoshop 软件，单击【新建…】按钮，弹出【新建文档】对话框，具体设置如图 9.13 所示。单击【创建】按钮，创建一个空白文件。

步骤 03：按“Ctrl+V”组合键，将所截取的屏幕复制到文件中。

步骤 04：使用（裁剪工具）裁掉多余的部分，只保留文字部分，如图 9.14 所示。

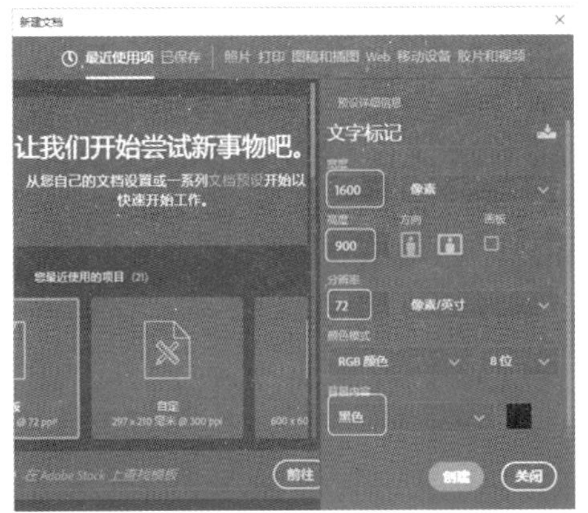

图 9.13 【新建文件】对话框

图 9.14 裁剪之后的效果

步骤 05：去色处理。在菜单栏中单击【图像（I）】→【调整（J）】→【曲线 U…】命令（或按“Ctrl+M”组合键），弹出【曲线】对话框，具体设置如图 9.15 所示。单击【确定】按钮，完成去色处理，去色处理之后的效果如图 9.16 所示。

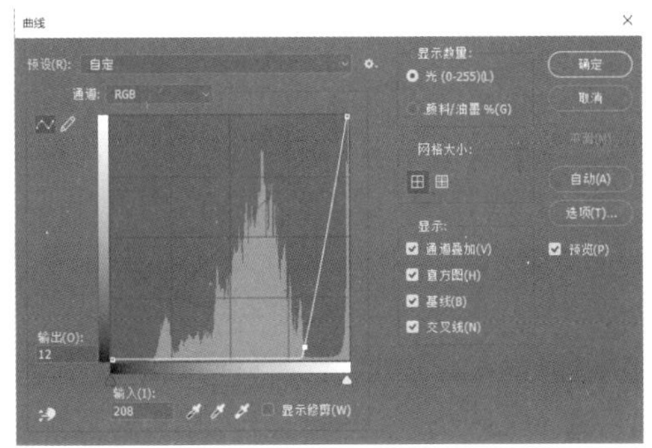

图 9.15 【曲线】对话框参数设置

图 9.16 去色处理之后的效果

步骤06：删除黑色背景。使用（魔棒工具）选择图像中的黑色部分，按“Delete”键，将黑色区域删除，效果如图9.17所示。

步骤07：使用（多边形套索工具）选择“茶”字，在菜单栏中单击【编辑（E）】→【剪切（T）】命令（或按“Ctrl+X”组合键），裁剪所选择的“茶”字。

步骤08：在菜单栏中单击【编辑（E）】→【选择性粘贴（I）】→【原位粘贴（P）】命令（或按“Shift+Ctrl+V”组合键），将选择的“茶”字粘贴到原位并多了一个图层。

步骤09：给粘贴的文字层命名为“茶”，另一个图层命名为“醇香的味道”，如图9.18所示。

步骤10：将制作好的“文字标记”保存到考生文件夹目录下的素材文件夹中。

2. 制作“文字标记”动画

“文字标记”动画的制作主要通过渐变、旋转和遮罩来实现。

1）导入素材

步骤01：在菜单栏中，单击【文件（F）】→【导入（I）】→【文件…】命令（或按“Ctrl+I”组合键），弹出【文件导入】对话框。在该对话框中，选择“文字标记.psd”文件。单击【导入】按钮，弹出【文字标记.psd】对话框。

步骤02：设置【文字标记.psd】对话框，具体设置如图9.19所示，单击【确定】按钮，即可将该素材导入【项目】窗口中。

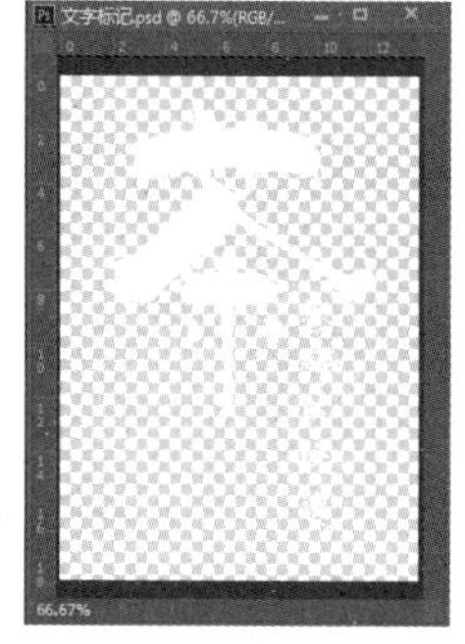
图9.17　删除黑色区域的效果

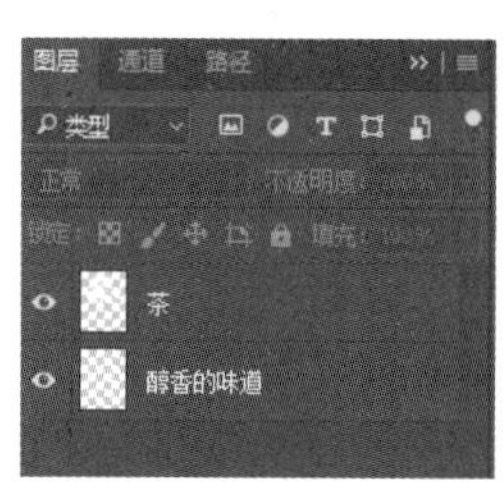

图9.18　图层效果

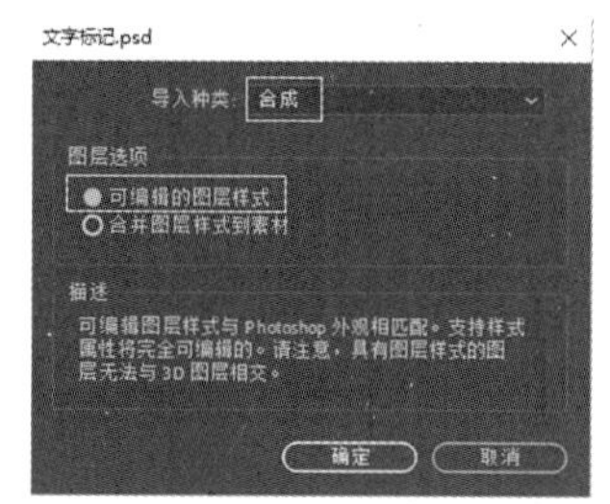

图9.19　【文字标记.psd】对话框设置

2）给导入的素材制作动画

步骤01：将“茶/文字标记.psd”和“醇香的味道/文字标记.psd”图片拖到【千岛银针】合成窗口中，调节图层的“变换”属性参数。具体调节如图9.20所示，在【合成预览】窗口中的效果如图9.21所示。

步骤02：将（时间指针）移到第00帧的位置，调节图层的“变换”属性参数并添加关键帧，“变换”属性参数的具体调节如图9.22所示。

步骤03：将（时间指针）移到第12帧的位置，将“不透明度”属性参数值设置为“100%”。

步骤04：单选醇香的味道/文字标记.psd图层。将（时间指针）移到第12帧的位置，在【合成预览】窗口中绘制一个矩形遮罩，如图9.23所示。

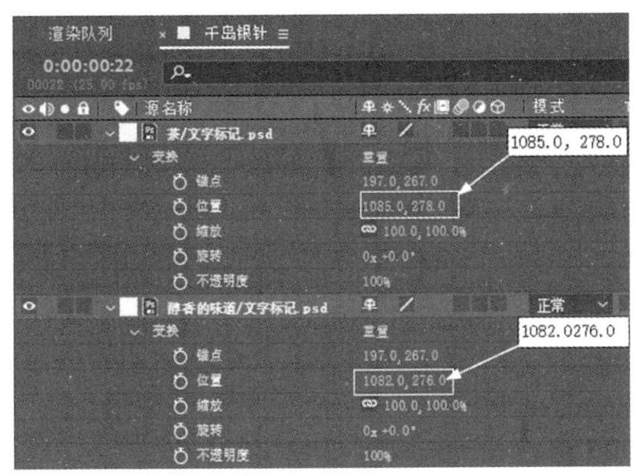

图 9.20 图层的“变换”属性参数调节

图 9.21 在【合成预览】窗口中的效果

步骤 05：给绘制的矩形遮罩中的“遮罩路径”参数添加关键帧，所添的加关键帧的图层设置如图 9.24 所示。

图 9.22 图层的“变换”属性参数设置

图 9.23 绘制的矩形遮罩

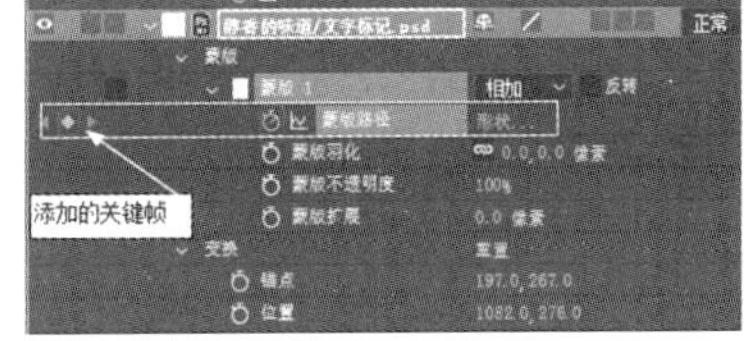

图 9.24 所添加的关键帧的图层设置

步骤 06：将（时间指针）移到第 24 帧的位置，调节矩形遮罩路径的形状，调节之后在【合成预览】窗口中的效果，如图 9.25 所示。此时，“遮罩路径”参数自动添加关键帧。

步骤 07：将（时间指针）移到第 01 秒 06 帧的位置，把该图层的“不透明度”参数值设置为 100%并添加关键帧。

步骤 08：将（时间指针）移到第 01 秒 14 帧的位置，把该图层的“不透明度”参数值设置为 0%，系统自动添加关键帧。

3）将图层转换为 3D 图层并制作旋转动画

步骤 01：单选 茶/文字标记.psd 图层，单击（3D 图层）按钮对应下的空白框，即可将该图层转换为 3D 图层。设置图层的参数并添加关键帧，具体参数设置如图 9.26 所示。

步骤 02：将（时间指针）移到第 01 秒 20 帧的位置，调节 3D 图层的参数并设置关键帧，具体参数设置如图 9.27 所示。

图 9.25 调节矩形遮罩之后的效果

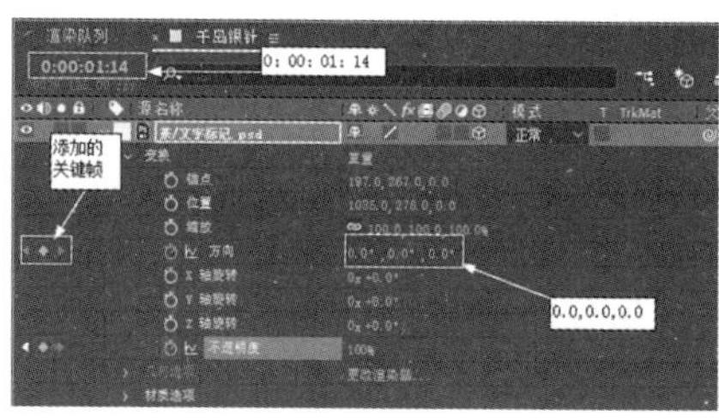
图 9.26 3D 图层的参数设置

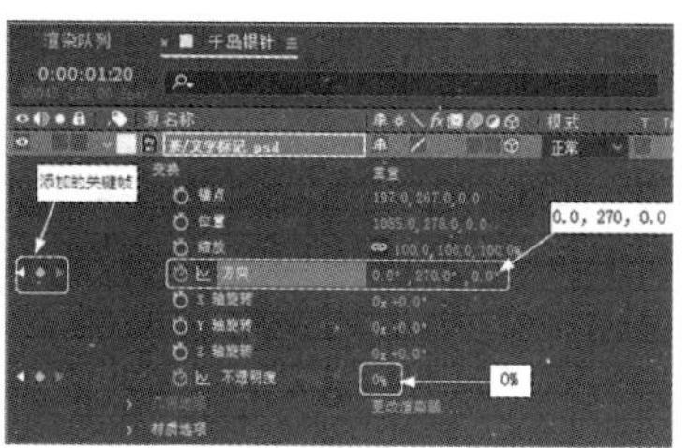
图 9.27 第 01 秒 20 帧位置 3D 图层的参数设置

视频播放：关于具体介绍，请观看本书光盘上的配套视频“任务五：制作“文字标记”旋转和渐变效果.wmv”。

任务六：制作第 1 个文字动画

文字动画的制作主要有两种方法：第一种是通过文字属性制作动画，第二种是通过遮罩制作纯色的动画。

1. 通过文字属性来制作动画

步骤 01：在【合成预览】窗口中输入“源自中国的特色文化”。文字的颜色设为纯黑色，字体和大小如图 9.28 所示，在【合成预览】窗口中的效果如图 9.29 所示。

步骤 02：展开文字图层，单击 源自中国的特色文化 图层左边的按钮，展开该文字图层。

步骤 03：添加“缩放”动画属性。单击【文本】右边的【动画】右边的按钮，弹出快捷菜单。在弹出的快捷菜单中单击【缩放】命令，完成“缩放”属性的添加。

步骤 04：制作文字缩放动画。将（时间指针）移到第 03 秒 05 帧的位置，调节参数并添加关键帧。具体参数调节和关键帧的位置，如图 9.30 所示。

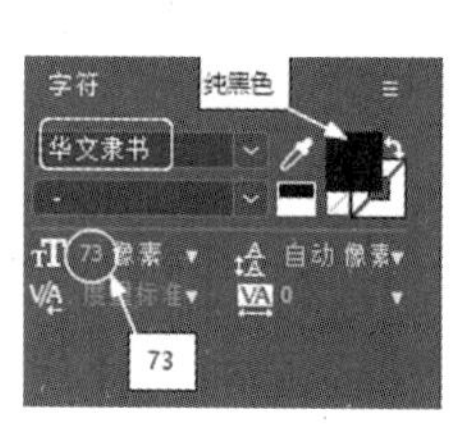
图 9.28 字体和大小

图 9.29 在【合成预览】窗口中的效果

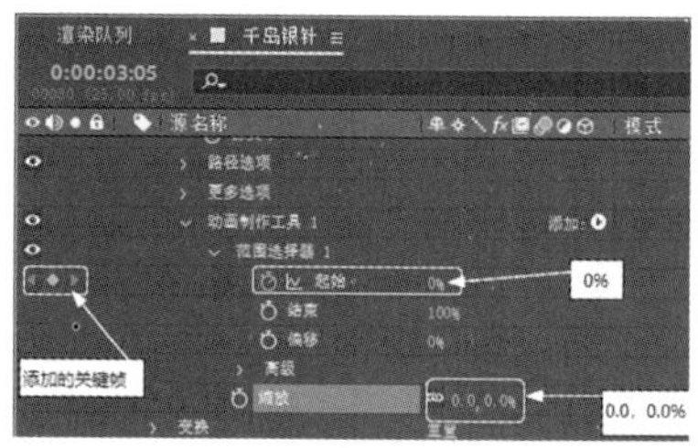
图 9.30 属性参数调节和关键帧的位置

步骤 05：将（时间指针）移到第 03 秒 22 帧的位置，将【起始】值设置为 100%，其他参数不变，完成文字的“缩放”动画效果。

步骤 06：添加颜色填充属性。单击【文本】右边的【动画】右边的按钮，弹出快捷菜单。在弹出的快捷菜单中单击【属性】→【填充颜色】→【RGB】命令，完成【RGB】

属性的添加。

步骤 07：制作填充颜色的动画。将（时间指针）移到第 03 秒 05 帧的位置，调节参数并添加关键帧，具体参数调节和关键帧，如图 9.31 所示。

步骤 08：将（时间指针）移到第 03 秒 22 帧的位置，将【起始】参数值设置为 100%，其他参数不变，完成文字的“缩放”动画效果。

步骤 09：再添加一个【缩放】属性。单击【动画】右边的按钮，弹出快捷菜单。在弹出的快捷菜单中单击【缩放】命令，完成【缩放】属性的添加。

步骤 10：制作文字缩放动画，将（时间指针）移到第 03 秒 05 帧的位置，调节参数并添加关键帧，具体参数设置如图 9.32 所示。

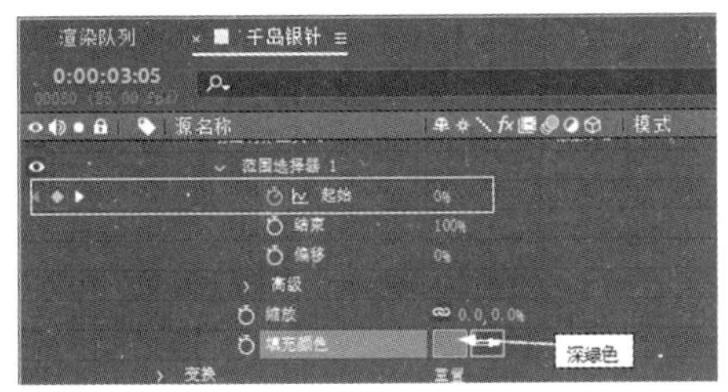

图 9.31 【填充颜色】属性参数设置

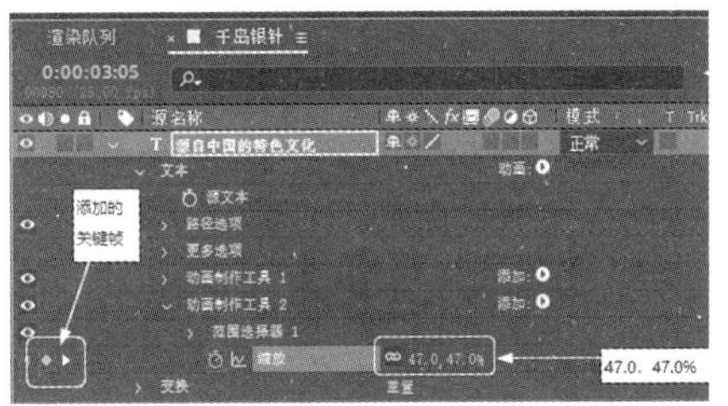

图 9.32 【缩放】属性参数设置

步骤 11：将（时间指针）移到第 3 秒 22 帧的位置，将【缩放】属性参数设置为 100%，其他参数不变，完成文字的“缩放”动画效果。

步骤 12：制作完成的文字动画截图效果如图 9.33 所示。

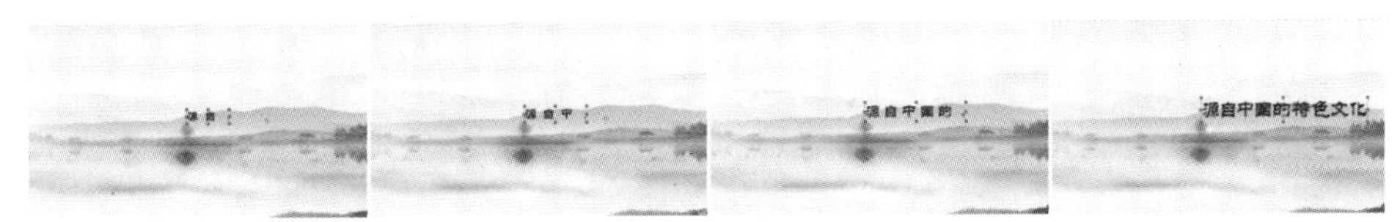

图 9.33 文字动画截图效果

2. 通过遮罩制作纯色图层的动画

步骤 01：创建纯色图层。在【千岛银针】合成窗口中的空白处单击右键，弹出快捷菜单。在弹出的快捷菜单中单击【新建】→【纯色（S）…】命令，弹出【纯色设置】对话框。设置【纯色设置】对话框参数，具体设置如图 9.34 所示。

步骤 02：完成参数设置之后，单击【确定】按钮，完成纯色图层的创建。

步骤 03：将（时间指针）移到第 03 秒 24 帧的位置，绘制一个矩形遮罩，遮罩的位置如图 9.35 所示。给“遮罩路径”参数添加关键帧，如图 9.36 所示。

步骤 04：将（时间指针）移到第 04 秒 7 帧的位置，绘制一个矩形遮罩，在【合成预览】窗口中的效果如图 9.37 所示。

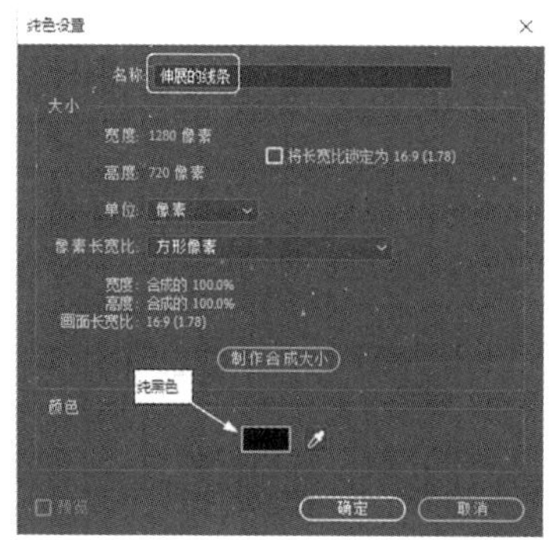
图 9.34 【纯色设置】对话框参数设置

图 9.35 矩形遮罩的位置

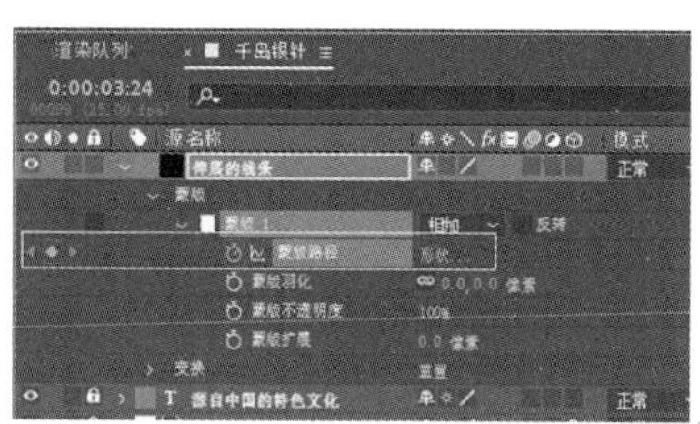
图 9.36 给“遮罩路径”参数添加关键帧

图 9.37 在【合成预览】窗口中的效果

3. 制作遮罩文字动画

步骤 01：输入“源味甘香”4 个字，字体属性设置如图 9.38 所示，在【合成预览】窗口中的效果如图 9.39 所示。

步骤 02：将▮（时间指针）移到第 04 秒 07 帧的位置，绘制矩形遮罩，绘制的遮罩在【合成预览】窗口中的效果如图 9.40 所示。

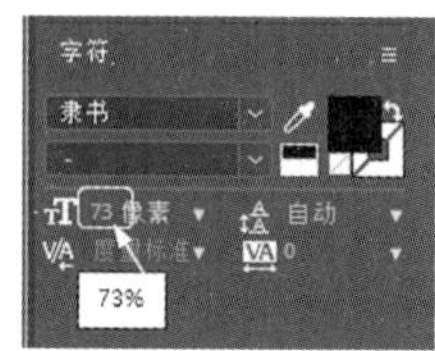

图 9.38 文字属性设置

图 9.39 字体在【合成预览】窗口中的效果

图 9.40 绘制的遮罩【合成预览】窗口中的效果

步骤 03：“遮罩路径”参数设置如图 9.41 所示。

步骤 04：将▮（时间指针）移到第 04 秒 15 帧的位置，调节矩形遮罩，在【合成预览】窗口中的效果如图 9.42 所示。

4. 创建预合成和遮罩

步骤 01：选择如图 9.43 所示的 3 个文字图层，在菜单栏中单击【图层（L）】→【预

合成（P）…】命令，弹出【预合成】对话框。在【预合成】对话框中进行参数设置，如图 9.44 所示，单击【确定】按钮，完成预合成的创建。

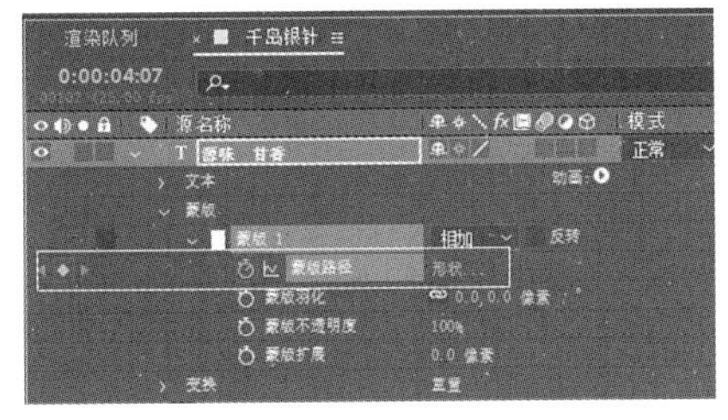

图 9.41 遮罩路径参数设置

图 9.42 在【合成预览】窗口中的效果

步骤 02：将▼（时间指针）移到第 05 秒 12 帧的位置，绘制矩形遮罩，绘制的遮罩在【合成预览】窗口中的效果如图 9.45 所示。

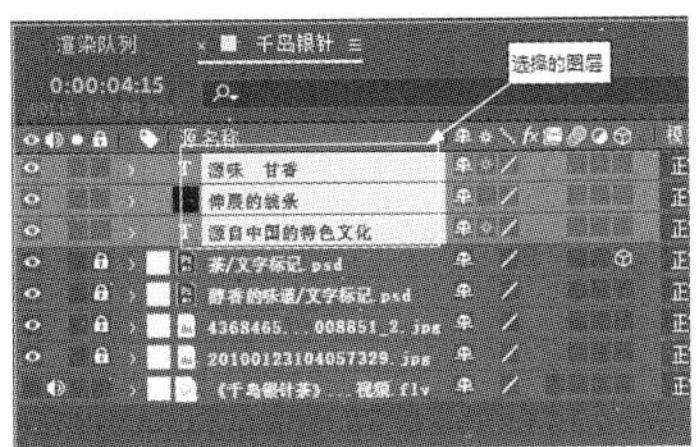

图 9.43 选择的 3 个文字图层

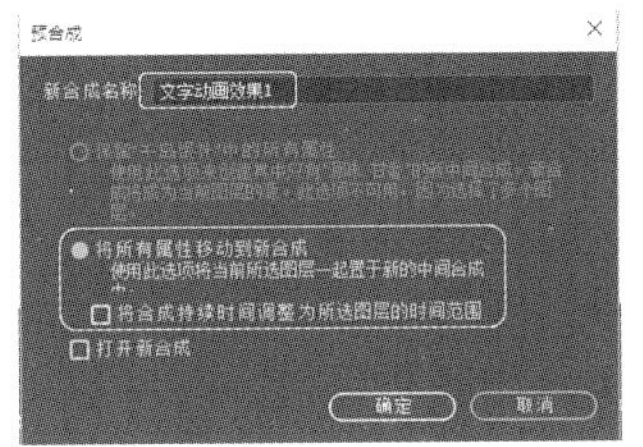

图 9.44 【预合成】对话框参数设置

图 9.45 绘制的矩形遮罩在【合成预览】窗口中的效果

步骤 03：给绘制的矩形"遮罩路径"参数添加关键帧，如图 9.46 所示。

步骤 04：将▼（时间指针）移到第 06 秒 00 帧的位置，调节矩形遮罩形状，调节之后在【合成预览】窗口中的效果如图 9.47 所示。

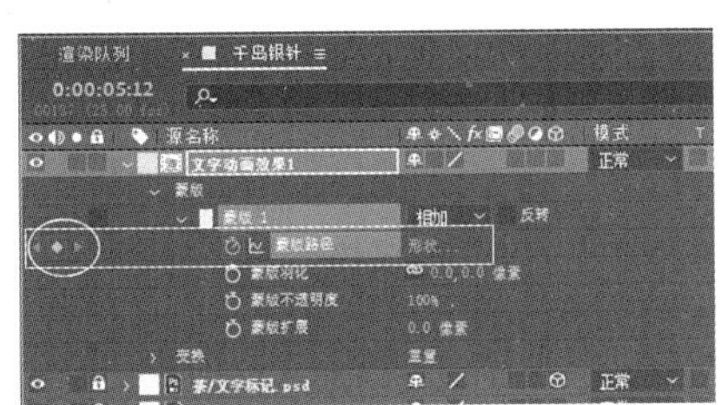

图 9.46 给矩形遮罩路径添加的关键帧

图 9.47 在【合成预览】窗口中的效果

视频播放：关于具体介绍，请观看本书光盘上的配套视频"任务六：制作第 1 个文字动画.wmv"。

任务七：制作第 2 个文字动画

第 2 个文字动画主要包括遮罩动画和渐变动画。

步骤 01：使用T（横排文字工具）和■（矩形工具），输入文字并绘制矩形形状图层。在【合成预览】窗口中的效果如图 9.48 所示，创建的图层如图 9.49 所示。

步骤 02：选择图层，在【千岛银针】合成窗口中选择如图 9.50 所示的图层。

图 9.48 在【预览合成】中的效果

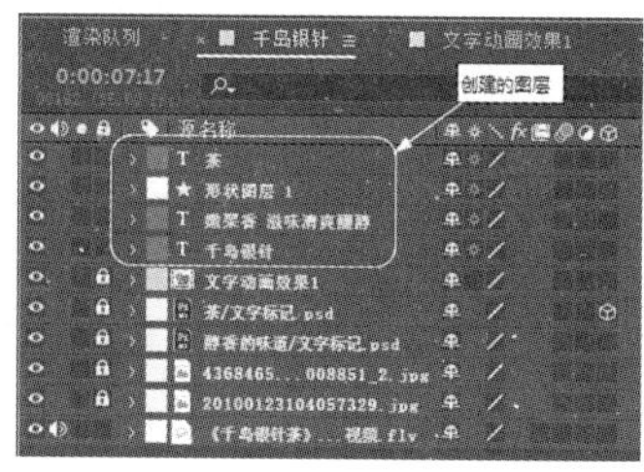

图 9.49 创建的图层

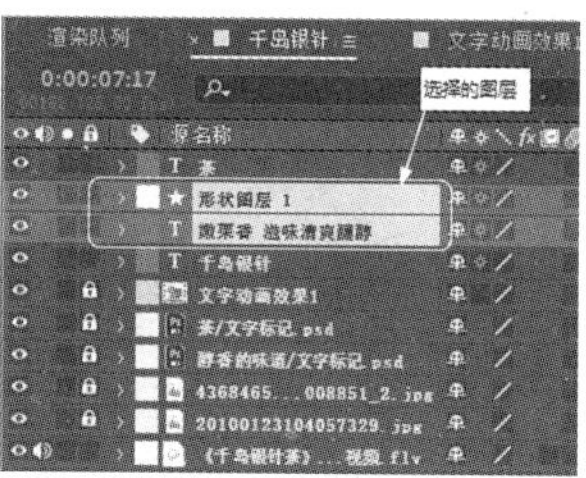

图 9.50 选择的图层

步骤 03：在菜单栏中单击【图层（L）】→【预合成（P）…】命令（或按“Ctrl+Shift+C”组合键），弹出【预合成】对话框。在该对话框中进行参数设置，具体设置如图 9.51 所示。单击【确定】按钮，完成预合成的创建，如图 9.52 所示。

步骤 04：单选 T 千岛银针 图层，将（时间指针）移到第 06 秒 01 帧的位置，绘制矩形遮罩，如图 9.53 所示。

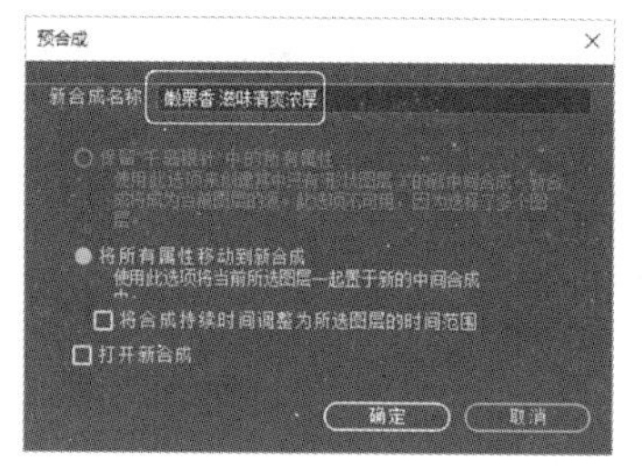

图 9.51 【预合成】对话框参数设置

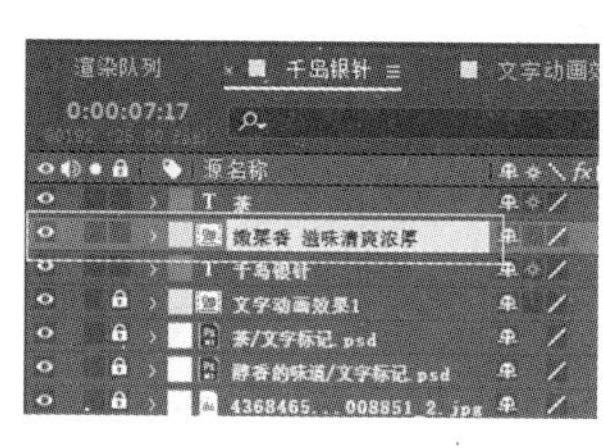
图 9.52 预合成的创建

图 9.53 绘制的矩形遮罩

步骤 05：给绘制的矩形“遮罩路径”参数添加关键帧，如图 9.54 所示。

步骤 06：将（时间指针）移到第 06 秒 07 帧的位置，调节所绘制的遮罩路径形状，在【合成预览】窗口中的效果如图 9.55 所示。

步骤 07：单选 T 茶 图层，将（时间指针）移到第 06 秒 01 帧的位置，把图层的不“透明度”属性参数设置为“0%”并添加关键帧，如图 9.56 所示。

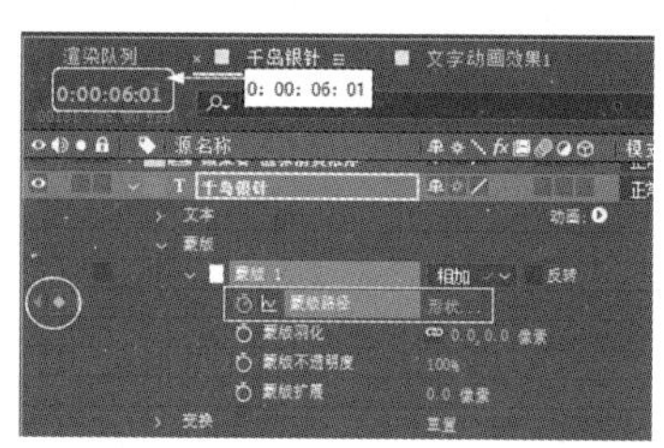

图 9.54 给“遮罩路径”参数添加关键帧

图 9.55 调节遮罩形状

图 9.56 图层的“不透明度”参数设置

步骤 08：将（时间指针）移到第 06 秒 14 帧的位置，把图层的“不透明度”参数值设置为“100%”系统自动添加关键帧。

步骤 09：单选图层，绘制遮罩并给遮罩路径添加关键帧，所绘制的遮罩效果和位置如图 9.57 所示。

步骤 10：将（时间指针）移到第 06 秒 14 帧的位置，给遮罩路径添加的关键帧，如图 9.58 所示。

步骤 11：将（时间指针）移到第 06 秒 20 帧的位置，调节遮罩的形状，在【合成预览】窗口中的效果如图 9.59 所示。

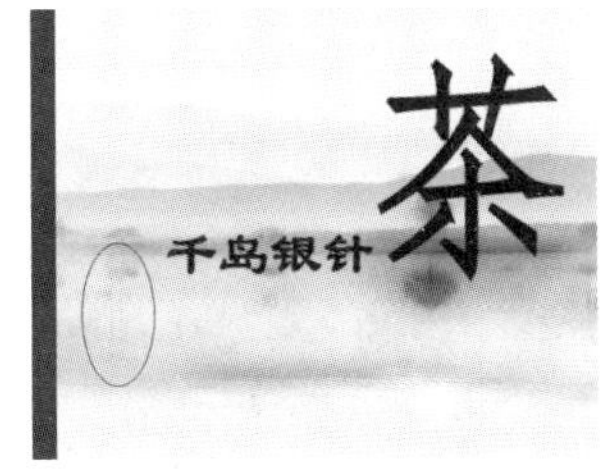

图 9.57　所绘制的遮罩效果和位置

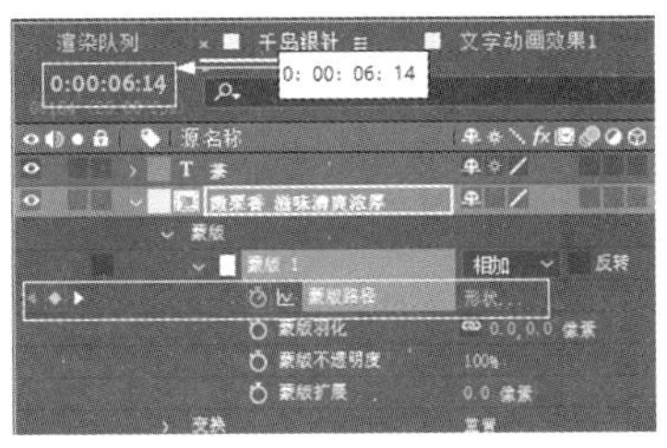

图 9.58　给“遮罩路径”参数添加的关键帧

图 9.59　调节之后的遮罩形状

步骤 12：选择如图 9.60 所示的图层，在菜单栏中单击【图层（L）】→【预合成（P）…】命令（或按“Ctrl+Shift+C”组合键），弹出【预合成】对话框。在该对话框中的具体参数设置如图 9.61 所示。单击【确定】按钮，完成预合成的创建。

步骤 13：将（时间指针）移到第 07 秒 19 帧的位置，设置预合成图层参数，并把“不透明度”参数值设置为“100%”，如图 9.62 所示。

图 9.60　选择的图层

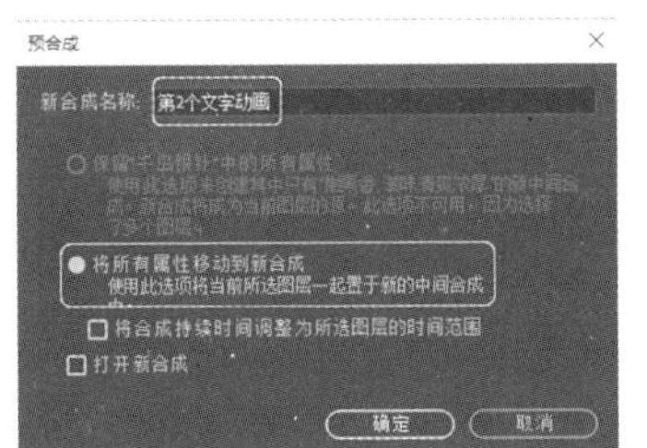

图 9.61　【预合成】对话框参数设置

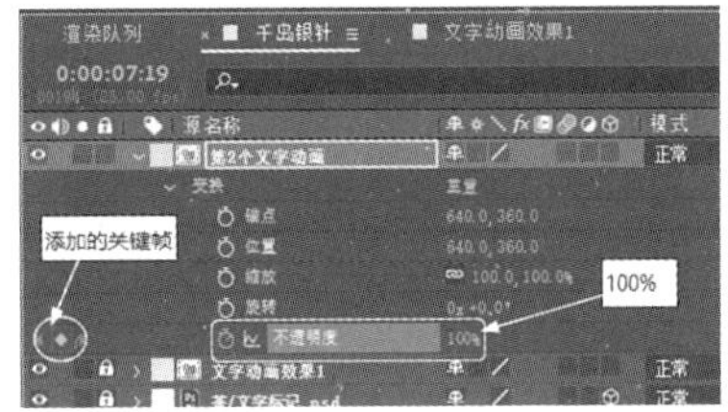

图 9.62　“不透明度”参数设置

步骤 14：将（时间指针）移到第 08 秒 00 帧的位置，把“不透明度”参数值设置为“0%”，完成第 2 个文字动画的渐变效果，在【合成预览】窗口中的截图效果如图 9.63 所示。

图 9.63　在【合成预览】窗口中的截图效果

视频播放：关于具体介绍，请观看本书光盘上的配套视频“任务七：制作第 2 个文字动画.wmv”。

任务八：制作第 3 个文字动画

第 3 个文字动画主要包括两个文字效果：一个是渐变文字效果，制作过程比较简单；另一个是文字范围缩放效果，制作过程相对复杂一些。两个文字效果的具体制作步骤如下。

1. 制作渐变文字效果

步骤 01：使用（横排文字工具）输入“中国茶道”4 个文字，文字的字体和字号的具体设置如图 9.64 所示。

步骤 02：将（时间指针）移到第 09 秒 00 帧的位置，设置文字图层的“不透明度”参数并添加关键帧，如图 9.65 所示。

步骤 03：将（时间指针）移到第 09 秒 06 帧的位置，把文字图层的“不透明度”参数值设置为“100%”，系统自动添加关键帧，在【合成预览】窗口中的效果如图 9.66 所示。

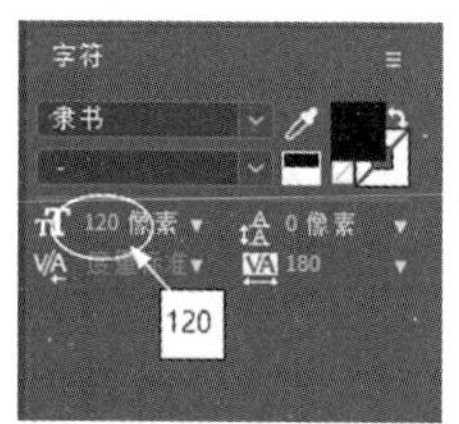

图 9.64　字体和字号的设置

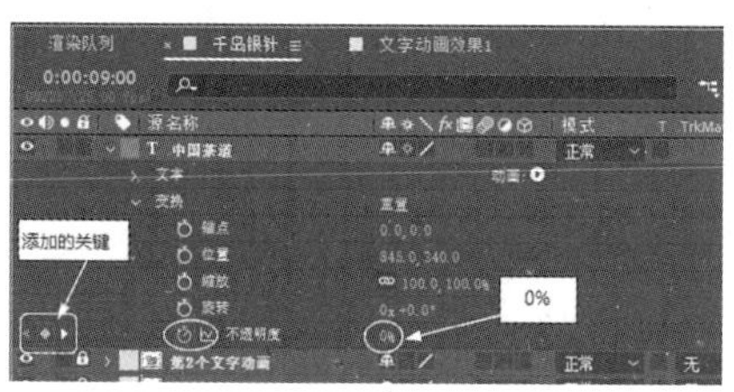

图 9.65　“不透明度”参数设置和添加关键帧

图 9.66　在【合成预览】窗口中的效果

2. 制作缩放文字效果

步骤 01：使用（横排文字工具）输入“千岛银针茶”5 个文字，文字的字体和字号的具体设置如图 9.67 所示。

步骤 02：文字在【合成预览】窗口中的效果和位置如图 9.68 所示。

步骤 03：将（时间指针）移到第 08 秒 24 帧的位置，把文字图层的“不透明度”参数值设置为“0%”，如图 9.69 所示。

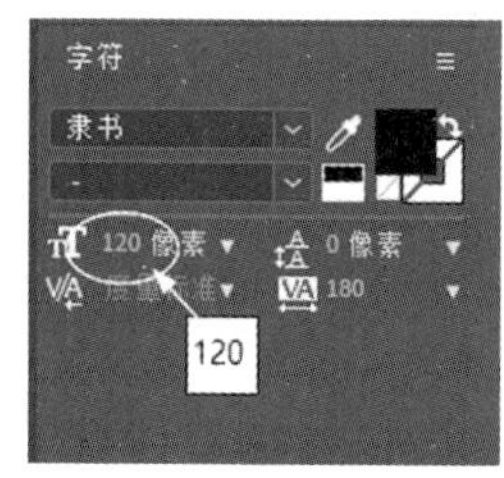

图 9.67　字体和字号的设置

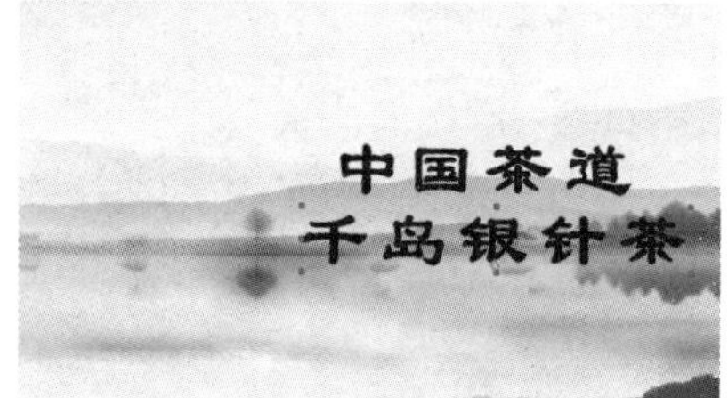

图 9.68　文字在【合成预览】窗口中的效果

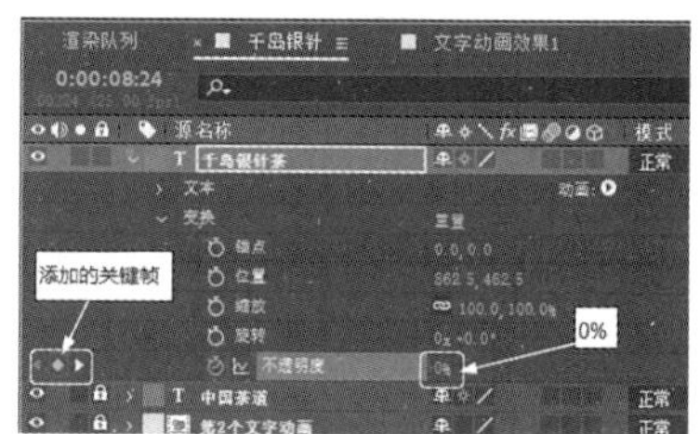

图 9.69　“不透明度”参数设置

步骤 04：将（时间指针）移到第 09 秒 00 帧的位置，把 T 千岛银针茶 图层的“不透明度”参数值设置为“100%”。

步骤 05： 将（时间指针）移到第 09 秒 06 帧的位置，单击图层下【动画】右边的按钮，弹出快捷菜单。在弹出的快捷菜单中单击【缩放】命令，给文字添加“缩放”属性，具体参数设置如图 9.70 所示。

步骤 06： 将（时间指针）移到第 09 秒 14 帧的位置，设置文字的“缩放”属性参数，具体设置如图 9.71 所示。

步骤 07： 文字在【合成预览】窗口中的截图效果如图 9.72 所示。

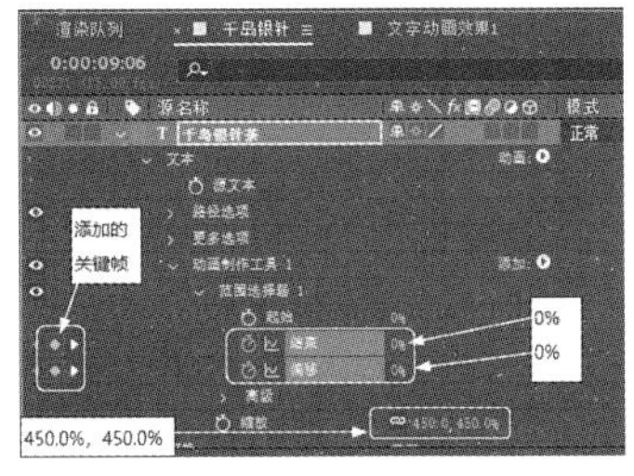

图 9.70　第 09 秒 06 帧位置的“缩放”属性参数设置

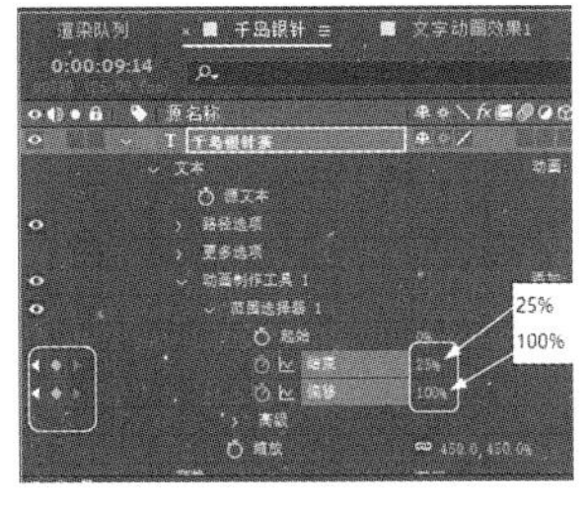

图 9.71　第 09 秒 14 帧位置的“缩放”属性参数设置

图 9.72　文字在【合成预览】窗口中的截图效果

视频播放： 关于具体介绍，请观看本书光盘上的配套视频“任务八：制作第 3 个文字动画.wmv”。

任务九：制作“茶叶盒”动画效果

“茶叶盒”动画效果主要通过三维软件渲染的素材进行合成处理，主要分三段来制作，具体操作如下。

1. 第 1 段“茶叶盒”动画效果

步骤 01： 将“tea.0040.tga”图片拖到【千岛银针】合成窗口中，将（时间指针）移到第 01 秒 19 帧的位置，设置图层的“变换”属性参数，具体设置如图 9.73 所示。

步骤 02： 将（时间指针）移到第 02 秒 19 帧的位置，设置图层的“变换”属性参数，具体设置如图 9.74 所示。

步骤 03： 将（时间指针）移到第 03 秒 07 帧的位置，设置图层的“变换”属性参数，具体设置如图 9.75 所示。

图 9.73　第 01 秒 19 帧位置的图层“变换”属性参数设置

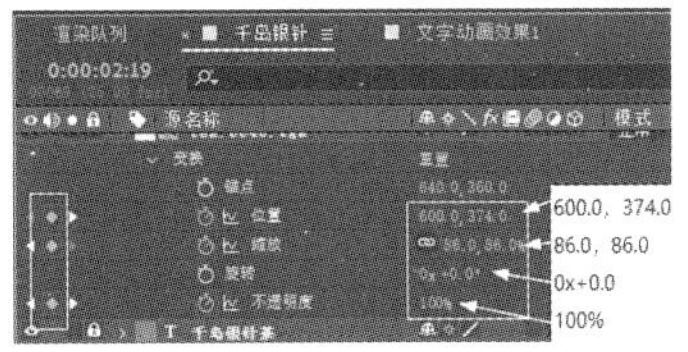

图 9.74　第 02 秒 19 帧位置的图层“变换”属性参数设置

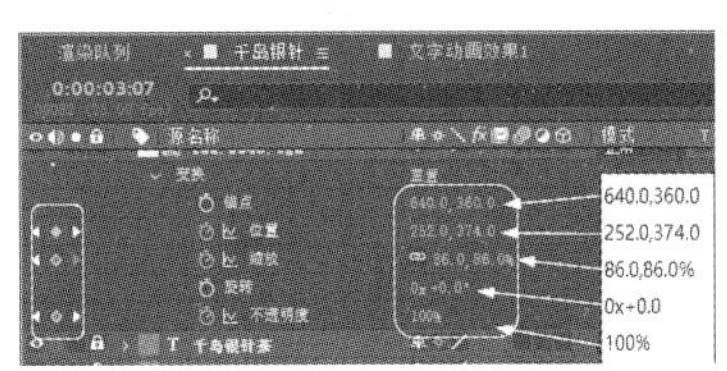

图 9.75　第 03 秒 07 帧位置的图层“变换”属性参数设置

步骤04：将■（时间指针）移到第05秒10帧的位置，设置图层的“变换”属性参数，具体设置如图9.76所示。

步骤05：将■（时间指针）移到第06秒01帧的位置，设置图层的“变换”属性参数，具体设置如图9.77所示。

步骤06：将■（时间指针）移到第07秒18帧的位置，设置图层的“变换”属性参数，具体设置如图9.78所示。

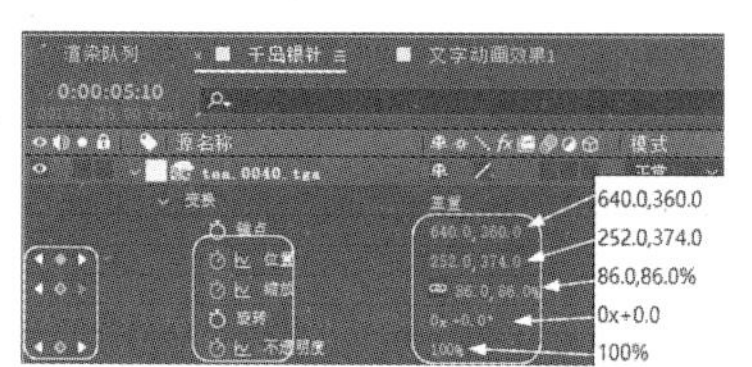

图9.76　第05秒10帧位置的图层变换属性参数设置

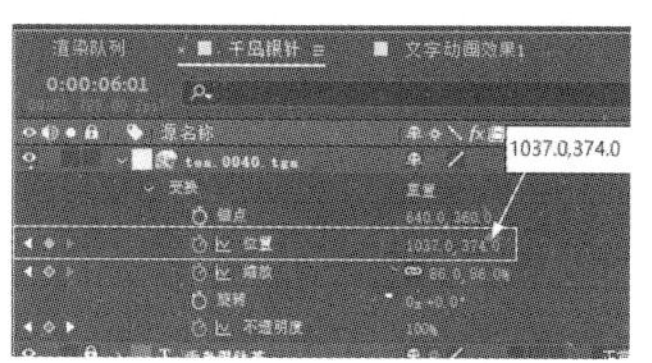

图9.77　第06秒01帧位置的图层“变换”属性参数设置

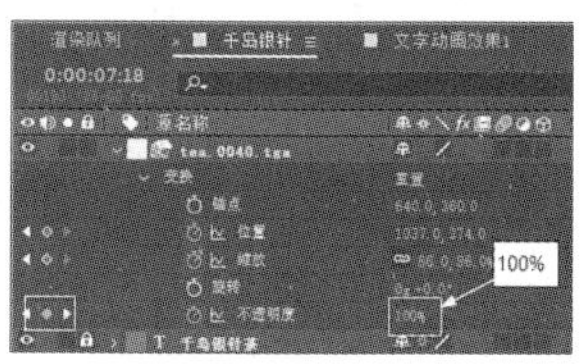

图9.78　第07秒18帧位置的图层“变换”属性参数设置

步骤07：将■（时间指针）移到第08秒00帧的位置，设置图层的“变换”属性参数，具体设置如图9.79所示。

步骤08：将“teaocc.0040.tga”图片拖到【千岛银针】合成窗口中，将■图标（时间指针）移到第1秒19帧的位置，设置图层的“混合模式”参数和“变换”属性参数，具体设置如图9.80所示。

步骤09：将■（时间指针）移到第02秒19帧的位置，设置图层的“变换”属性参数，具体设置如图9.81所示。

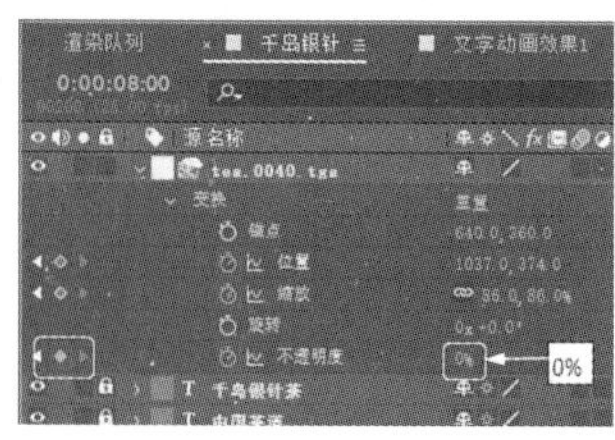

图9.79　第08秒00帧位置的图层“变换”属性参数设置

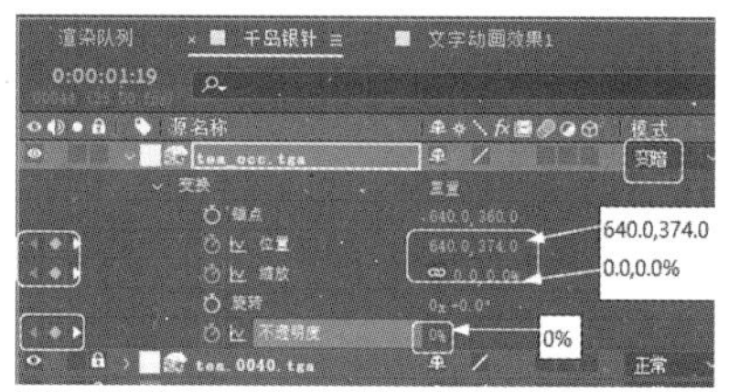

图9.80　第01秒19帧的位置，设置图层的“混合模式”参数和“变换”属性参数

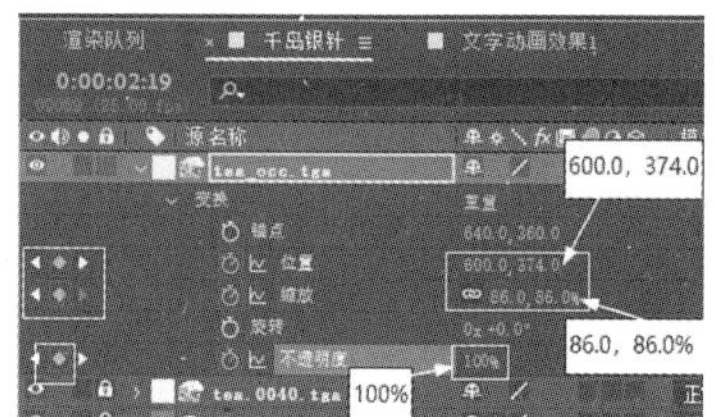

图9.81　第02秒19帧位置的图层“变换”属性参数设置

步骤10：将■（时间指针）移到第03秒07帧的位置，设置图层的“变换”属性参数，具体设置如图9.82所示。

步骤11：将■（时间指针）移到第05秒10帧的位置，设置图层的“变换”属性参数，具体设置如图9.83所示。

步骤12：将■（时间指针）移到第06秒01帧的位置，设置图层的“变换”属性参数，具体设置如图9.84所示。

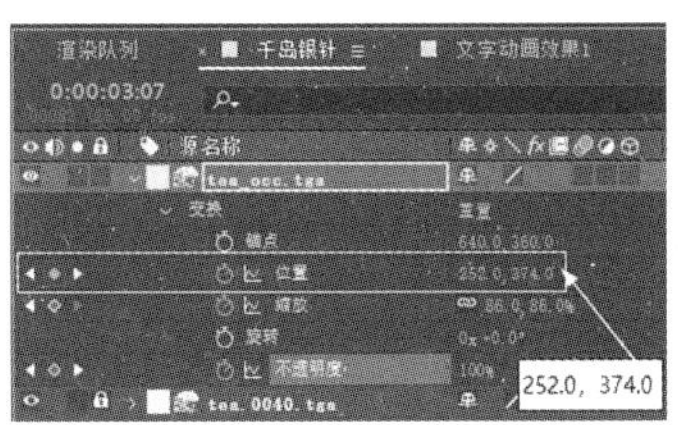

图 9.82 第 03 秒 07 帧位置的图层“变换”属性参数设置

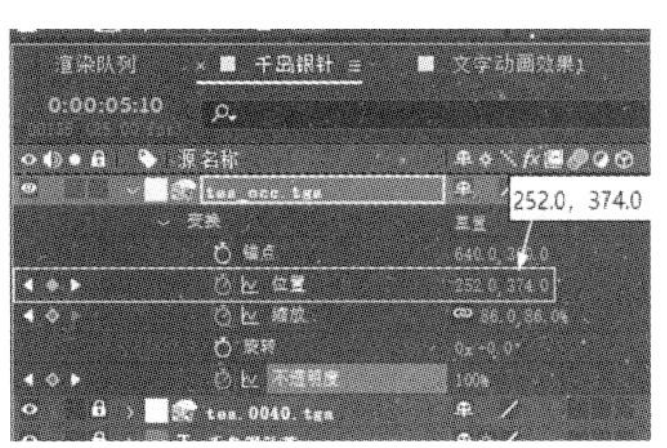

图 9.83 第 05 秒 10 帧位置的图层“变换”属性参数设置

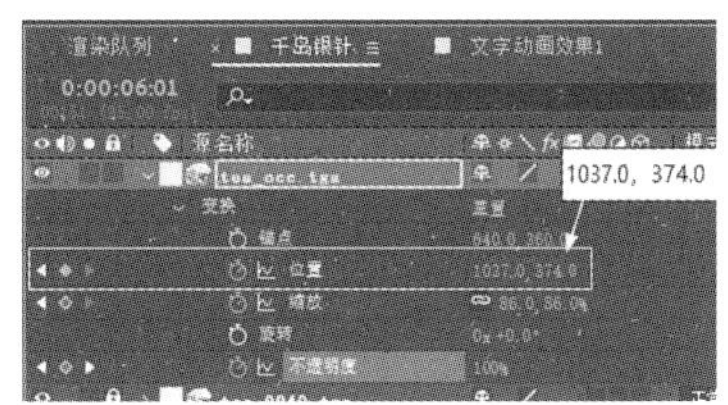

图 9.84 第 06 秒 01 帧位置的图层“变换”属性参数设置

步骤 13：将■（时间指针）移到第 07 秒 18 帧的位置，设置图层的“变换”属性参数，具体设置如图 9.85 所示。

步骤 14：将■（时间指针）移到第 08 秒 00 帧的位置，设置图层的“变换”属性参数，具体设置如图 9.86 所示。

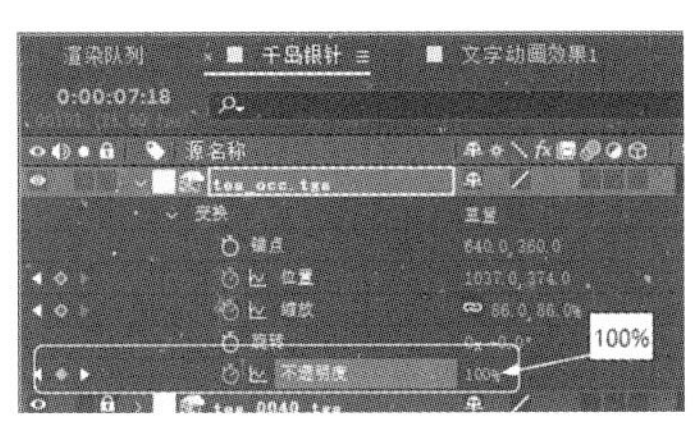

图 9.85 第 07 秒 18 帧位置的图层“变换”属性参数设置

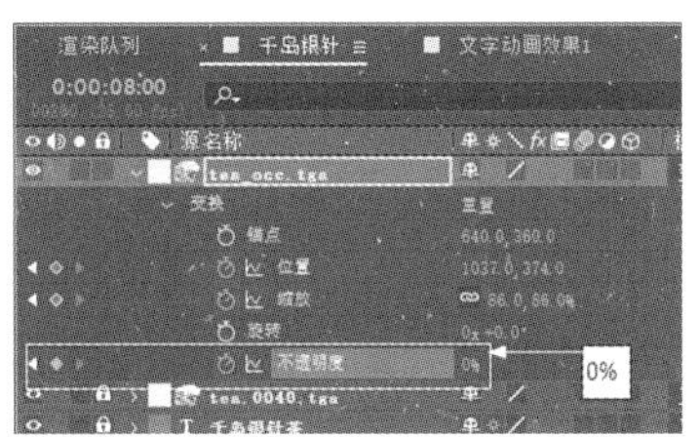

图 9.86 第 08 秒 00 帧位置的图层“变换”属性参数设置

2. 第 2 段“茶叶盒”动画效果

步骤 01：将■（时间指针）移到第 08 秒 00 帧的位置，将“tea.[0001-0040].tga”序列素材拖到【千岛银针】合成窗口中，使【入点】与■（时间指针）对齐，设置图层的“变换”属性参数，具体设置如图 9.87 所示。

步骤 02：将■（时间指针）移到第 08 秒 07 帧的位置，设置图层的“变换”属性参数，具体设置如图 9.88 所示。

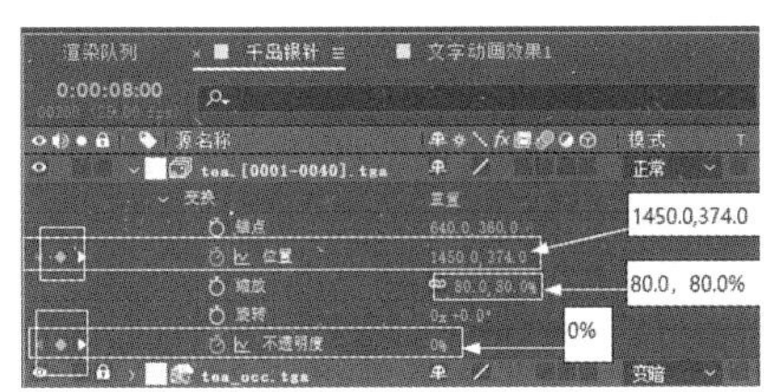

图 9.87 对序列素材图层“变换”属性参数设置

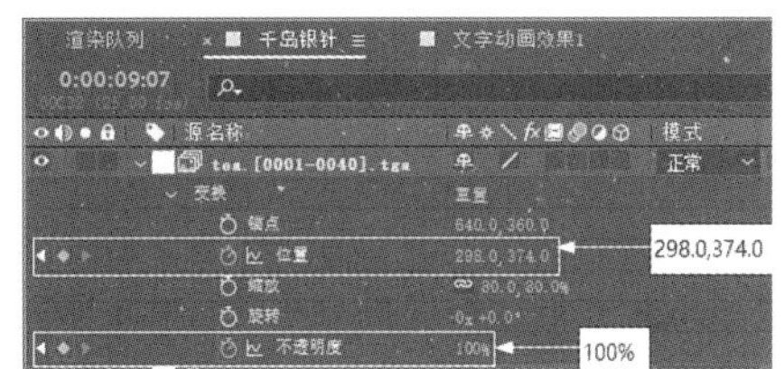

图 9.88 第 08 秒 07 帧位置的图层“变换”属性参数设置

步骤 03：将■（时间指针）移到第 08 秒 00 帧的位置，将“tea.[0001-0040].tga”序列素材拖到【千岛银针】合成窗口中，使【入点】与■（时间指针）对齐，先设置图层的混合模式为“变暗”，再设置图层的“变换”属性参数，具体设置如图 9.89 所示。

步骤 04：将（时间指针）移到第 09 秒 07 帧的位置，设置图层的“变换”属性参数，具体设置如图 9.90 所示。

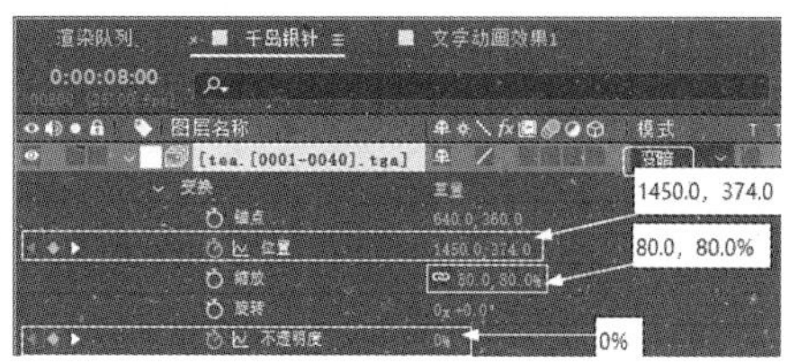

图 9.89　图层的混合模式和“变换”属性参数设置

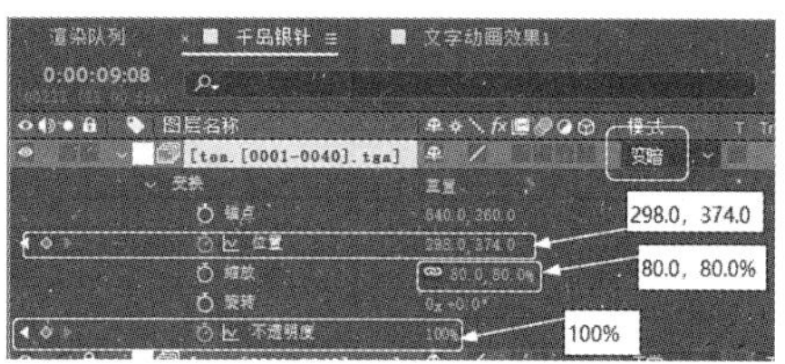

图 9.90　第 09 秒 07 帧位置的图层“变换”属性参数设置

3. 第 3 段“茶叶盒”动画效果

步骤 01：将（时间指针）移到第 09 秒 07 帧的位置，将“tea.0040.tga”图片拖到【千岛银针】合成窗口中，使【入点】与（时间指针）对齐。

步骤 02：设置[tea.0040.tga]图层的“变换”属性参数，具体参数设置如图 9.91 所示。

步骤 03：将（时间指针）移到第 09 秒 07 帧的位置，将“tea.0040_1.tga”图片拖到【千岛银针】合成窗口中，使【入点】与（时间指针）对齐。

步骤 04：设置[tea.0040_1.tga]图层的“变换”属性参数，具体参数设置如图 9.92 所示。

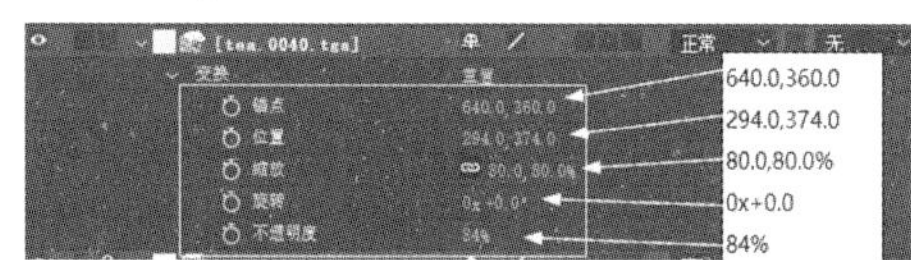

图 9.91　“tea.0040.tga”图层的“变换”属性参数设置

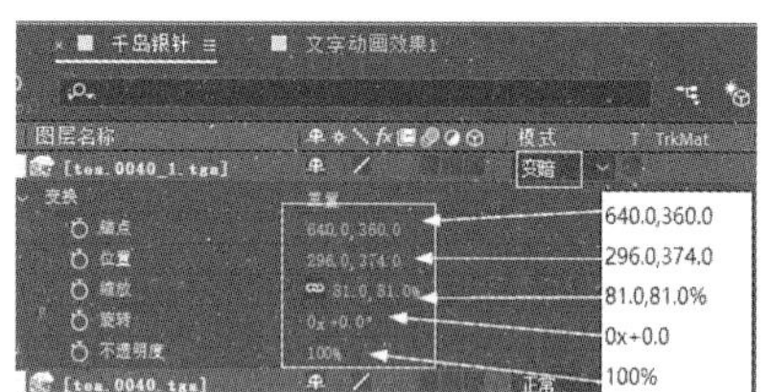

图 9.92　“tea.0040_1.tga”图层的“变换”属性参数设置

步骤 05：将“10 秒背景音乐.mp3”音频文件拖到【千岛银针】合成窗口中，并放置在最底层。

步骤 06：整个【千岛银针】合成的图层效果如图 9.93 所示。

图 9.93　【千岛银针】合成的图层效果

视频播放：关于具体介绍，请观看本书光盘上的配套视频“任务九：制作“茶叶盒”动画效果.wmv”。

任务十：渲染输出与素材收集

在渲染输出之前，首先要进行预览，确定没有问题了，才能根据项目要求进行渲染输出。然后，对整个文件进行素材收集和保存。

1. 预览效果

预览效果的方法很简单，在菜单栏中单击【合成（C）】→【预览（P）】→【播放当前预览（P）】命令，即可进行预览。在预览过程中，若发现问题，可以进行修改。这一步骤可能需要重复多次，直到满意为止。

2. 渲染输出

预览后没有发现问题，可以根据项目要求进行渲染输出。

步骤 01：在菜单栏中单击【合成（C）】→【预渲染…】命令，创建一个渲染队列，如图 9.94 所示。

图 9.94　创建的渲染队列

步骤 02：单击【输出模块】右边的【自定义】选项，弹出【输出模块设置】对话框。在【输出模块设置】对话框中，读者可以根据项目要求设置输出“格式”“视频输出”“调整大小”“裁剪”和“格式选项”等相关设置，具体设置如图 9.95 所示。单击【确定】按钮，完成【输出模块设置】的相关设置。

步骤 03：单击【输出到】右边的“千岛银针_1.avi”选项，弹出【将影片输出到：】对话框。在该对话框中设置输出名称和保存路径，具体设置如图 9.96 所示。单击【保存（S）】按钮，完成输出的相关设置。

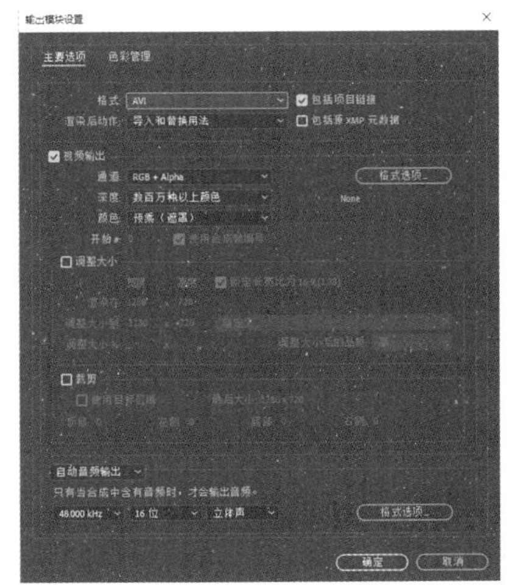

图 9.95　【输出模块设置】对话框参数设置

图 9.96　【将影片输出到：】对话框参数设置

步骤 04：在【渲染队列】中，单击【渲染】按钮，开始渲染，等待渲染完成即可。

3. 收集素材对文件进行打包

收集素材对文件进行打包的目的是方便在其他计算机中使用和交流，避免素材丢失，具体操作方法如下。

步骤 01：按“Ctrl+S”组合键，保存项目文件。

步骤 02：收集文件。在菜单栏中单击【文件（F）】→【整理工程（文件）】→【收集文件…】命令，弹出【收集文件】对话框。

步骤 03：设置【收集文件】对话框参数，具体设置如图 9.97 所示。单击【收集…】按钮，弹出【将文件收集到文件夹中】对话框。在该对话框中设置收集的文件名和保存路径，具体设置如图 9.98 所示。单击【保存（S）】按钮，开始收集，等待素材收集完成即可。

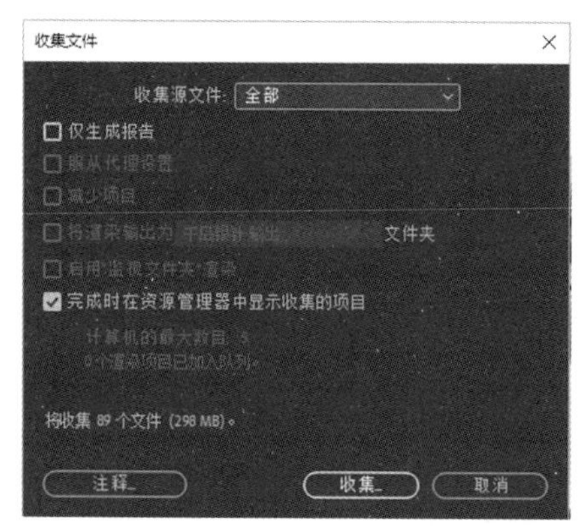

图 9.97 【收集文件】对话框参数设置

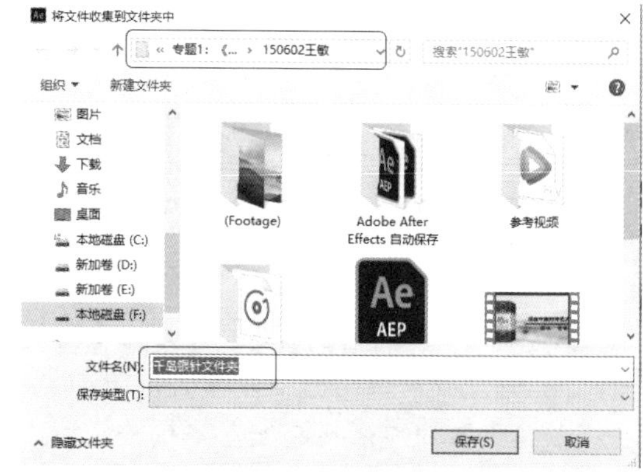

图 9.98 【将文件收集到文件夹中】对话框参数设置

视频播放：关于具体介绍，请观看本书光盘上的配套视频“任务十：渲染输出与素材收集.wmv”。

七、拓展训练

根据所学知识，用本书提供的素材和参考视频，制作《星光红酒》影视广告。

学习笔记：

专题2：《星光音响》影视广告制作

一、专题内容简介

本专题主要介绍《星光音响》影视广告制作的原理、方法以及技巧，重点介绍素材的调节、文字动画制作、效果和后期输出设置等知识。

二、专题效果欣赏

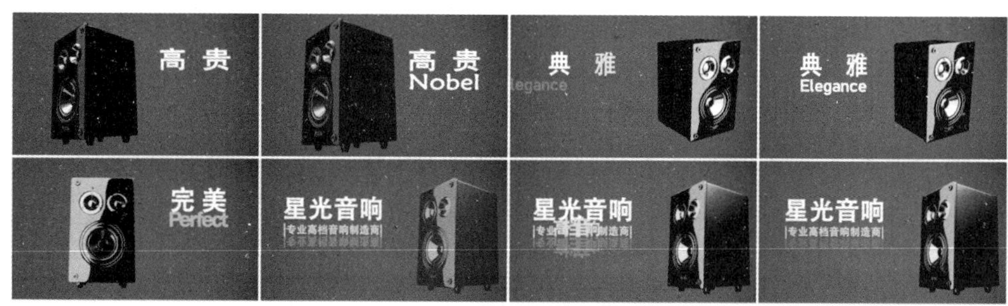

三、专题制作（步骤）流程

任务一：答题要求➡任务二：根据要求创建工程文件➡任务三：创建合成并导入素材

⬇

任务五：制作第1组文字动画⬅任务四：制作“背景”合成

⬇

任务六：制作第2组文字动画➡任务七：制作第3组文字动画

⬇

任务九：制作“音响动画01”合成动画效果⬅任务八：制作第4组文字动画

⬇

任务十：制作“音响动画02”合成动画效果

任务十一：制作“音响动画03”合成动画效果

任务十二：制作“音响动画04”合成动画效果

⬇

任务十四：渲染输出与素材收集⬅任务十三：制作“音响静帧预合成”嵌套

四、制作目的

（1）了解《星光音响》影视广告制作的原理。

（2）掌握三维素材的后期特效合成方法和技巧。

（3）掌握素材的色调、明暗度、饱和度和虚实的调节。

（4）掌握文字动画与效果的制作。

（5）掌握音频文件的制作方法。
（6）熟悉整体合成、剪辑与输出。

五、制作过程中需要解决的问题

（1）了解影视广告制作的基本流程。
（2）掌握文字动画的相关属性设置。
（3）掌握音频处理的相关知识。
（4）了解作品输出的基本设置和注意事项。

六、详细操作步骤

在本专题中主要通过 14 个任务详细介绍【星光音响】影视广告制作的原理、方法和技巧。

任务一：答题要求

1. 考核要求

（1）建立一个以考生准考证号后 8 位阿拉伯数字命名的文件夹作为“考生文件夹”（例如，准考证号为 651288881234 的考生以“88881234”命名文件夹）。在此文件夹下存放后期工程文件和最终合成的视频。

（2）把三维素材导入后期制作应用软件，使用正确的叠加模式把各个素材进行合成；对各个三维素材的时长进行剪辑，截取合适的播放画面到合成影片中；把后期背景素材导入后期制作应用软件，截取合适的画面并调节透明度，置于底层作为视频的背景，并根据三维素材的动画切换制作背景的反光效果。

（3）调节三维素材音响的亮度、材质、反射素材。

（4）创建广告语并使用遮罩效果，让字体呈现。

（5）调节整体效果，将三维素材与二维素材更好地融合在一起。

（6）添加音频。

（7）输出最终视频。

2. 考试素材

考试使用素材：位于“/考试素材”文件夹内。

3. 输出要求

（1）输出视频：“*.avi”格式，1280px×720px(25 帧/秒)，质量调到最佳。

（2）创建后期工程文件，保证后期源文件里所有素材的指定路径正确。

4. 考试注意事项

（1）满分为100分，及格分为60分，考试时间为180分钟。

（2）注意把握时间和总体进度。

视频播放：关于具体介绍，请观看本书光盘上的配套视频“任务一：答题要求.wmv”。

任务二：根据要求创建工程文件

步骤01：创建文件夹。在指定的一个硬盘上，创建一个以考生准考证号后8位阿拉伯数字命名的文件夹，统一命名为“学生证号+名字”。例如，150603李凡（1506班李凡）。

步骤02：复制素材。按要求将所提供的素材复制到“150603李凡”文件夹中。

步骤03：启动After Effects CC 2019，保存项目为“专题2：星光音响”。

视频播放：关于具体介绍，请观看本书光盘上的配套视频“任务二：根据要求创建工程文件.wmv”。

任务三：创建合成并导入素材

1. 创建新合成

步骤01：创建新合成。在菜单栏中单击【合成（C）】→【新建合成（C）…】命令，弹出【合成设置】对话框。在该对话框中，把新建的合成名称设为“星光音响”，尺寸设为“1280px×720px”，持续时间设为“10秒”，其他参数为默认值。

步骤02：设置完参数，单击【确定】按钮，完成新合成的创建。

2. 导入素材

根据专题1所学知识，把所提供的素材全部导入【项目】窗口中。

视频播放：关于具体介绍，请观看本书光盘上的配套视频“任务三：创建合成并导入素材.wmv”。

任务四：制作“背景”合成

“背景”合成的制作主要通过创建三维纯色图层和灯光图层来制作，具体操作方法如下。

步骤01：创建新合成。在菜单栏中单击【合成（C）】→【新建合成（C）…】命令，弹出【合成设置】对话框。在该对话框中，把新建的合成名称设为“背景层”，尺寸设为“1280px×720px”，持续时间设为“10秒”，其他参数为默认值。

步骤02：设置完参数，单击【确定】按钮，完成新合成的创建。

步骤03：创建纯色图层。在菜单栏中单击【图层（L）】→【新建（N）】→【纯色（S）…】命令（或按“Ctrl+Y”组合键），弹出【纯色设置】对话框，具体参数设置如图9.99所示。

步骤04：设置完参数，单击【确定】按钮，完成纯色图层的创建。

步骤05：创建灯光图层。在【背景层】合成窗口中空白处，单击右键，弹出快捷菜单。

在弹出的快捷菜单中，单击【新建】→【灯光（L）…】命令，在弹出的【灯光设置】对话框中设置参数。具体参数设置如图 9.100 所示，图层参数设置如图 9.101 所示。

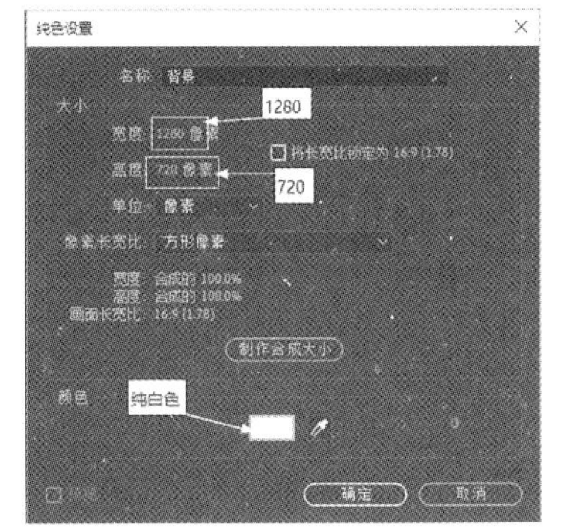

图 9.99 【纯色设置】对话框参数设置

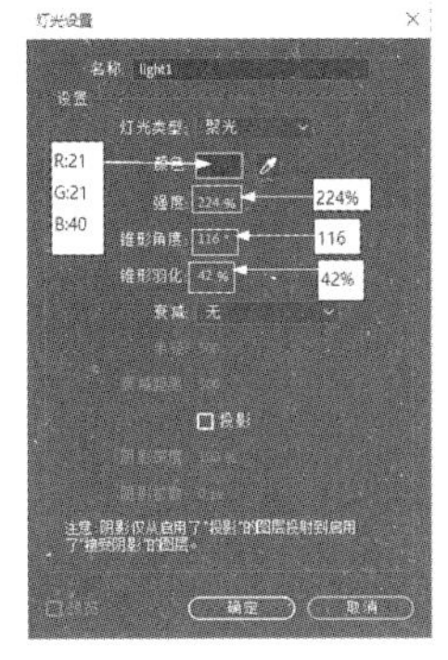

图 9.100 【灯光设置】对话框参数设置

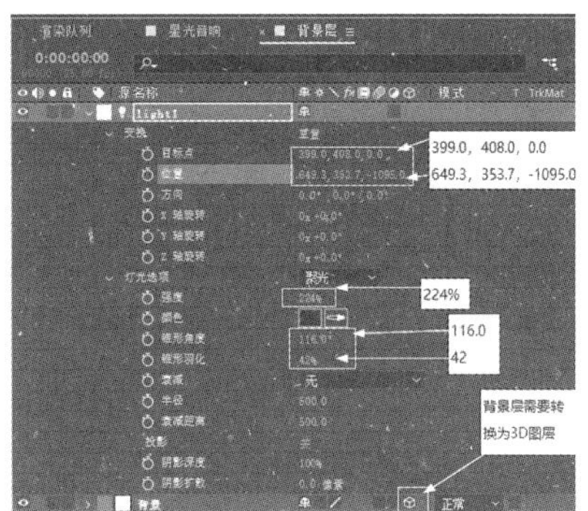

图 9.101 图层参数设置

步骤 06： 将【背景层】拖到【星光音响】合成窗口中，完成合成嵌套操作。

视频播放： 关于具体介绍，请观看本书光盘上的配套视频“任务四：制作“背景”合成.wmv”。

任务五：制作第 1 组文字动画

第 1 组文字动画的制作比较简单，主要制作两个文字的遮罩动画。

1. 制作“高贵”文字的遮罩动画

步骤 01： 在工具栏中单击（横排文字工具），在【合成预览】窗口中输入“高贵”。

步骤 02： 设置所输入文字的字体和字号。文字的字体和字号具体设置如图 9.102 所示，T 高贵图层的“位置”参数设置，如图 9.103 所示。

步骤 03： 给文字图层绘制遮罩，单选 T 高贵图层，在工具栏中单击（矩形工具），在【合成预览】窗口中绘制遮罩，如图 9.104 所示。

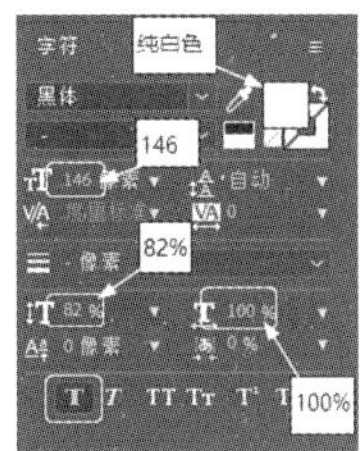

图 9.102 字体和字号设置

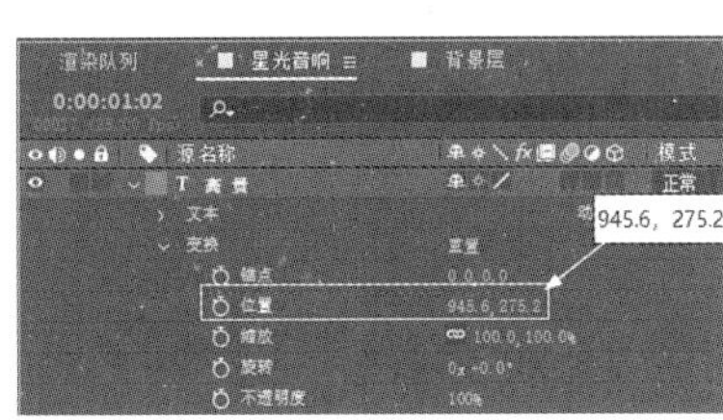

图 9.103 图层的“位置”参数设置

图 9.104 在【合成预览】窗口中绘制遮罩

步骤 04： 将（时间指针）移到第 00 秒 13 帧的位置，给“遮罩路径”参数添加关键帧，如图 9.105 所示。

步骤 05： 将（时间指针）移到第 00 秒 02 帧的位置，在【合成预览】窗口中调节遮罩的形状，具体调节如图 9.106 所示。

步骤 06：将（时间指针）移到第 01 秒 19 帧的位置，调节图层的“不透明度”参数具体调节如图 9.107 所示。

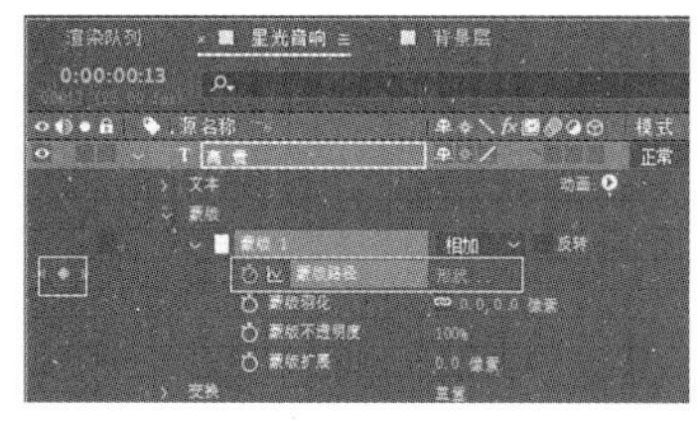

图 9.105 给“遮罩路径”参数添加关键帧

图 9.106 在【合成预览】窗口中调节遮罩的形状

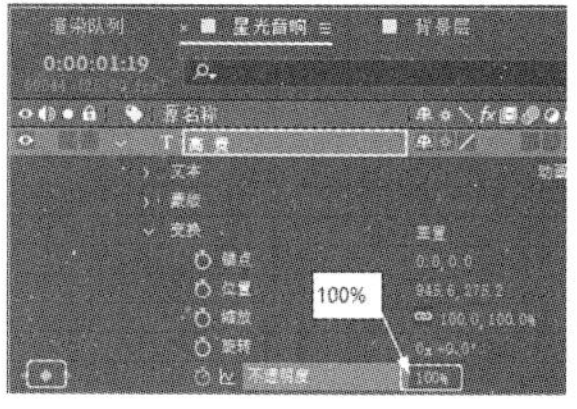

图 9.107 “不透明度”参数调节

步骤 07：将（时间指针）移到第 1 秒 20 帧的位置，将图层的“不透明度”的参数值设置为“0%”。

2. 制作“Nobel”文字的遮罩动画

步骤 01：在工具栏中单击（横排文字工具），在【合成预览】窗口中输入“Nobel”。

步骤 02：设置所输入文字的字体和字号，具体设置如图 9.108 所示，文字在【合成预览】窗口中的位置如图 9.109 所示。

步骤 03：给文字图层绘制遮罩，在工具栏中单击（矩形工具），在【合成预览】窗口中绘制遮罩，如图 9.110 所示。

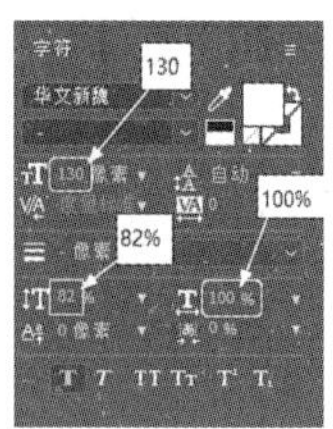

图 9.108 字体和字号设置

图 9.109 文字在【合成预览】窗口中的位置

图 9.110 在【合成预览】窗口中绘制遮罩

步骤 04：将（时间指针）移到第 00 秒 24 帧的位置，给“遮罩路径”参数添加关键帧，如图 9.111 所示。

步骤 05：将（时间指针）移到第 00 秒 15 帧的位置，在【合成预览】窗口中调节遮罩形状，具体调节如图 9.112 所示。

步骤 06：将（时间指针）移到第 01 秒 19 帧的位置，调节图层的“不透明度”参数，具体调节如图 9.113 所示。

步骤 07：将（时间指针）移到第 01 秒 20 帧的位置，将“不透明度”参数值设置为“0%”。

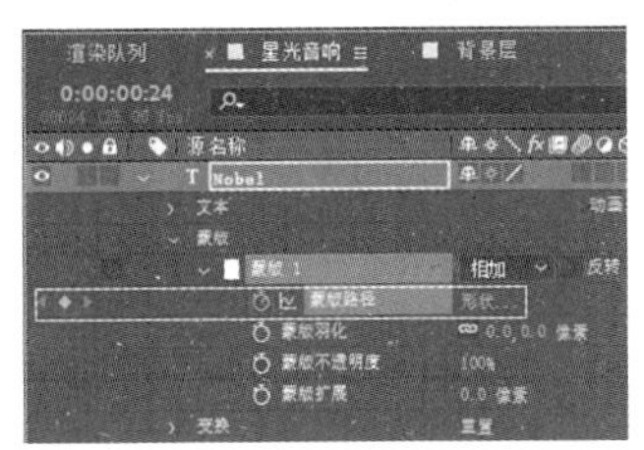

图 9.111 给“遮罩路径”参数添加关键帧

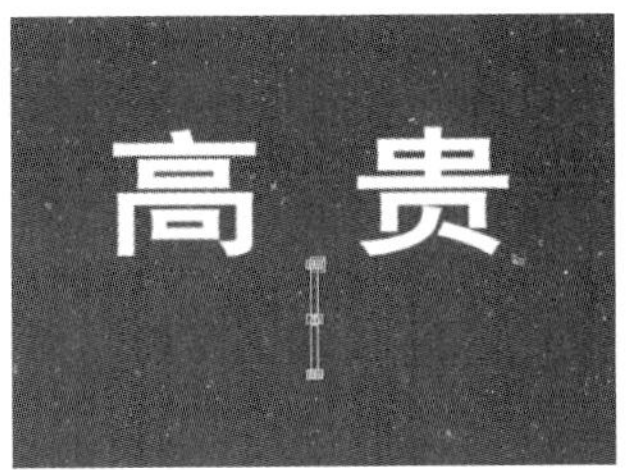

图 9.112 调节遮罩形状

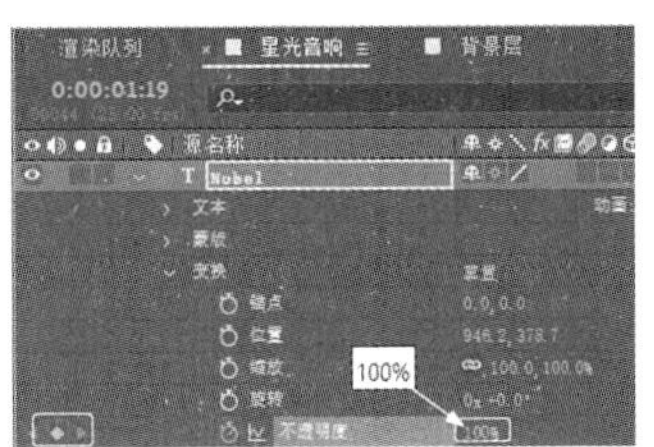

图 9.113 “不透明度”参数调节

视频播放：关于具体介绍，请观看本书光盘上的配套视频“任务五：制作第 1 组文字动画.wmv”。

任务六：制作第 2 组文字动画

第 2 组文字动画主要包括两个位移和渐变动画。

1. 制作“典雅”文字动画

步骤 01：在工具栏中单击（横排文字工具），在【合成预览】窗口中输入“典雅”。

步骤 02：设置所输入文字的字体和字号，具体设置如图 9.114 所示，图层的“位置”参数设置如图 9.115 所示，在【合成预览】窗口中的位置和效果如图 9.116 所示。

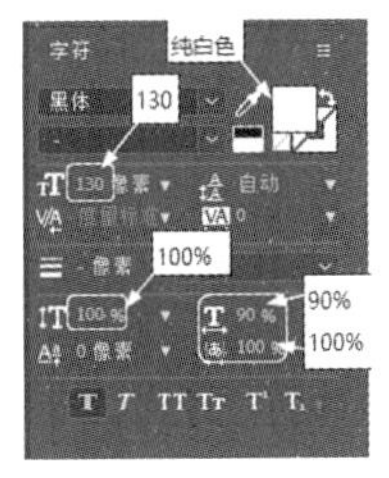

图 9.114 字体和字号设置

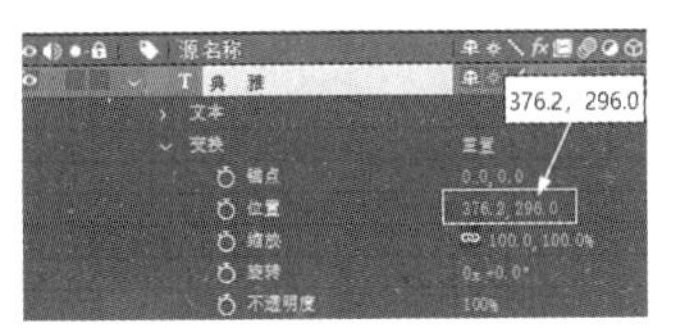

图 9.115 图层的“位置”参数设置

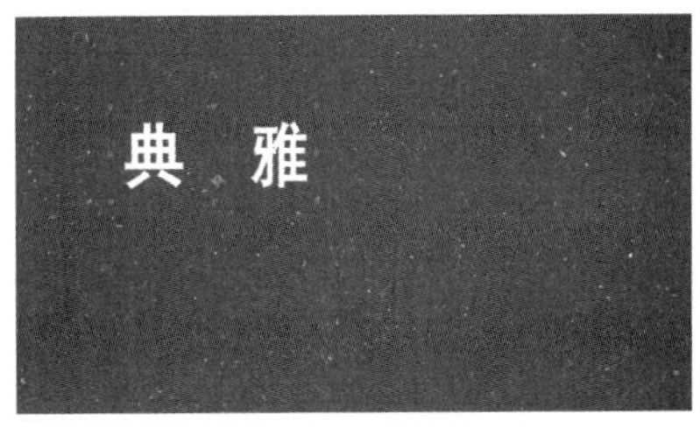

图 9.116 在【合成预览】窗口中的位置和效果

步骤 03：给文字添加“位置”属性。单击图下的【动画】右边的按钮，单击右键，弹出快捷菜单。在弹出的快捷菜单中单击“位置”命令，完成“位置”属性的添加。

步骤 04：给文字添加“不透明度”属性，单击图下的【动画】右边的按钮，单击右键，弹出快捷菜单。在弹出的快捷菜单中单击“不透明度”命令，完成“不透明度”属性的添加。

步骤 05：将（时间指针）移到第 01 秒 21 帧的位置，调节文字的“位置”属性和“不透明度”参数并添加关键帧，具体调节如图 9.117 所示。

步骤 06：将（时间指针）移到第 02 秒 09 帧的位置，将文字动画属性中的“位置”的参数值设置为“2.0，0.0”。

步骤 07：将（时间指针）移到第 02 秒 16 帧的位置，将文字动画属性中的“不透明度”的参数值设置为“100%”。

步骤 08：调节文字“变换”属性中的“不透明度”参数，将（时间指针）移到第 01 秒 19 帧的位置，把“不透明度”的参数值设置为“0%”；将（时间指针）移到第 01 秒 20 帧的位置，把“不透明度”的参数值设置为“100%”；

步骤 09：将（时间指针）移到第 03 秒 14 帧的位置，把“不透明度”的参数值设置为“100%”。

步骤 10：将（时间指针）移到第 03 秒 15 帧的位置，把“不透明度”的参数值设置为“0%”。

2. 制作“Elegance”文字动画

步骤 01：在工具栏中单击（横排文字工具），在【合成预览】窗口中输入“Elegance”。

步骤 02：设置所输入文字的字体和字号，具体设置如图 9.118 所示，在【合成预览】窗口中的效果如图 9.119 所示。

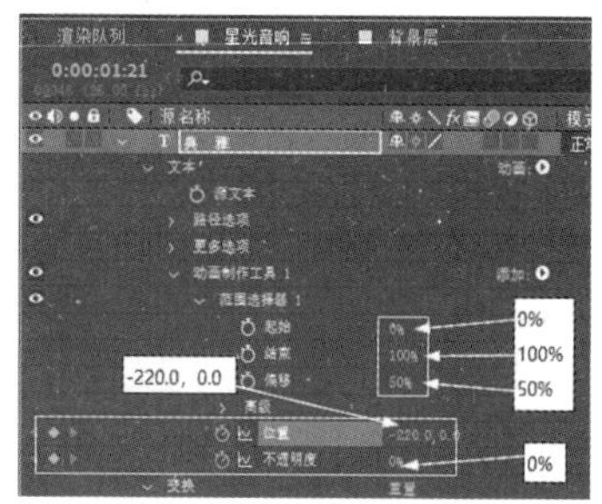

图 9.117 调节文字的“位置”和“不透明度”属性

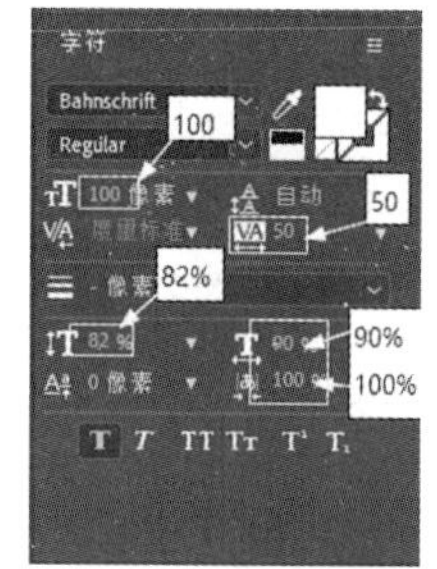

图 9.118 设置字体和字号

图 9.119 【合成预览】窗口中的效果

步骤 03：将（时间指针）移到第 02 秒 09 帧的位置，调节文字的“变换”属性参数，具体调节如图 9.120 所示。

步骤 04：将（时间指针）移到第 02 秒 15 帧的位置，调节文字的“变换”属性参数，具体调节如图 9.121 所示。

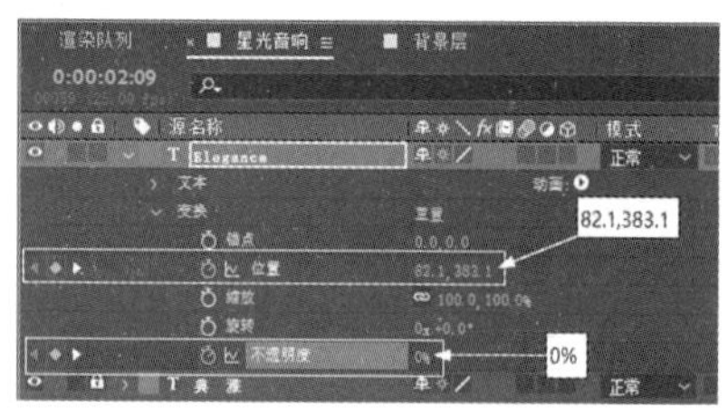

图 9.120 第 02 秒 09 帧位置文字的“变换”属性参数设置

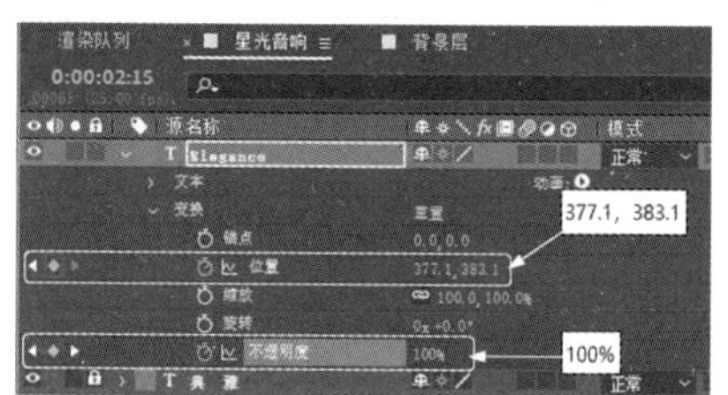

图 9.121 第 02 秒 15 帧位置文字的“变换”属性参数设置

步骤 05：将（时间指针）移到第 03 秒 14 帧的位置，将“变换”属性中的“不透明度”的参数值设置为“100%”。

步骤 06： 将（时间指针）移到第 03 秒 15 帧的位置，将“变换”属性中的“不透明度”的参数值设置为“0%”。

视频播放： 关于具体介绍，请观看本书光盘上的配套视频“任务六：制作第 2 组文字动画.wmv”。

任务七：制作第 3 组文字动画

第 3 组文字动画主要包括一个遮罩文字动画和一个缩放渐变文字动画。

1. 制作“完美”遮罩动画

步骤 01： 在工具栏中单击（横排文字工具），在【合成预览】窗口中输入“完美”。

步骤 02： 设置所输入文字的字体和字号，具体设置如图 9.122 所示，T 完美图层的“位置”参数设置如图 9.123 所示，在【合成预览】窗口中的位置和效果如图 9.124 所示。

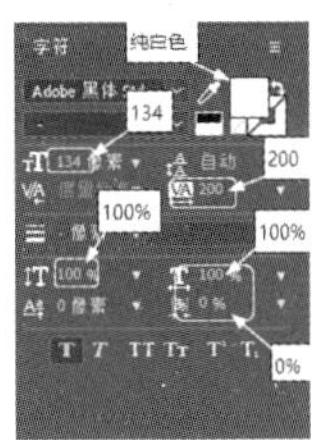

图 9.122 设置字体和字号

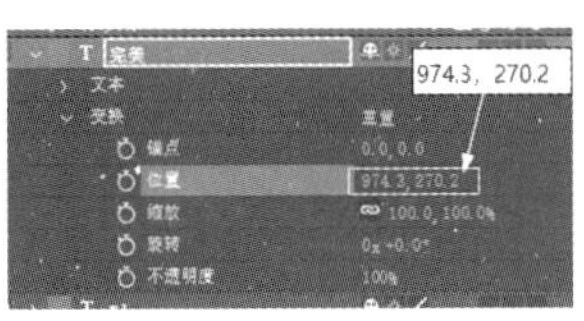

图 9.123 “位置”参数设置

图 9.124 在【合成预览】窗口中的位置和效果

步骤 03： 给文字图层绘制遮罩，在工具栏中单击（矩形工具），在【合成预览】窗口中绘制遮罩，如图 9.125 所示。

步骤 04： 将（时间指针）移到第 03 秒 21 帧的位置，给“遮罩路径”参数添加关键帧，如图 9.126 所示。

步骤 05： 将（时间指针）移到第 03 秒 16 帧的位置，在【合成预览】窗口中调节遮罩的形状，具体调节如图 9.127 所示。

图 9.125 绘制的遮罩

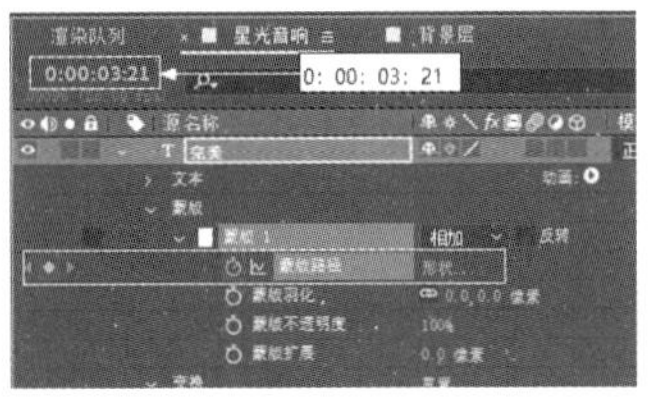

图 9.126 给“遮罩路径”参数添加关键帧

图 9.127 遮罩的形状调节

步骤 06： 调节文字图层的“变换”属性中的“不透明度”参数，将（时间指针）移到第 5 秒 04 帧的位置，把“不透明度”的参数值设置为“100%”。

步骤 07： 将（时间指针）移到第 05 秒 05 帧的位置，把“不透明度”的参数值设置为“0%”。

2. 制作“Perfect”文字的缩放渐变动画

步骤 01：在工具栏中单击T（横排文字工具），在【合成预览】窗口中输入“Perfect”。

步骤 02：设置所输入文字的字体和字号，具体设置如图 9.128 所示，文字在【合成预览】窗口中的位置和效果如图 9.129 所示。

步骤 03：设置文字的【缩放】属性，单击 T Perfect 图层下的【动画】右边的按钮，弹出快捷菜单。在弹出的快捷菜单中单击【缩放】命令，即可为文字添加一个【缩放】属性。

步骤 04：调节【缩放】属性参数，将（时间指针）移到第 03 秒 23 帧的位置，调节动画属性的参数并添加关键帧，具体调节如图 9.130 所示。

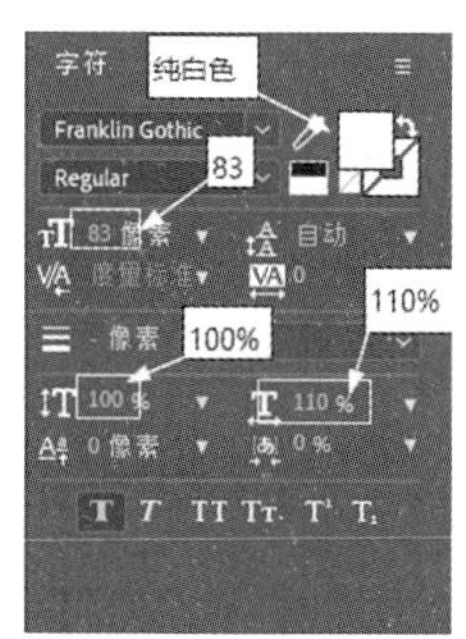

图 9.128　字体和字号设置

图 9.129　文字在【预览合成】窗口中的位置和效果

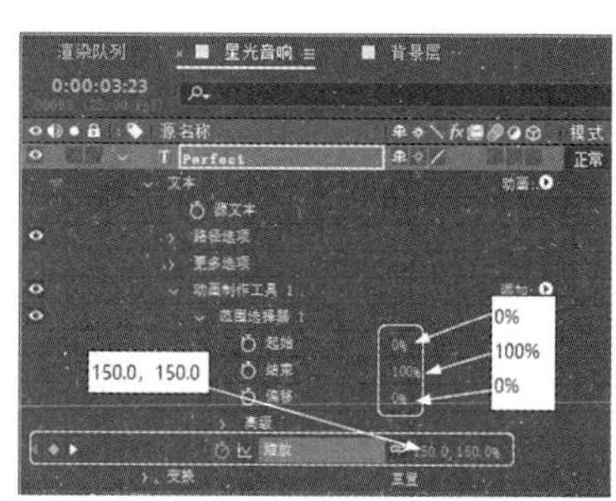

图 9.130　【缩放】属性参数调节

步骤 05：将（时间指针）移到第 04 秒 10 帧的位置，将【缩放】属性的参数值调节为“100，100%”

步骤 06：调节文字变换属性中的“不透明度”参数，将（时间指针）移到第 03 秒 22 帧的位置，把“不透明度”的参数值设置为“0%”。

步骤 07：继续调节文字“变换”属性中的“不透明度”参数，将（时间指针）移到第 4 秒 10 帧的位置，把“不透明度”的参数值设置为“100%”。将（时间指针）移到第 5 秒 04 帧的位置，把“不透明度”的参数值设置为“100%”，将（时间指针）移到第 5 秒 05 帧的位置，把“不透明度”的参数值设置为“0%”。

视频播放：关于具体介绍，请观看本书光盘上的配套视频“任务七：制作第 3 组文字动画.wmv”。

任务八：制作第 4 组文字动画

第 4 组文字动画主要包括 3 个效果：第 1 个是文字的渐变动画，第 2 个是文字的缩放动画，第 3 个是文字的倒影效果。

1. 制作“星光音响”的渐变效果

步骤 01：在工具栏中单击T（横排文字工具），在【合成预览】窗口中输入“星光音响”。

步骤 02：设置所输入文字的字体和字号，文字属性设置如图 9.131 所示。T 星光音响 图

层的“位置”参数设置如图 9.132 所示，文字在【合成预览】窗口中的位置如图 9.133 所示。

步骤 03：调节图层的“变换”属性中的“不透明度”参数。将（时间指针）移到第 06 秒 09 帧的位置，把“不透明度”的参数值设置为“0%”。

步骤 04：将（时间指针）移到第 06 秒 10 帧的位置，设置“不透明度”的参数值为“100%”。

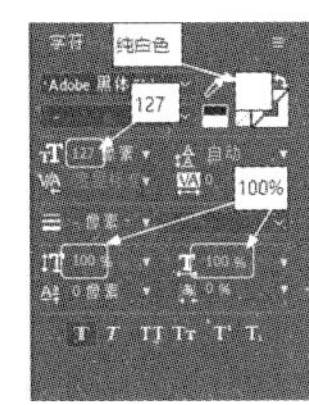

图 9.131 文字属性设置

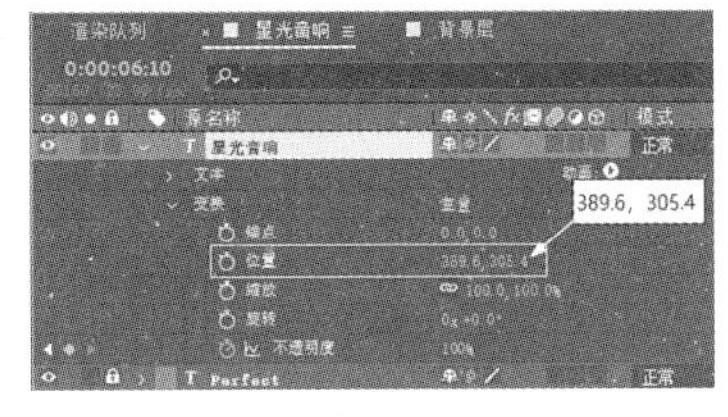

图 9.132 文字图层的“位置“参数设置

图 9.133 文字在【合成预览】窗口中的位置

2. 制作“|专业高档音响制造商|”文字的缩放变换效果

该文字的缩放变换效果主要通过添加“缩放”动画属性来制作。

步骤 01：在工具栏中单击（横排文字工具），在【合成预览】窗口中输入“|专业高档音响制造商|”。

步骤 02：设置所输入文字的字体和字号，文字属性设置如图 9.134 所示。图层的“位置”参数设置如图 9.135 所示，文字在【合成预览】窗口中的位置如图 9.136 所示。

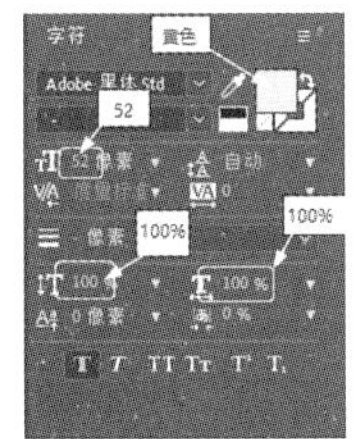

图 9.134 文字属性设置

图 9.135 文字图层的“位置”参数设置

图 9.136 文字在【合成预览】窗口中的位置

步骤 03：设置文字的缩放效果。单击文字图层下的【动画】右边的按钮，弹出快捷菜单在弹出的快捷菜单中单击【缩放】命令，为文字添加一个“缩放”动画属性。

步骤 04：调节“缩放”参数。将（时间指针）移到第 06 秒 10 帧的位置，调节“缩放”属性参数并添加关键帧，具体调节如图 9.137 所示。

步骤 05：将（时间指针）移到第 08 秒 07 帧的位置，将“缩放”属性参数值设置为“100%”，如图 9.138 所示。

步骤 06：调节图层的“变换”属性中的“不透明度”参数，将（时间指针）移到第 06 秒 09 帧的位置，把“不透明度”的参数值设置为“0%”，如图 9.139 所示。

步骤 07：调节图层的“变换”属性中的“不透明度”参数，将（时间指针）移到第 06 秒 09 帧的位置，把“不透明度”的参数值设置为“100%”。

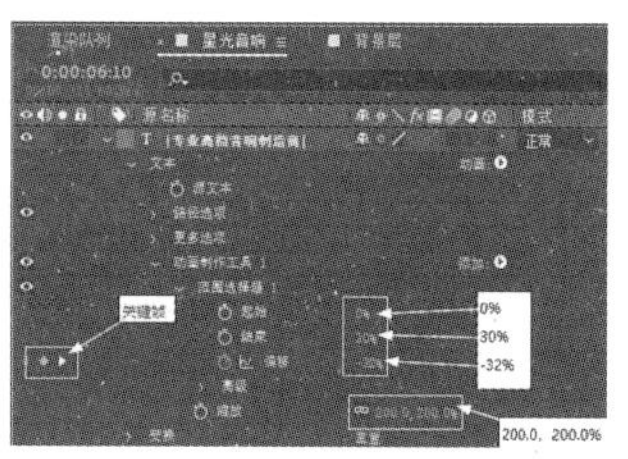

图 9.137 调节“缩放”属性参数并添加关键帧

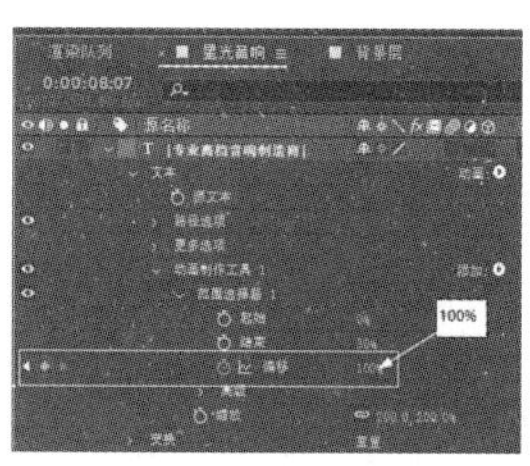

图 9.138 设置“缩放”动画属性

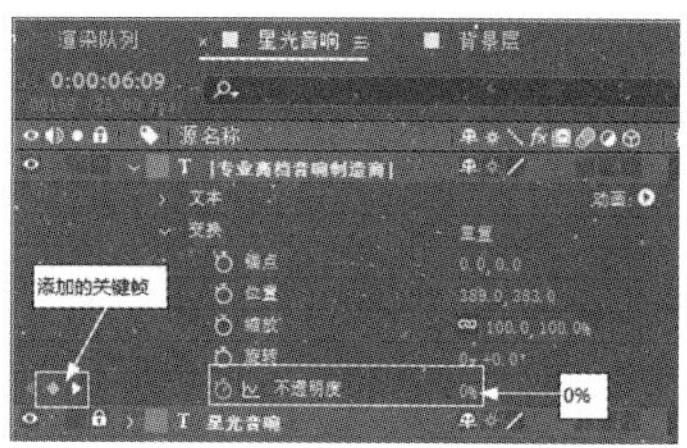

图 9.139 “不透明度”参数设置

3. 制作“|专业高档音响制造商|”文字的倒影效果

该倒影效果的制作比较简单，复制前面已制作好的“|专业高档音响制造商|”文字效果，进行文字颜色改变和透明度调节即可。

步骤 01：单选 T |专业高档音响制造商| 图层，按“Ctrl+D”组合键盘，复制并粘贴该图层。将复制的图层放置到 T |专业高档音响制造商| 的下方，如图 9.140 所示。

步骤 02：在【预览合成】窗口中，将复制的图层中的文字进行变形操作并将文字的颜色调节为灰色，调节之后的效果如图 9.141 所示。

步骤 03：将 T |专业高档音响制造商| 2 图层的“变换”属性中的“不透明度”参数值设置为“50%”，如图 9.142 所示。

图 9.140 复制的图层

图 9.141 变形操作和颜色调节之后的效果

图 9.142 设置“不透明度”参数

视频播放：关于具体介绍，请观看本书光盘上的配套视频“任务八：制作第 4 组文字动画.wmv”。

任务九：制作“音响动画 01”合成动画效果

该合成动画比较简单，只须把所提供的素材拖到【星光音响】合成窗口中，设置图层的叠放模式，再把图层转换为预合成并对预合成设置动画。

步骤 01：将“yinxiang01_col.tga”、“yinxiang01_occ.tga”和“yinxiang01_sp.tga”图片拖到【星光音响】合成窗口中，图层叠放顺序和混合模式如图 9.143 所示。

步骤 02：转换为预合成。框选刚拖到【星光音响】合成窗口中的 3 个图层，在菜单栏中单击【图层（L）】→【预合成（P）…】命令，弹出【预合成】对话框，具体参数设置如图 9.144 所示。单击【确定】按钮，完成预合成的创建，如图 9.145 所示。

步骤 03： 将 （时间指针）移到第 00 秒 00 帧的位置，调节 音响动画01 图层的“变换”属性参数，具体调节如图 9.146 所示。

步骤 04： 将 （时间指针）移到第 01 秒 19 帧的位置，调节 音响动画01 图层的“变换”属性参数，具体调节如图 9.147 所示。

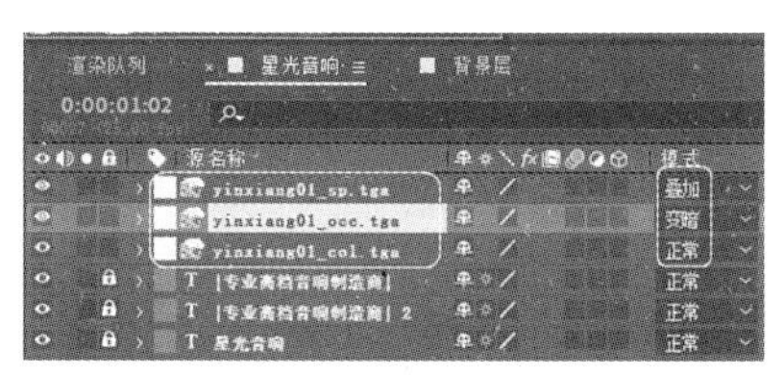

图 9.143　图层叠放顺序和混合模式

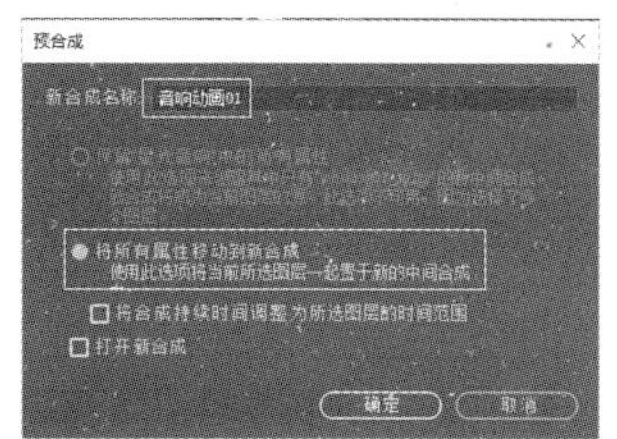

图 9.144　【预合成】对话框参数设置

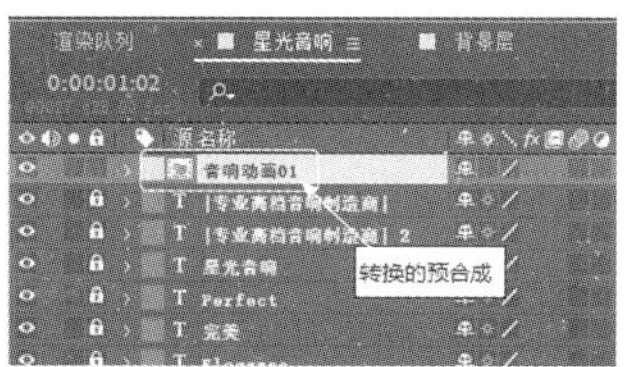

图 9.145　创建的预合成

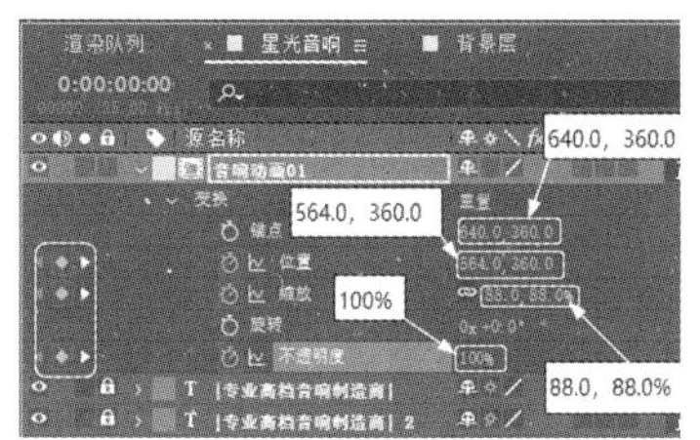

图 9.146　第 00 秒 00 帧位置图层的“变换”属性参数设置

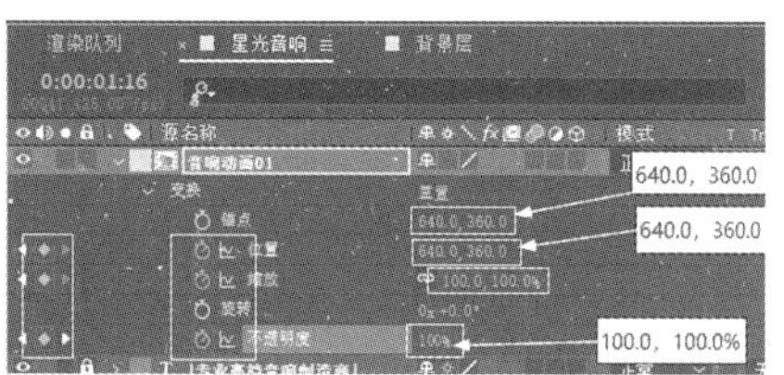

图 9.147　第 01 秒 19 帧位置图层的“变换”属性参数设置

步骤 05： 将 （时间指针）移到第 01 秒 20 帧的位置，把 音响动画01 图层中“变换”属性中的“不透明度”的参数值设置为“0%”。

视频播放： 关于具体介绍，请观看本书光盘上的配套视频“任务九：制作“音响动画01”合成动画效果.wmv”。

任务十：制作“音响动画 02”合成动画效果

步骤 01： 将“yinxiang02_col.tga”、“yinxiang02_occ.tga”和“yinxiang02_sp.tga”3 张图片拖到【星光音响】合成窗口中，图层叠放顺序和混合模式如图 9.148 所示。

步骤 02： 转换为预合成，框选这 3 个图层，在菜单栏中单击【图层（L）】→【预合成（P）…】命令，弹出【预合成】对话框，具体参数设置如图 9.149 所示。单击【确定】按钮，完成预合成的创建，如图 9.150 所示。

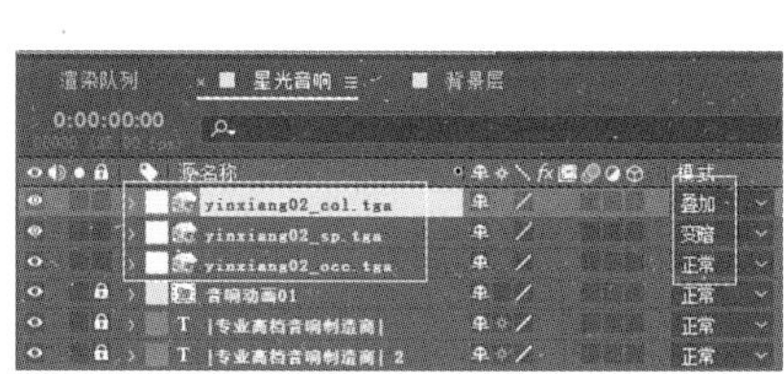

图 9.148　图层叠放顺序和混合模式

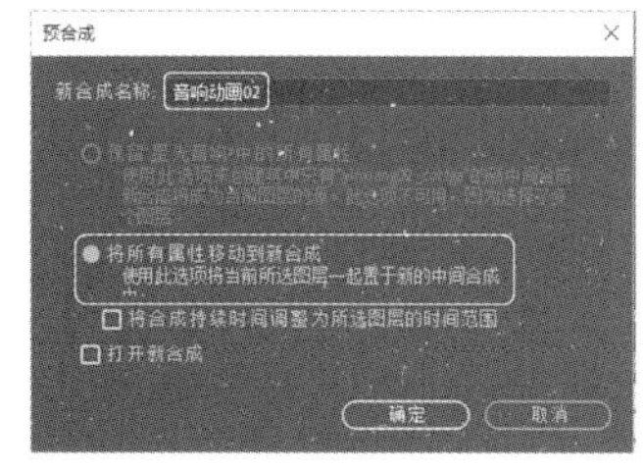

图 9.149　【预合成】对话框参数设置

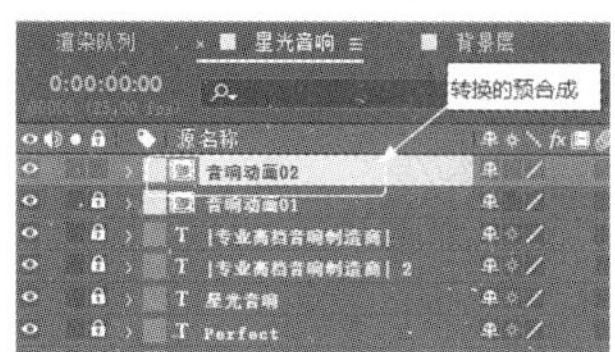

图 9.150　创建的预合成

步骤 03：将■（时间指针）移到第 01 秒 20 帧的位置，调节■音响动画02图层的“变换”属性参数并添加关键帧，具体调节如图 9.151 所示。

步骤 04：将■（时间指针）移到第 03 秒 14 帧的位置，调节■音响动画02图层的“变换”属性参数并添加关键帧，具体调节如图 9.152 所示。

步骤 05：将■（时间指针）移到第 01 秒 19 帧的位置，调节■音响动画02图层“变换”属性中的“不透明度”参数，将其值设置为“0%”，如图 9.153 所示。

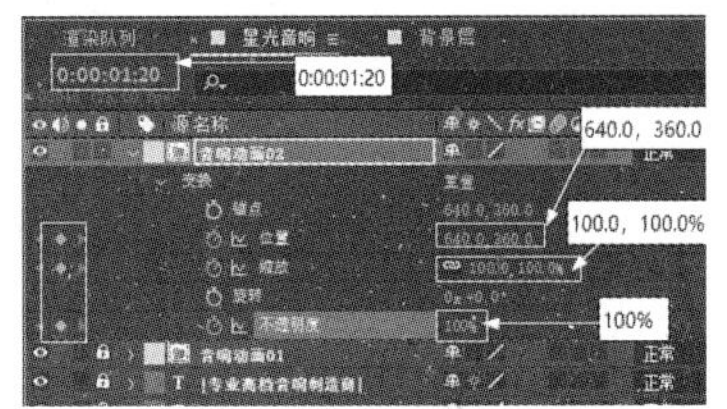

图 9.151 第 01 秒 20 帧位置图层的“变换”属性参数调节

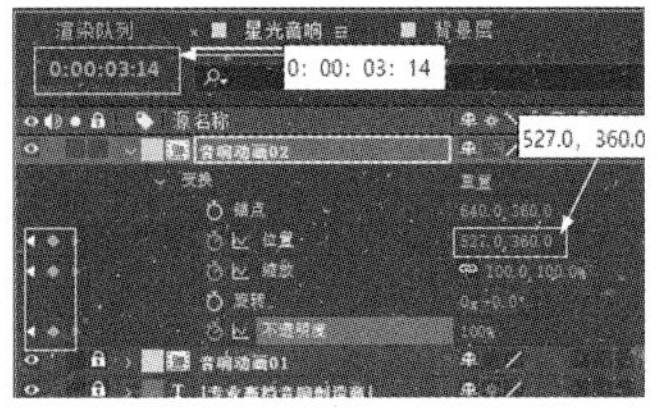

图 9.152 第 03 秒 14 帧位置图层的“变换”属性参数调节

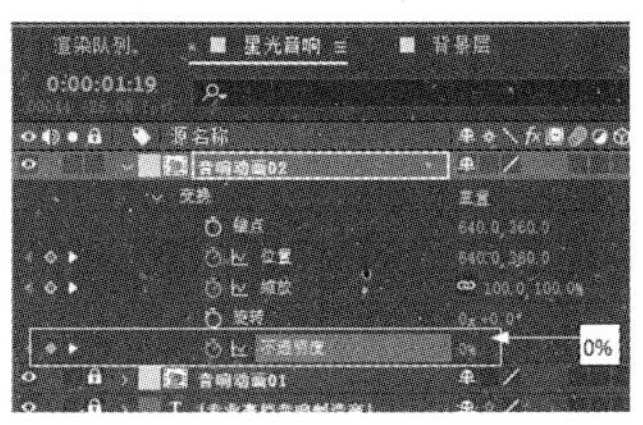

图 9.153 “不透明度”设置

步骤 06：将■（时间指针）移到第 03 秒 15 帧的位置，调节■音响动画02图层“变换”属性中的“不透明度”属性参数，将其值设置为“0%”。

视频播放：关于具体介绍，请观看本书光盘上的配套视频“任务十：制作“音响动画02”合成动画效果.wmv”。

任务十一：制作“音响动画 03”合成动画效果

步骤 01：将“yinxiang03_col.tga”、“yinxiang03_occ.tga”和“yinxiang03_sp.tga”3 张图片拖到【星光音响】合成窗口中，图层叠放顺序和混合模式如图 9.154 所示。

步骤 02：转换为预合成，框选这 3 个图层，在菜单栏中单击【图层（L）】→【预合成（P）…】命令，弹出【预合成】对话框，具体设置如图 9.155 所示。单击【确定】按钮，完成预合成的创建，如图 9.156 所示。

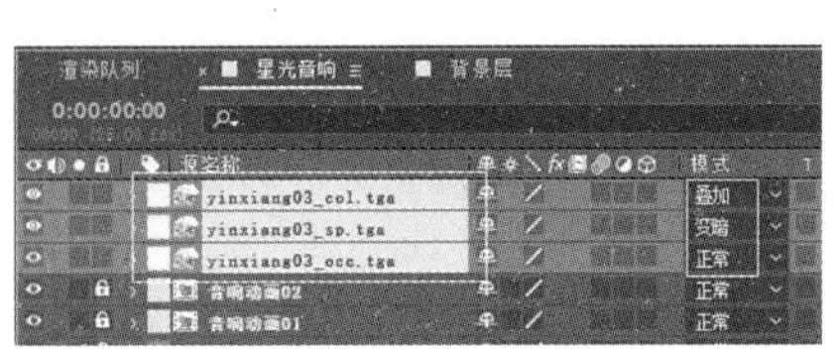

图 9.154 图层叠放顺序和混合模式

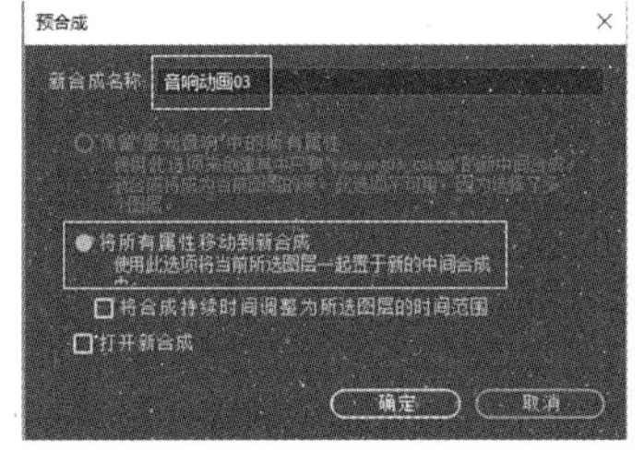

图 9.155 【预合成】对话框参数设置

图 9.156 创建的预合成

步骤 03：将■（时间指针）移到第 03 秒 15 帧的位置，调节■音响动画02图层的“变换”属性参数并添加关键帧，具体调节如图 9.157 所示。

步骤 04：将■（时间指针）移到第 05 秒 05 帧的位置，调节■音响动画02图层的“变换”属性参数并添加关键帧，具体调节如图 9.158 所示。

步骤05：将（时间指针）移到第03秒14帧的位置，调节音响动画02图层变换属性中的“不透明度”参数，将其值设置为“0%”，如图9.159所示。

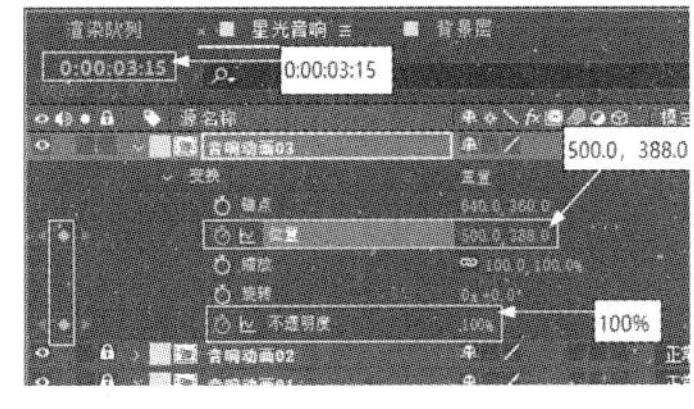

图9.157　第03秒15帧位置图层的“变换”属性参数调节

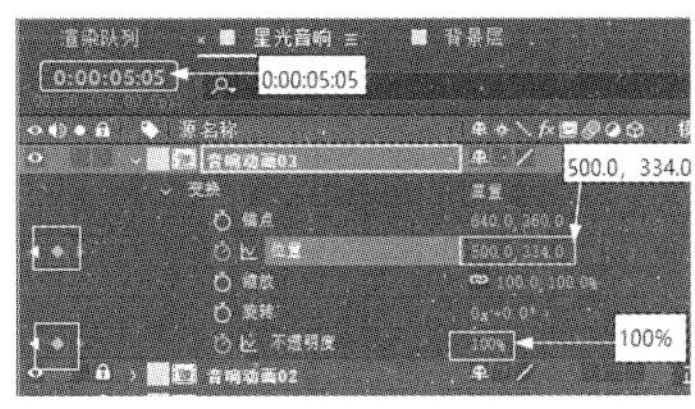

图9.158　第05秒05帧位置图层的“变换”属性参数调节

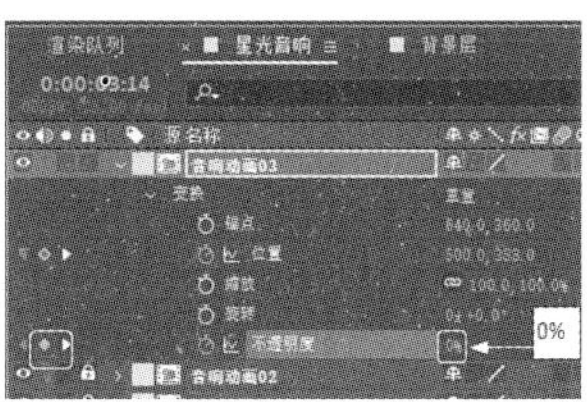

图9.159　第03秒14帧位置图层的“变换”属性参数调节

步骤06：将图标（时间指针）移到第05秒06帧的位置，调节音响动画02图层“变换”属性中的“不透明度”参数，将其值设置为“0%”。

视频播放：关于具体介绍，请观看本书光盘上的配套视频“任务十一：制作“音响动画03”合成动画效果.wmv”。

任务十二：制作“音响动画04”合成动画效果

步骤01：将“yinxiang01.[4-44].tga”“yinxiang01.[4-44].tga”和“yinxiang01.[4-44].tga”序列图片拖到【星光音响】合成窗口中，图层的位置、叠放顺序和混合模式如图9.160所示。

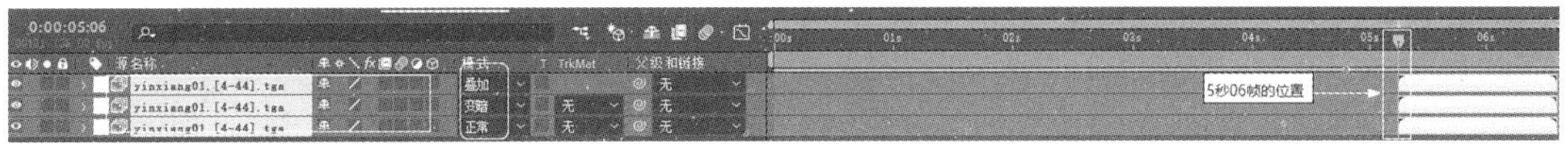

图9.160　图层的位置、叠放顺序和混合模式

步骤02：转换为预合成，框选这3个图层，在菜单栏中单击【图层（L）】→【预合成（P）…】命令，弹出【预合成】对话框，具体设置如图9.161所示。单击【确定】按钮，完成预合成的创建。

步骤03：在【合成预览】窗口中的效果如图9.162所示。

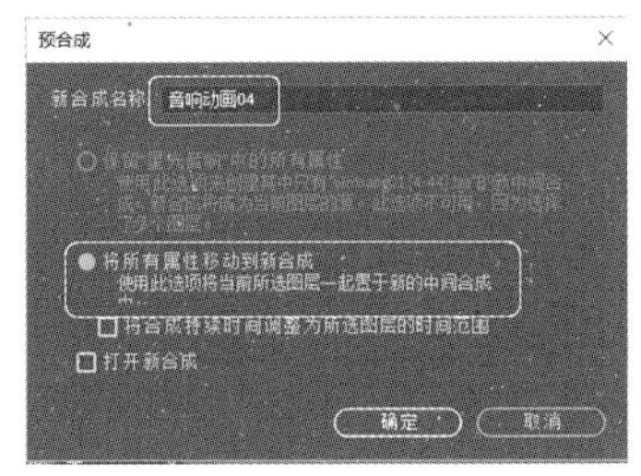

图9.161　【预合成】对话框

图9.162　在【合成预览】窗口中效果

视频播放：关于具体介绍，请观看本书光盘上的配套视频“任务十二：制作“音响动画04”合成动画效果.wmv”。

任务十三：制作“音响静帧预合成”嵌套

步骤 01：将“yinxiang05_occ.tga”“yinxiang05_sp.tga”和“yinxiang05_col.tga”3 张图片拖到【星光音响】合成窗口中，图层叠放顺序和混合模式如图 9.163 所示。

步骤 02：3 个图层的入点与第 06 秒 15 帧对齐，如图 9.164 所示。

步骤 03：转换为预合成，框选这 3 个图层，在菜单栏中单击【图层（L）】→【预合成（P）…】命令，弹出【预合成】对话框，具体设置如图 9.165 所示。单击【确定】按钮，完成预合成的创建。

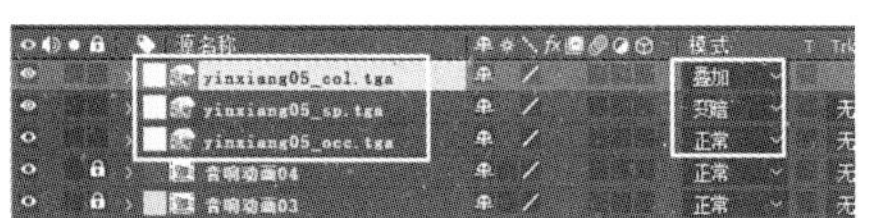

图 9.163　图层叠放顺序和混合模式

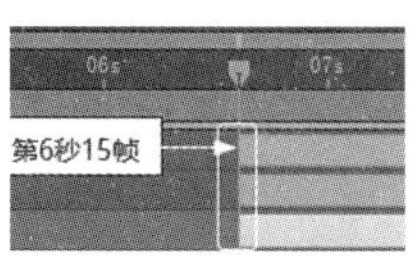

图 9.164　3 个图层的入点位置

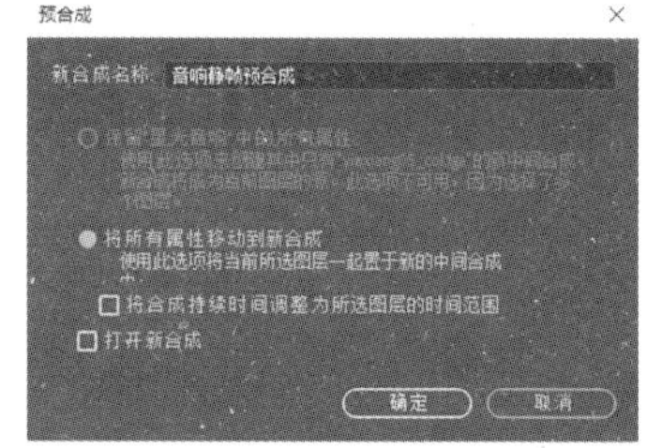

图 9.165　【预合成】对话框

步骤 04：调节音响静帧预合成图层的“变换”属性参数，具体调节如图 9.166 所示。

步骤 05：将“10 秒背景音乐.mp3”音频文件拖到【星光音响】合成窗口中的最底层，完成音频的加载。整个专题的图层效果如图 9.167 所示。

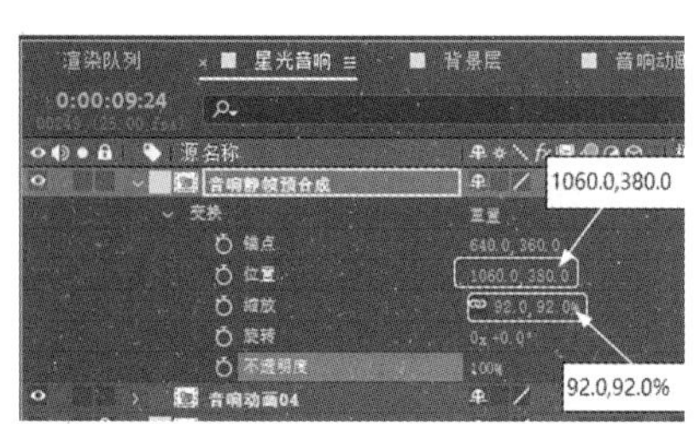

图 9.166　图层“变换”属性参数调节

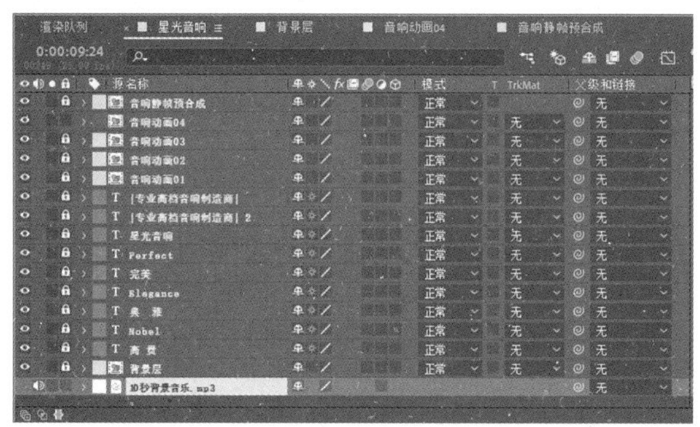

图 9.167　整个专题的图层效果

视频播放：关于具体介绍，请观看本书光盘上的配套视频“任务十三：制作“音响静帧预合成”嵌套.wmv”。

任务十四：渲染输出与素材收集

在渲染输出之前，首先要进行预览，确定没有问题后才能根据项目要求进行渲染输出。然后，对整个文件进行素材收集和保存。

1. 预览效果

预览的方法很简单，在菜单栏中单击【合成（C）】→【预览】→【播放当前预览（P）】命令，即可进行预览。在预览过程中，若发现问题，则进行修改。这一个步骤可能需要重复多次，直到满意为止。

2. 渲染输出

预览后没有发现问题，可以根据项目要求进行渲染输出，具体操作方法如下。

步骤01：在菜单栏中单击【合成（C）】→【预渲染…】命令，创建一个渲染队列，如图9.168所示。

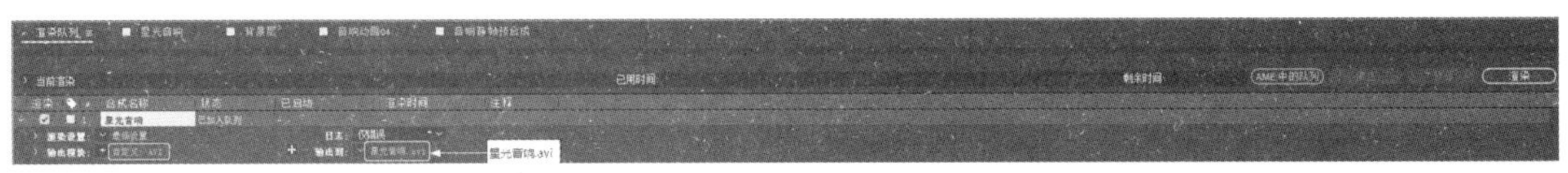

图9.168 创建的渲染队列

步骤02：单击【输出模块】右边的【自定义】选项，弹出【输出模块设置】对话框。在【输出模块设置】对话框中，读者可以根据项目要求设置输出“格式”“视频输出”“调整大小”“裁剪”和“格式选项”等相关设置，具体设置如图9.169所示。单击【确定】按钮，完成【输出模块设置】的相关设置。

步骤03：单击【输出到】右边的“星光音响.avi”选项，弹出【将影片输出到:】对话框。在该对话框中设置输出名称和保存路径，具体设置如图9.170所示。单击【保存（S）】按钮，完成输出的相关设置。

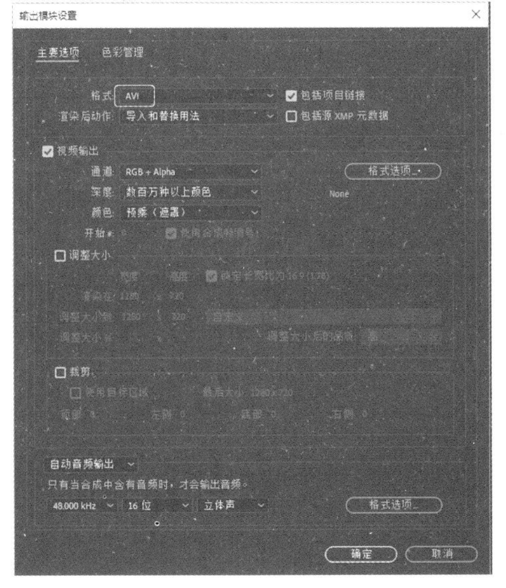

图9.169 【输出模块设置】对话框参数设置

图9.170 【将影片输出到：】对话框参数设置

步骤 04：在【渲染队列】中，单击【渲染】按钮，开始渲染，等待渲染完成即可。

3. 收集素材对文件进行打包

收集素材对文件进行打包的目的是方便在其他计算机中使用和交流，避免素材丢失。具体操作方法如下。

步骤 01：按“Ctrl+S”组合键，保存项目文件。

步骤 02：收集文件。在菜单栏中单击【文件（F）】→【整理工程（文件）】→【收集文件…】命令，弹出【收集文件】对话框。

步骤 03：设置【收集文件】对话框参数，具体设置如图 9.171 所示。单击【收集…】按钮，弹出【将文件收集到文件夹中】对话框。在该对话框中设置收集的文件名和保存路径，具体设置如图 9.172 所示。单击【保存（S）】按钮，开始收集，等待素材收集完成即可。

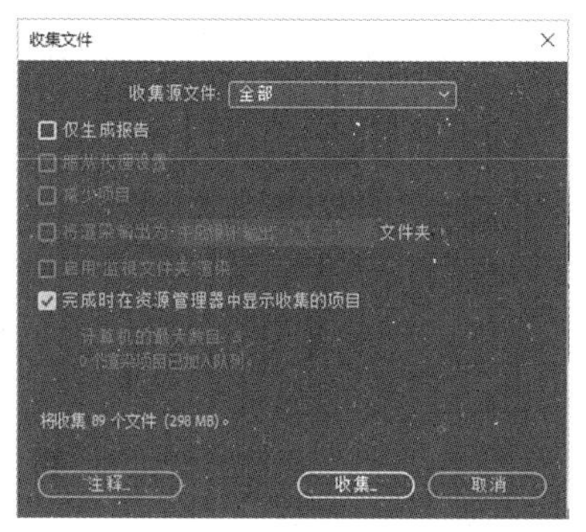

图 9.171 【收集文件】对话框参数设置

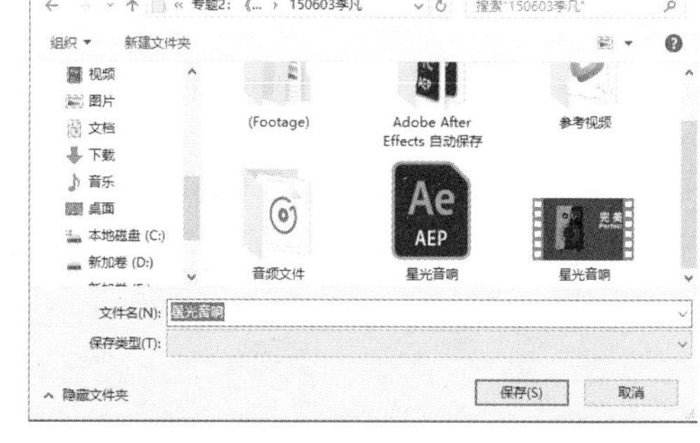

图 9.172 【将文件收集到文件夹中】对话框参数设置

视频播放：关于具体介绍，请观看本书光盘上的配套视频“任务十四：渲染输出与素材收集.wmv”。

七、拓展训练

根据所学知识，用本书提供的素材和参考视频，制作《中国工商银行》影视广告。

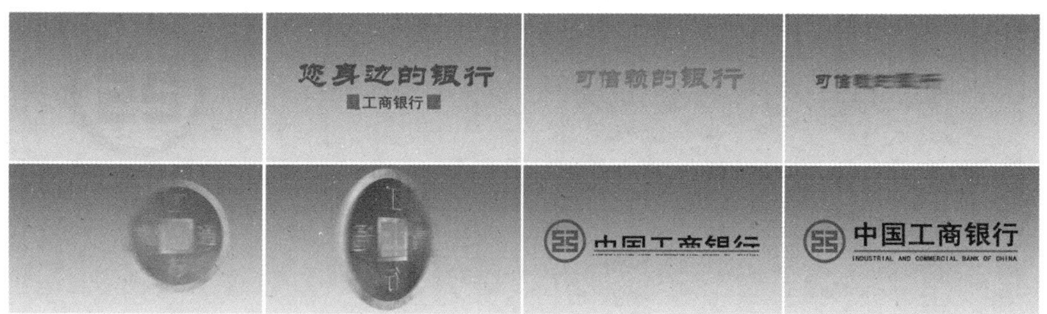

学习笔记：

专题 3：《尊品 U 盘》影视广告制作

一、专题内容简介

本专题主要介绍《尊品 U 盘》影视广告制作的原理、方法以及技巧，重点介绍文字动画的制作、LOGO 合成和合成素材的调节。

二、专题效果欣赏

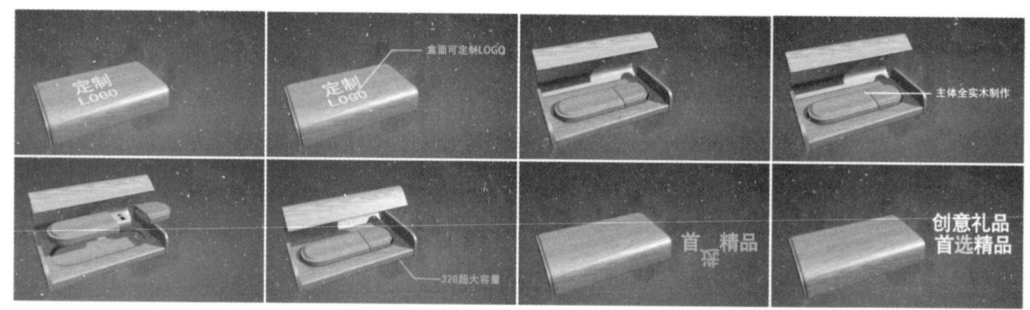

三、专题制作（步骤）流程

任务一：答题要求➡任务二：根据要求创建工程文件➡任务三：创建合成并导入素材
⬇
任务五：制作“U盘”合成效果⬅任务四：制作背景
⬇
任务六：制作“定制LOGO”合成➡任务七：制作第1组文字动画
⬇
任务九：制作第3组文字动画⬅任务八：制作第2组文字动画
⬇
任务十：制作第4组文字动画➡任务十一：渲染输出与素材收集

四、制作目的

（1）了解《尊品 U 盘》影视广告制作的原理。

（2）掌握后期素材的合成方法和技巧。

（3）掌握素材的色调、明暗度、饱和度和虚实的调节。

（4）掌握文字动画与效果的制作方法。

（5）掌握音频文件的制作方法。

（6）熟悉整体合成、剪辑与输出。

五、制作过程中需要解决的问题

（1）掌握影视广告制作的基本流程。
（2）掌握文字动画的相关属性设置。
（3）了解音频处理的相关知识。
（4）了解作品输出的基本设置和注意事项。

六、详细操作步骤

本专题主要通过11个任务，详细介绍《尊品U盘》影视广告制作的原理、方法和技巧。

任务一：答题要求

1. 考核要求

（1）建立一个以考生准考证号后8位阿拉伯数字命名的文件夹作为“考生文件夹”（例如，准考证号为651288881234的考生以“88881234”命名文件夹）。在此文件夹下，存放后期工程文件和最终合成视频。

（2）把三维素材导入后期制作应用软件，使用正确的叠加模式把各个素材进行合成；对各个三维素材的时长进行剪辑，截取合适的播放画面到合成影片中；把后期背景素材导入后期制作应用软件，截取合适的画面并调节透明度，置于底层作为视频的背景。

（3）调节三维素材色调、明暗度效果。

（4）创建广告语文字，调节“定制LOGO”两组字体的透视贴在U盘顶面，并根据参考视频制作出字体闪烁的效果。

（5）创建白色线，并根据参考视频添加遮罩，让白色线逐步呈现。

（6）添加所有广告语的文字，并调节透明渐现和透明渐失的效果。

（7）调节整体效果，将三维素材与二维素材更好地融合在一起。

（8）添加音频。

（9）输出最终视频。

2. 考试素材

考试使用素材：位于“/考试素材”文件夹内。

3. 输出要求

（1）输出视频：“*.avi”格式，1280px×720px(25帧/秒)，质量调到最佳。
（2）创建后期工程文件，保证后期源文件里所有素材的指定路径正确。

4. 考试注意事项

（1）满分为100分，及格分为60分，考试时间为180分钟。

（2）注意把握制作时间和总体进度。

附表 《尊品U盘》影视广告进度

镜头	时间	画面	备注	音乐
1	3秒	盒子关闭，LOGO闪动	文字“盒面可定制LOGO”	附件背景音乐，时长15秒
2	4秒	盒子打开	文字“主体全实木制作”	
3	4秒	U盘移动并打开	文字“32GB超大容量”	
4	4秒	盒子关闭	文字“创意礼品 首先尊品”	

备注：

（1）视频中文字字体可自由选择。

（2）视频中的底图在“后期用图片”文件夹中。

（3）视频的最终效果请参考“《尊品U盘》最终效果参考视频”

视频播放：关于具体介绍，请观看本书光盘上的配套视频“任务一：答题要求.wmv”。

任务二：根据要求创建工程文件

步骤01：创建文件夹。在指定的一个硬盘上，创建一个以考生准考证号后8位阿拉伯数字命名的文件夹，统一命名为“学生证号+名字”。例如，150603赵敏（1506班赵敏）。

步骤02：复制素材。按要求将所提供的素材复制到“150603赵敏”文件夹中。

步骤03：启动After Effects CC 2019，保存项目为“专题3：《尊品U盘》”。

视频播放：关于具体介绍，请观看本书光盘上的配套视频“任务二：根据要求创建工程文件.wmv”。

任务三：创建合成并导入素材

1. 创建新合成

步骤01：创建新合成。在菜单栏中单击【合成（C）】→【新建合成（C）…】命令，弹出【合成设置】对话框。在该对话框中，把新建的合成命名为“尊品 U 盘”，尺寸为“1280px×720px”，持续时间为“15秒”，其他参数为默认值。

步骤02：设置完参数，单击【确定】按钮，完成新合成的创建。

2. 导入素材

根据专题1所学知识，将所提供的素材全部导入【项目】窗口中。

视频播放：关于具体介绍，请观看本书光盘上的配套视频“任务三：创建合成并导入素材.wmv”。

任务四：制作背景

背景的制作比较简单，只须把所提供的图片拖到【尊品U盘】合成窗口中，对图片进行缩放操作即可。

步骤 01：将“底图.jpg”图片拖到【尊品 U 盘】合成窗口中。

步骤 02：将图层中“变换”属性中的“缩放”参数值设置为“110，110%”即可。

视频播放：关于具体介绍，请观看本书光盘上的配套视频“任务四：制作背景.wmv”。

任务五：制作“U 盘”合成效果

制作“U 盘”的合成没有什么技术难点，只是步骤比较多，在制作的时候要有耐心。

步骤 01：将“UPAN.0001.tga”图片拖到【尊品 U 盘】合成窗口中，将（时间指针）移到第 03 秒 14 帧的位置，调节图层的“变换”属性参数并添加关键帧，具体调节如图 9.173 所示。

步骤 02：将（时间指针）移到第 03 秒 15 帧的位置，将“变换”属性中的“不透明度”的参数值设置为“0%”。

步骤 03：将“UPAN.{0001-0025}.tga”序列文件拖到【尊品 U 盘】合成窗口中，“入点”与第 03 秒 15 帧的位置对齐，如图 9.174 所示。

步骤 04：将“UPAN.0025.tga”图片拖到【尊品 U 盘】合成窗口中，将（时间指针）移到第 04 秒 09 帧的位置，将图层的“不透明度”参数值设置为“0%”并添加关键帧，如图 9.175 所示。

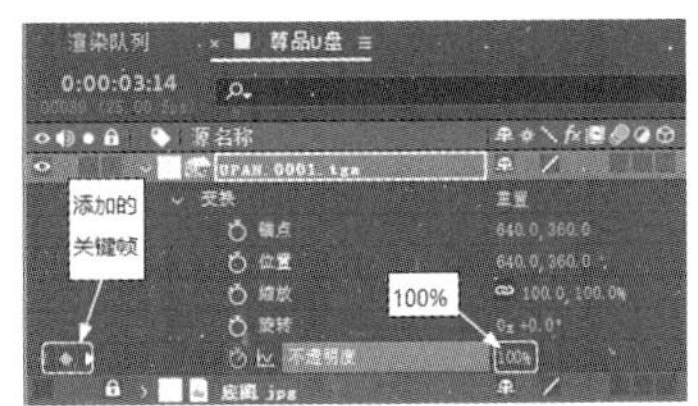

图 9.173 “变换”属性参数调节

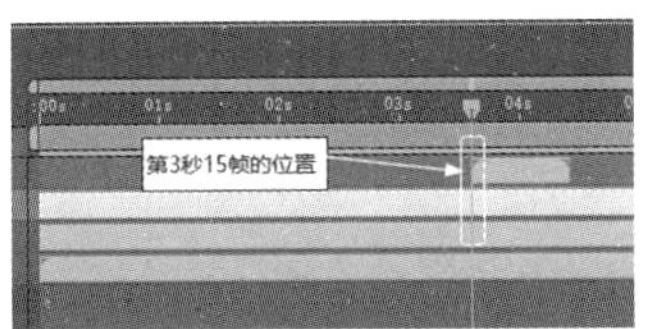

图 9.174 “入点”与第 03 秒 15 帧的位置对齐

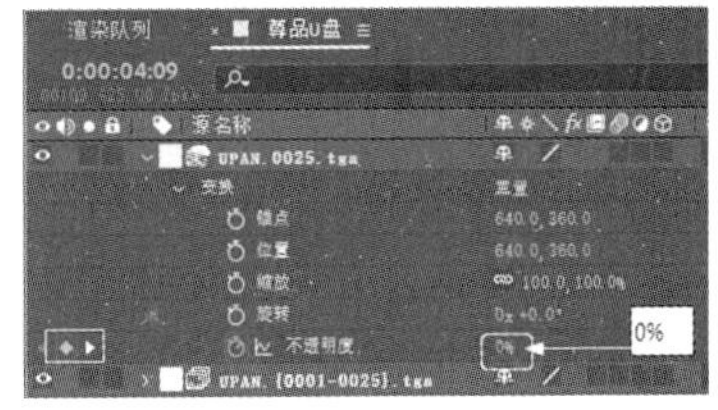

图 9.175 “不透明度”参数设置

步骤 05：将（时间指针）移到第 04 秒 10 帧的位置，将图层的“不透明度”参数值设置为“100%”。

步骤 06：将（时间指针）移到第 07 秒 22 帧的位置，将图层的“不透明度”参数值设置为“100%”。

步骤 07：将（时间指针）移到第 07 秒 23 帧的位置，将图层的“不透明度”参数值设置为“0%”。

步骤 08：将“UPAN.{0025-0045}.tga”序列文件拖到【尊品 U 盘】合成窗口中，“入点”与第 07 秒 23 帧的位置对齐，如图 7.176 所示。

步骤 09：将“UPAN.0045.tga”图片拖到【尊品 U 盘】合成窗口中，将图标（时间指针）移到第 08 秒 14 帧的位置，将图层的“不透明度”参数值设置为“0%”并添加关键帧，如图 9.177 所示。

步骤 10：将（时间指针）移到第 08 秒 15 帧的位置，将图层的“不透明度”参数值设置为“100%”。

步骤 11：将▼（时间指针）移到第 11 秒 06 帧的位置，将 UPAN.0045.tga 图层的“不透明度”参数值设置为“100%”。

步骤 12：将▼（时间指针）移到第 11 秒 07 帧的位置，将 UPAN.0045.tga 图层的“不透明度”参数值设置为“0%”。

步骤 13：将“UPAN.{0045-0075}.tga”序列文件拖到【尊品 U 盘】合成窗口中，“入点”与第 11 秒 07 帧的位置对齐如图 9.178 所示。

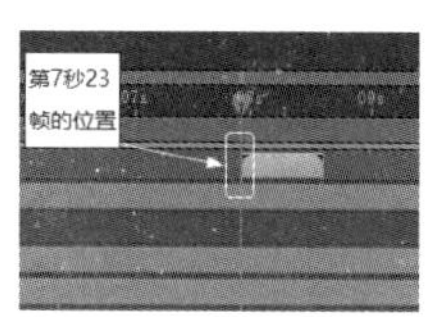

图 9.176 “入点”第 07 秒 23 帧的位置对齐

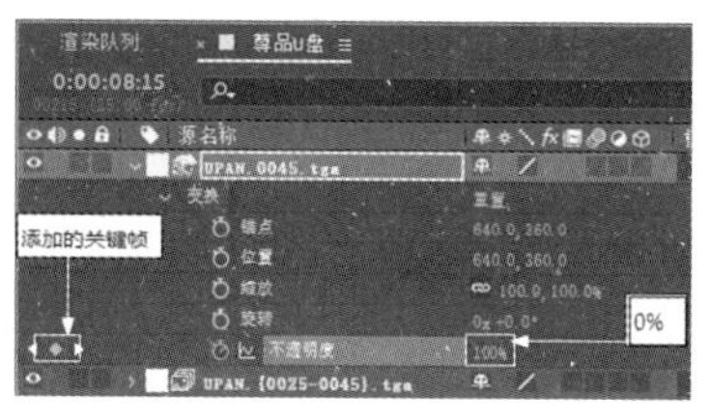

图 9.177 “不透明度”参数设置

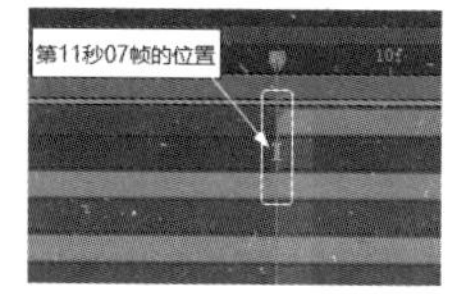

图 9.178 “入点”与第 11 秒 07 帧的位置对齐

步骤 14：将“UPAN.0075.tga”图片拖到【尊品 U 盘】合成窗口中，将▼图标（时间指针）移到第 12 秒 07 帧的位置，将 UPAN.0075.tga 图层的“不透明度”参数值设置为“0%”并添加关键帧，如图 9.179 所示。

步骤 15：将▼（时间指针）移到第 12 秒 08 帧的位置，将 UPAN.0075.tga 图层的“不透明度”参数设置为“100%”。

视频播放：关于具体介绍，请观看本书光盘上的配套视频“任务五：制作“U 盘”合成效果.wmv”。

任务六：制作“定制 LOGO”合成

1. 制作“定制 LOGO”文字预合成效果

步骤 01：单击工具栏中的T（横排文字工具），在【尊品 U 盘】合成窗口中输入“定制”两个字。文字属性设置如图 9.180 所示，文字在【合成预览】窗口中的效果如图 9.181 所示。

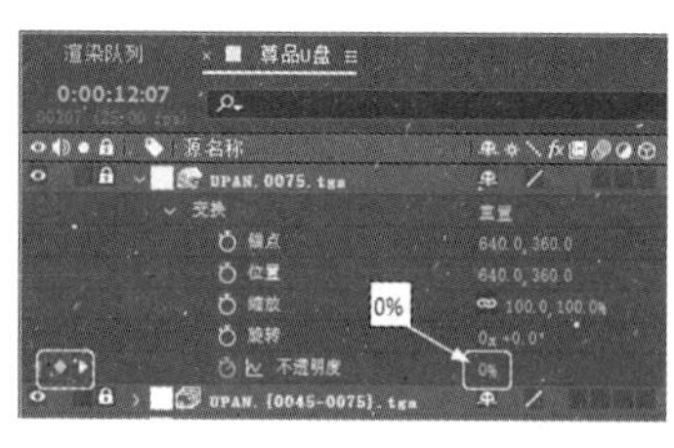

图 9.179 “不透明度”参数设置

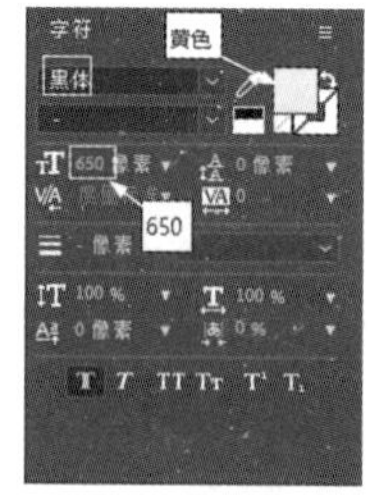

图 9.180 文字属性设置

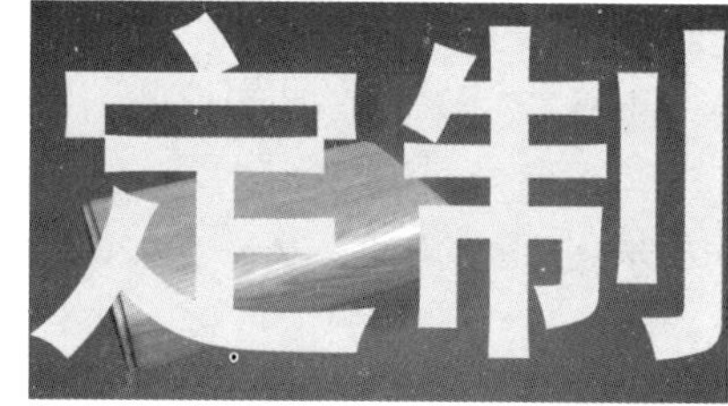

图 9.181 在【合成预览】窗口中的效果

步骤 02：添加【边角定位】效果。单选 T 定制 图层，在菜单栏中单击【效果（T）】→【扭曲】→【边角定位】命令，完成【边角定位】效果的添加。

步骤 03：调节【边角定位】参数，【边角定位】参数的具体调节如图 9.182 所示，在【合成预览】窗口中的位置如图 9.183 所示。

步骤 04：方法同上，制作“LOGO”文字效果，在【合成预览】窗口中的效果如图 9.184 所示。

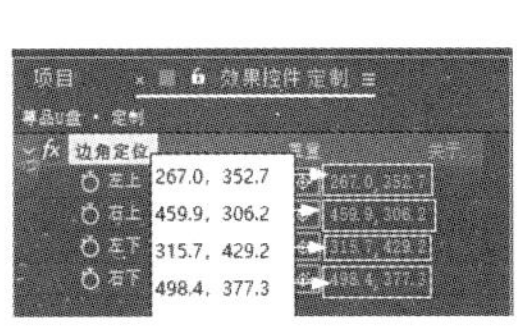

图 9.182 【边角定位】参数调节

图 9.183 在【合成预览】窗口中的位置

图 9.184 在【合成预览】窗口中的效果

步骤 05：创建预合成。选择如图 9.185 所示的文字图层，在菜单栏中单击【图层（L）】→【预合成（P）…】命令，弹出【预合成】对话框，具体设置如图 9.186 所示。单击【确定】按钮，完成预合成的创建，如图 9.187 所示。

图 9.185 选择的文字图层

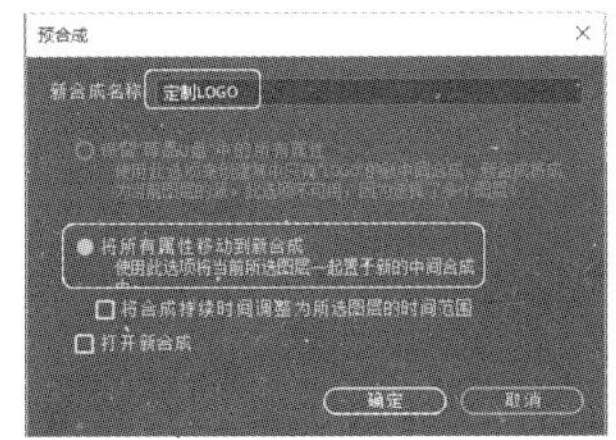

图 9.186 【预合成】对话框设置

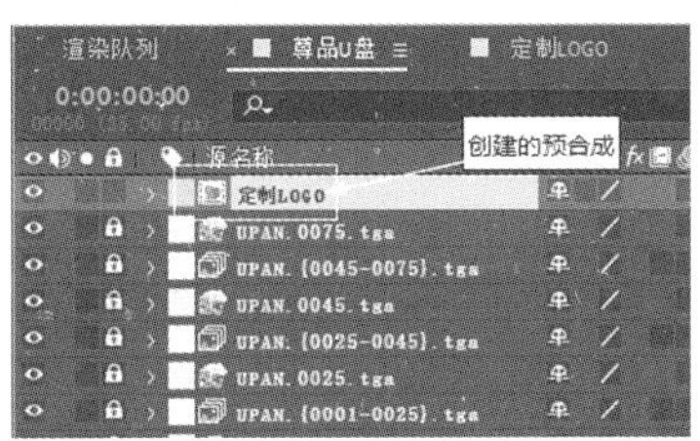

图 9.187 创建的预合成

2. 制作“定制 LOGO”合成图层的动画效果

该合成图层动画效果主要通过合成图层的“不透明度”参数值来制作。根据表 9-1，设置“定制LOGO”图层中“变换”属性中的“不透明度”的参数值并添加关键帧。

表 9-1 “不透明度”参数值设置

时间	“不透明度”参数值	时间	“不透明度”参数值
第 00 秒 01 帧	0%	第 00 秒 15 帧	0%
第 00 秒 02 帧	100%	第 00 秒 16 帧	100%
第 00 秒 05 帧	100%	第 00 秒 19 帧	100%
第 00 秒 06 帧	0%	第 00 秒 20 帧	0%
第 00 秒 08 帧	0%	第 00 秒 23 帧	0%
第 00 秒 09 帧	100%	第 00 秒 24 帧	100%
第 00 秒 12 帧	100%	第 03 秒 06 帧	100%
第 00 秒 13 帧	0%	第 03 秒 14 帧	0

视频播放：关于具体介绍，请观看本书光盘上的配套视频“任务六：制作“定制 LOGO”合成.wmv”。

任务七：制作第 1 组文字动画

第 1 组文字动画主要包括一个折线动画和一个文字动画。

1. 制作折线动画

折线动画的制作主要先通过创建纯色图层，给纯色图层添加不规则遮罩，再通过【效果】中的【径向擦除】效果来完成。

步骤 01：创建纯色图层。在菜单栏中单击【图层（L）】→【新建（N）】→【纯色（S）…】命令，弹出【纯色设置】对话框。在该对话框中设置参数，具体设置如图 9.188 所示。单击【确定】按钮，完成纯色图层的创建。

步骤 02：绘制遮罩，单选创建的横线条纯色图层，在工具栏中单击（钢笔工具），在【合成预览】窗口中绘制折线遮罩，如图 9.189 所示。

步骤 03：给横线条纯色图层添加【径向擦除】效果。单选该图层，在菜单栏中单击【效果（T）】→【过渡】→【径向擦除】命令，完成【径向擦除】效果的添加。

步骤 04：调节【径向擦除】效果参数，将（时间指针）移到第 01 秒 05 帧的位置，调节【径向擦除】效果的参数并添加关键帧，具体调节如图 9.190 所示。

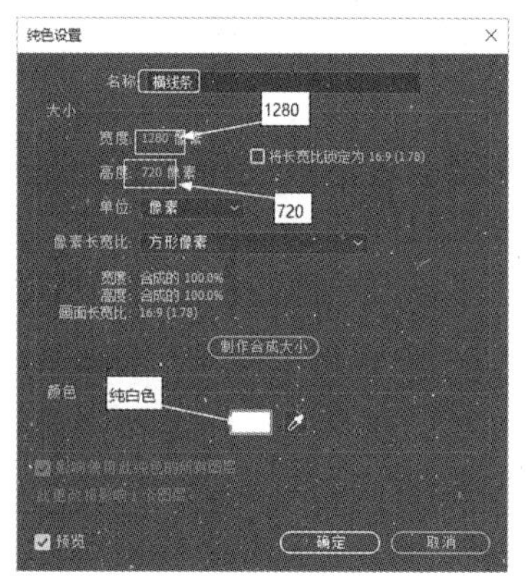

图 9.188 【纯色设置】对话框参数设置

图 9.189 绘制的折线遮罩

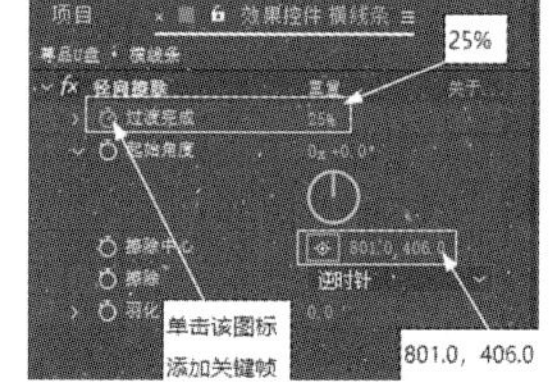

图 9.190 【径向擦除】效果参数调节

步骤 05：将（时间指针）移到第 01 秒 15 帧的位置，将【径向擦除】效果中的“过渡完成”参数值设置为“25%”，系统自动添加关键帧。

步骤 06：将（时间指针）移到第 03 秒 07 帧的位置，将横线条图层中的“变换”属性中的“不透明度”参数值设置为“100%”并给该参数添加关键帧。

步骤 07：再将（时间指针）移到第 03 秒 15 帧的位置，将横线条图层中的“变换”属性中的“不透明度”参数值设置为“0%”，系统自动添加关键帧。

2. 制作“盒面可定制 LOGO”文字动画

步骤 01：单击工具栏中的![T]（横排文字工具），在【尊品 U 盘】合成窗口中输入“定制”两个字。文字属性设置如图 9.191 所示，文字在【合成预览】窗口中的位置如图 9.192 所示。

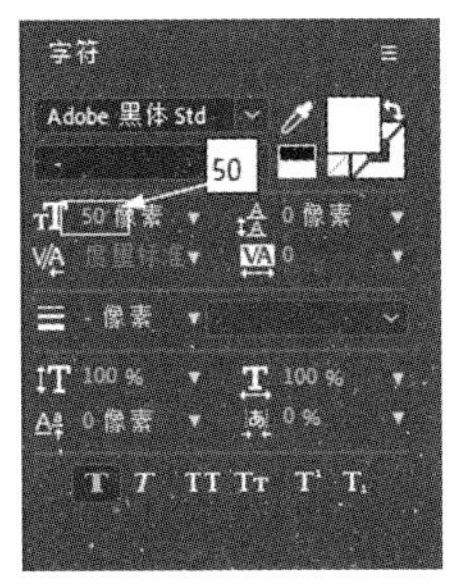

图 9.191　文字属性设置

图 9.192　文字在【合成预览】窗口中的位置

步骤 02：将（时间指针）移到第 01 秒 15 帧的位置，将 T 盒面可定制LOGO 图层中的“变换”属性中的“不透明度”参数值设置为“0%”并给该参数添加关键帧。

步骤 03：将（时间指针）移到第 01 秒 24 帧的位置，将 T 盒面可定制LOGO 图层中的“变换”属性参数中的“不透明度”参数值设置为“100%”，系统自动添加关键帧。

步骤 04：将（时间指针）移到第 03 秒 06 帧的位置，设置 T 盒面可定制LOGO 图层中的变换属性中的“不透明度”参数值设置为“100%”，系统自动添加关键帧。

步骤 05：将（时间指针）移到第 03 秒 14 帧的位置，设置 T 盒面可定制LOGO 图层中的变换属性中的“不透明度”参数值设置为“0%”，系统自动添加关键帧。

视频播放：关于具体介绍，请观看本书光盘上的配套视频“任务七：制作第 1 组文字动画”合成.wmv”。

任务八：制作第 2 组文字动画

第 2 组文字动画的制作比较简单，主要制作一个横线条遮罩动画和一个文字渐变动画。

1. 制作横线条遮罩动画

步骤 01：创建纯色图层。在菜单栏中单击【图层（L）】→【新建（N）】→【纯色（S）…】命令，弹出【纯色设置】对话框。在该对话框中设置参数，具体设置如图 9.193 所示。单击【确定】按钮，完成纯色图层的创建。

步骤 02：绘制遮罩，单选创建的 横线条01 纯色图层，在工具栏中单击（矩形工具），在【合成预览】窗口中绘制矩形遮罩，如图 9.194 所示。

步骤 03：将（时间指针）移到第 05 秒 05 帧的位置，给“遮罩路径”参数添加关键帧，如图 9.195 所示。

步骤 04：将（时间指针）移到第 04 秒 19 帧的位置，在【合成预览】窗口中调节矩形遮罩的形状，系统自动给“遮罩路径”参数添加关键帧，调节之后的遮罩形状如图 9.196 所示。

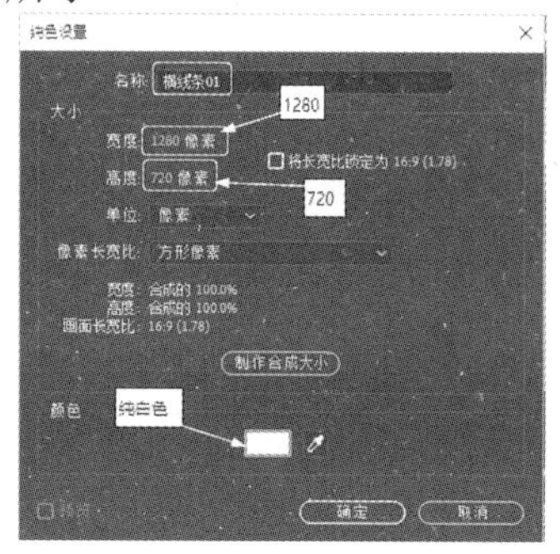

图 9.193 【纯色设置】对话框参数设置

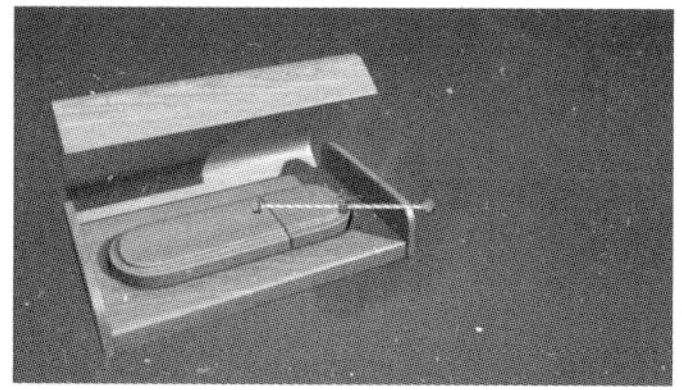

图 9.194 绘制的矩形遮罩

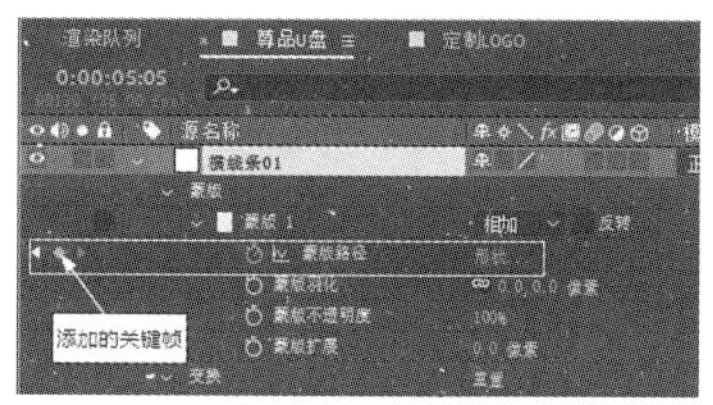

图 9.195 给“遮罩路径”参数添加关键帧

步骤 05：将（时间指针）移到第 07 秒 04 帧的位置，将 横线条01 图层的“变换”属性中的“不透明度”参数值设置为“100%”并添加关键帧，如图 9.197 所示。

步骤 06：将（时间指针）移到第 07 秒 13 帧的位置，将 横线条01 图层的“变换”属性中的“不透明度”参数值设置为“0%”，系统自动添加关键帧。

2. 制作“主体全实木制作”文字渐变动画

步骤 01：单击工具栏中的（横排文字工具），在【尊品 U 盘】合成窗口中输入“主体全实木制作”文字，文字在【合成预览】窗口中的位置和效果如图 9.198 所示。

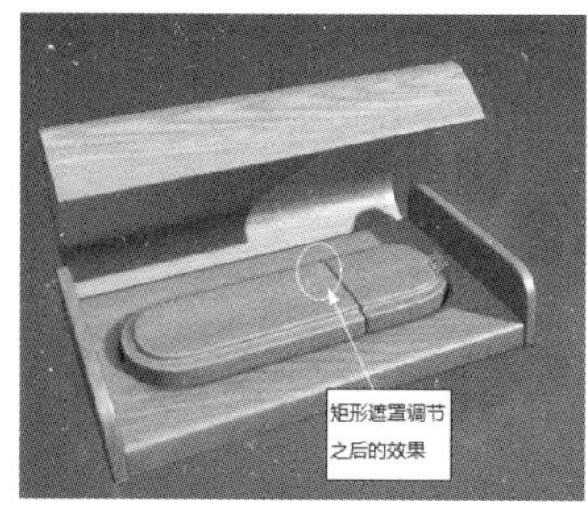

图 9.196 矩形遮罩调节之后的效果

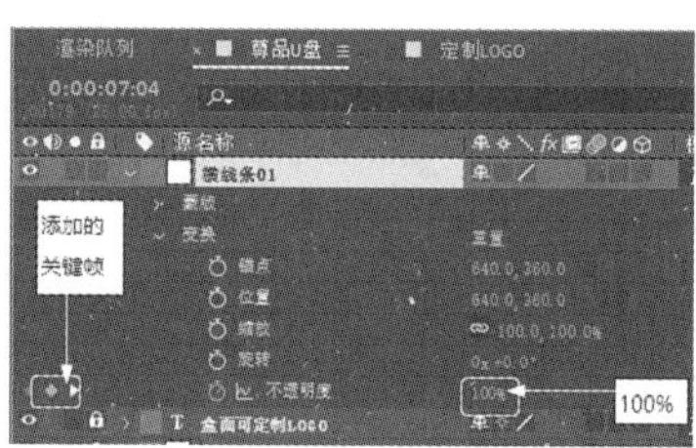

图 9.197 “不透明度”参数调节

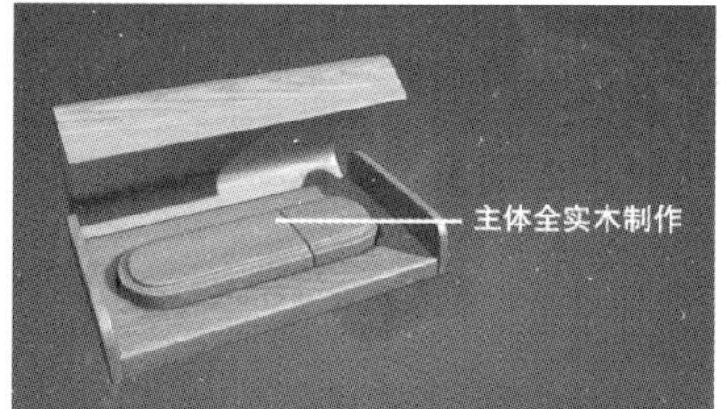

图 9.198 文字在【合成预览】窗口中的位置和效果

步骤 02：将（时间指针）移到第 05 秒 08 帧的位置，将 主体全实木制作 文字图层中“变换”属性中的“不透明度”的参数值设置为“0%”并添加关键帧。

步骤 03：将（时间指针）移到第 05 秒 19 帧的位置，将 主体全实木制作 文字图层中“变换”属性中的“不透明度”的参数值设置为“100%”，系统自动添加关键帧。

步骤 04：将（时间指针）移到第 07 秒 04 帧的位置，将 主体全实木制作 文字图层中“变换”属性中的“不透明度”的参数值设置为“100%”并添加关键帧。

步骤 05： 将（时间指针）移到第 07 秒 13 帧的位置，将 T 主体全实木制作 文字图层中“变换”属性中的“不透明度”的参数值设置为“0%”，系统自动添加关键帧。

视频播放： 关于具体介绍，请观看本书光盘上的配套视频“任务八：制作第 2 组文字动画.wmv”。

任务九：制作第 3 组文字动画

第 3 组文字动画主要包括一条折线遮罩和一个文字渐变动画。

1. 制作折线遮罩动画

步骤 01： 创建纯色图层。在菜单栏中单击【图层（L）】→【新建（N）】→【纯色（S）…】命令，弹出【纯色设置】对话框。在该对话框中设置参数，具体参数设置如图 9.199 所示。单击【确定】按钮，完成纯色图层的创建。

步骤 02： 绘制遮罩，单选创建的 折线条02 纯色图层，在工具栏中单击（钢笔工具），在【合成预览】窗口中绘制折线遮罩，如图 9.200 所示。

步骤 03： 给 折线条02 纯色图层添加【径向擦除】效果。单选该图层，在菜单栏中单击【效果（T）】→【过渡】→【径向擦除】命令，完成【径向擦除】效果的添加。

步骤 04： 设置【径向擦除】效果参数，将（时间指针）移到第 09 秒 11 帧的位置，设置【径向擦除】效果的参数并添关键帧，具体设置如图 9.201 所示。

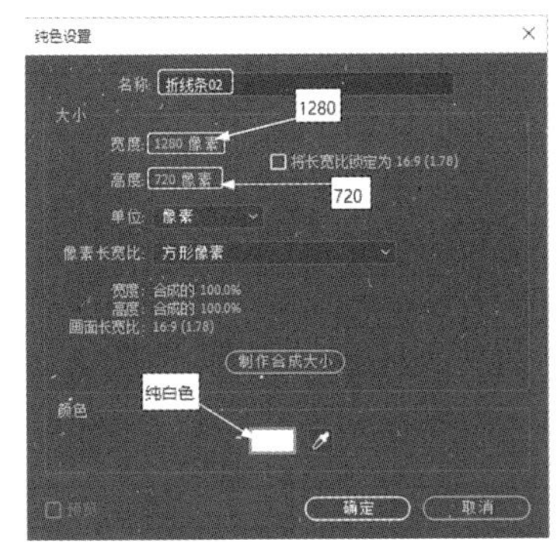

图 9.199 【纯色设置】对话框参数设置

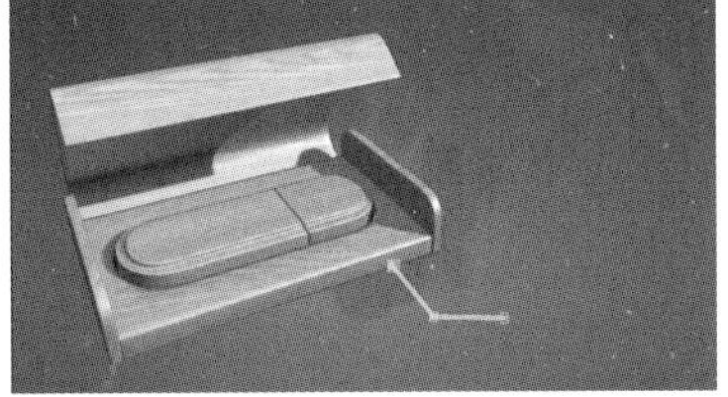

图 9.200　绘制的折线遮罩

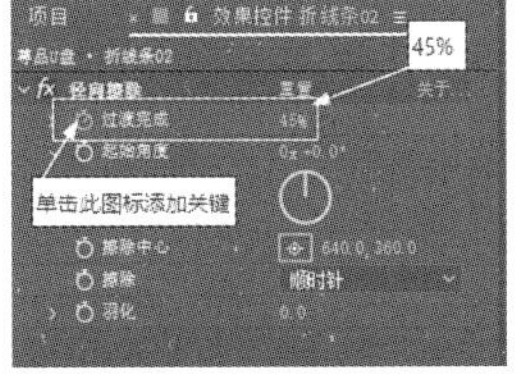

图 9.201 【径向擦除】效果参数设置

步骤 05： 将（时间指针）移到第 09 秒 20 帧的位置，将【径向擦除】效果中的“过渡完成”参数值设置为“36%”，系统自动添加关键帧。

步骤 06： 将（时间指针）移到第 11 秒 17 帧的位置，把 折线条02 图层中的变换参数中的“不透明度”参数值设置为“100%”并给该参数添加关键帧。

步骤 07： 再将（时间指针）移到第 11 秒 23 帧的位置，把 折线条02 图层中的变换参数中的“不透明度”参数值设置为“0%”，系统自动添加关键帧。

2. 制作“32GB超大容量”文字的渐变动画

步骤01：单击工具栏中的（横排文字工具），在【尊品U盘】合成窗口中输入“32GB超大容量”文字，在【合成预览】窗口中的位置和效果如图9.202所示。

步骤02：将（时间指针）移到第09秒19帧的位置，将图层中的变换属性中的“不透明度”参数值设置为“0%”，如图9.203所示。

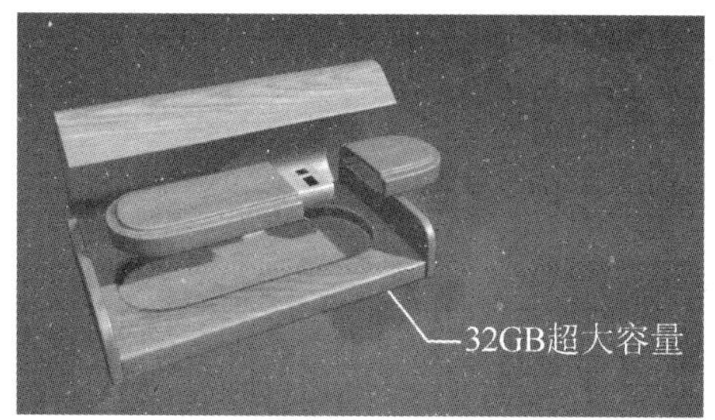

图9.202　在【合成预览】窗口中的位置和效果

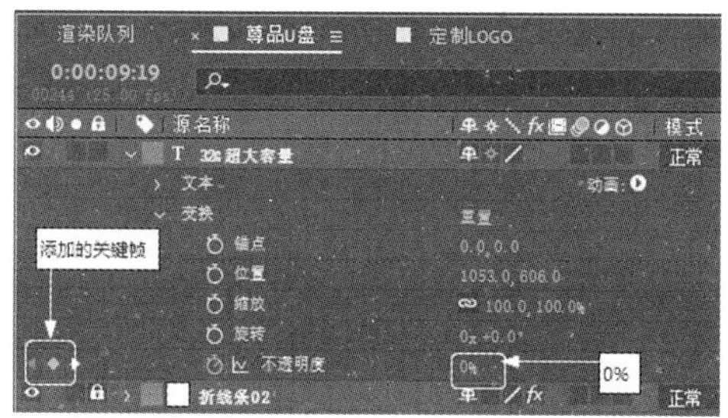

图9.203　“不透明度”参数设置

步骤03：将（时间指针）移到第10秒02帧的位置，将图层中的“变换”属性中的“不透明度”参数值设置为“100%”，系统自动添加关键帧。

步骤04：将（时间指针）移到第11秒16帧的位置，将图层中的“变换”属性中的“不透明度”参数值设置为“100%”并添加关键帧。

步骤05：将（时间指针）移到第11秒23帧的位置，将图层中的“变换”属性中的“不透明度”参数值设置为“0%”，系统自动添加关键帧。

视频播放：关于具体介绍，请观看本书光盘上的配套视频“任务九：制作第3组文字动画.wmv”。

任务十：制作第4组文字动画

第4组文字动画主要包括两个文字动画和一个“矩形”运动动画。

1. 制作“创意礼品”文字动画

步骤01：单击工具栏中的（横排文字工具），在【尊品U盘】合成窗口中输入“创意礼品”，文字属性设置如图9.204所示。文字在【合成预览】窗口中的位置如图9.205所示。

步骤02：展开文字图层。单击图层左边的按钮，展开该文字图层。

步骤03：添加“不透明度”属性。单击图层下的【动画】右边的按钮，单击右键，弹出快捷菜单。在弹出的快捷菜单中单击【不透明度】命令，完成【不透明度】属性的添加。

步骤04：将（时间指针）移到第12秒19帧的位置，把“不透明度”的参数值设置为“0%”，“偏移”的参数值设置为“0%”，并给该参数添加关键帧，如图9.206所示。

步骤05：将（时间指针）移到第12秒20帧的位置，把“偏移”的参数值设置为22%

并添加关键帧。

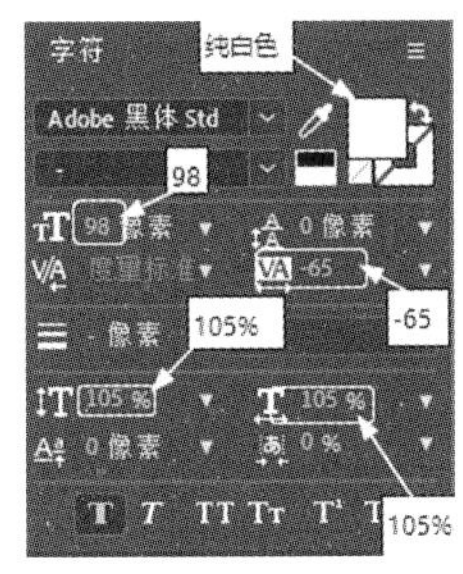

图 9.204　文字属性设置

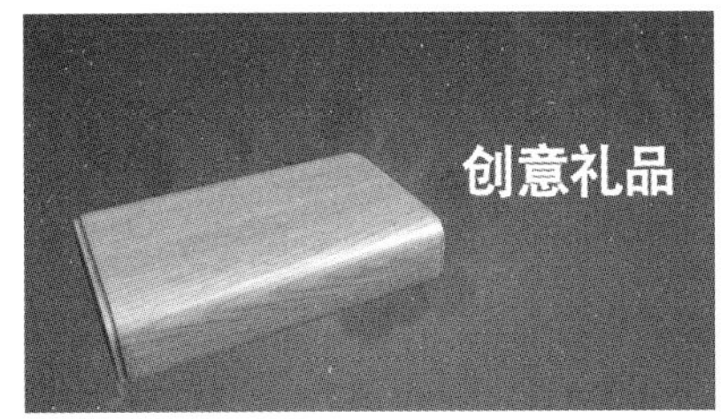

图 9.205　文字在【合成预览】窗口中的位置

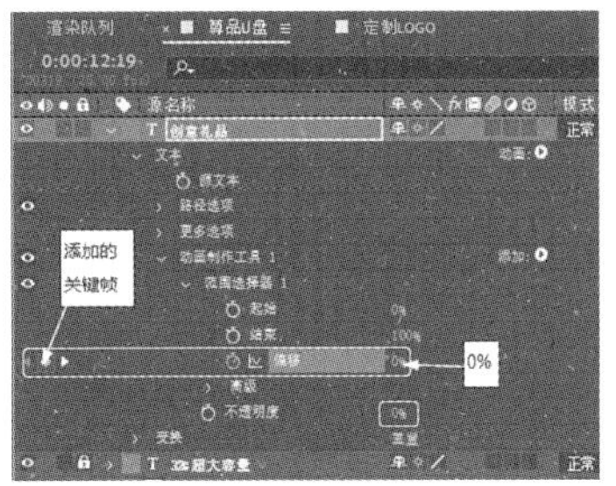

图 9.206　设置“不透明度”参数并添加关键帧

步骤 06：将（时间指针）移到第 13 秒 00 帧的位置，把“偏移”的参数值设置为 22% 并添加关键帧。

步骤 07：将（时间指针）移到第 13 秒 01 帧的位置，把“偏移”的参数值设置为 51% 并添加关键帧。

步骤 08：将（时间指针）移到第 13 秒 06 帧的位置，把“偏移”的参数值设置为 512% 并添加关键帧。

步骤 09：将（时间指针）移到第 13 秒 07 帧的位置，把“偏移”的参数值设置为 75% 并添加关键帧。

步骤 10：将（时间指针）移到第 13 秒 12 帧的位置，把“偏移”的参数值设置为 75% 并添加关键帧。

步骤 11：将（时间指针）移到第 13 秒 13 帧的位置，把“偏移”的参数值设置为 100% 并添加关键帧。

2. 制作“矩形”运动动画

“矩形”运动动画主要通过调节“位置”和“不透明度”值参数来实现。

1）创建纯色图层

创建一个白色的纯色图层并调节大小，在【预览合成】窗口中的位置和大小如图 9.207 所示。

2）调节纯色图层“变换”属性中的“位置”参数值

根据表 9-2，调节纯色图层中“变换”属性的“位置”参数值并添加关键帧。

表 9-2　“位置”参数值调节

时间	“位置”参数值	时间	“位置”参数值
第 12 秒 17 帧	1177.3，316.0	第 13 秒 00 帧	1019.3，360.0
第 12 秒 18 帧	1029.3，316.0	第 13 秒 06 帧	1156.3，316.0
第 12 秒 19 帧	884.3，316.0	第 13 秒 12 帧	1290.3，316.0
第 12 秒 21 帧	1166.3，316.0	—	—

3）调节纯色图层“变换”属性中的“不透明度”参数值

根据表 9-3，调节纯色图层中“变换”属性的“不透明度”参数值并添加关键帧。

表 9-3

时间	“不透明度”参数值	时间	“不透明度”参数值
第 12 秒 16 帧	0%	第 13 秒 01 帧	0%
第 12 秒 17 帧	100%	第 13 秒 05 帧	0%
第 12 秒 18 帧	100%	第 13 秒 06 帧	100%
第 12 秒 19 帧	100%	第 13 秒 07 帧	0%
第 12 秒 20 帧	0%	第 13 秒 11 帧	0%
第 12 秒 23 帧	0%	第 13 秒 12 帧	100%
第 12 秒 24 帧	100%	第 13 秒 13 帧	0%
第 13 秒 00 帧	100%	—	—

3. 制作“首先精品”文字旋转渐变动画

该动画的制作主要通过将文字图层转换为 3D 图层和调节旋转参数来完成。

步骤 01：单击工具栏中的（横排文字工具），在【尊品 U 盘】合成窗口中输入“首选精品”文字，文字属性设置如图 9.207 所示。在【合成预览】窗口中的位置如图 9.208 所示。

步骤 02：展开文字图层。单击 T 首选精品 图层左边的按钮，展开该文字图层。

步骤 03：启用 3D 属性。单击 T 首选精品 图层下的【动画】右边的按钮，弹出快捷菜单。在弹出的快捷菜单中单击【启用逐子 3D 化】命令，完成 3D 属性的启用。

步骤 04：再单击按钮，单击右键，弹出快捷菜单。在弹出的快捷菜单中单击【旋转】命令，完成【旋转】属性的添加。

步骤 05：将（时间指针）移到第 12 秒 09 帧的位置，调节文字图层的“旋转”属性参数值，具体调节如图 9.209 所示。

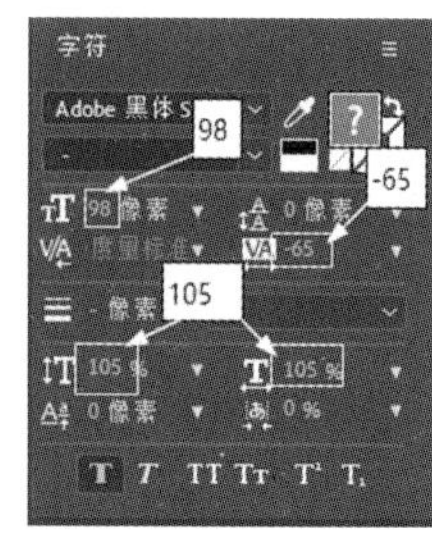

图 9.207　文字属性设置

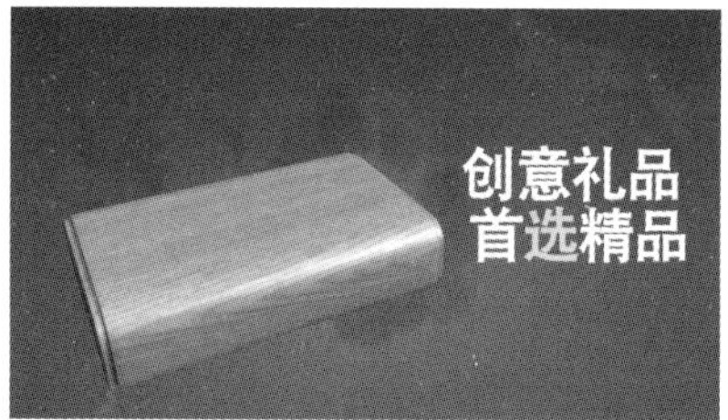

图 9.208　在【合成预览】窗口中的位置

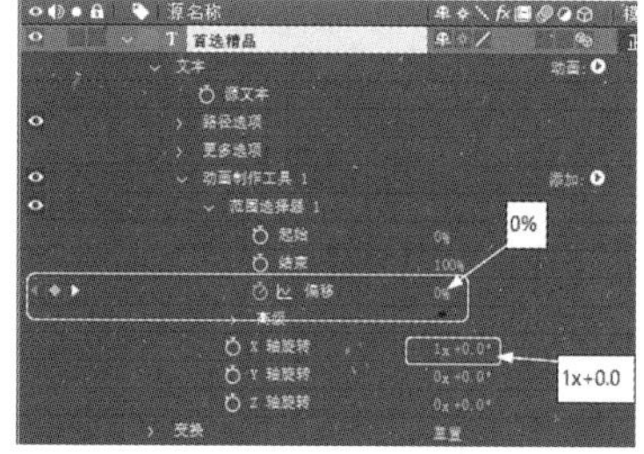

图 9.209　“旋转”属性参数调节

步骤 06：将（时间指针）移到第 13 秒 02 帧的位置，把“偏移”参数值设置为“100%”并添加关键帧。

步骤 07：将（时间指针）移到第 13 秒 14 帧的位置，把“偏移”参数值设置为“100%”并添加关键帧。

步骤 08：将（时间指针）移到第 14 秒 17 帧的位置，把“偏移”参数值设置为“0%”并添加关键帧。

步骤 09：调节 T 首选精品 文字图层中“变换”属性中的“不透明度”参数值，将（时间指针）移到第 12 秒 09 帧的位置，将“不透明度”的参数值设置为“0%”。

步骤 10：将（时间指针）移到第 12 秒 21 帧的位置，将“不透明度”的参数值设置为“100%”。

步骤 11：将“15 秒背景音乐.mp3”音频文件拖到【尊品 U 盘】合成窗口中的最底层，完成整个专题的制作。

视频播放：关于具体介绍，请观看本书光盘上的配套视频“任务十：制作第 4 组文字动画.wmv”。

任务十一：渲染输出与素材收集

在渲染输出之前，首先要进行预览，确定没有问题后才能根据项目要求进行渲染输出，最后对整个文件进行收集和保存。

1. 预览效果

预览的方法很简单，在菜单栏中，单击【合成（C）】→【预览】→【播放当前预览（P）】命令，即可进行预览。在预览过程中，如果发现问题，就进行修改。这一个步骤可能需要多次重复，直到满意为止。

2. 渲染输出

预览后没有发现问题，可以根据项目要求进行渲染输出，具体操作方法如下。

步骤 01：在菜单栏中单击【合成（C）】→【预渲染…】命令，创建一个渲染队列，如图 9.210 所示。

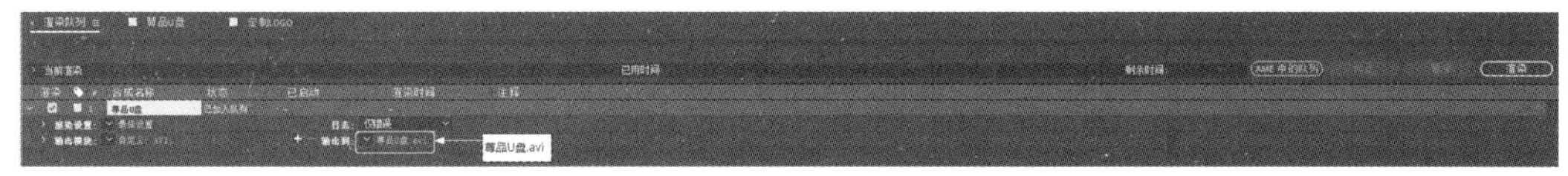

图 9.210 创建的渲染队列

步骤 02：单击【输出模块】右边的【自定义】选项，弹出【输出模块设置】对话框。在【输出模块设置】对话框中，读者可以根据项目要求设置输出“格式”“视频输出”“调整大小”“裁剪”和“格式选项”等相关设置，具体设置如图 9.211 所示。单击【确定】按钮，完成【输出模块设置】的相关设置。

步骤 03：单击【输出到】右边的“星光音响.avi”项，弹出【将影片输出到:】对话框。在该对话框中设置输出名称和保存路径，具体设置如图 9.212 所示。单击【保存（S）】按钮，完成输出的相关设置。

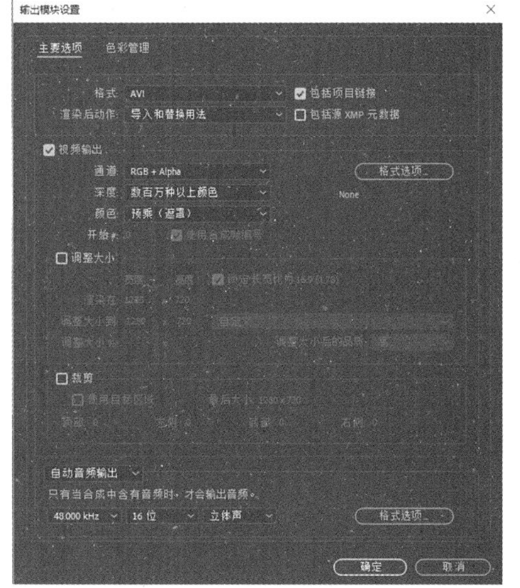

图 9.211 【输出模块设置】对话框参数设置

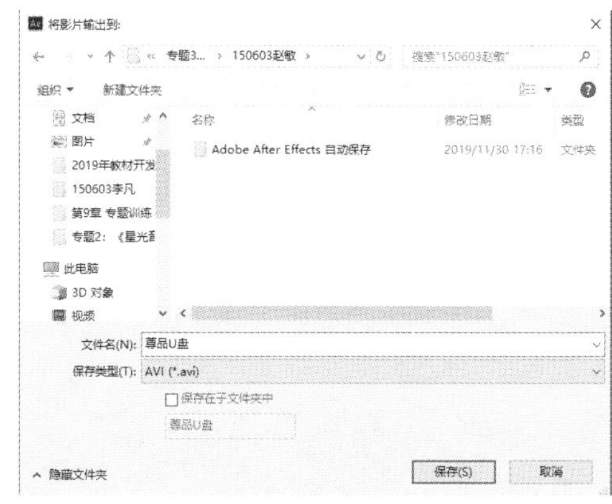

图 9.212 【将影片输出到：】对话框参数设置

步骤 04：在【渲染队列】中，单击【渲染】按钮，开始渲染，等待渲染完成即可。

3. 收集素材对文件进行打包

收集素材对文件进行打包的目的是方便在其他计算机中使用和交流，避免素材丢失，具体操作方法如下。

步骤 01：按“Ctrl+S”组合键，保存项目文件。

步骤 02：收集文件。在菜单栏中单击【文件（F）】→【整理工程（文件）】→【收集文件…】命令，弹出【收集文件】对话框。

步骤 03：设置【收集文件】对话框参数，具体设置如图 9.213 所示。单击【收集…】按钮，弹出【将文件收集到文件夹中】对话框。在该对话框中设置收集的文件名和保存路径，具体设置如图 9.214 所示。单击【保存（S）】按钮，开始收集，等待收集完成即可。

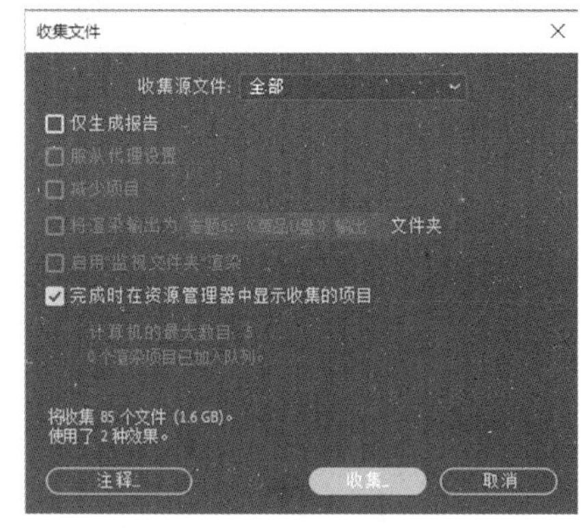

图 9.213 【收集文件】对话框参数设置

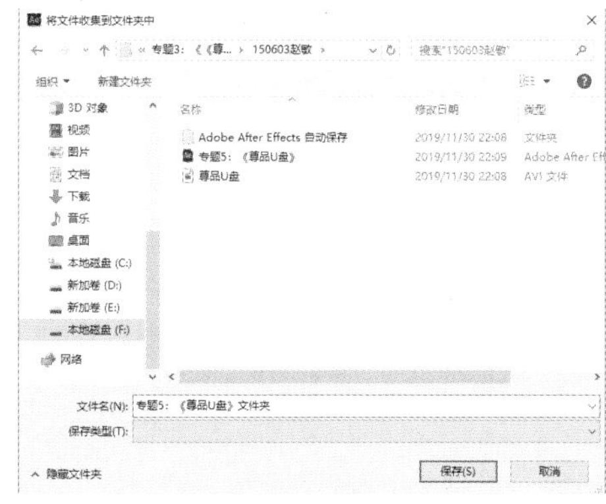

图 9.214 【将文件收集到文件夹中】对话框参数设置

视频播放：关于具体介绍，请观看本书光盘上的配套视频“任务十一：渲染输出与素材收集.wmv”。

七、拓展训练

根据所学知识，用本书提供的素材和参考视频，制作《影视合成》影视广告。

学习笔记：

专题4：《圣诞贺卡》影视动画制作

一、专题内容简介

本专题主要介绍《圣诞贺卡》影视动画制作的原理、方法以及技巧，重点介绍路径动画和粒子特效的制作原理、方法和技巧。

二、专题效果欣赏

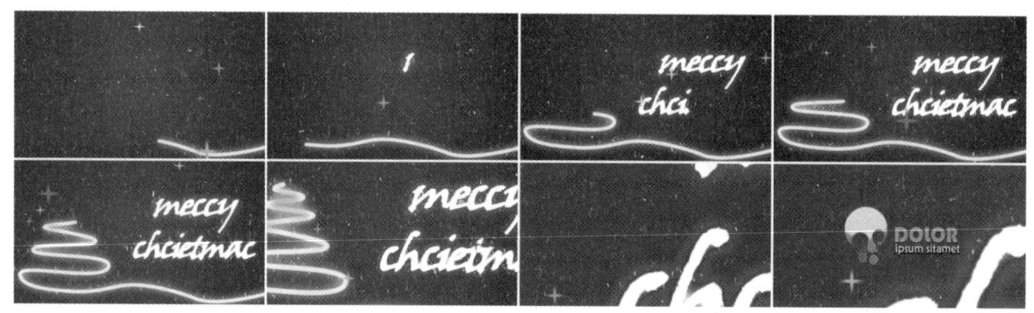

三、专题制作（步骤）流程

任务一：答题要求➡任务二：根据要求创建工程文件➡任务三：创建合成并导入素材
⬇
任务五：制作【圣诞树】合成效果⬅任务四：制作背景合成
⬇
任务六：制作“meccy”预合成➡任务七：制作“chcietmac”预合成
⬇
任务九：制作“圣诞专题图标”效果⬅任务八：制作下雪效果
⬇
任务十：制作星星效果和缩放效果➡任务十一：渲染输出与素材收集

四、制作目的

（1）了解《圣诞贺卡》影视动画制作的原理。

（2）掌握下雪背景制作的原理方法和技巧。

（3）掌握星星效果的绘制方法。

（4）掌握圣诞树及文字的制作原理、方法和技巧。

（5）掌握音频文件的制作方法。

（6）熟悉整体合成、剪辑与输出。

五、制作过程中需要解决的问题

（1）掌握影视动画制作的基本流程。

（2）掌握文字动画的相关属性设置。
（3）了解音频处理的相关知识。
（4）作品输出的基本设置和注意事项。
（5）路径文字动画的制作。

六、详细操作步骤

在本专题中，主要通过11个任务详细介绍【圣诞贺卡】影视动画制作的原理、方法和技巧。

任务一：答题要求

1. 考核要求

（1）建立一个以考生准考证号后8位阿拉伯数字命名的文件夹作为“考生文件夹”（例如，准考证号为651288881234的考生以“88881234”命名建立文件夹），并在此文件夹下存放后期工程文件和最终合成视频。
（2）建立纯色背景。
（3）使用粒子特效制作下雪背景。
（4）绘制星星效果，并在圣诞树周围添加多个星星。
（5）使用路径动画，绘制圣诞树及文字的动画，并添加辉光增强效果。
（6）调节整体效果。
（7）添加音频。
（8）输出最终视频。

2. 考试素材

考试使用素材：位于“/考试素材”文件夹内。

3. 输出要求

（1）输出视频：“*.avi”格式，1280px×720px(25帧/秒)，质量调到最佳。
（2）创建后期工程文件，保证后期源文件里所有素材的指定路径正确。

4. 考试注意事项

（1）满分为100分，及格分为60分，考试时间为180分钟。
（2）注意把握制作时间和总体进度。
视频播放：关于具体介绍，请观看本书光盘上的配套视频“任务一：答题要求.wmv”。

任务二：根据要求创建工程文件

步骤01：创建文件夹。在指定的一个硬盘上，创建一个以考生准考证号后8位阿拉伯数字命名的文件夹，统一命名为“学生证号+名字”。例如，150608 赵敏（1506 班赵敏）。

步骤 02：复制素材。按要求将所提供的素材复制到“150608 赵敏”文件夹中。

步骤 03：启动 After Effects CC 2019，保存项目为“专题 4：《圣诞贺卡》”。

视频播放：关于具体介绍，请观看本书光盘上的配套视频“任务二：根据要求创建工程文件.wmv”。

任务三：创建合成并导入素材

1. 创建新合成

步骤 01：创建新合成。在菜单栏中单击【合成（C）】→【新建合成（C）…】命令，弹出【合成设置】对话框。在该对话框中，把新创新的合成命名为“圣诞贺卡”，尺寸为“1280px×720px”，持续时间为“20 秒 01 帧”，其他参数为默认值。

步骤 02：设置完参数，单击【确定】按钮，完成新合成的创建。

2. 导入素材

根据专题 1 所学知识，将所提供的素材全部导入【项目】窗口中。

视频播放：关于具体介绍，请观看本书光盘上的配套视频“任务三：创建合成并导入素材.wmv”。

任务四：制作背景合成

背景的制作比较简单，主要通过创建一个合成，在合成过程中通过灯光和纯色图层制作背景，再把合成嵌套到“圣诞贺卡”中。

步骤 01：创建新合成。在菜单栏中单击【合成（C）】→【新建合成（C）…】命令，弹出【合成设置】对话框。在该对话框中，把新建的合成命名为“背景”，尺寸为“1280px×720px”，持续时间为“20 秒 01 帧”，其他参数为默认设置。

步骤 02：创建纯色图层。在【背景】合成窗口中单击右键，弹出快捷菜单。在弹出的快捷菜单中单击【新建】→【纯色（S）…】命令，弹出【纯色设置】对话框。

步骤 03：设置【纯色设置】对话框参数，该对话框参数的具体设置如图 9.215 所示。单击【确定】按钮，完成纯色图层的设置。

步骤 04：创建灯光层。在菜单栏中单击【新建】→【灯光（L）…】命令，弹出【灯光设置】对话框。对该对话框中的参数选择默认值，然后单击【确定】按钮，完成灯光层的创建。

步骤 05：调节灯光层的参数，灯光层参数的具体调节如图 9.216 所示，所制作的背景在【合成预览】窗口中的效果如图 9.217 所示。

步骤 06：合成嵌套。将创建的【背景】拖到【圣诞贺卡】合成窗口中，完成合成嵌套的操作。

视频播放：关于具体介绍，请观看本书光盘上的配套视频“任务四：制作背景合成.wmv”。

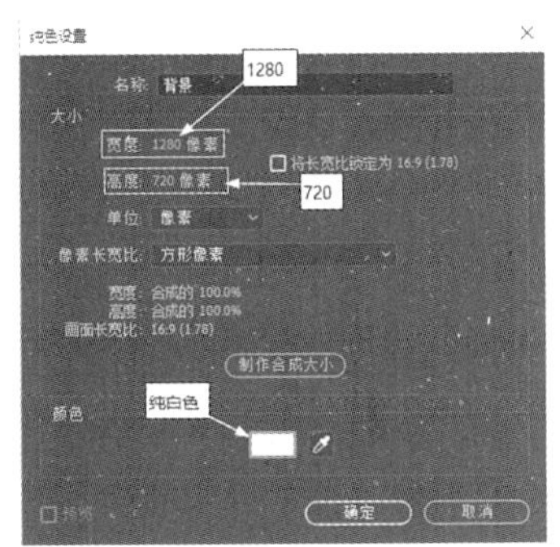

图 9.215 【纯色设置】对话框参数设置

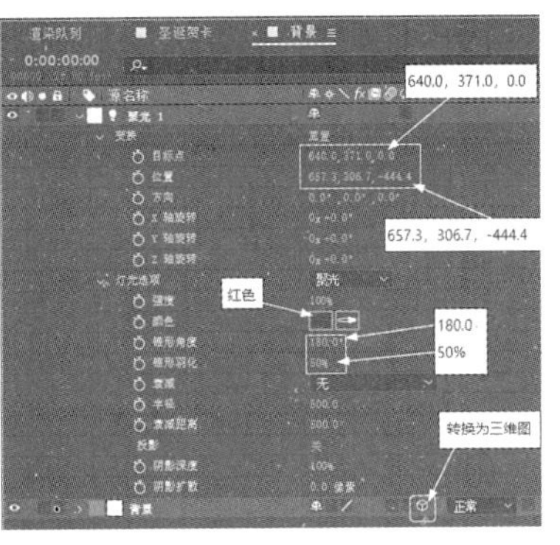

图 9.216 灯光层参数设置

图 9.217 背景效果

任务五：制作【圣诞树】合成效果

该合成的制作比较简单，主要通过创建固态层，在纯色图层中绘制路径，给所绘制路径添加【效果】即可。

步骤 01：在菜单栏中单击【合成（C）】→【新建合成（C）…】命令，弹出【合成设置】对话框。在该对话框中，把新建的合成命名为“圣诞树”，尺寸为“1280px×720px”，持续时间为“20 秒 01 帧”，其他参数为默认值。

步骤 02：创建一个名为“圣诞树”的纯色图层。

步骤 03：单选 圣诞树 图层，在工具栏中单击（钢笔工具），在【合成预览】窗口中绘制路径，绘制的路径如图 9.218 所示。

步骤 04：给 圣诞树 图层添加【描边】效果。单选该图层，在菜单栏中单击【效果（T）】→【生成】→【描边】命令，完成【描边】效果的添加。

步骤 05：将（时间指针）移到第 00 秒 00 帧的位置，调节【描边】效果参数。【描边】效果参数的具体调节如图 9.219 所示，在【合成预览】窗口中的效果如图 9.220 所示。

图 9.218 绘制的路径

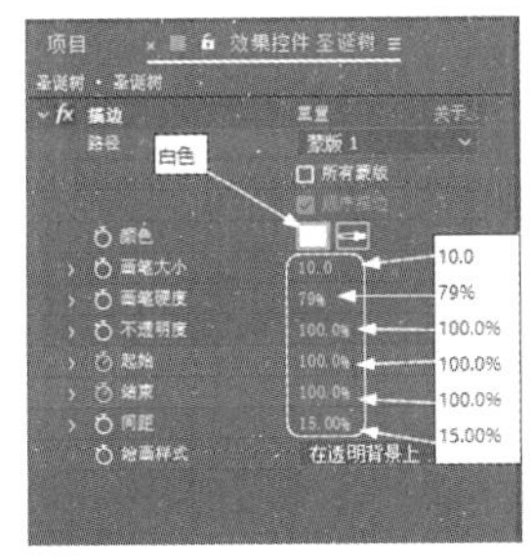

图 9.219 【描边】效果参数调节

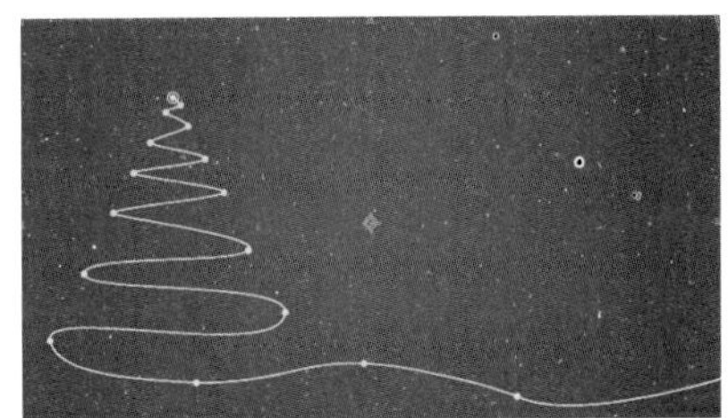

图 9.220 在【合成预览】窗口中的效果

步骤 06：将（时间指针）移到第 09 秒 24 帧的位置，将“起始”参数设置为“0.0%”，系统自动添加关键帧。

步骤 07：将制作好的【圣诞树】拖到【圣诞贺卡】合成窗口中，完成合成嵌套。

步骤 08：给[圣诞树]图层添加【发光】效果。单选该图层，在菜单栏中单击【效果（T）】→【风格化】→【发光】命令，完成【发光】效果的添加。

步骤 09：调节【发光】效果参数。参数的具体调节如图 9.221 所示，在【合成预览】窗口中的截图效果如图 9.222 所示。

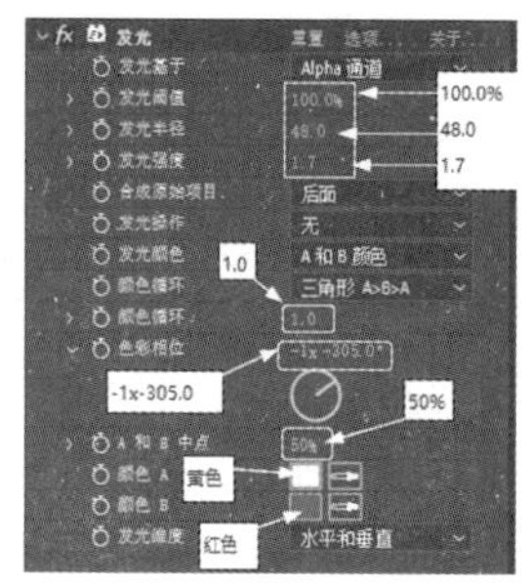

图 9.221 【发光】效果参数调整

图 9.222 在【合成预览】窗口中的截图效果

视频播放：关于具体介绍，请观看本书光盘上的配套视频"任务五：制作【圣诞树】合成效果.wmv"。

任务六：制作"meccy"预合成

步骤 01：单击工具栏中的T（横排文字工具），在【圣诞贺卡】合成窗口中输入"meccy" 5 个字母。文字属性设置如图 9.223 所示，文字在【合成预览】窗口中的位置和效果如图 9.224 所示。

步骤 02：创建纯色图层。在【背景】合成窗口中，单击右键，弹出快捷菜单。在弹出的快捷菜单中单击【新建】→【纯色（S）…】命令，弹出【纯色设置】对话框。

步骤 03：设置【纯色设置】对话框参数，该对话框参数的具体设置如图 9.225 所示。单击【确定】按钮，完成纯色图层的设置。

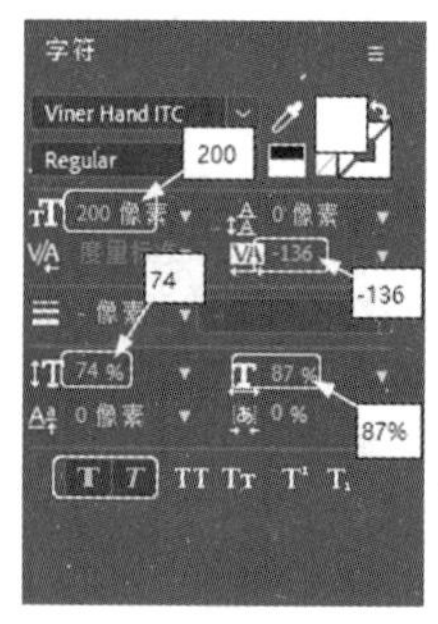

图 9.223 文字属性设置

图 9.224 文字在【合成预览】窗口中的位置和效果

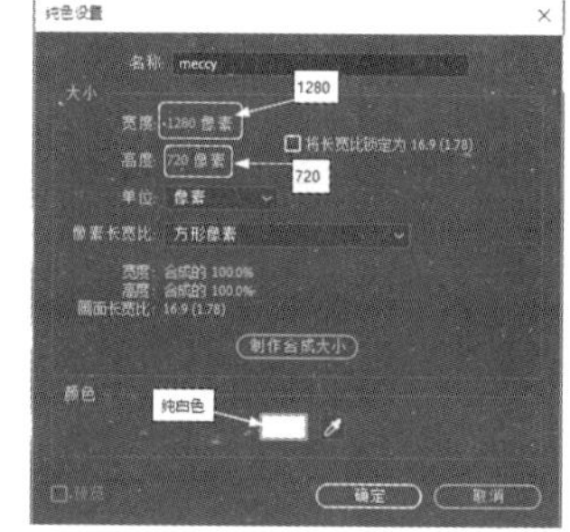

图 9.225 【纯色设置】对话框参数设置

步骤 04：在纯色图层绘制路径。单选[meccy]图层，单击（钢笔工具），在【合成预览】窗口中绘制路径，绘制的路径如图 9.226 所示。

步骤 05：给[meccy]图层添加【描边】效果。单选[meccy]图层，在菜单栏中单击【效果（T）】→【生成】→【描边】命令，完成【描边】效果的添加。

步骤 06：将（时间指针）移到第 06 秒 18 帧的位置，调节【描边】效果参数。具体调节如图 9.227 所示，描边之后的效果如图 9.228 所示。

图 9.226　绘制的路径

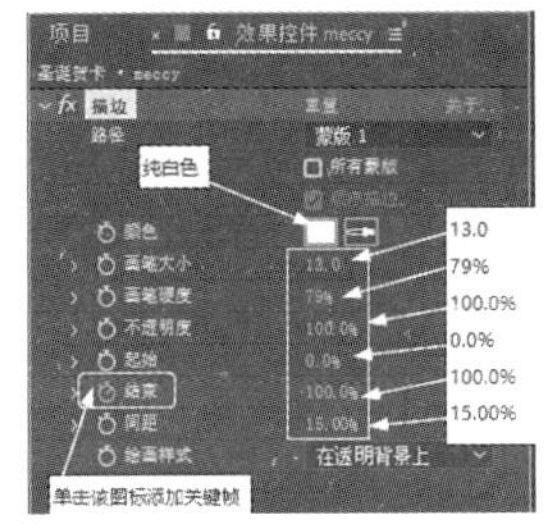

图 9.227　【描边】效果参数调节

图 9.228　描边之后的效果

步骤 07：将（时间指针）移到第 06 秒 18 帧的位置，将【描边】效果中的“结束”参数值设置为“0%”。

步骤 08：设置图层的遮罩模式。设置 T meccy 图层的遮罩模式为亮度遮罩"meccy"模式，如图 9.229 所示。

步骤 09：转换为预合成。在【圣诞贺卡】合成窗口中选择需要进行预合成的图层，选择的图层如图 9.230 所示。在菜单栏中单击【图层（L）】→【预合成（P）】命令，弹出【预合成】对话框。根据项目要求在该对话框进行设置，具体设置如图 9.231 所示。单击【确定】按钮，完成预合成的创建。

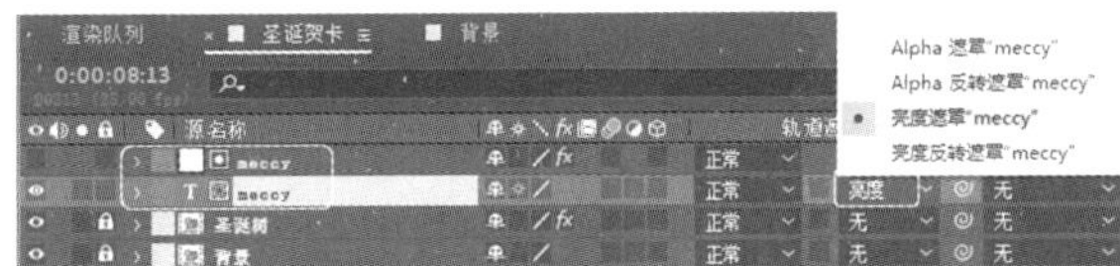

图 9.229　图层的遮罩模式

图 9.230　选择的图层

步骤 10：给预合成添加【发光】效果。单选 meccy 预合成图层，在菜单栏中单击【效果（T）】→【风格化】→【发光】命令，完成【发光】效果的添加。

步骤 11：调节【发光】效果参数。参数的具体调节如图 9.232 所示，在【合成预览】窗口中的效果如图 9.233 所示。

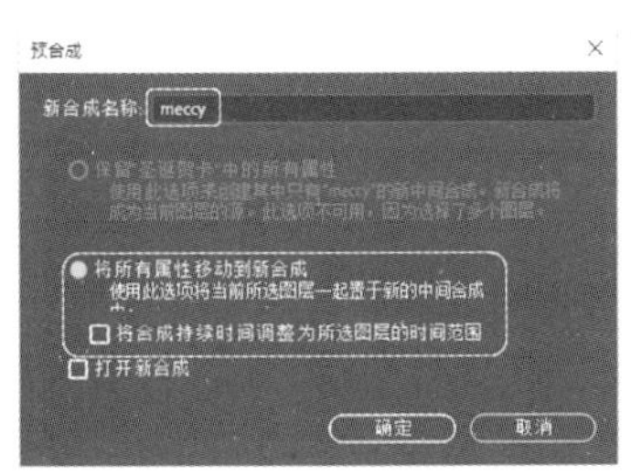

图 9.231　【预合成】对话框设置

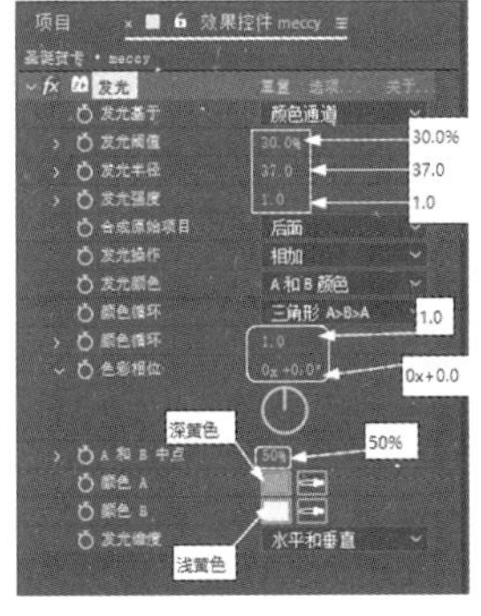

图 9.232　【发光】效果参数调节

图 9.233　在【合成预览】窗口中的效果

视频播放：关于具体介绍，请观看本书光盘上的配套视频“任务六：制作“meccy”预合成.wmv”。

任务七：制作“chcietmac”预合成

该预合成的制作方法也是通过输入文字和制作描边遮罩来完成的。

步骤 01：单击工具栏中的（横排文字工具），在【圣诞贺卡】合成窗口中输入“chcietmac”字母。文字属性设置如图 9.234 所示，文字在【合成预览】窗口中的效果和位置如图 9.235 所示。

步骤 02：创建纯色图层。在【背景】合成窗口中单击右键，弹出快捷菜单。在弹出的快捷菜单中，单击【新建】→【纯色（S）…】命令，弹出【纯色设置】对话框。

步骤 03：设置【纯色设置】对话框参数。该对话框参数的具体设置如图 9.236 所示，单击【确定】按钮，完成纯色图层的设置。

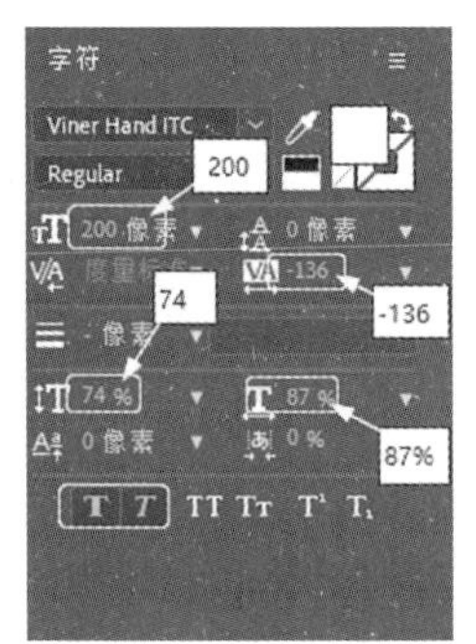

图 9.234　文字属性设置

图 9.235　文字在【合成预览】窗口中的效果和位置

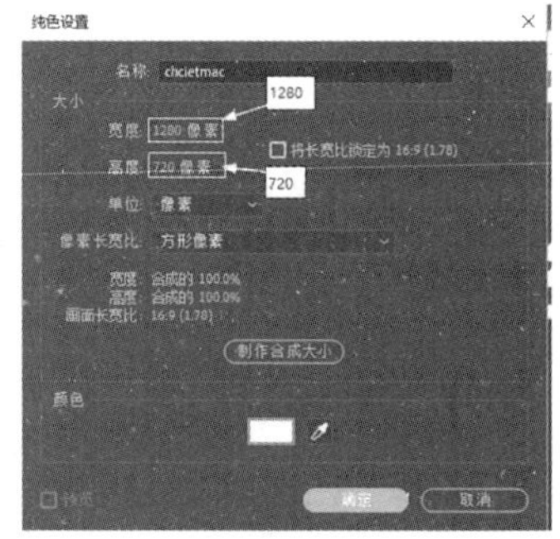

图 9.236　【纯色设置】对话框参数设置

步骤 04：在纯色图层绘制路径。单选 chcietmac 图层，单击（钢笔工具），在【合成预览】窗口中绘制路径，绘制的路径如图 9.237 所示。

步骤 05：给 chcietmac 图层添加【描边】效果。单选 chcietmac 图层，在菜单栏中单击【效果（T）】→【生成】→【描边】命令，完成【描边】效果的添加。

步骤 06：将（时间指针）移到第 10 秒 03 帧的位置，调节【描边】效果参数。具体调节如图 9.238 所示，在【合成预览】窗口中的效果如图 9.239 所示。

图 9.237　绘制的路径

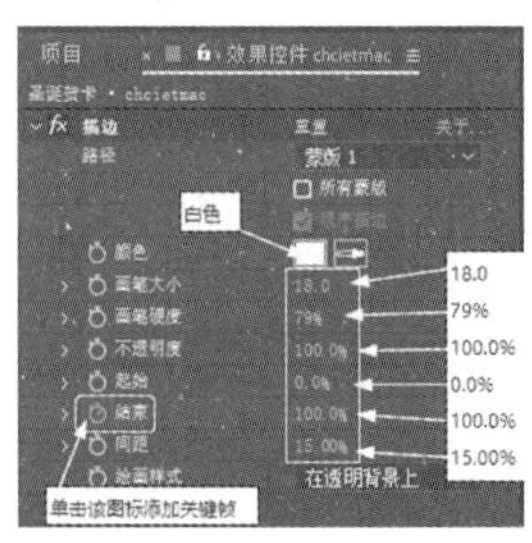

图 9.238　【描边】效果参数调节

图 9.239　在【合成预览】窗口中的效果

步骤 07：将（时间指针）移到第 07 秒 07 帧的位置，将【描边】效果中的“结束”参数值设置为“0%”。

步骤 08：设置 T chcietmac 图层的遮罩模式为 亮度遮罩"chcietmac" 模式，如图 9.240 所示。

步骤 09：转换为预合成。在【圣诞贺卡】合成窗口中选择需要进行预合成的图层，选择的图层如图 9.241 所示。在菜单栏中单击【图层（L）】→【预合成（P）】命令，弹出【预合成】对话框。根据项目要求在该对话框进行设置，具体设置如图 9.242 所示，单击【确定】按钮，完成预合成的创建。

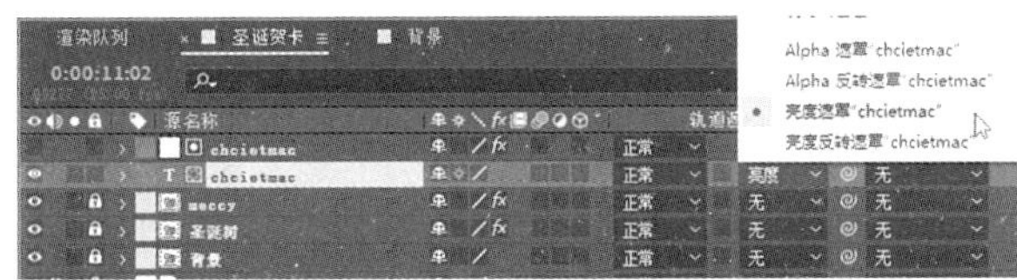

图 9.240　图层遮罩模式

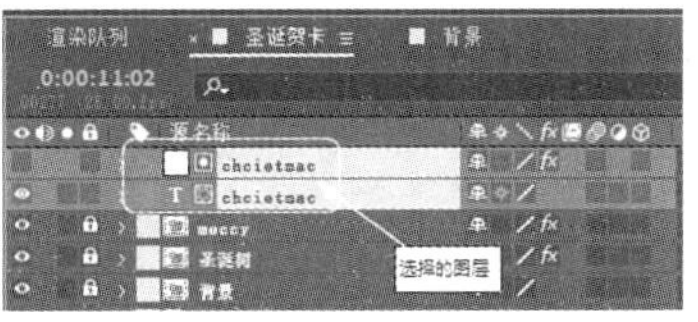

图 9.241　选择的图层

步骤 10：给预合成添加【发光】效果。单选 chcietmac 预合成图层，在菜单栏中单击【效果（T）】→【风格化】→【发光】命令，完成【发光】效果的添加。

步骤 11：调节【发光】效果参数。参数的具体调节如图 9.243 所示，在【合成预览】窗口中的效果如图 9.244 所示。

视频播放：关于具体介绍，请观看本书光盘上的配套视频“任务七：制作“chcietmac”预合成.wmv”。

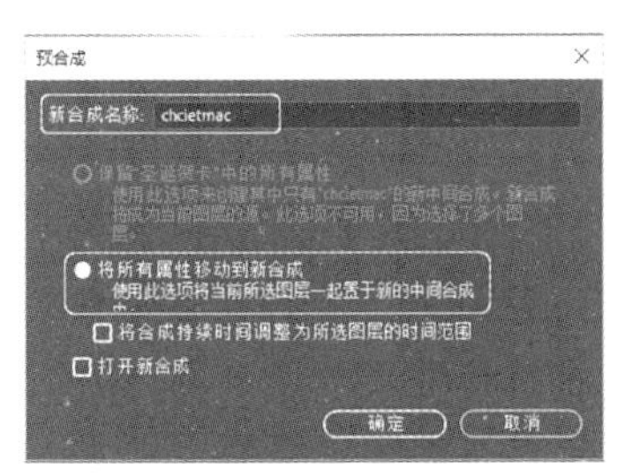

图 9.242　【预合成】对话框设置

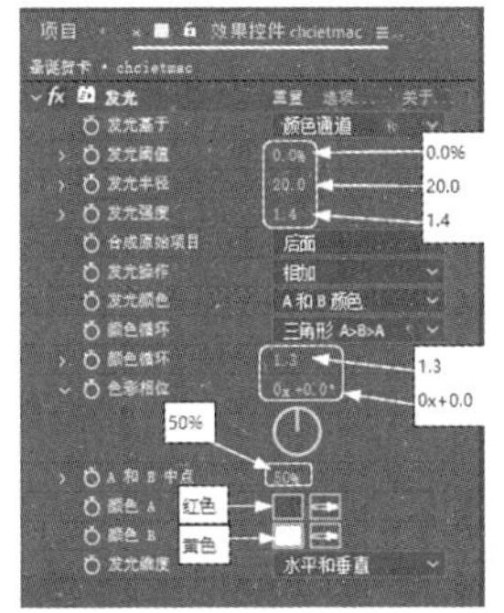

图 9.243　【发光】效果参数调节

图 9.244　在【合成预览】窗口中的效果

任务八：制作下雪效果

下雪效果的制作主要通过创建“调整图层”，给“调整图层”添加【CC Snowfall】效果来完成。

步骤 01：创建“调整图层”。在菜单栏中单击【图层（L）】→【新建（N）】→【调整图层（A）】命令，创建一个“调整图层”。

步骤 02：把创建的“调整图层”命名为“下雪效果”，如图 9.245 所示。

步骤 03： 给下雪效果图层添加【CC Snowfall】效果。单选该图层，在菜单栏中单击【效果（T）】→【模拟】→【CC Snowfall】命令，完成【CC Snowfall】效果的添加。

步骤 04： 调节【CC Snowfall】效果参数。【CC Snowfall】效果参数的具体调节如图 9.246 所示，在【合成预览】窗口中的效果如图 9.247 所示。

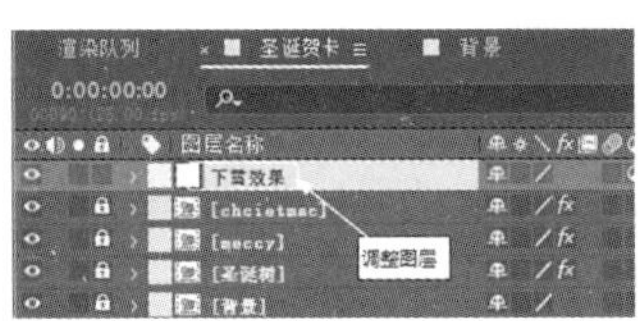

图 9.245　创建的调整图层命名

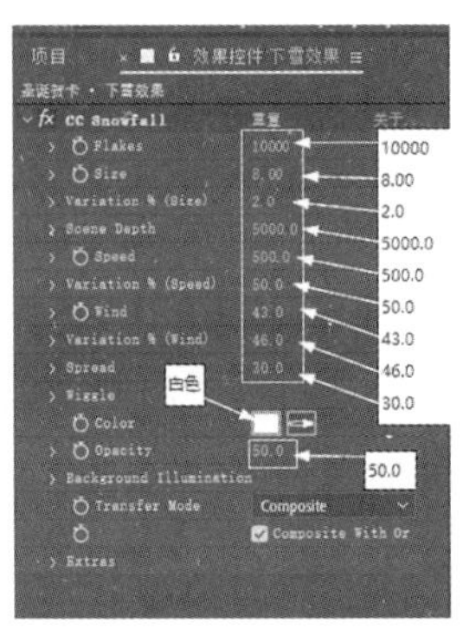

图 9.246　【CC Snowfall】效果参数调节

图 9.247　在【合成预览】窗口中的效果

视频播放： 关于具体介绍，请观看本书光盘上的配套视频“任务八：制作下雪效果.wmv”。

任务九：制作“圣诞专题图标”效果

该效果的制作主要通过将所提供的素材拖到【圣诞贺卡】合成窗口中，调节图层的变换参数而完成。

步骤 01： 将“图层 1/圣诞图标.psd”图片拖到【圣诞贺卡】合成窗口中，图层放置在最顶层。

步骤 02： 调节[图层 1/圣诞图标.psd]图层的变换参数，将（时间指针）移到第 15 秒 24 帧的位置，调节[图层 1/圣诞图标.psd]图层的“变换”参数，具体调节如图 9.248 所示。

步骤 03： 将（时间指针）移到第 16 秒 00 帧的位置，调节[图层 1/圣诞图标.psd]图层的“变换”参数，如图 9.249 所示。

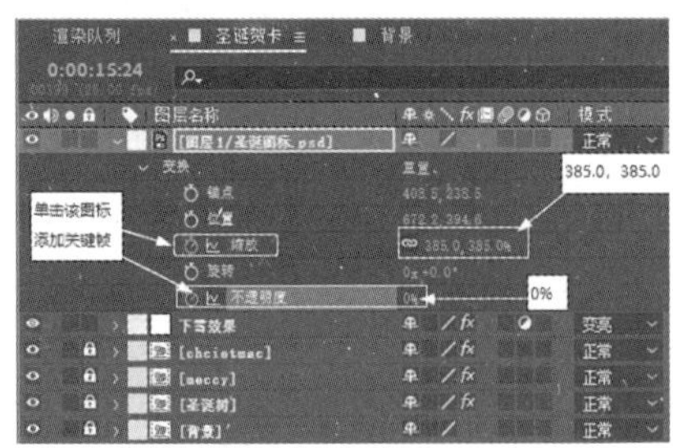

图 9.248　第 15 秒 24 帧位置的“变换”参数调节

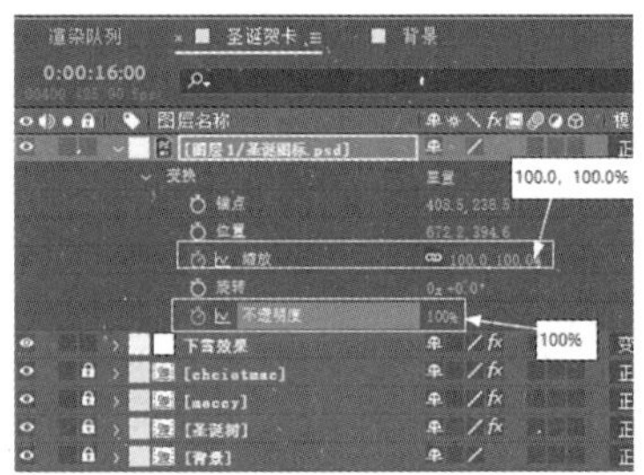

图 9.249　第 16 秒 00 帧位置的“变换”参数调节

视频播放： 关于具体介绍，请观看本书配套视频“任务九：制作“圣诞专题图标”效果.wmv”。

任务十：制作星星效果和缩放效果

星星效果主要通过给“调整图层”添加【CC Particle World（CC 粒子世界）】效果来模拟，缩放效果主要通过“空对象”图层与其他图层的父子关系来完成。

1. 制作星星效果

步骤 01：创建一个名为“星星调节层”的“调整图层”。

步骤 02：给星星调节层图层添加效果。单选星星调节层，在菜单栏中单击【效果（效果）】→【模拟】→【CC Particle World（CC 粒子世界）】命令，完成【CC Particle World】效果的添加。

步骤 03：调节【CC Particle World（CC 粒子世界）】效果参数。具体调节如图 9.250 所示，在【合成预览】窗口中的效果如图 9.251 所示。

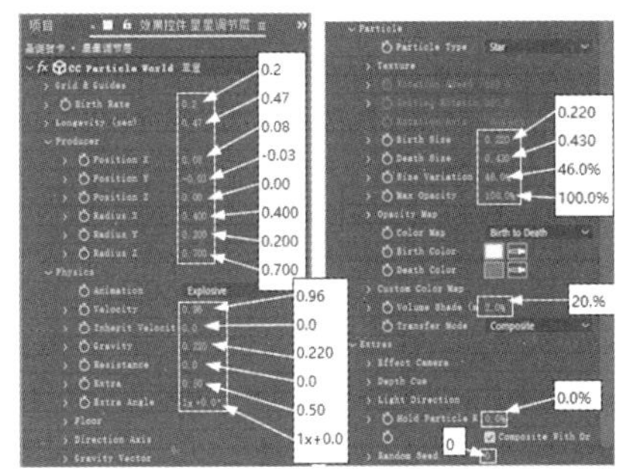

图 9.250 【CC Particle World（CC 粒子世界）】效果参数调节

图 9.251 在【合成预览】窗口中的效果

2. 制作“空对象”并设置其父子关系

步骤 01：创建“空对象”图层，在菜单栏中单击【图层】→【新建（N）】→【空对象（N）】命令，完成“空对象”图层的创建。

步骤 02：设置图层的父子关系，具体设置如图 9.252 所示。

步骤 03：制作缩放效果。将（时间指针）移到第 15 秒 07 帧的位置，调节[空 1]图层的变换中的“缩放”参数，具体调节如图 9.253 所示。

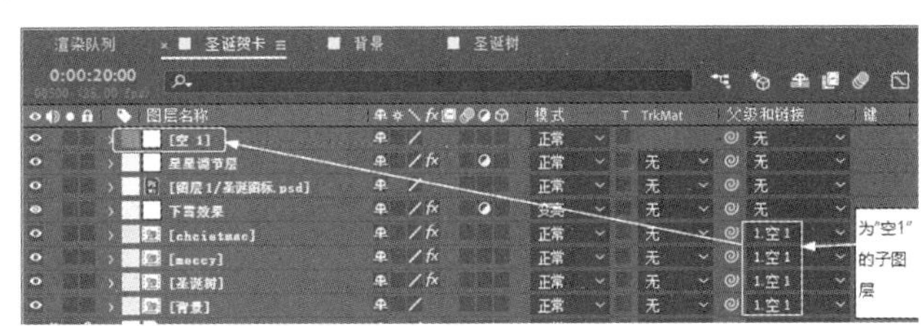

图 9.252 设置图层的父子关系

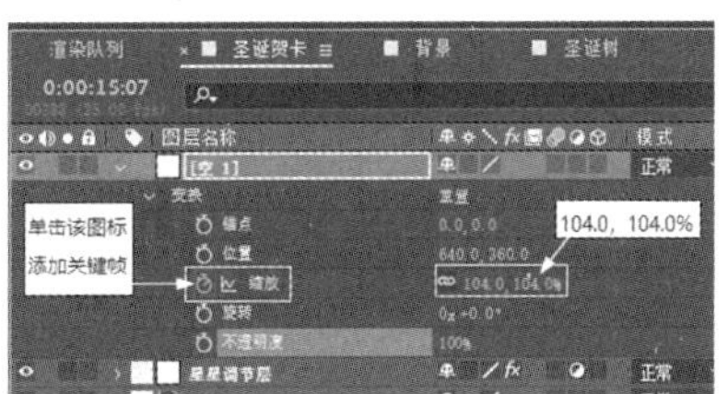

图 9.253 “空对象”图层的“变换”参数调节

步骤 04：将（时间指针）移到第 15 秒 20 帧的位置，将[空 1]图层的“变换”属性中的“缩放”参数值设置为“704.0，704.0%”。

步骤 05：将“BGmusic.mp3”音频文件拖到【圣诞贺卡】合成窗口中的最底层，整个专题的图层效果如图 9.254 所示。

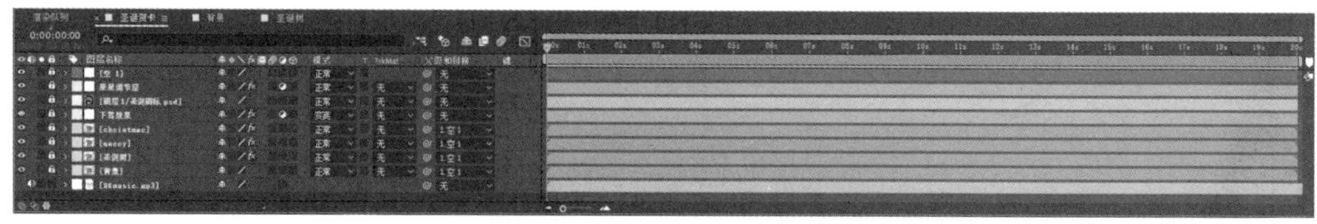

图 9.254　整个专题的图层效果

视频播放：关于具体介绍，请观看本书光盘上的配套视频“任务十：制作星星效果和缩放效果.wmv”。

任务十一：渲染输出与素材收集

在渲染输出之前，首先要进行预览，确定没有问题后才能根据项目要求进行渲染输出，最后对整个文件进行收集和保存。

1. 预览效果

预览的方法很简单，在菜单栏中单击【合成（C）】→【预览】→【播放当前预览（P）】命令，即可进行预览。在预览过程中，若发现问题，则进行修改。这一个步骤可能需要重复多次，直到满意为止。

2. 渲染输出

预览后没有发现问题，可以根据项目要求进行渲染输出，具体操作方法如下。

步骤 01：在菜单栏中单击【合成（C）】→【预渲染…】命令，创建一个渲染队列，如图 9.255 所示。

图 9.255　创建的渲染队列

步骤 02：单击【输出模块】右边的【自定义】选项，弹出【输出模块设置】对话框。在【输出模块设置】对话框中，读者可以根据项目要求设置输出“格式”“视频输出”“调整大小”“裁剪”和“格式选项”等相关设置，具体设置如图 9.256 所示。单击【确定】按钮，完成【输出模块设置】的相关设置。

步骤 03：单击【输出到】右边的“圣诞贺卡.avi”选项，弹出【将影片输出到:】对话框。在该对话框中设置输出名称和保存路径，具体设置如图 9.257 所示。单击【保存（S）】按钮，完成输出的相关设置。

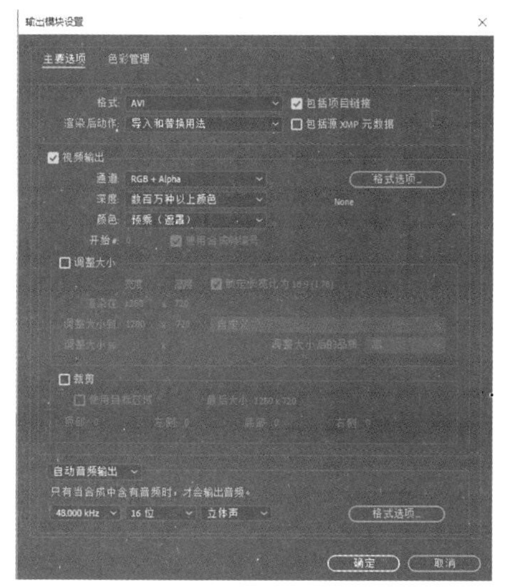

图 9.256 【输出模块设置】对话框参数设置

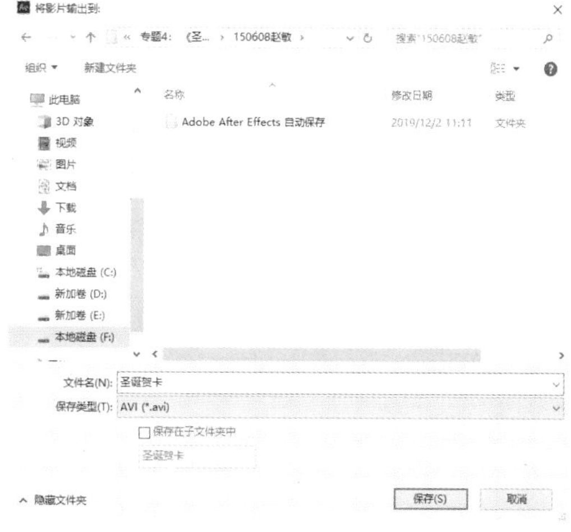

图 9.257 【将影片输出到：】对话框参数设置

步骤 04：在【渲染队列】中，单击【渲染】按钮，开始渲染，等待渲染完成即可。

3. 收集素材对文件进行打包

收集素材对文件进行打包的目的是方便在其他计算机中使用和交流，避免素材丢失，具体操作方法如下。

步骤 01：按"Ctrl+S"组合键，保存项目文件。

步骤 02：收集文件。在菜单栏中单击【文件（F）】→【整理工程（文件）】→【收集文件…】命令，弹出【收集文件】对话框。

步骤 03：设置【收集文件】对话框参数，具体设置如图 9.258 所示。单击【收集…】按钮，弹出【将文件收集到文件夹中】对话框。在该对话框中设置收集的文件名和保存路径，具体设置如图 9.259 所示。单击【保存（S）】按钮，开始收集，等待收集完成即可。

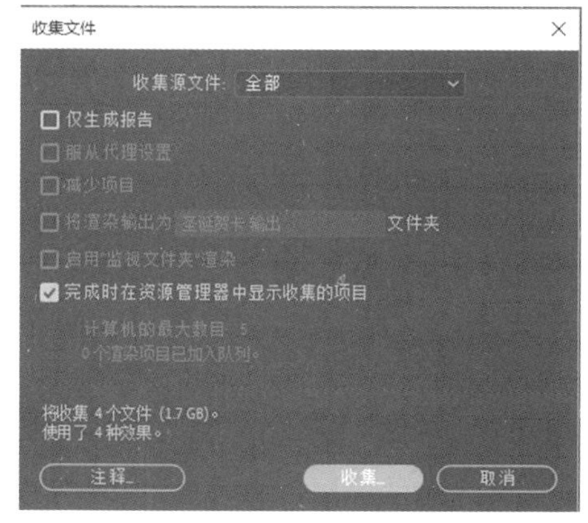

图 9.258 【收集文件】对话框参数设置

图 9.259 【将文件收集到文件夹中】对话框参数设置

视频播放：关于具体介绍，请观看本书光盘上的配套视频“任务十一：渲染输出与素材收集.wmv”。

七、拓展训练

根据所学知识，用本书提供的素材和参考视频，制作《栏目包装》影视动画。

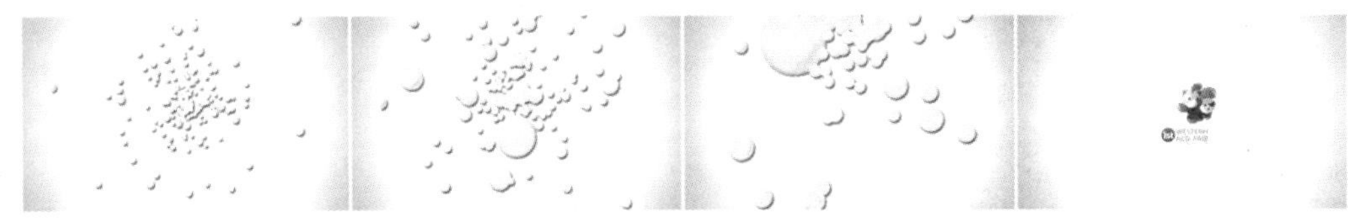

学习笔记：

专题5：《栏目片头》影视栏目包装制作

一、专题内容简介

本专题主要介绍《栏目片头》影视栏目包装制作的原理、方法以及技巧，重点介素材合成的混合模式、原理、方法和技巧。

二、专题效果欣赏

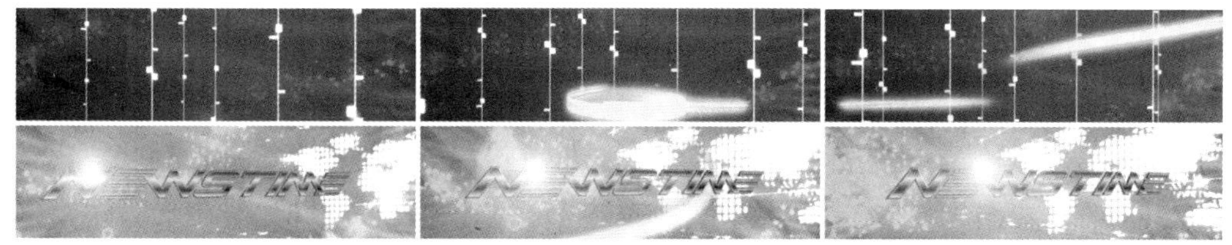

三、专题制作（步骤）流程

任务一：答题要求➡任务二：根据要求创建工程文件➡任务三：创建合成并导入素材
⬇
任务五：制作“Material”素材合成效果⬅任务四：制作背景合成
⬇
任务六：制作流动的光线和文字素材合成效果➡任务七：制作镜头光晕动画效果
⬇
任务八：渲染输出与素材收集

四、制作目的

（1）了解《栏目片头》影视栏目包装制作的原理。
（2）掌握数码线图层的复制及拆分。
（3）掌握图层的叠加应用。
（4）掌握视频素材的添加应用。
（5）掌握光影特效的应用。
（6）熟悉整体合成、剪辑与输出。

五、制作过程中需要解决的问题

（1）掌握影视栏目包装制作的基本流程。
（2）掌握视听语言基础知识。
（3）掌握视频素材的相关操作。
（4）了解作品输出的基本设置和注意事项。
（5）掌握光影特效的应用。

六、详细操作步骤

在本专题中主要通过 8 个任务详细介绍《栏目片头》影视栏目包制作的原理、方法和技巧。

任务一：答题要求

1. 考核要求

（1）建立一个以考生准考证号后 8 位阿拉伯数字命名的文件夹作为“考生文件夹”（例如，准考证号为 651288881234 的考生以“88881234”命名建立文件夹），并在此文件夹下存放后期工程文件和最终合成视频。

（2）创建后期工程项目，尺寸为 1280px×720px（25 帧/秒），分别导入 4 个素材，导入透明素材时注意 Guess 通道，确保素材透明度正确。为导入的素材命名，Background、Material、Light 和 Text 之名分别对应背景、数码线地图素材、光效和字体。

（3）根据影片要求，在后期制作应用软件对素材进行合成，并在片段制作 Black solid 黑场，让画面过渡自然。要求图层顺序正确，确保帧数为 150 帧。

（4）复制数码线地图素材图层。将数码线地图素材拆分，保留前面的数码线，然后制作更多的数码线，让画面更加丰富自然。

（5）对图层进行模式叠加应用，让画面更加绚丽。

（6）导入视频素材，对视频素材进行不同的模式叠加应用，让画面更加绚丽。

（7）用后期特效对视频进行景深处理，让画面更加自然。

（8）用后期特效对素材进行光效处理，让素材跟背景融合得更加绚丽，并为各层素材进行效果润色，让其与背景结合得更加真实而自然。

（9）输出最终视频。

（10）整体合成效果真实流畅绚丽，跟参考视频基本一致。

2. 考试素材

考试使用素材：位于“/考试素材”文件夹内。

3. 输出要求

（1）输出视频：“*.avi”格式，1280px×720px(25 帧/秒)，质量调到最佳。

（2）创建后期工程文件，保证后期源文件里所有素材的指定路径正确。

4. 考试注意事项

（1）满分为 100 分，及格分为 60 分，考试时间为 180 分钟。

（2）注意把握制作时间和总体进度。

视频播放：关于具体介绍，请观看本书光盘上的配套视频“任务一：答题要求.wmv”。

任务二：根据要求创建工程文件

步骤 01：创建文件夹。在指定的一个硬盘上，创建一个以考生准考证号后 8 位阿拉伯数字命名的文件夹，统一命名为“学生证号+名字”。例如，150609 张明（1506 班赵敏）。

步骤 02：复制素材。按要求将所提供的素材复制到“150609 张明”文件夹中。

步骤 03：启动 After Effects CC 2019，保存项目为“专题 5：《栏目片头》”。

视频播放：关于具体介绍，请观看本书光盘上的配套视频“任务二：根据要求创建工程文件.wmv”。

任务三：创建合成并导入素材

1. 创建新合成

步骤 01：创建新合成。在菜单栏中单击【合成（C）】→【新建合成（C）…】命令，弹出【合成设置】对话框。在该对话框中，把新建的合成命名为“栏目片头”，尺寸为“720px×200px”，持续时间为“05 秒 00 帧”，帧速率为“30 帧/秒”，其他参数为默认值。

步骤 02：设置完参数，单击【确定】按钮，完成新合成的创建。

2. 导入素材

根据专题 1 所学知识，将所提供的素材全部导入【项目】窗口中。

视频播放：关于具体介绍，请观看本书光盘上的配套视频“任务三：创建合成并导入素材.wmv”。

任务四：制作背景合成

背景的制作比较简单，将【项目】窗口中的序列素材拖到【栏目片头】合成窗口中即可。

步骤 01：将“Background”序列素材拖到【栏目片头】合成窗口中。

步骤 02：将“SPKLS_002_007_PL25.mov”视频素材拖到【栏目片头】合成窗口中，图层的叠放顺序和混合模式如图 9.260 所示，在【合成预览】窗口中的效果如图 9.261 所示。

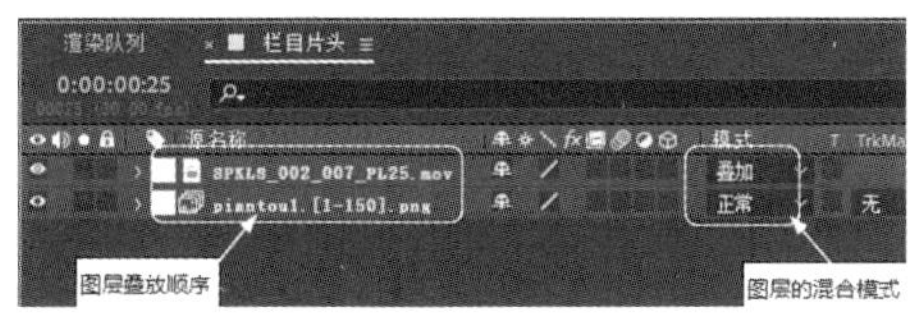

图 9.260　图层的叠放顺序和混合模式

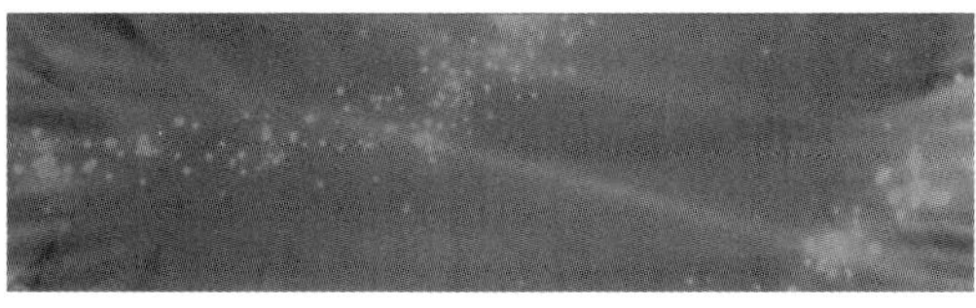

图 9.261　在【合成预览】窗口中的效果

视频播放：关于具体介绍，请观看本书光盘上的配套视频“任务四：制作背景合成.wmv”。

任务五：制作“Material”素材合成效果

本任务主要通过添加【效果】并设置参数来完成。

步骤 01：将“Material”序列素材拖到【栏目片头】合成窗口中，图层的叠放顺序和混合模式如图 9.262 所示。

步骤 02：给 Material 图层添加【发光】效果。在菜单栏中单击【效果（T）】→【风格化】→【发光】命令，完成【发光】效果的添加。

步骤 03：调节【发光】效果的参数。具体调节如图 9.263 所示，在【合成预览】窗口中的截图效果如图 9.264 所示。

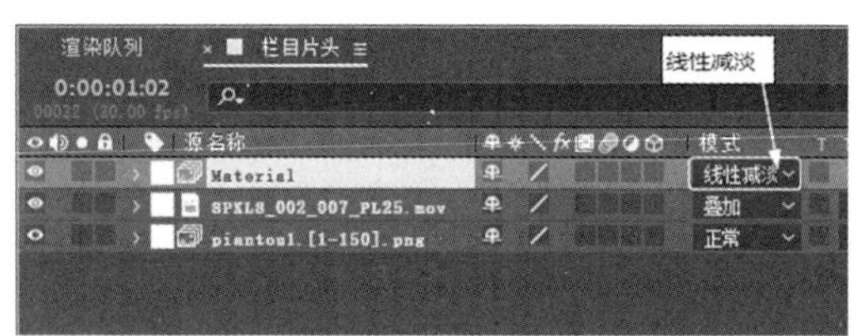

图 9.262　图层的叠放顺序和混合模式

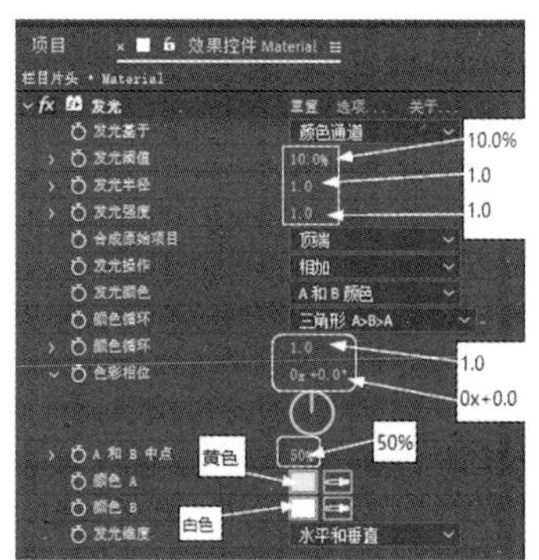

图 9.263　【发光】效果参数调节

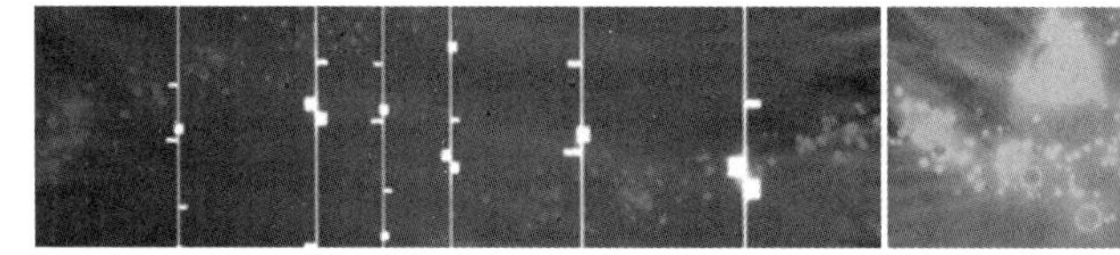
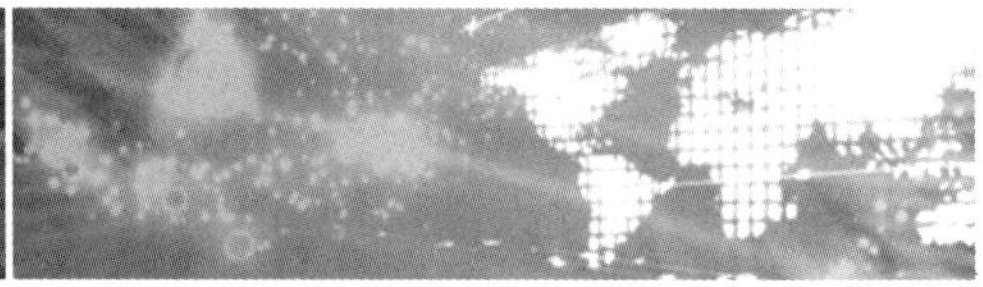

图 9.264　在【合成预览】窗口中的截图效果

视频播放：关于具体介绍，请观看本书光盘上的配套视频“任务五：制作“Material”素材合成效果.wmv”。

任务六：制作流动的光线和文字素材合成效果

该任务非常简单，将素材拖到【栏目片头】合成窗口中，给素材图层添加效果和调节参数。

步骤 01：将“light”序列素材拖到【栏目片头】合成窗口的最顶层。

步骤 02：给 light 图层添加【发光】效果。在菜单栏中单击【效果（T）】→【风格化】→【发光】命令，完成【发光】效果的添加。

步骤 03：调节【发光】效果的参数。具体调节如图 9.265 所示，在【合成预览】窗口中的截图效果如图 9.266 所示。

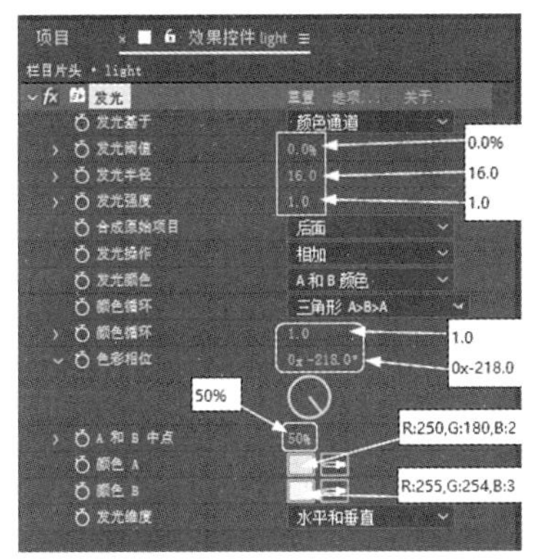

图 9.265 【发光】效果参数调节

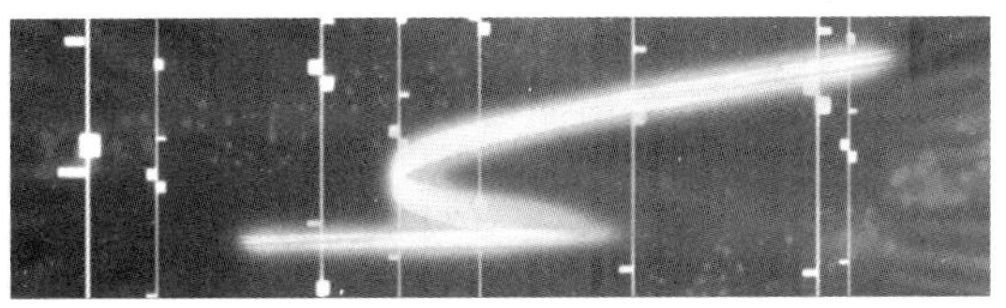

图 9.266 在【合成预览】窗口中的截图效果

步骤 04：将“text”三维文字序列素材拖到【栏目片头】合成窗口中的最顶层，在【合成预览】窗口中的效果如图 9.267 所示。

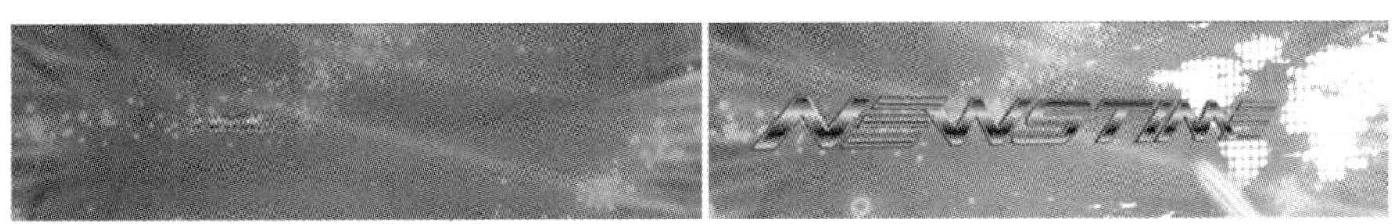

图 9.267 在【合成预览】窗口中的效果

视频播放：关于具体介绍，请观看本书光盘上的配套视频“任务六：制作流动的光线和文字素材合成效果.wmv”。

任务七：制作镜头光晕动画效果

该任务主要通过创建“调整图层”，给“调整图层”添加【镜头光晕】效果和调节参数来完成。

步骤 01：在【栏目片头】合成窗口中的空白处，单击右键，弹出快捷菜单。在弹出的快捷菜单中单击【新建】→【调整图层（A)】命令，完成“调整图层”的创建。

步骤 02：将创建的“调整图层”重命名为“镜头光晕”。

步骤 03：给 镜头光晕 “调整图层”添加效果。单选 镜头光晕 图层，在菜单栏中单击【效果（T)】→【生成】→【镜头光晕】命令，完成【镜头光晕】效果的添加。

步骤 04：将（时间指针）移到第 02 秒 11 帧的位置，设置【镜头光晕】效果的参数并添加关键帧，具体设置如图 9.268 所示。

步骤 05：将（时间指针）移到第 02 秒 12 帧的位置，设置【镜头光晕】效果的参数并添加关键帧，具体设置如图 9.269 所示。

步骤 06：将（时间指针）移到第 02 秒 13 帧的位置，设置【镜头光晕】效果的参数并添加关键帧，具体设置如图 9.270 所示。

步骤 07：将（时间指针）移到第 02 秒 16 帧的位置，设置【镜头光晕】效果的参数并添加关键帧，具体设置如图 9.271 所示。

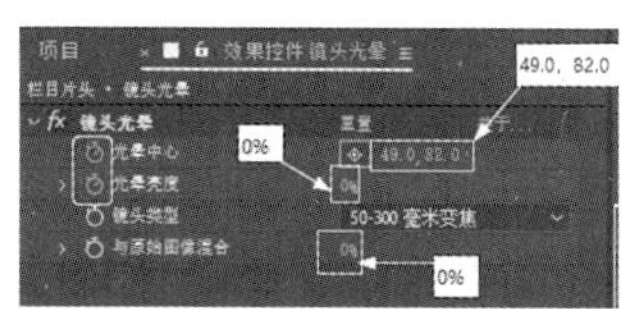

图 9.268　第 02 秒 11 帧位置【镜头光晕】参数设置

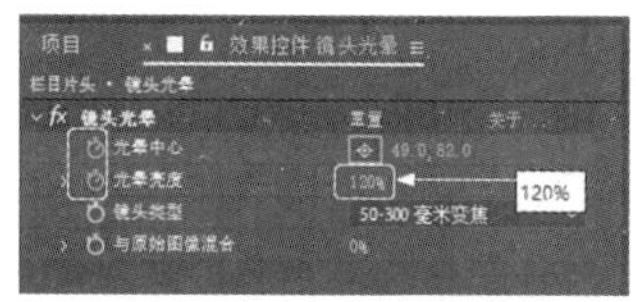

图 9.269　第 02 秒 12 帧位置【镜头光晕】参数设置

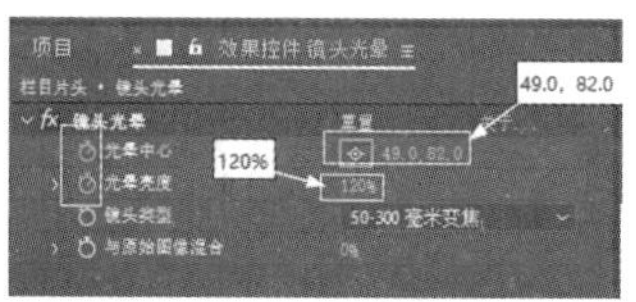

图 9.270　第 02 秒 13 帧位置【镜头光晕】参数设置

步骤 08：将■（时间指针）移到第 04 秒 07 帧的位置，设置【镜头光晕】效果的参数并添加关键帧，具体设置如图 9.272 所示。

步骤 09：将■（时间指针）移到第 04 秒 29 帧的位置，设置【镜头光晕】效果的参数并添加关键帧，具体设置如图 9.273 所示。

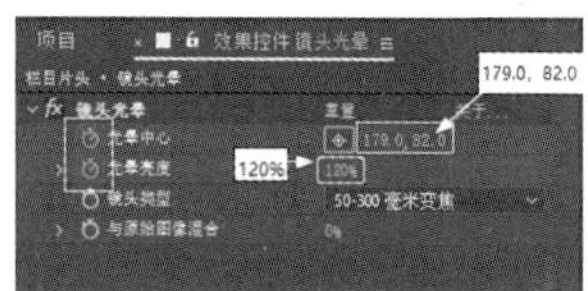

图 9.271　第 02 秒 16 帧位置【镜头光晕】参数设置

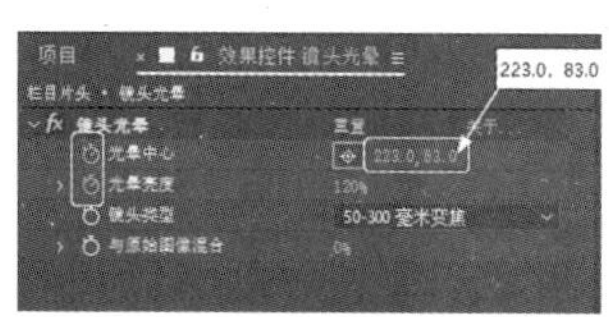

图 9.272　第 04 秒 07 帧位置【镜头光晕】参数设置

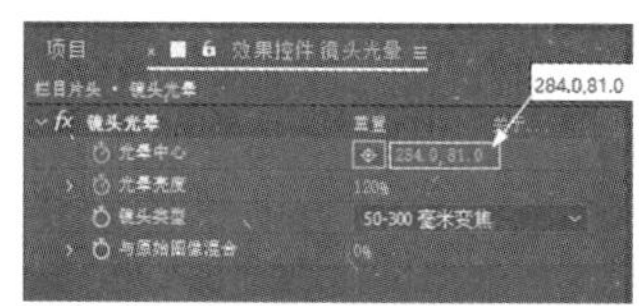

图 9.273　第 04 秒 29 帧位置【镜头光晕】参数设置

步骤 10：制作完毕，对最终效果进行预览，在【合成预览】窗口中的截图效果如图 2.274 所示。

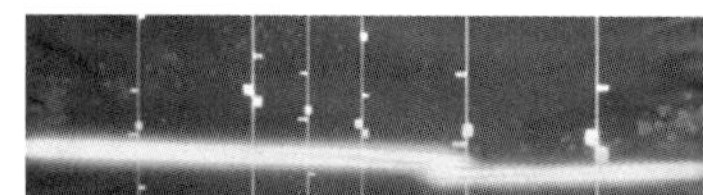

图 9.274　在【合成预览】窗口中的截图效果

视频播放：关于具体介绍，请观看本书光盘上的配套视频“任务七：制作镜头光晕动画效果.wmv”。

任务八：渲染输出与素材收集

在渲染输出之前，首先要进行预览，确定没有问题后才能根据项目要求进行渲染输出，最后对整个文件进行收集和保存。

1. 预览效果

预览的方法很简单，在菜单栏中单击【合成（C）】→【预览】→【播放当前预览（P）】命令，即可进行预览。在预览过程中，若发现问题，则进行修改。这一个步骤可能需要重复多次，直到满意为止。

2. 渲染输出

预览后没有发现问题，就可以根据项目要求进行渲染输出，具体操作方法如下。

步骤 01：在菜单栏中单击【合成（C）】→【预渲染…】命令，创建一个渲染队列，如图 9.275 所示。

图 9.275 创建的渲染队列

步骤 02：单击【输出模块】右边的【自定义】选项，弹出【输出模块设置】对话框。在【输出模块设置】对话框中，读者可根据项目要求设置输出“格式”“视频输出”“调整大小”“裁剪”和“格式选项”等相关设置，具体设置如图 9.276 所示。单击【确定】按钮，完成【输出模块设置】的相关设置。

步骤 03：单击【输出到】右边的“栏目片头.avi”选项，弹出【将影片输出到:】对话框。在该对话框中设置输出名称和保存路径，具体设置如图 9.277 所示。单击【保存（S）】按钮，完成输出的相关设置。

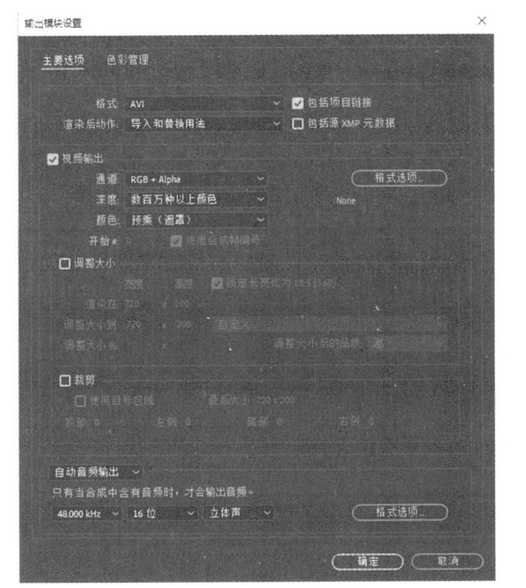

图 9.276 【输出模块设置】对话框参数设置

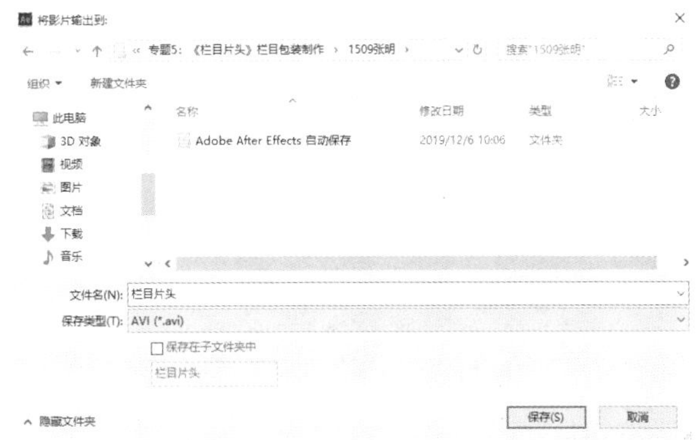

图 9.277 【将影片输出到：】对话框参数设置

步骤 04：在【渲染队列】中，单击【渲染】按钮，开始渲染，等待渲染完成即可。

3. 收集素材对文件进行打包

收集素材对文件进行打包的目的是方便在其他计算机中使用和交流，避免素材丢失，具体操作方法如下。

步骤 01：按“Ctrl+S”组合键，保存项目文件。

步骤 02：收集文件。在菜单栏中单击【文件（F）】→【整理工程（文件）】→【收集文件…】命令，弹出【收集文件】对话框。

步骤 03：设置【收集文件】对话框参数，具体设置如图 9.278 所示。单击【收集…】按钮，弹出【将文件收集到文件夹中】对话框。在该对话框中设置收集的文件名和保存路径，具体设置如图 9.279 所示。单击【保存（S）】按钮，开始收集，等待收集完成即可。

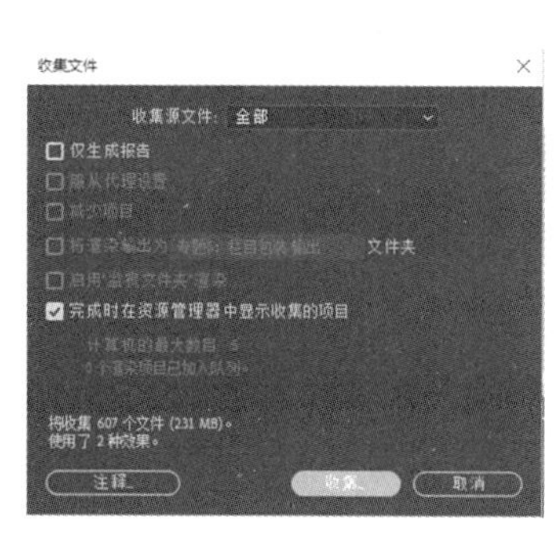

图 9.278 【收集文件】对话框参数设置

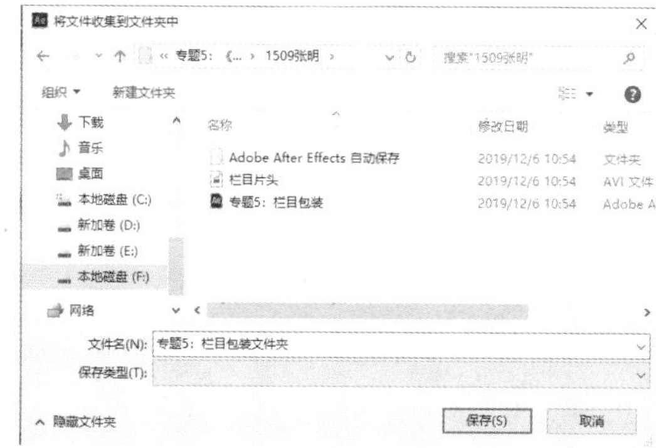

图 9.279 【将文件收集到文件夹中】对话框参数

视频播放：关于具体介绍，请观看本书光盘上的配套视频“任务八：渲染输出与素材收集.wmv”。

七、拓展训练

根据所学知识，用本书提供的素材和参考视频，制作《新闻片头》影视动画。

学习笔记：

专题6：《倒计时》旅游广告片头制作

一、专题内容简介

本专题主要介绍《倒计时》旅游广告片头制作的原理、方法以及技巧，重点介绍使用钢笔工具绘制图形和运动动画制作的原理、方法和技巧。

二、专题效果欣赏

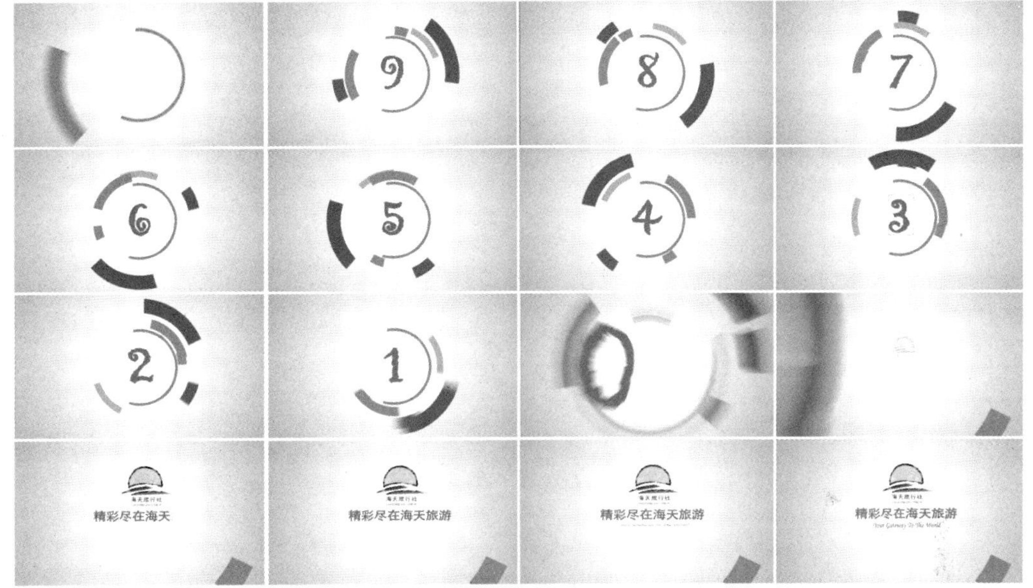

三、专题制作（步骤）流程

任务一：答题要求➡任务二：根据要求创建工程文件➡任务三：创建合成并导入素材

⬇

任务五：制作“粉红色01”合成和动画⬅任务四：制作背景合成

⬇

任务六：制作“粉红色02”合成和动画➡任务七：制作“绿色01”合成和动画

⬇

任务九：制作“蓝色02”合成和动画⬅任务八：制作“蓝色01”合成和动画

⬇

任务十：制作“蓝色03”合成和动画➡任务十一：旅游图片素材合成

⬇

任务十三：制作倒计时数字⬅任务十二：制作旅游广告片头文字动画效果

⬇

任务十四：渲染输出与素材收集

四、制作目的

（1）了解《倒计时》旅游广告片头的制作原理。
（2）掌握“倒数”文字的制作方法。
（3）掌握“倒数圆圈”的制作方法。
（4）掌握场景划分的原则和方法。
（5）掌握片尾的制作方法和技巧。
（6）熟悉整体合成、剪辑与输出。

五、制作过程中需要解决的问题

（1）掌握旅游广告片头制作的基本流程。
（2）掌握场景的概念。
（3）掌握场景的划分原则和技巧。
（4）掌握钢笔工具熟练运用。
（5）掌握文字属性的设置。

六、详细操作步骤

在本专题中，主要通过 14 个任务详细介绍《倒计时》旅游广告片头制作的原理、方法和技巧。

任务一：答题要求

1. 考核要求

（1）建立一个以考生准考证号后 8 位阿拉伯数字命名的文件夹作为“考生文件夹”（例如，准考证号为 651288881234 的考生以“88881234”命名文件夹），在此文件夹下存放后期工程文件和最终合成视频。
（2）制作渐变背景。
（3）制作使用数字效果制作倒数文字。
（4）根据参考视频，使用路径动画制作多个不同颜色的倒数圆圈。
（5）通过图层嵌套划分场景。
（6）根据参考视频制作片尾。
（7）添加音频文件并输出视频。
（8）画面绚丽自然，效果跟参考视频基本一致。

2. 考试素材

考试使用素材：位于“/考试素材”文件夹内。

3. 输出要求

（1）输出视频："*.avi"格式，1280px×720px（25帧/秒），质量调到最佳。
（2）创建后期工程文件，保证后期源文件里所有素材的指定路径正确。

4. 考试注意事项

（1）满分为100分，及格分为60分，考试时间为180分钟；
（2）注意把握时间和总体进度。

视频播放：关于具体介绍，请观看本书光盘上的配套视频"任务一：答题要求.wmv"。

任务二：根据要求创建工程文件

步骤01：创建文件夹。在指定的一个硬盘上，创建一个以考生准考证号后8位阿拉伯数字命名的文件夹，统一命名为"学生证号+名字"。例如，150612王敏（1506班王敏）。

步骤02：复制素材。按要求将所提供的素材复制到"150612王敏"文件夹中。

步骤03：启动After Effects CC 2019，保存项目为"专题6：《倒计时》"。

视频播放：关于具体介绍，请观看本书光盘上的配套视频"任务二：根据要求创建工程文件.wmv"。

任务三：创建合成并导入素材

1. 创建新合成

步骤01：创建新合成。在菜单栏中单击【合成（C）】→【新建合成（C）…】命令，弹出【合成设置】对话框。在该对话框中，把新建的合成命名为"倒计时"，尺寸为"1280px×720px"，持续时间为"13秒23帧"，帧速率为"25帧/秒"，其他参数为默认值。

步骤02：设置完参数，单击【确定】按钮，完成新合成的创建。

2. 导入素材

根据专题1所学知识将本专题提供的素材全部导入【项目】窗口中。

视频播放：关于具体介绍，请观看本书上的配套视频"任务三：创建合成并导入素材.wmv"。

任务四：制作背景合成

步骤01：制作背景合成。在菜单栏中单击【合成（C）】→【新建合成（C）…】命令，弹出【合成设置】对话框。在该对话框中，把新建的合成命名为"背景"，尺寸为"1280px×720px"，持续时间为"13秒23帧"，帧速率为"25帧/秒"，其他参数为默认值。单击【确定】按钮，完成新合成的创建。

步骤02：创建纯色图层。在【背景】合成窗口中创建一个名为"背景"、尺寸为"1280px×720px"、背景为纯白色的纯色图层。

步骤 03：创建灯光图层。在【背景】合成窗口中的空白处，单击右键，弹出快捷菜单。在弹出的快捷菜单中单击【新建】→【灯光（L）…】命令，弹出【灯光设置】对话框，该对话框参数的具体设置如图 9.280 所示。

步骤 04：将 [背景] 图层转换为 3D 图层并调节 light 1 图层的参数，light 1 图层的具体参数设置如图 9.281 所示，在【合成预览】窗口中的效果如图 9.282 所示。

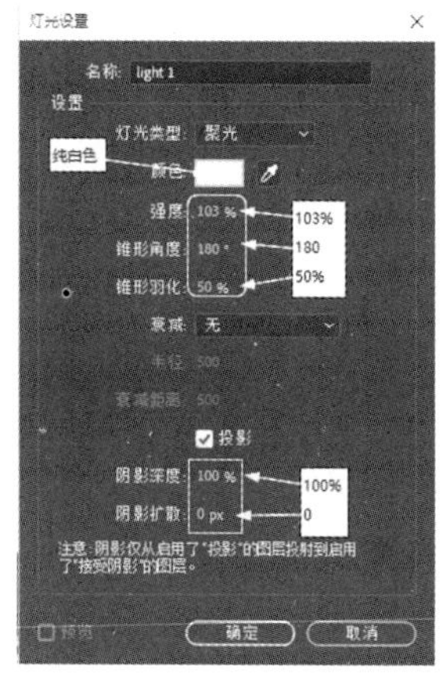

图 9.280 【灯光设置】对话框参数设置

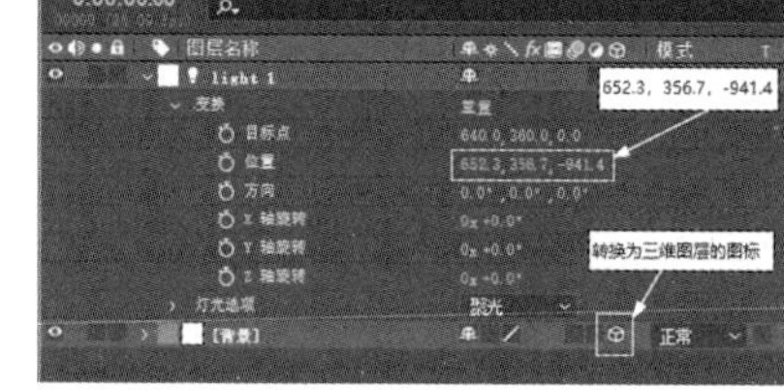

图 9.281 图层参数设置

图 9.282 在【合成预览】窗口中的效果

步骤 05：将【背景】拖到【倒计时】合成窗口中，完成合成嵌套操作。

视频播放：关于具体介绍，请观看本书光盘上的配套视频“任务四：制作背景合成.wmv”。

任务五：制作“粉红色 01”合成和动画

主要通过创建纯色图层、遮罩和调节“变换”参数完成本任务。

1. 创建合成和遮罩效果

步骤 01：创建“粉红色 01”合成。在菜单栏中单击【合成（C）】→【新建合成（C）…】命令，弹出【合成设置】对话框。在该对话框中，把新建的合成命名为“粉红色 01”，尺寸为“1280px×720px”，持续时间为“13 秒 23 帧”，帧速率为“25 帧/秒”，其他参数为默认值。单击【确定】按钮，完成新合成的创建。

步骤 02：创建纯色图层。在【分红色 01】合成中创建一个名为“粉红色 01”，尺寸为“1280px×720px”，原色为紫色（R:138,G:51,B:165）的图层。

步骤 03：绘制遮罩。单选 分红色01 图层，先在工具栏中单击（钢笔工具），然后在【合成预览】窗口中绘制的遮罩，如图 9.283 所示。

提示：关于图层的具体位置，读者可以根据参考视频中的位置进行绘制。

步骤 04：合成嵌套。将【粉红色 01】拖到【倒计时】合成窗口中，完成合成嵌套。图层嵌套如图 9.284 所示，在【合成预览】窗口中的效果如图 9.285 所示。

图 9.283 绘制的遮罩

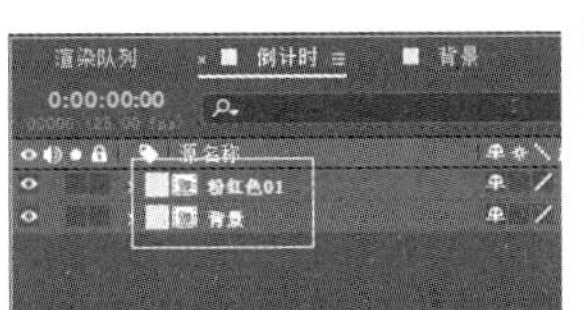

图 9.284 图层嵌套

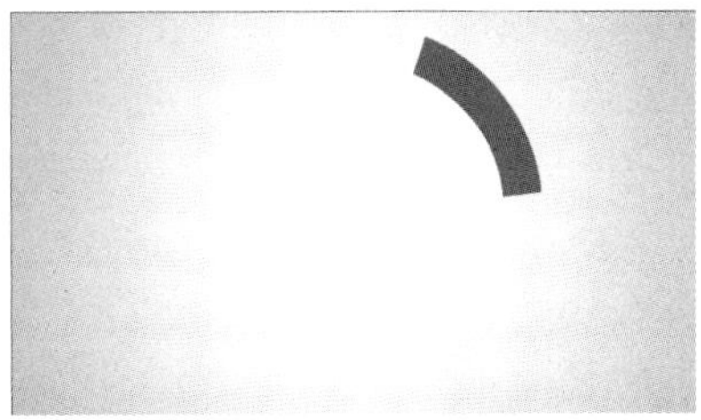

图 9.285 在【合成预览】窗口中的效果

2. 制作“粉红色 01”合成图层的动画效果

该合成图层的动画效果主要通过调节合成图层的“变换”参数来实现。

步骤 01：展开粉红色01合成图层。将（时间指针）移到第 01 秒 02 帧的位置，设置粉红色01的“变换”参数并添加关键帧，具体设置如图 9.286 所示。

步骤 02：继续移动（时间指针），调节粉红色01图层的“变换”参数，具体参数调节见表 9-4。

表 9-4 时间、位置、缩放和旋转参数调节

序号	时间	位置	缩放	旋转	是否添加关键帧
01	第 01 秒 03 帧	640.0.360.0	210.0，210.0%	0x+−11.0	都要添加
02	第 01 秒 05 帧	640.0.360.0	136.0，136.0%	0x−8.0	都要添加
03	第 01 秒 09 帧	640.0.360.0	100.0，100.0%	0x+0.0	都要添加
04	第 09 秒 09 帧	640.0.360.0	100.0,100.0%	1x+4.0	都要添加
05	第 09 秒 24 帧	640.0.360.0	100.0,100.0%	2x+9.0	都要添加
06	第 10 秒 11 帧	640.0.360.0	100.0,100.0%	2x+321.0	都要添加
07	第 10 秒 13 帧	640.0.360.0	185.0,185.0%	2x+343.0	都要添加
08	第 10 秒 14 帧	640.0.360.0	278.0,278.0%	2x+343.0	都要添加

视频播放：关于具体介绍，请观看本书光盘上的配套视频“任务五：制作“粉红色 01”合成和动画.wmv”。

任务六：制作“粉红色 02”合成和动画

主要通过创建纯色图层、遮罩和调节图层“变换”参数完成本任务。

1. 创建合成和遮罩效果

步骤 01：创建“粉红色 01”合成。在菜单栏中单击【合成（C）】→【新建合成（C）…】命令，弹出【合成设置】对话框。在该对话框中，把新建的合成命名为“粉红色 02”，尺寸为“1280px×720px”，持续时间为“13 秒 23 帧”，帧速率为“25 帧/秒”，其他参数为默认值。单击【确定】按钮，完成新合成的创建。

步骤 02：创建纯色图层。在【粉红色 02】合成窗口中创建一个名为“粉红色 02”，尺寸为“1280px×720px”，原色为粉红色（R:199,G:40,B:192）的图层。

步骤 03：绘制遮罩。单选 粉红色01 图层，在工具栏中单击（钢笔工具）在【合成预览】窗口中绘制遮罩，如图 9.287 所示。

提示：关于图层的具体位置，读者可以根据参考视频中的位置进行绘制。

步骤 04：合成嵌套。将【粉红色 02】拖到【倒计时】合成窗口中，完成合成嵌套。图层嵌套如图 9.288 所示。

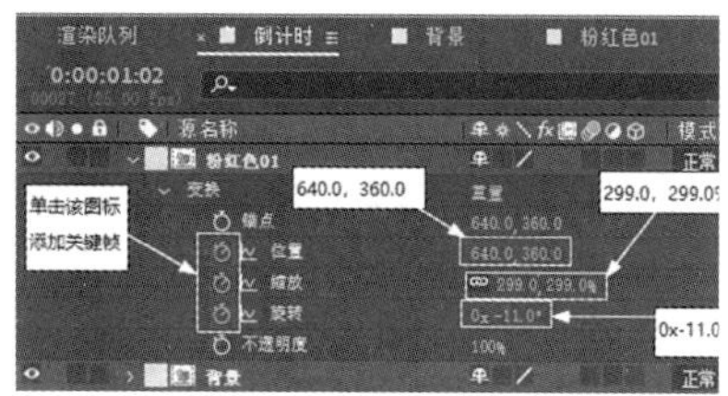

图 9.286　图层参数设置

图 9.287　在【合成预览】窗口中绘制遮罩

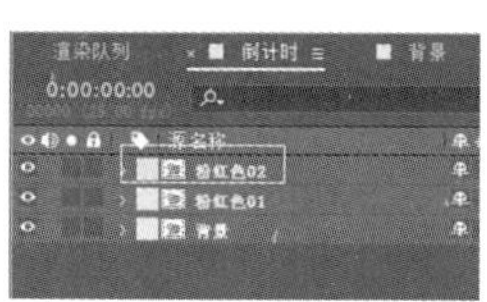

图 9.288　图层嵌套

2. 制作“粉红色 02”合成图层的动画效果

该合成图层的动画效果主要通过调节合成图层的“变换”参数来实现。

步骤 01：展开 粉红色02 合成图层。将（时间指针）移到第 00 秒 24 帧的位置，设置 粉红色02 的“变换”参数并添加关键帧，具体设置如图 9.289 所示。

步骤 02：继续移动（时间指针），调节 粉红色02 图层的“变换”参数，具体参数调节见表 9-5。

表 9-5　时间、缩放和旋转参数调节

序号	时间	缩放	旋转	是否添加关键帧
01	第 01 秒 00 帧	164.0，164.0%	0x-22.0	都要添加
02	第 01 秒 02 帧	117.0，117.0%	0x-18.0	都要添加
03	第 01 秒 05 帧	109.7,109.7%	0x-10.0	都要添加
04	第 01 秒 09 帧	100.0,100.0%	0x+0.0	都要添加
05	第 07 秒 07 帧	100.0,100.0%	1x+0.0	都要添加
06	第 09 秒 19 帧	100.0,100.0%	2x+15.0	都要添加
07	第 10 秒 05 帧	100.0,100.0%	3x+32.0	都要添加
08	第 10 秒 11 帧	100.0,100.0%	3x+178.0	都要添加
09	第 10 秒 13 帧	185.0,185.0%	3x+208.0	都要添加
10	第 10 秒 14 帧	290.0,290.0%	3x+208.0	都要添加

视频播放：关于具体介绍，请观看本书光盘上的配套视频“任务六：制作“粉红色 02”合成和动画.wmv”。

任务七：制作“绿色 01”合成和动画

本任务主要通过创建纯色图层、遮罩和调节图层“变换”参数来完成合成和合成图层的动画制作。

1. 创建合成和遮罩效果

步骤 01：创建“绿色 01”合成。在菜单栏中单击【合成（C）】→【新建合成（C）…】命令，弹出【合成设置】对话框。在该对话框中，把新建的合成命名为“绿色 01”，尺寸为“1280px×720px”，持续时间为“13 秒 23 帧”，帧速率为“25 帧/秒”，其他参数为默认值。单击【确定】按钮，完成新合成的创建。

步骤 02：创建纯色图层。在【绿色 01】合成窗口中创建一个名为“绿色 01”、尺寸为“1280px×720px”、原色为绿色（R:129,G:185,B:0）的图层。

步骤 03：绘制遮罩。单选绿色01图层，在工具栏中单击（钢笔工具）在【合成预览】窗口中绘制遮罩，如图 9.290 所示。

提示：关于图层的具体位置，读者可以根据参考视频中的位置进行绘制。

步骤 04：合成嵌套。将【绿色 01】拖到【倒计时】合成窗口中，完成合成嵌套。图层嵌套如图 9.291 所示。

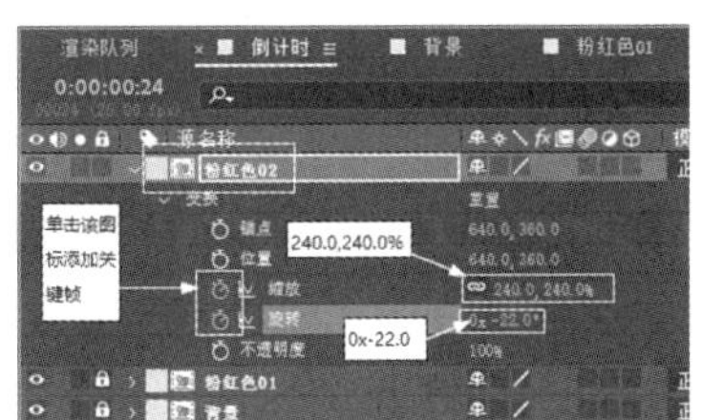

图 9.289 图层参数设置

图 9.290 在【合成预览】窗口中的效果绘制遮罩

图 9.291 图层嵌套

2. 制作“绿色 01”合成图层的动画效果

该合成图层的动画效果主要通过调节合成图层的“变换”参数来实现。

步骤 01：展开绿色01合成图层。将（时间指针）移到第 00 秒 19 帧的位置，设置绿色01的“变换”参数并添加关键帧，具体设置如图 9.292 所示。

步骤 02：继续移动（时间指针），调节绿色01图层的“变换”参数，具体参数调节见表 9-6。

表 9-6 时间、缩放和旋转参数调节

序号	时间	缩放	旋转	是否添加关键帧
01	第 00 秒 20 帧	309.0，309.0%	0x+10.0	都要添加
02	第 00 秒 21 帧	2120，212.0%	0x+10.0	都要添加
03	第 00 秒 22 帧	163.7，163.7%	0x+10.0	都要添加

续表

序号	时间	缩放	旋转	是否添加关键帧
04	第 00 秒 24 帧	118.0，118.0%	0x+10.0	都要添加
05	第 01 秒 09 帧	100.0,100.0%	0x+0.0	都要添加
06	第 07 秒 13 帧	100.0,100.0%	0x-102.4	都要添加
07	第 09 秒 04 帧	100.0,100.0%	0x-201.0	都要添加
08	第 09 秒 23 帧	100.0,100.0%	0x-301.0	都要添加
09	第 10 秒 05 帧	100.0，100.0%	-1x+-4.0	都要添加
10	第 10 秒 11 帧	100.0，100.0%	-1x-41.0	都要添加
11	第 10 秒 13 帧	170.0，170.0%	-1x-48.0	都要添加
12	第 10 秒 14 帧	193.0，193.0%	-1x-48.0	都要添加

视频播放：关于具体介绍，请观看本书光盘上的配套视频“任务七：制作“绿色 01”合成和动画.wmv”。

任务八：制作“蓝色 01”合成和动画

主要通过创建纯色图层、遮罩和调节图层“变换”参数完成本任务。

1. 创建合成和遮罩效果

步骤 01：创建“蓝色 01”合成。在菜单栏中单击【合成（C）】→【新建合成（C）…】命令，弹出【合成设置】对话框。在该对话框中，把新建的合成命名为“蓝色 01”，尺寸为“1280px×720px”，持续时间为“13 秒 23 帧”，帧速率为“25 帧/秒”，其他参数为默认值。单击【确定】按钮，完成新合成的创建。

步骤 02：创建纯色图层。在【蓝色 01】合成窗口中创建一个名为“蓝色 01”、尺寸为“1280px×720px”、原色为蓝色 01（R:35,G:141,B:192）的图层。

步骤 03：绘制遮罩。单选 蓝色01 图层，在工具栏中单击（钢笔工具）在【合成预览】窗口中绘制遮罩，如图 9.293 所示。

提示：关于图层的具体位置，读者可以根据参考视频中的位置进行绘制。

步骤 04：合成嵌套。将【蓝色 01】拖到【倒计时】合成窗口中，完成合成嵌套。图层嵌套如图 9.294 所示。

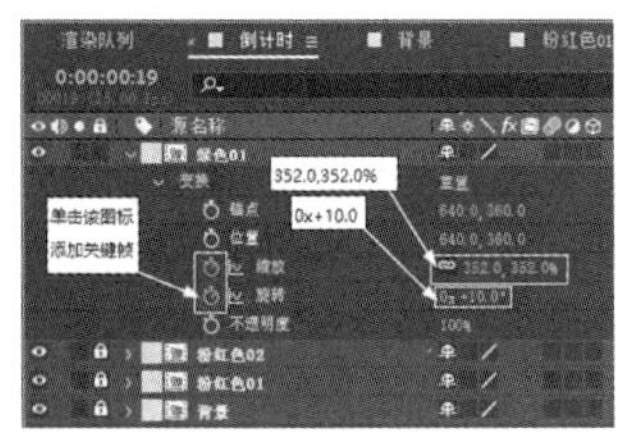

图 9.292　图层参数设置

图 9.293　在【合成预览】窗口中绘制遮罩

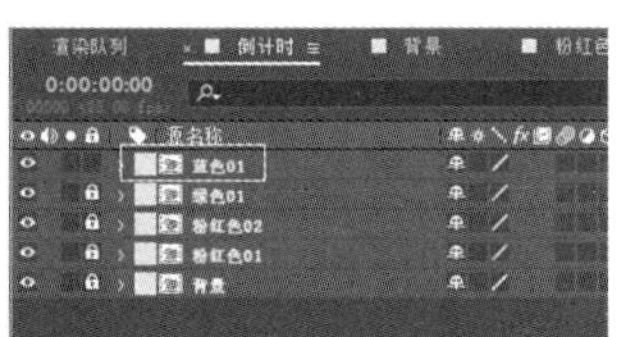

图 9.294　图层嵌套

2. 制作“蓝色 01”合成图层的动画效果

该合成图层动画的制作主要通过调节合成图层的变换参数来实现。

步骤 01：展开 蓝色01 合成图层。将 (时间指针)移到第 00 秒 05 帧的位置，设置 蓝色01 的变换参数并添加关键帧，具体设置如图 9.295 所示。

步骤 02：继续移动 （时间指针），调节 蓝色01 图层的“变换”参数，具体参数调节见表 9-7。

表 9-7 时间、缩放和旋转参数调节

序号	时间	缩放	旋转	是否添加关键帧
01	第 00 秒 07 帧	298.0，298.0%	0x+7.0	都要添加
02	第 00 秒 09 帧	187.0，187.0%	0x+7.0	都要添加
03	第 00 秒 11 帧	139.0，139.0%	0x+7.0	都要添加
04	第 00 秒 15 帧	105.9，105.9%	0x+5.8	都要添加
05	第 00 秒 17 帧	101.4，101.4%	0x+5.2	都要添加
06	第 00 秒 22 帧	99.3，99.3%	0x+3.7	都要添加
07	第 01 秒 09 帧	100.0,100.0%	0x+0.0	都要添加
08	第 10 秒 11 帧	100.0,100.0%	0x−267.0	都要添加
09	第 10 秒 13 帧	186.0，186.0%	0x−281.0	都要添加
10	第 10 秒 14 帧	343.0，343.0%	0x−288.0	都要添加
11	第 10 秒 15 帧	478.0，478.0%	0x−288.0	都要添加

视频播放：关于具体介绍，请观看本书光盘上的配套视频“任务八：制作“蓝色 01”合成和动画.wmv”。

任务九：制作“蓝色 02”合成和动画

主要通过创建纯色图层、遮罩和调节图层“变换”参数完成本任务。

1. 创建合成和遮罩效果

步骤 01：创建“蓝色 02”合成。在菜单栏中单击【合成（C）】→【新建合成（C）…】命令，弹出【合成设置】对话框。在该对话框中，把新建的合成命名为“蓝色 02”，尺寸为“1280px×720px”，持续时间为“13 秒 23 帧”，帧速率为“25 帧/秒”，其他参数为默认值。单击【确定】按钮，完成新合成的创建。

步骤 02：创建纯色图层。在【蓝色 02】合成窗口中创建一个名为“蓝色 02”、尺寸为“1280px×720px”、原色为蓝色 01（R:35,G:141,B:192）的图层。

步骤 03：绘制遮罩。单选 蓝色02 图层，先在工具栏中单击 （钢笔工具），然后在【合成预览】窗口中绘制遮罩，如图 9.296 所示。

提示：关于图层的具体位置，读者可以根据参考视频中的位置进行绘制。

步骤 04：合成嵌套。将【蓝色 02】拖到【倒计时】合成窗口中，完成合成嵌套。图层嵌套如图 9.297 所示。

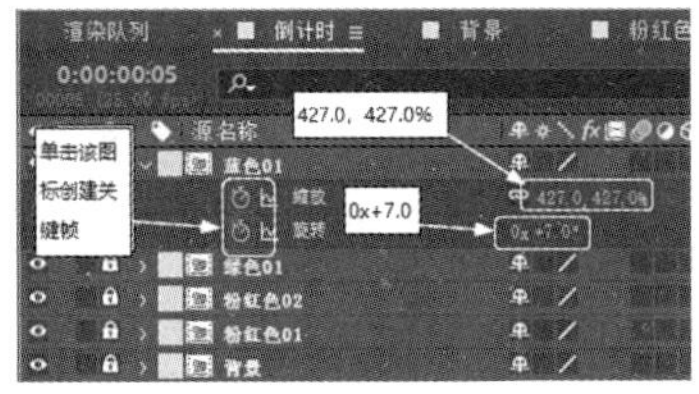

图 9.295　图层参数设置

图 9.296　在【合成预览】窗口中绘制遮罩

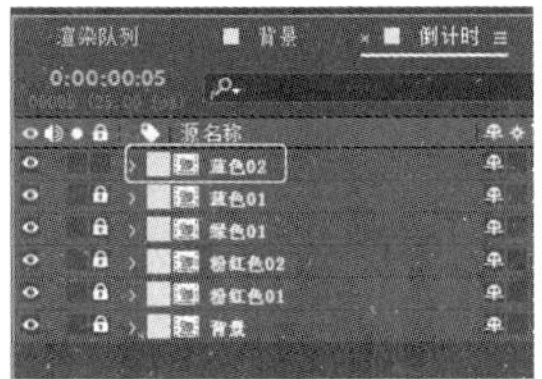

图 9.297　图层嵌套

2. 制作“蓝色 02”合成图层的动画效果

该合成图层的动画效果主要通过调节合成图层的“变换”参数来实现。

步骤 01：展开蓝色02合成图层。将（时间指针）移到第 00 秒 10 帧的位置，设置蓝色02的变换参数并添加关键帧，具体设置如图 9.298 所示。

步骤 02：继续移动（时间指针），调节蓝色02图层的“变换”参数，具体参数调节见表 9-8。

表 9-8　时间、缩放和旋转参数调节

序号	时间	缩放	旋转	是否添加关键帧
01	第 00 秒 11 帧	348.0，348.0%	0x-8.0	都要添加
02	第 00 秒 12 帧	241.0，241.0%	0x-8.0	都要添加
03	第 00 秒 14 帧	149.0，149.0%	0x-8.0	都要添加
04	第 00 秒 18 帧	103.7，103.7%	0x-8.0	都要添加
05	第 00 秒 22 帧	100.0，100.0%	0x-0.8	都要添加
06	第 01 秒 00 帧	100.3，100.3%	0x-7.0	都要添加
07	第 01 秒 09 帧	100.0，100.0%	0x+0.0	都要添加
08	第 05 秒 03 帧	100.0，100.0%	0x+63.7	都要添加
09	第 07 秒 17 帧	100.0，100.0%	0x+113.9	都要添加
10	第 08 秒 24 帧	100.0，100.0%	0x+138.9	都要添加
11	第 09 秒 16 帧	100.0，100.0%	0x+189.7	都要添加
12	第 09 秒 23 帧	100.0，100.0%	0x+260.1	都要添加
13	第 10 秒 03 帧	100.0，100.0%	0x+311.9	都要添加
14	第 10 秒 06 帧	100.0，100.0%	0x+340.4	都要添加
15	第 10 秒 09 帧	100.0，100.0%	1x+3.0	都要添加
16	第 10 秒 10 帧	100.0，100.0%	1x+8.0	都要添加
17	第 10 秒 13 帧	181.0，181.0%	1x+23.0	都要添加
18	第 10 秒 14 帧	289.0，289.0%	1x+27.0	都要添加
19	第 10 秒 15 帧	403.0，403.0%	1x+27	都要添加

视频播放：关于具体介绍，请观看本书光盘上的配套视频“任务九：制作“蓝色 02”合成和动画.wmv”。

任务十：制作“蓝色 03”合成和动画

主要通过创建纯色图层、遮罩和调节图层“变换”参数完成本任务。

1. 创建合成和遮罩效果

步骤 01：创建“蓝色 03”合成。在菜单栏中单击【合成（C）】→【新建合成（C）…】命令，弹出【合成设置】对话框。在该对话框中，把新建的合成命名为“蓝色 02”，尺寸设置为“1280px×720px”，持续时间为“13 秒 23 帧”，帧速率为“25 帧/秒”，其他参数为默认值。单击【确定】按钮，完成新合成的创建。

步骤 02：创建纯色图层。在【蓝色 03】合成窗口中创建一个名为“蓝色 02”、尺寸为“1280px×720px”、原色为蓝色 03（R:35,G:141,B:192）的图层。

步骤 03：绘制遮罩。单选蓝色03图层，在工具栏中单击（钢笔工具）在【合成预览】窗口中绘制如图 9.299 所示的遮罩。

提示：关于图层的具体位置，读者可以根据参考视频中的位置进行绘制。

步骤 04：合成嵌套。将【蓝色 03】拖到【倒计时】合成窗口中，完成合成嵌套。图层嵌套如图 9.300 所示。

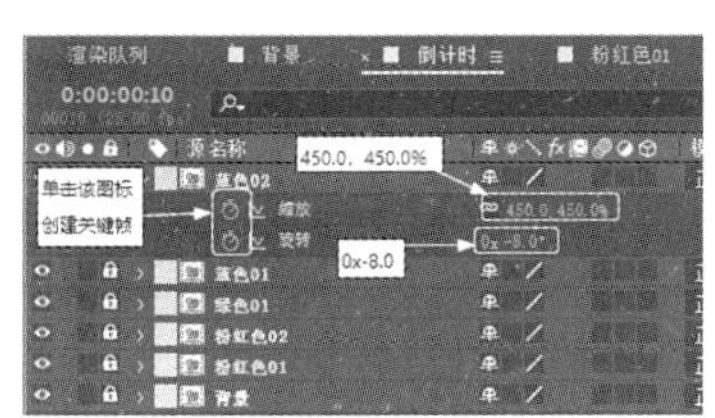

图 9.298 图层参数设置

图 9.299 在【合成预览】窗口中的效果

图 9.300 图层嵌套

2. 制作“蓝色 03”合成图层的动画效果

该合成图层动画的制作主要通过调节合成图层的“变换”参数来实现。

步骤 01：展开蓝色03合成图层。将（时间指针）移到第 00 秒 15 帧的位置，设置蓝色03的“变换”参数并添加关键帧，具体设置如图 9.301 所示。

步骤 02：继续移动（时间指针），调节蓝色03图层的“变换”参数，具体参数调节见表 9-9。

表 9-9　时间、缩放和旋转参数调节

序号	时间	缩放	旋转	是否添加关键帧
01	第 00 秒 16 帧	296.0,296.0%	0x+91.0	都要添加
02	第 00 秒 17 帧	213.0,213.0%	0x+91.0	都要添加
03	第 00 秒 19 帧	135.0,135.0%	0x+91.0	都要添加
04	第 00 秒 23 帧	100.0,100.0%	0x+90.0	都要添加
05	第 01 秒 03 帧	100.0,100.0%	0x+83.0	都要添加
06	第 01 秒 09 帧	100.0,100.0%	0x+73.0	都要添加
07	第 06 秒 18 帧	100.0,100.0%	0x−145.6	都要添加
08	第 08 秒 22 帧	100.0,100.0%	0x−233.7	都要添加
09	第 09 秒 09 帧	100.0,100.0%	0x−253.7	都要添加
10	第 09 秒 14 帧	100.0,100.0%	0x−289.0	都要添加
11	第 09 秒 21 帧	100.0,100.0%	−1x−8.0	都要添加
12	第 10 秒 01 帧	100.0,100.0%	−1x−73.5	都要添加
13	第 10 秒 06 帧	100.0,100.0%	−1x−132.6	都要添加
14	第 10 秒 10 帧	100.0,100.0%	−1x−169.0	都要添加
15	第 10 秒 12 帧	127.0,127.0%	−1x−182.0	都要添加
16	第 10 秒 13 帧	182.0,182.0%	−1x−182.0	都要添加
17	第 10 秒 14 帧	264.0,264.0%	−1x−188.0	都要添加

视频播放：关于具体介绍，请观看本书光盘上的配套视频“任务十：制作“蓝色 03”合成和动画.wmv”。

任务十一：旅游图片素材合成

本任务主要是对所提供的图片素材进行合成和“变换”参数调节，完成缩放和渐变效果。

步骤 01：将“图层 2/海天旅游图标.psd”图片素材拖到【倒计时】合成窗口的最顶层。

步骤 02：展开图层 2/海天旅游图标.psd图层，将（时间指针）移到第 10 秒 12 帧的位置，调节该图层的“变换”参数并添加关键帧，具体参数调节如图 9.302 所示。

步骤 03：将（时间指针）移到第 10 秒 13 帧的位置，调节该图层的“变换”参数并添加关键帧，具体参数调节如图 9.303 所示。

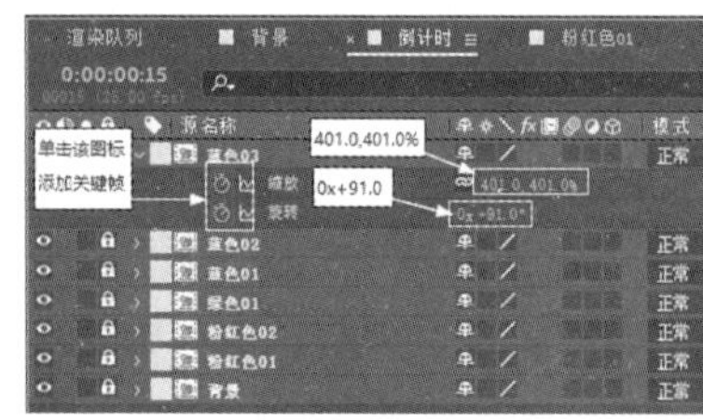

图 9.301　图层参数设置

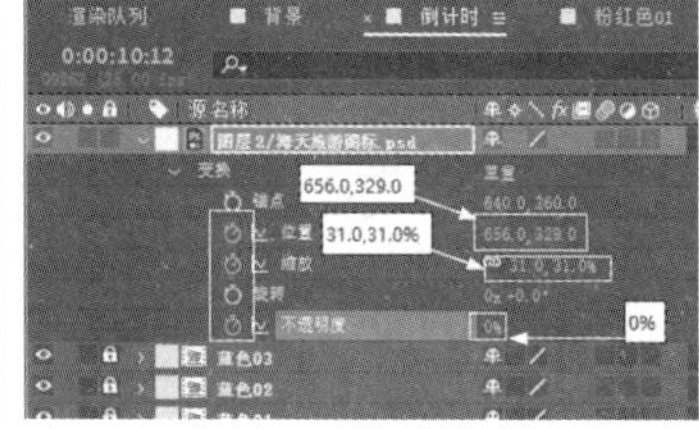

图 9.302　第 10 秒 12 帧位置“变换”参数设置

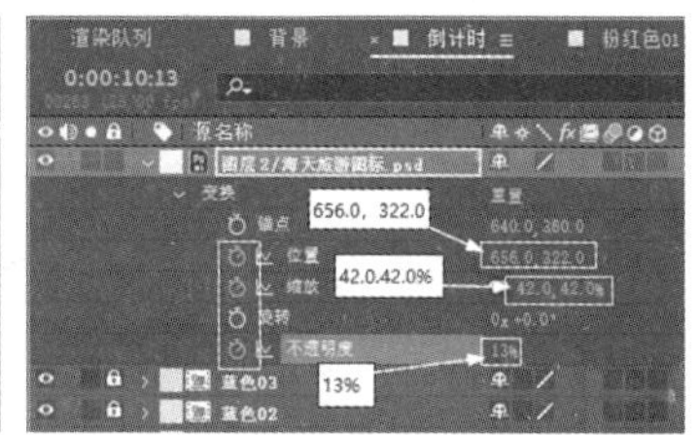

图 9.303　第 10 秒 13 帧位置“变换”参数设置

步骤 04：将▼（时间指针）移到第 10 秒 20 帧的位置，调节该图层的“变换”参数并添加关键帧，具体参数调节如图 9.304 所示。

视频播放：关于具体介绍，请观看本书光盘上的配套视频“任务十一：旅游图片素材合成.wmv”。

任务十二：制作旅游广告片头文字动画效果

该任务主要制作两个文字动画效果，第 1 个文字动画效果通过遮罩来实现，第 2 个文字动画效果通过调节“变换”参数来完成。

1. 制作“精彩尽在海天旅游”文字动画

步骤 01：在工具栏中单击T（横排文字工具），在【合成预览】窗口中输入“精彩尽在海天旅游”文字。

步骤 02：调节文字的字体和字号，文字属性的具体设置如图 9.305 所示，文字在【合成预览】窗口中的效果如图 9.306 所示。

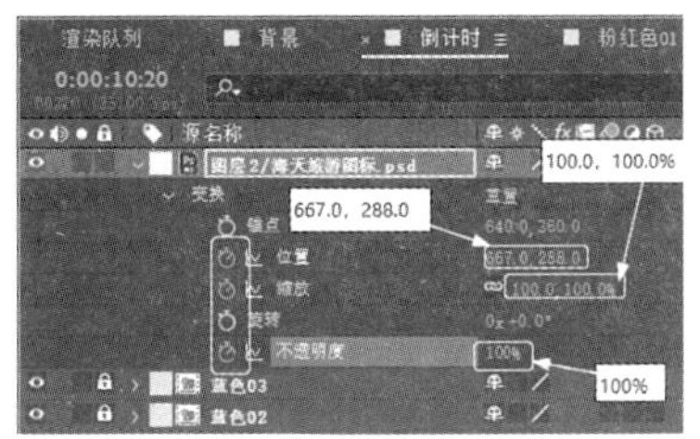

图 9.304 “变换”参数调节

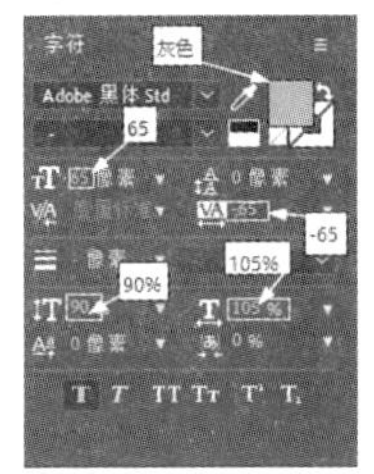

图 9.305 文字属性设置

图 9.306 在【合成预览】窗口中的效果

步骤 03：给文字图层绘制遮罩，单选 T 精彩尽在海天旅游 文字图层，在工具栏中单击■（矩形工具），在【合成预览】窗口中绘制遮罩，如图 9.307 所示。

步骤 04：将▼（时间指针）移到第 11 秒 07 帧的位置，给“遮罩路径”参数添加关键帧，如图 9.308 所示。

步骤 05：将▼（时间指针）移到第 10 秒 20 帧的位置，调节遮罩的形状，如图 9.309 所示，系统自动给“遮罩路径”参数添加关键帧。

图 9.307 文字在【合成预览】窗口中的效果

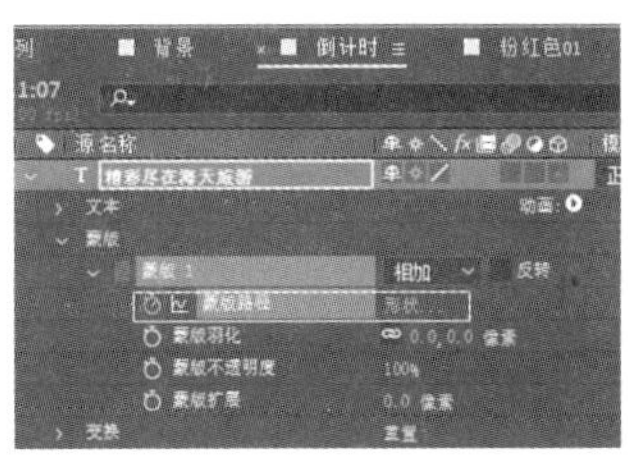

图 9.308 给“遮罩路径”参数添加关键帧

图 9.309 调节遮罩的形状

2. 制作“Your Gateway To The World”文字动画

步骤 01：在工具栏中单击T（横排文字工具），在【合成预览】窗口中输入“精彩尽在海天旅游”文字。

步骤 02：调节文字的字体和字号，文字属性的具体设置如图 9.310 所示，在【合成预览】窗口中的效果如图 9.311 所示。

步骤 03：将 T Your Gateway To The World 文字图层转换为 3D 图层。将（时间指针）移到第 11 秒 11 帧的位置，调节该 3D 图层的参数，具体调节如图 9.312 所示。

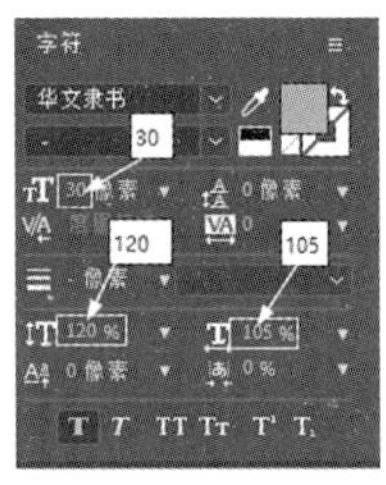

图 9.310 文字属性设置

图 9.311 在【合成预览】窗口中的效果

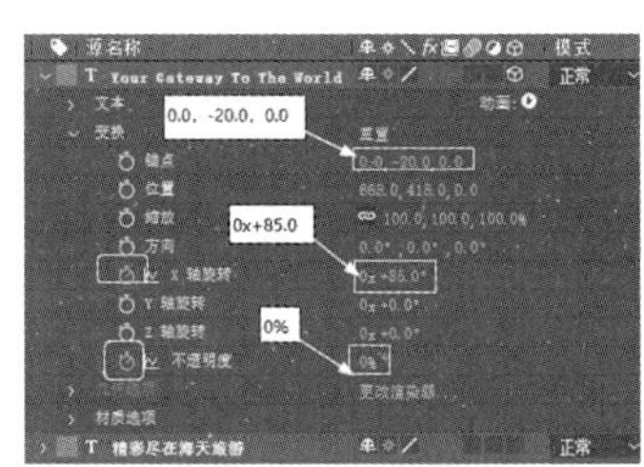

图 9.312 3D 图层参数调节

步骤 04：继续移动（时间指针），调节 T Your Gateway To The World 图层的“变换”参数，具体参数调节见表 9-10。

表 9-10 *X* 轴旋转、不透明度参数调节

序号	时间	*X* 轴旋转	不透明度	是否添加关键帧
01	第 11 秒 12 帧	0x+85.0	100%	都要添加
02	第 11 秒 16 帧	0x+19.0	100%	都要添加
03	第 11 秒 17 帧	0x+0.0	100%	都要添加
04	第 11 秒 19 帧	0x−54.0	100%	都要添加
05	第 11 秒 24 帧	0x−18.0	100%	都要添加
06	第 12 秒 00 帧	0x−3.0	100%	都要添加
07	第 12 秒 01 帧	0x+2.0	100%	都要添加
08	第 12 秒 04 帧	0x+2.0	100%	都要添加

视频播放：关于具体介绍，请观看本书光盘上的配套视频“任务十二：制作旅游广告片头文字动画效果.wmv”。

任务十三：制作倒计时数字

倒计时数字的制作比较简单，主要是输入文字和设置文字“变换”属性中的“不透明度”参数。

1. 制作倒计时数字“10”

步骤 01：在工具栏中单击T（横排文字工具），在【合成预览】窗口中输入“精彩尽在海天旅游”文字。

步骤 02：调节文字的字体和字号，文字属性的具体设置如图 9.313 所示，在【合成预览】窗口中的效果如图 9.314 所示。

步骤 03：将（时间指针）移到第 00 秒 12 帧的位置，调节 T 10 图层的“不透明度”参数并添加关键帧，具体调节如图 9.315 所示。

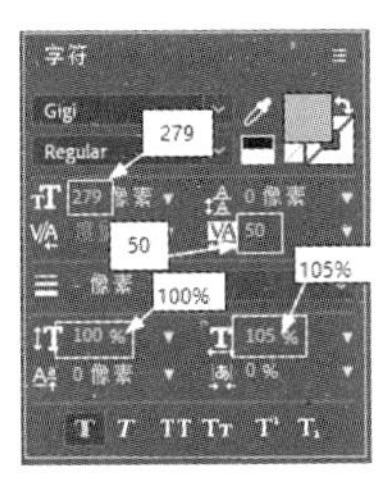

图 9.313 文字属性设置

图 9.314 在【合成预览】窗口中的效果

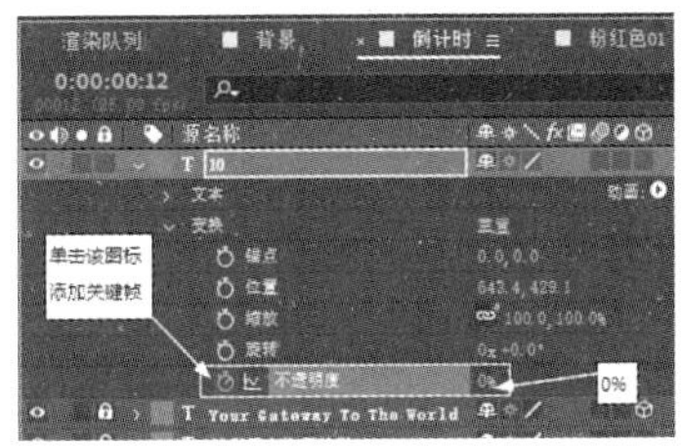

图 9.315 “不透明度”参数调节

步骤 04：将（时间指针）移到第 01 秒 00 帧的位置，调节 T 10 图层的“不透明度”参数值，使其值为“100%”并添加关键帧。

步骤 05：将（时间指针）移到第 01 秒 10 帧的位置，调节 T 10 图层的“不透明度”参数值，使其值为“100%”并添加关键帧。

步骤 06：将（时间指针）移到第 01 秒 11 帧的位置，调节 T 10 图层的“不透明度”参数值，使其值为“0%”并添加关键帧。

提示：下面倒计时的数字属性和位置与倒计时数字“10”相同，此处就不再介绍字体的属性和位置调节，只介绍倒计时数字的“变换”参数调节。

2. 制作倒计时数字“9”

步骤 01：在【合成预览】窗口中输入数字“9”。

步骤 02：将（时间指针）移到第 01 秒 10 帧的位置，调节 T 9 图层的“不透明度”参数值，使其值为“0%”并添加关键帧。

步骤 03：将（时间指针）移到第 01 秒 11 帧的位置，调节 T 9 图层的“不透明度”参数值，使其值为“100%”并添加关键帧。

步骤 04：将（时间指针）移到第 02 秒 10 帧的位置，调节 T 9 图层的“不透明度”参数值为“100%”并添加关键帧。

步骤 05：将（时间指针）移到第 02 秒 11 帧的位置，调节 T 9 图层的“不透明度”参数值，使其值为“0%”并添加关键帧。

3. 制作倒计时数字“8”

步骤 01：在【合成预览】窗口中输入数字“8”。

步骤 02：将（时间指针）移到第 02 秒 10 帧的位置，调节 T 8 图层的“不透明度”参数值，使其值为“0%”并添加关键帧。

步骤 03：将▣（时间指针）移到第 02 秒 11 帧的位置，调节▣ T 8图层的“不透明度”参数值，使其值为“100%”并添加关键帧。

步骤 04：将▣（时间指针）移到第 03 秒 10 帧的位置，调节▣ T 8图层的“不透明度”参数值，使其值为“100%”并添加关键帧。

步骤 05：将▣（时间指针）移到第 03 秒 11 帧的位置，调节▣ T 8图层的“不透明度”参数值，使其值为“0%”并添加关键帧。

4. 制作倒计时数字“7”

步骤 01：在【合成预览】窗口中输入数字“7”。

步骤 02：将▣（时间指针）移到第 03 秒 10 帧的位置，调节▣ T 7图层的“不透明度”参数值，使其值为“0%”并添加关键帧。

步骤 03：将▣（时间指针）移到第 03 秒 11 帧的位置，调节▣ T 7图层的“不透明度”参数值，使其值为“100%”并添加关键帧。

步骤 04：将▣（时间指针）移到第 04 秒 10 帧的位置，调节▣ T 7图层的“不透明度”参数值，使其值为“100%”并添加关键帧。

步骤 05：将▣（时间指针）移到第 04 秒 11 帧的位置，调节▣ T 7图层的“不透明度”参数值，使其值为“0%”并添加关键帧。

5. 制作倒计时数字“6”

步骤 01：在【合成预览】窗口中输入数字“6”。

步骤 02：将▣（时间指针）移到第 04 秒 10 帧的位置，调节▣ T 6图层的“不透明度”参数值，使其值为“0%”并添加关键帧。

步骤 03：将▣（时间指针）移到第 04 秒 11 帧的位置，调节▣ T 6图层的“不透明度”参数值，使其值为“100%”并添加关键帧。

步骤 04：将▣（时间指针）移到第 05 秒 10 帧的位置，调节▣ T 6图层的“不透明度”参数值，使其值为“100%”并添加关键帧。

步骤 05：将▣（时间指针）移到第 05 秒 11 帧的位置，调节▣ T 6图层的“不透明度”参数值，使其值为“0%”并添加关键帧。

6. 制作倒计时数字“5”

步骤 01：在【合成预览】窗口中输入数字“5”。

步骤 02：将▣（时间指针）移到第 05 秒 10 帧的位置，调节▣ T 5图层的“不透明度”参数值，使其值为“0%”并添加关键帧。

步骤 03：将▣（时间指针）移到第 05 秒 11 帧的位置，调节▣ T 5图层的“不透明度”参数值，使其值为“100%”并添加关键帧。

步骤 04：将▣（时间指针）移到第 06 秒 10 帧的位置，调节▣ T 5图层的“不透明度”参数值，使其值为“100%”并添加关键帧。

步骤 05：将▼（时间指针）移到第 06 秒 11 帧的位置，调节 T 5 图层的“不透明度”参数值，使其值为“0%”并添加关键帧。

7. 制作倒计时数字“4”

步骤 01：在【合成预览】窗口中输入数字“4”。

步骤 02：将▼（时间指针）移到第 06 秒 10 帧的位置，调节 T 4 图层的“不透明度”参数值，使其值为“0%”并添加关键帧。

步骤 03：将▼（时间指针）移到第 06 秒 11 帧的位置，调节 T 4 图层的“不透明度”参数值，使其值为“100%”并添加关键帧。

步骤 04：将▼（时间指针）移到第 07 秒 10 帧的位置，调节 T 4 图层的“不透明度”参数值，使其值为“100%”并添加关键帧。

步骤 05：将▼（时间指针）移到第 07 秒 11 帧的位置，调节 T 4 图层的“不透明度”参数值，使其值为“0%”并添加关键帧。

8. 制作倒计时数字“3”

步骤 01：在【合成预览】窗口中输入数字“3”。

步骤 02：将▼（时间指针）移到第 07 秒 10 帧的位置，调节 T 3 图层的“不透明度”参数值，使其值为“0%”并添加关键帧。

步骤 03：将▼（时间指针）移到第 07 秒 11 帧的位置，调节 T 3 图层的“不透明度”参数值，使其值为“100%”并添加关键帧。

步骤 04：将▼（时间指针）移到第 08 秒 10 帧的位置，调节 T 3 图层的“不透明度”参数值，使其值为“100%”并添加关键帧。

步骤 05：将▼（时间指针）移到第 08 秒 11 帧的位置，调节 T 3 图层的“不透明度”参数值，使其值为“0%”并添加关键帧。

9. 制作倒计时数字“2”

步骤 01：在【合成预览】窗口中输入数字“2”。

步骤 02：将▼（时间指针）移到第 08 秒 10 帧的位置，调节 T 2 图层的“不透明度”参数值，使其值为“0%”并添加关键帧。

步骤 03：将▼（时间指针）移到第 08 秒 11 帧的位置，调节 T 2 图层的“不透明度”参数值，使其值为“100%”并添加关键帧。

步骤 04：将▼（时间指针）移到第 09 秒 10 帧的位置，调节 T 2 图层的“不透明度”参数值，使其值为“100%”并添加关键帧。

步骤 05：将▼（时间指针）移到第 09 秒 11 帧的位置，调节 T 2 图层的“不透明度”参数值，使其值为“0%”并添加关键帧。

10. 制作倒计时数字“1”

步骤 01：在【合成预览】窗口中输入数字“1”。

步骤 02：将（时间指针）移到第 09 秒 10 帧的位置，调节图层的“不透明度”参数值，使其值为“0%”并添加关键帧。

步骤 03：将（时间指针）移到第 09 秒 11 帧的位置，调节图层的“不透明度”参数值，使其值为“100%”并添加关键帧。

步骤 04：将（时间指针）移到第 10 秒 10 帧的位置，调节图层的“不透明度”参数值，使其值为“100%”并添加关键帧。

步骤 05：将（时间指针）移到第 10 秒 11 帧的位置，调节图层的“不透明度”参数值，使其值为“0%”并添加关键帧。

11. 制作倒计时数字“0”

步骤 01：在【合成预览】窗口中输入数字“0”。

步骤 02：将（时间指针）移到第 10 秒 10 帧的位置，调节图层的“变换”参数并添加关键帧，具体调节如图 9.316 所示。

步骤 03：将（时间指针）移到第 10 秒 11 帧的位置，调节图层的“变换”参数并添加关键帧，具体调节如图 9.317 所示。

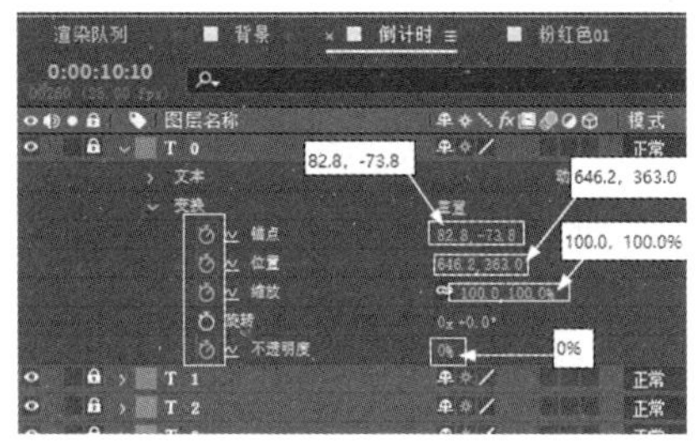

图 9.316　第 10 秒 10 帧位置“变换”参数设置

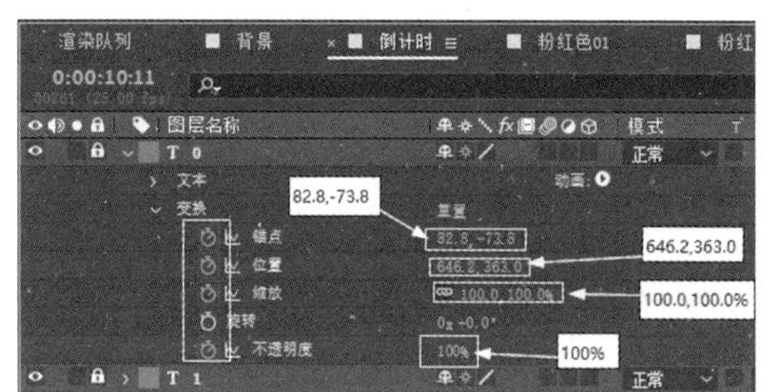

图 9.317　第 10 秒 11 帧位置“变换”参数设置

步骤 04：将（时间指针）移到第 10 秒 15 帧的位置，将“缩放”参数值设置为“1106.0，1106.0%”。

步骤 05：将（时间指针）移到第 10 秒 16 帧的位置，将“缩放”参数值设置为“2633.0，2633.0”。

步骤 06：将“BGmusic.mp3”音频素材拖到最底层。

步骤 07：单击【倒计时】合成窗口中的（为已设置了“运动模糊”开关的所有图层启用“运动模糊”）按钮，再单击每个图层“运动模糊”复选框，开启所有图层的“运动模糊”。

视频播放：关于具体介绍，请观看本书光盘上的配套视频“任务十三：制作倒计时数字.wmv”。

任务十四：渲染输出与素材收集

在渲染输出之前，首先要进行预览，确定没有问题后才能根据项目要求进行渲染输出，最后对整个文件进行收集和保存。

1. 预览效果

预览的方法很简单，在菜单栏中单击【合成（C）】→【预览】→【播放当前预览（P）】命令，即可进行预览。在预览过程中，若发现问题，则进行修改。这一个步骤可能需要重复多次，直到满意为止。

2. 渲染输出

预览后没有发现问题，可以根据项目要求进行渲染输出，具体操作方法如下。

步骤 01：在菜单栏中单击【合成（C）】→【预渲染…】命令，创建一个渲染队列，如图 9.318 所示。

图 9.318　创建的渲染队列

步骤 02：单击【输出模块】右边的【自定义】选项，弹出【输出模块设置】对话框。在【输出模块设置】对话框中，读者可根据项目要求设置输出“格式”“视频输出”“调整大小”“裁剪”和“格式选项”等相关设置，具体设置如图 9.319 所示。单击【确定】按钮，完成【输出模块设置】的相关设置。

步骤 03：单击【输出到】右边的“倒计时.avi”选项，弹出【将影片输出到：】对话框。在该对话框中设置输出名称和保存路径，具体设置如图 9.320 所示。单击【保存（S）】按钮，完成输出的相关设置。

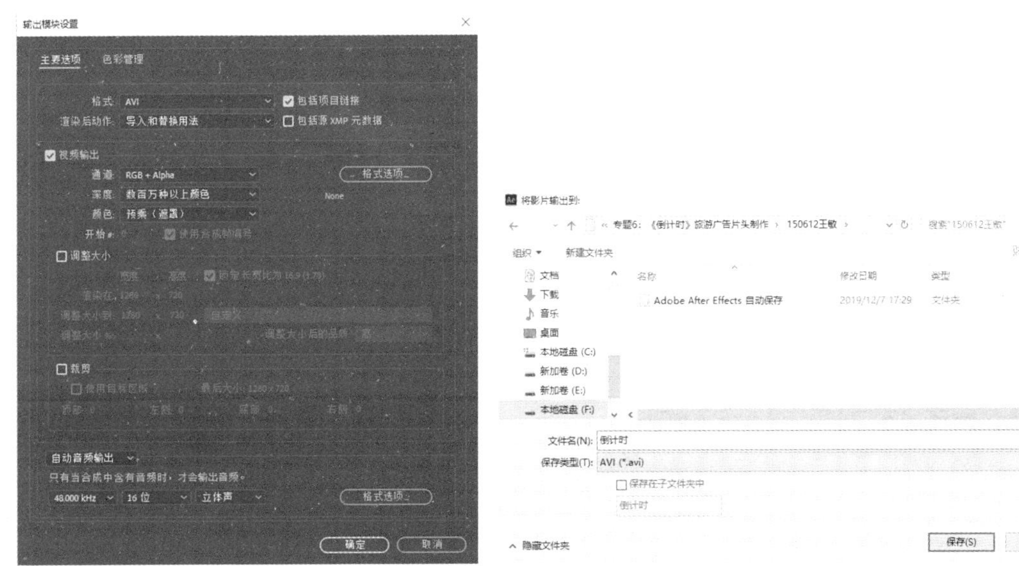

图 9.319　【输出模块设置】对话框参数设置

图 9.320　【将影片输出到：】对话框参数设置

步骤 04：在【渲染队列】中，单击【渲染】按钮，开始渲染，等待渲染完成即可。

3. 收集素材对文件进行打包

收集素材对文件进行打包的目的是方便在其他计算机中使用和交流，避免素材丢失，具体操作方法如下。

步骤 01：按“Ctrl+S”组合键，保存项目文件。

步骤 02：收集文件。在菜单栏中单击【文件（F)】→【整理工程（文件)】→【收集文件…】命令，弹出【收集文件】对话框。

步骤 03：设置【收集文件】对话框参数，具体设置如图 9.321 所示。单击【收集…】按钮，弹出【将文件收集到文件夹中】对话框。在该对话框中设置收集的文件名和保存路径，具体设置如图 9.322 所示。单击【保存（S)】按钮，开始收集，等待收集完成即可。

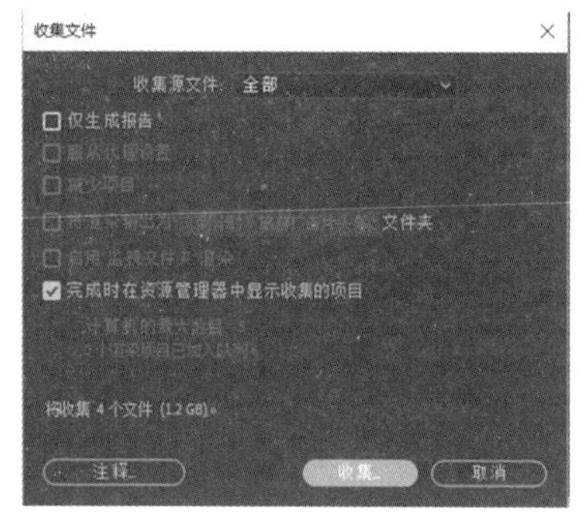

图 9.321 【收集文件】对话框参数设置

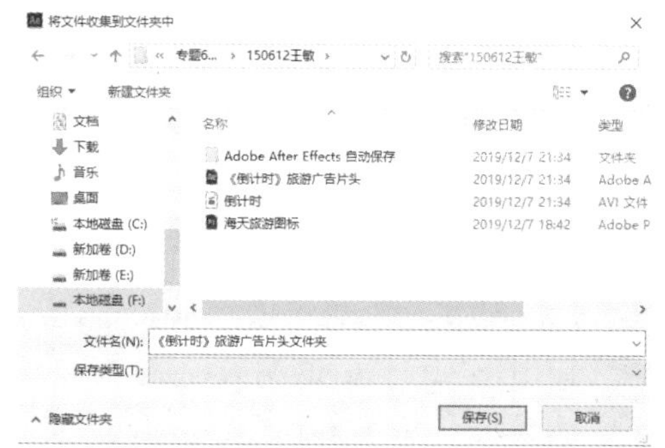

图 9.322 【将文件收集到文件夹中】对话框参数

视频播放：关于具体介绍，请观看本书光盘上的配套视频“任务十四：渲染输出与素材收集.wmv”。

七、拓展训练

根据所学知识，用本书提供的素材和参考视频，制作《产品广告》影视动画。

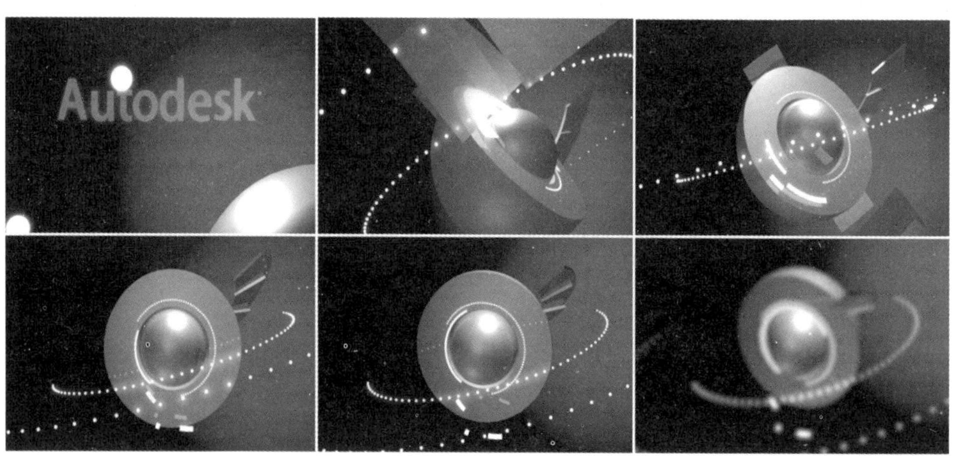

学习笔记：

参 考 文 献

[1] 伍福军. After Effects CS4 影视后期合成案例教程[M]. 北京：北京大学出版社，2011.

[2] 郑红. 凌厉视觉：After Effects+3ds Max+RealFlow+FumeFX 新锐视觉项目设计[M]. 北京：清华大学出版社，2010.

[3] 马小萍. After Effects7. 0 影视特效设计基础与实例教程[M]. 北京：中国电力出版社，2007.

[4] 陈伟. After Effects CS4 影视特效制作标准教程[M]. 北京：中国电力出版社，2010.

[5] 时代印象，尤高升. After Effects CS3 完全自学教程[M]. 北京：人民邮电出版社，2013.

[6] 王海波. After Effects CS6 高级特效火星课堂[M]. 北京：人民邮电出版社，2013.

[7] 时代印象，吉家进（阿吉），樊宁宁. After Effects CS6 技术大全[M]. 北京：人民邮电出版社，2013.

[8] 时代印象，吉家进（阿吉）. After Effects 影视特效制作 208 例[M]. 北京：人民邮电出版社，2013.

[9] 伍福军. After Effects CS6 影视后期合成案例教程（第 2 版）[M]. 北京：北京大学出版社，2015.